普通高等教育"十一五"国家级规划教材

教育部高等学校电工电子基础课程教学指导分委员会推荐教材

微机原理与接口技术
（基于 32 位机）（第 4 版）

马春燕　主编

秦文萍　王　颖　副主编

电子工业出版社

Publishing House of Electronics Industry

北京·BEIJING

内 容 简 介

本书是普通高等教育"十一五"国家级规划教材。全书以 Intel 80486 微处理器为主体，将微型计算机原理、汇编语言程序设计、接口及仿真技术整合在一起，全面介绍 32 位微处理器的内部结构、指令系统、汇编语言程序设计、存储器管理技术、中断技术和 I/O 接口技术。引进 emu8086 汇编语言仿真软件和 Proteus 虚拟仿真平台，介绍其功能及使用方法，配套有汇编语言软件实验、接口电路硬件实验和课程设计等内容，将理论教学、软/硬件实验、课程设计融合在一起。

本书内容符合现代教育理念，体现了数字化新形态教材的特点，书中增加了知识图谱、思政内容、重点难点、知识拓展、源代码等文档的二维码，以及大量例题与重点难点讲解视频的二维码。本书还提供配套教学课件，登录华信教育资源网（www.hxedu.com.cn）注册后免费下载。

本书可作为高等学校及高职高专院校电气工程、信息科学与技术、控制科学与工程、计算机科学与技术、机械工程、仪器科学与工程等相关专业微机原理与接口技术课程的教材，也可供研究生和工程技术人员参考。

图书在版编目（CIP）数据

微机原理与接口技术：基于 32 位机/马春燕主编. —4 版. —北京：电子工业出版社，2023.12
ISBN 978-7-121-46563-5

Ⅰ. ①微… Ⅱ. ①马… Ⅲ. ①微型计算机－理论－高等学校－教材②微型计算机－接口技术－高等学校－教材 Ⅳ. ①TP36

中国国家版本馆 CIP 数据核字（2023）第 202617 号

责任编辑：冉　哲
印　　刷：三河市华成印务有限公司
装　　订：三河市华成印务有限公司
出版发行：电子工业出版社
　　　　　北京市海淀区万寿路 173 信箱　邮编　100036
开　　本：787×1 092　1/16　印张：17.75　字数：500 千字
版　　次：2007 年 1 月第 1 版
　　　　　2023 年 12 月第 4 版
印　　次：2024 年 7 月第 3 次印刷
定　　价：59.80 元

凡所购买电子工业出版社图书有缺损问题，请向购买书店调换。若书店售缺，请与本社发行部联系，联系及邮购电话：（010）88254888，88258888。

质量投诉请发邮件至 zlts@phei.com.cn，盗版侵权举报请发邮件至 dbqq@phei.com.cn。

本书咨询联系方式：ran@phei.com.cn。

前　　言

本书是普通高等教育"十一五"国家级规划教材。

微机原理与接口技术是电气工程、信息科学与技术、控制科学与工程、计算机科学与技术、机械工程、仪器科学与工程等相关专业的一门重要的专业基础课程。随着微处理器技术的迅猛发展，社会上对人才培养提出了更高的要求，迫切需要一本反映当今新技术及其应用的新教材。为此，我们在第 3 版的基础上，对各章节内容进行了修订，力图使本书内容更精练，重点更突出。修订后，本书内容符合现代教育理念，体现了数字化新形态教材的特点，书中增加了知识图谱、思政内容、重点难点、知识拓展、源代码等文档的二维码，以及大量例题与重点难点讲解视频的二维码。

本书的特点在于追踪新技术的发展，面向实用，夯实基础；内容丰富，便于自学；条理清晰，便于领会；重点突出，详解难点。

编写、修订本书的主要目的是使学生通过本门课程的学习，了解微处理器发展的新技术和应用领域，掌握微型计算机的基本结构、工作原理、接口技术及汇编语言程序设计，具有初步的微型计算机硬件和软件开发的能力，为后续课程的学习和今后的工作打下坚实的基础。

本书分 10 章。

第 1、2 章讲述微型计算机的发展简史和基础知识，以及 Intel 8086 16 位和 Intel 80486 32 位微处理器的内部结构、寄存器结构及其工作模式等。

第 3、4 章讲述 80486 微处理器的指令系统、寻址方式、汇编语言程序设计基础，以及微型计算机系统中的 DOS 和 BIOS 功能调用等。

第 5 章在介绍存储器 RAM 和 ROM 芯片的基础上，讲述微型计算机存储系统的设计方法、高速缓冲存储器（Cache）、虚拟存储器管理技术，以及 80486 微处理器存储器的管理模式等。

第 6 章讲述微型计算机中断技术、80486 微处理器中断系统、可编程中断控制器 8259A 及其应用。

第 7 章讲述微型计算机 I/O 接口技术，包括可编程接口芯片 8255A、8254、8250，以及 A/D 转换和 D/A 转换接口芯片，详细介绍它们的内部结构、初始化编程及应用。

第 8 章介绍 emu8086 汇编语言仿真软件的使用方法，并给出了相关软件实验内容，包括 6 个基础性实验和 2 个设计性实验。基础性实验提供了程序流程图和完整的源程序（二维码），设计性实验仅给出设计要求和思路，目的在于充分发挥学生的潜能，拓展思维，进一步提高分析问题和解决问题的能力。

第 9 章介绍 Proteus 虚拟仿真平台的使用方法，并给出了相关硬件实验内容，包括 6 个基础性实验和 2 个设计性实验。基础性实验提供了电路原理图、程序流程图和源程序（二维码），设计性实验仅给出设计要求和思路。

第 10 章提供了 10 个课程设计题目，并给出了设计要求和思路，目的是培养和训练学生的综合设计能力，包括软件编程、硬件电路设计、软/硬件联合调试，进一步提高学生的软件编程和硬件系统设计开发能力。

本书附录 A 为 80x86 指令系统一览表，以二维码形式提供。

为了帮助学生更好地理解和掌握课堂所学知识，增强实际应用能力，书中列举了大量面向实际应用的例题，并给出了分析方法、计算过程、编程方法及详细注释。软件部分的例题提供了相应的源程序，已在 emu8086 环境下完成调试，并给出了运行结果；硬件部分的例题提供了电路原理图和源程序，已在 Proteus 虚拟仿真平台上完成调试。本书配有大量课后习题，需要习题参考答案的老师请发邮件索取。本书还提供配套教学课件，登录华信教育资源网（www.hxedu. com.cn）注册后免费下载。

本书建议课堂教学 48～56 学时，实验课 8～10 学时，如果有条件，可安排 1～2 周的课程设计。本书第 2～7 章为教学重点，其中第 2、4、5、7 章为教学难点，应分配较多的学时。

本书第 3 版第 1 章由马春燕编写，第 2 章和第 3 章由王颖编写，第 4 章由梁翼龙编写，第 5 章和附录 A 由秦文萍编写，第 6 章由贾敏智编写，第 7 章由陈燕编写，第 8 章由李更新编写，第 9 章和第 10 章由程兰编写。

在第 4 版修订过程中，马春燕负责修订第 1 章和第 2 章，编写了第 1～7 章的重点难点以及知识拓展等内容，录制了 2 个教学视频，制作了教学课件；程兰负责修订第 3 章和第 4 章，录制了 41 个例题与重点难点讲解视频；马建芬负责修订第 5 章、第 6 章和第 7 章，录制了 9 个例题与重点难点讲解视频；王峥修订第 8 章、第 9 章和第 10 章，录制了 14 个实验讲解视频；秦文萍负责编写思政内容，并审核了全书的视频。马春燕和秦文萍负责全书的修订计划、组织编写与统稿。

在编写本书的过程中，我们得到了太原理工大学教务处、太原理工大学电气与动力工程学院领导和教师的大力支持与帮助。太原理工大学电气与动力工程学院研究生申再贺、侯向楠、武文韬、白逸飞等，以及计算机科学与技术学院研究生黄一达为本书的编写做了大量的工作。在此一并表示感谢。

由于作者水平有限，书中难免有不妥和错误之处，恳请读者批评指正。衷心欢迎读者随时提出意见和建议，通信地址：山西省太原市迎泽西大街 79 号，太原理工大学电气与动力工程学院，邮政编码：030024，或发送电子邮件至作者邮箱 tyutchyma@sina.com，machunyan@tyut.edu.cn。

QQ：2424167655 春天

微信：tyutchyma 春天

编 者

附录 A

知识图谱

思政内容

目　　录

第1章 概　　述

摘要　本章首先介绍微型计算机的发展概况，并从应用角度出发，介绍微型计算机中数的表示及编码方法，最后介绍微型计算机系统的概念、组成和各部分的功能、特点。本章内容将对后续章节的学习打下良好的基础。

1.1　微型计算机发展简史

微型计算机是由大规模集成电路组成的、体积较小的电子计算机（简称计算机）。而计算机又是一种能够按照事先存储的程序，自动、高速地进行大量数值计算和各种信息处理的现代化智能电子设备。微型计算机是计算机发展的一个分支。

1.1.1　微型计算机的硬件发展

1. 计算机的发展概况

计算机的诞生及发展，是科学技术和生产力发展的卓越成就之一，反过来，它也极大地促进了科学技术和生产力的发展。1946 年，在美国宾夕法尼亚大学诞生了世界上第一台通用电子计算机 ENIAC（Electronic Numerical Integrator And Computer）。它使用了 18000 多个电子管和 1500 多个继电器，重达 30t，占地 170m²，耗电功率约 150kW，每秒可以完成 5000 次加法运算。从此以后，计算机为世人瞩目，而且人们对它寄予了无限厚望。自 ENIAC 问世以来，计算机科学和技术获得了日新月异的飞速发展。计算机的发展大致经历了以下 5 代。

（1）第一代：电子管计算机（1946—1958 年）。第一代计算机的逻辑元器件采用电子管，存储器采用磁芯和磁鼓，软件主要使用机器语言。在此期间，形成了电子管计算机体系，确定了程序设计的基本方法，数据处理机（指专门用于数据处理的计算机）开始得到应用。此时的计算机运算速度一般为每秒几千至几万次，体积庞大，成本很高。虽然它的体积、速度、软件等方面都不能与今天的微型计算机相比，但它却奠定了计算机科学和技术的发展基础。第一代计算机主要用于军事和科研领域的科学计算。

（2）第二代：晶体管计算机（1958—1965 年）。第二代计算机的逻辑元器件为晶体管，主存储器仍采用磁芯，外存储器已开始使用磁盘，软件也有较大发展，出现了各种高级语言。在此期间，计算机的可靠性和运算速度均得到提高，运算速度一般为每秒几万次至几十万次，体积减小，成本降低。工业控制机（指专门用于工业生产过程控制的计算机）开始出现并得到应用。第二代计算机除了用于科学计算，也开始用于各种事务的数据处理、工业控制等。

（3）第三代：集成电路计算机（1965—1971 年）。第三代计算机的逻辑元器件采用中小规模集成电路。在此期间，计算机的可靠性和运算速度都有了进一步的提高，运算速度一般为每秒几十万至几百万次，体积进一步减小，成本进一步降低。小型计算机（指规模小，结构简单，操作方便的计算机）开始出现并迅速发展，操作系统、会话式高级语言等发展迅速。机种多样化、生产系列化、结构积木化、使用系统化是第三代计算机发展的主要特点。

（4）第四代：大规模集成电路计算机（1971—2006 年）。第四代计算机的逻辑元器件采用大规模集成电路（Large Scale Integrator，LSI）或超大规模集成电路（Very Large Scale Integrator，VLSI）。由于 LSI 和 VLSI 的体积小、耗电少、可靠性高，因此使这一阶段的计算机体积更小，可靠性和运算速度更高，成本更低。运算速度可达每秒几千万至上亿次。超大规模集成电路的发明，使计算机不断向着小型化、微型化、低功耗、智能化、系统化的方向更新换代。同时，以并行处理为特征的用于科学计算和尖端技术中的巨型机也得到了发展，由若干台计算机组成的计算机网络也已开始实际使用。

（5）第五代：人工智能计算机（2006年至今）。1981年10月，日本首先向世界宣告开始研制第五代计算机。第五代计算机是将信息采集、存储、处理、通信同人工智能结合在一起的智能计算机系统。它能进行数值计算或处理一般的信息，主要面向知识处理，具有形式化推理、联想、学习和解释的能力，能够帮助人们进行判断、决策、开拓未知领域和获得新的知识。人机之间可以直接通过自然语言（声音、文字）或图形和图像交换信息。

第五代计算机的基本结构通常由问题求解与推理、知识库管理和智能化人机接口三个基本子系统组成。① 问题求解与推理子系统相当于传统计算机中的中央处理器。与推理子系统打交道的程序语言称为核心语言，国际上都以逻辑型语言或函数型语言为基础进行这方面的研究，核心语言是构成第五代计算机系统结构和各种超级软件的基础。② 知识库管理子系统相当于传统计算机主存储器、虚拟存储器和文体系统的结合。与知识库管理子系统打交道的程序语言称为高级查询语言，用于知识的表达、存储、获取与更新。知识库包括通用知识库、系统知识库和应用知识库。通用知识库是第五代计算机系统基本软件的核心，包含日用词法、语法、语言字典和基本字库。系统知识库用于描述系统本身的技术规范。③ 应用知识库是将某个应用领域（如超大规模集成电路设计）的技术知识集中在一起形成的知识库。智能化人机接口子系统是使人能通过说话、文字、图形和图像等与计算机对话，使用人类习惯的各种可能的方式交流信息。这里，自然语言是最高级的用户语言，它使非专业人员操作计算机，并为从中获取所需的知识信息提供可能。计算机的发展概况见表1.1。

表 1.1　计算机的发展概况

计算机	第一代	第二代	第三代	第四代	第五代
特征	采用电子管，运算速度每秒仅几千至几万次	采用晶体管，运算速度达每秒几十万次	采用中小规模集成电路，运算速度达每秒几百万次	采用大规模和超大规模集成电路，运算速度达每秒几千万至上亿次	采用超大规模集成电路，运算速度更快
时间	1946—1958 年	1958—1965 年	1965—1971 年	1971—2006 年	2006 年至今
代表机型	ENIAC	CDC 7600	IBM 360	Intel 80x86	Intel Core
应用	仅限于军事和科研领域的科学计算	由科学计算扩展到数据处理和工业控制	开始广泛应用于各个领域	应用范围已渗透到各行各业，并进入了以网络为特征的时代	广泛应用于当今网络时代的各行各业及日常生活

2．微型计算机的发展概况

微型计算机从 20 世纪 70 年代初发展至今，经历了以下 5 个发展阶段。

第一代：4 位和低档 8 位微处理器和微型计算机（1971—1973 年）。1971 年，美国 Intel 公司生产出 4004（4 位）芯片，专为高级袖珍计算机设计，后经过改进，于 1972 年生产出 8 位微处理器 8008（8 位）芯片。这一代微型计算机的特点是采用 PMOS 工艺，集成度为每个硅片上集成 2300 个晶体管，字长分别为 4 位和 8 位，运算速度较慢，指令系统不完整，存储器容量只有几百字节，没有操作系统，只有汇编语言，主要用于工业仪表和过程控制。

第二代：中档 8 位微处理器和微型计算机（1973—1977 年）。第二代微型计算机采用 NMOS 工艺，集成度提高了 1～4 倍，每个硅片上集成 5000～10000 个晶体管，字长为 8 位。运算速度提高了 10～15 倍，基本指令执行时间为 2μs 左右，指令系统相对比较完善。代表产品是 Intel 公司的 8085、Motorola 公司的 6800，以及 Zilog 公司的 Z80。这些微处理器具有完整的接口电路，如可编程的并行接口电路、串行接口电路、定时/计数器接口电路，以及直接存储器存取接口电路等，并且已具有高级中断功能。软件除采用汇编语言外，还配有 BASIC、FORTRAN 和

PL/M 等高级语言及其相应的解释程序和编译程序，并在后期配上了操作系统。

第三代：16 位微处理器和微型计算机（1977—1984 年）。1977 年，超大规模集成电路工艺的研制成功，使一个硅片上可以容纳 10 万个以上的晶体管，64K 位及 256K 位的存储器也相继诞生。这一代微型计算机采用 HMOS 工艺，基本指令执行时间约为 0.5μs。代表产品是 Intel 公司的 8086/8088、Zilog 公司的 Z8000 和 Motorola 公司的 MC68000。16 位微处理器比 8 位微处理器有更大的寻址空间、更强的运算能力、更快的处理速度和更完善的指令系统。软件方面可以使用多种编程语言，有汇编程序、完整的操作系统、大型的数据库，并可构成多处理器系统。

第四代：32 位微处理器和微型计算机（1984—1993 年）。20 世纪 80 年代初，在一个硅片上可集成几十万个晶体管，产生了第四代 32 位微处理器。典型产品有 Intel 公司的 80386/80386DX、National Semiconductor 公司的 16032、Motorola 公司的 MC68020/68040 等。在 32 位微处理器中，具有支持高级调度、调试及系统开发的专用指令。由于集成度高，系统的速度和性能大为提高，可靠性增加，成本降低。

第五代：64 位高档微处理器和微型计算机（1993 年至今）。随着人们对图形图像、视频处理、语音识别、计算机辅助设计（Computer-Aided Design，CAD）、计算机辅助工程（Computer-Aided Engineering，CAE）、计算机辅助教学（Computer-Aided Instruction，CAI）、大规模财务分析和大流量客户、服务器应用等的需求日益迫切，现有的微处理器已难以胜任此类任务。于是，在 1993 年 3 月，Intel 公司率先推出了统领 PC（Personal Computer，个人计算机）达 10 余年之久的第五代微处理器体系结构产品——Pentium（奔腾），代号为 P5，也称为 80586。从它的设计制造工艺到性能指标，都比第四代产品有了大幅度的提高。

2006 年，Intel 公司推出第一代 Core（酷睿）微处理器。至 2017 年 8 月 22 日，Intel 公司正式发布了第八代 Core 微处理器，其增强了对 4K 高清视频编辑以及虚拟现实应用的支持。第八代 Core 微处理器最重要的升级是将处理器扩展到了 4 核 8 线程。由于架构的升级，第八代 Core 微处理器将使得笔记本电脑的厚度能够低于 19mm。除此之外，新型 UHD（Ultra High Density，超高密度）Graphics 核显可以支持 4K 高清视频在线解码、多屏输出和虚拟现实（Virtual Reality，VR）内容，另外还支持 Windows Hello、指纹识别和 Thunderbolt 接口，让笔记本电脑具备更强的生产能力和多媒体娱乐能力。微型计算机的发展概况见表 1.2。

表 1.2　微型计算机的发展概况

微处理器	第一代（8 位）	第二代（8 位）	第三代（16 位）	第四代（32 位）	第五代（64 位）
时　间	1971—1973 年	1973—1977 年	1977—1984 年	1984—1993 年	1993 年至今
代表产品	8008	8085	8086	80386、80486	Pentium、Core

3．Intel 微处理器的发展概况

80x86、Pentium 及 Core 微处理器是 Intel 公司的系列产品，微处理器芯片从低级向高级、从简单到复杂的发展过程，也可以看成微型计算机家族的进化史。其设计、制造和处理技术的不断更新换代，以及处理能力的不断增强，使微型计算机的应用领域越来越广泛。

（1）8086 微处理器。1978 年，Intel 公司生产的 8086 是第一个 16 位的微处理器，最高主频为 8MHz，具有 16 位数据总线，20 位地址总线，可寻址 1MB 内存空间。

（2）80286 微处理器。1982 年，Intel 公司在 8086 的基础上研制开发出 80286 微处理器，最高主频为 20MHz，内部和外部数据总线均为 16 位，地址总线 24 位，可寻址 16MB 内存空间。

（3）80386 微处理器。1985 年，Intel 公司研制开发出 80386 DX 微处理器，集成了 27.5 万个晶体管，主频从 12.5MHz 发展到 33MHz，每秒可执行 6 百万条指令，比 80286 快 2.2 倍。

（4）80486 微处理器。1989 年，Intel 推出 80486 微处理器，突破了 100 万个晶体管的界

限，单个硅片上集成了 120 万个晶体管。80486 微处理器首次采用了 RISC（Reduced Instruction Set Computer，精简指令集计算机）技术，可以在一个时钟周期内执行一条指令。

（5）Pentium（奔腾）系列微处理器。

Pentium 60 和 Pentium 66 微处理器。1993 年，80586 微处理器问世，被命名为 Pentium 以区别于 AMD 和 Cyrix 的产品。最初的 Pentium 60 和 Pentium 66，主频分别为 60MHz 和 66MHz。

Pentium Pro（高能奔腾）和 Pentium MMX（多能奔腾）微处理器。1995 年 3 月，Intel 推出了 Pentium Pro，芯片内部集成 550 万个晶体管，主频为 133MHz。1996 年底，Intel 公司发布了 Pentium MMX，采用多媒体扩展指令集（MMX），加入了 57 条多媒体指令，专门用来处理视频、音频和图像数据。

Pentium II（奔腾二代）微处理器。1997 年 5 月，Pentium II 面世，采用双重独立总线结构，其中一条总线连通二级缓存（L2 Cache），另一条负责内存。Pentium II 外部二级缓存为 512KB，同时 Pentium II 一级缓存（L1 Cache）从 16KB 增至 32KB，最高主频为 450MHz。

Pentium III（奔腾三代）微处理器。1999 年 2 月，Intel 公司发布 Pentium III 450MHz 和 Pentium III 500MHz 两款微处理器，有 Mobile、Xeon 和 Cerelon 等不同的版本，采用 0.25μm 工艺，芯片内部集成了 950 万个晶体管，最高主频为 500MHz。采用 P6 微架构，针对 32 位应用程序进行优化，双重独立总线，一级缓存为 32KB（16KB 指令缓存加 16KB 数据缓存），二级缓存为 512KB，以 CPU 核心速度的一半运行。采用数据流单指令多数据扩展（Streaming SIMD Extensions，SSE）指令集，增强了音频、视频和 3D 图形效果。

Pentium 4（奔腾四代）微处理器。2000 年 6 月，Intel 公司推出了 Pentium 4 微处理器，采用 0.18μm 工艺，芯片内部集成了 4200 万个晶体管，主频为 1.5GHz，工作电压为 1.565～1.700V。2003 年推出的 Pentium 4 HT 微处理器支持超线程（Hyper Threading，HT）技术，缩短了 CPU 的闲置时间，将 CPU 的运行效率提升了 25%，最高主频提升至 3.06GHz。

Pentium M 微处理器。2001 年 11 月，Intel 公司发布专为笔记本电脑生产的移动微处理器 Pentium M，其基于 P6 架构，首款处理器采用 130nm 工艺，包含 1MB 二级缓存，主频达到 1.8GHz，而功耗只有 24.5W。2004 年发布名为 Dothan 的后继型号，采用 90nm 工艺，拥有 2MB 二级缓存和更多的辅助核心，改善了 IPC（进程间通信）。最终达到 2.27GHz 主频和仅仅 27W 的功耗。

Pentium D 微处理器。2005 年 4 月，Intel 公司推出了 Pentium D 双核微处理器至尊版 840，CPU 主频为 3.2 GHz，标志着一个新时代的来临。双核和多核微处理器设计用于在一枚微处理器中集成两个或多个完整执行内核，以支持同时管理多项活动，能够充分利用以前可能被闲置的资源，同时处理 4 个软件线程。2006 年 1 月，Intel 公司发布了 Pentium D 9xx 系列处理器，支持 VT（虚拟化技术），具有环绕立体声、高清晰度视频和增强图形功能。

Pentium Silver 微处理器。2019 年 4 月，Intel 公司发布 Pentium Silver J5030/J5040 微处理器，主频为 3.1GHz/3.2GHz，采用 14nm 工艺，4 核 4 线程，最大缓存为 4MB，可寻址 8GB 内存空间。2021 年 1 月，Intel 公司发布 Pentium Silver N6000/N6005 微处理器，主频为 3.3GHz，采用 10nm 工艺，4 核 4 线程，最大缓存为 4MB（三级缓存），可寻址 16GB 内存空间。

Pentium Gold 微处理器。2018 年 2 月至 2022 年 1 月，Intel 公司共发布了 26 款 Pentium Gold 系列微处理器，代表产品有 Pentium Gold 4417U、Pentium Gold G5620、Pentium Gold G6600、Pentium Gold G7400 和 Pentium Gold G8505。搭载 Pentium Gold 的 PC 可提供快速的数据处理能力和生动的图形效果，图形显示功能更强，可进行照片、视频编辑和多任务处理。

Intel 官网给出的 80x86/Pentium 系列微处理器发展年鉴见表 1.3。

表 1.3　80x86/Pentium 系列微处理器发展年鉴

微处理器	首批生产时间	CPU最高主频	工艺	集成度[①]/百万个	微处理器位数/位	最大寻址空间	缓存容量
8086	1978.06	8 MHz	3μm	0.029	16	1MB	无
80286	1982.02	20MHz	1.5μm	0.134	16	16MB	无
80386 DX	1985.10	33 MHz	0.8μm	0.275	32	4GB	无
80486 DX	1989.04	100 MHz	0.6μm	1.2	32	4GB	8KB
Pentium	1993.03	200 MHz	0.35μm	3.3	64	4GB	16KB
Pentium Pro	1995.03	200MHz	0.35μm	5.5	64	64GB	16KB L1,256KB 或 512KB L2[②]
Pentium Ⅱ	1997.05	300 MHz	0.25μm	7.5	64	64GB	32KB L1,256KB 或 512KB L2
Pentium Ⅲ	1999.02	1.2GHz	0.18μm	9.5	64	64GB	32KB L1,256KB 或 512KB L2
Pentium 4	2000.06	1.8 GHz	0.18μm	42	64	64GB	32KB L1,256KB 或 512KB L2
Pentium M 770	2005.01	2.13 GHz	90nm	140	64	4GB	2MB L2
Pentium D 900	2006.01	3.4 GHz	65nm	376	64	64GB	2048KB L2
Pentium Silver N6005	2021.01	3.3 GHz	10nm	x[③]	64	16 GB	4 MB L3
Pentium Gold 8505	2022.01	4.4GHz	7nm	x	64	64GB	8MB

注：① 集成度是指芯片中所集成的晶体管数，单位为百万个。② L1 为一级缓存，L2 为二级缓存，L3 为三级缓存。
③ x 表示 Intel 官网没有公布具体数据。

（6）Core（酷睿）系列微处理器。在首次发布 Pentium 微处理器长达 12 年之后，Intel 公司于 2006 年 7 月 27 日正式发布基于 Core 微架构（Micro-Architecture）的全新双核微处理器。Core 微架构采用 45nm/65nm 工艺，芯片内部集成了 2.91 亿个晶体管，二级缓存提升到 4MB，性能提升 40%，能耗降低 40%，主流产品的平均能耗为 65W。从此，Core 正式成为 Intel 的主流架构。Intel 官网给出的 Core 系列微处理器发展年鉴见表 1.4。

表 1.4　Core 系列微处理器发展年鉴

历程	微处理器	首批生产时间	CPU 架构	CPU 最高主频/GHz	制程/nm	核心数/个	线程数/个	最大内存/GB	缓存/MB	总线速度/（GT/s）
第一代	Core i3 530	2010.01	Clarkdale	2.93	32	2	4	16.38	4	2.5
	Core i5 750	2009.09	Lynnfield	2.66	45	4	4	16	8	
	Core i7 860	2009.03	Lynnfield	2.80	45	4	8	16	8	
第二代	Core i3 2330M	2011.02		2.2		2	4	16	3	5
	Core i5 2500	2011.01	Sandy Bridge	3.7	32	4	4	32	6	
	Core i7 2600	2011.01		3.8		4	8	32	8	
第三代	Core i3 3210	2013.01		3.2		2	4		3	5
	Core i5 3470	2012.02	Ivy Bridge	3.6	22	4	4	32	6	
	Core i7 3770	2012.02		3.9		4	8		8	
第四代	Core i3 4360			3.7		2	4		4	5
	Core i5 4590T	2014.02	Haswell	3.0	22	4	4	32	6	
	Core i7 4790S			4.0		4	8		8	
第五代	Core i3 5010U	2015.01		2.1		2	4	16	3	5
	Core i5 5257U	2015.01	Broadwell	3.1	14	2	4	16	3	
	Core i7 5700EQ	2015.02		3.4		4	8	32	6	
第六代	Core i3 6100			3.7		2	4		3	8
	Core i5 6500	2015.03	Skylake	3.6	14	4	4	64	6	
	Core i7 6700			4		4	8		8	

历程	微处理器	首批生产时间	CPU 架构	CPU 最高主频/GHz	制程/nm	核心数/个	线程数/个	最大内存/GB	缓存/MB	总线速度/（GT/s）
第七代	Core i3 7100H	2017.01	Kaby Lake	3.0	14	2	4	64	3	8
	Core i5 7440HQ			3.8		4	4		6	
	Core i7 7700			4.2		4	8		8	
第八代	Core i3 8100	2017.04	Coffee Lake	3.6	14	4	4	64	6	8
	Core i5 8500	2018.02		4.1		6	6	64	9	
	Core i7 8700	2017.04		4.6		6	12	128	12	
	Core i9 8950HK	2018.02		4.8		6	12	64	12	
第九代	Core i3 9100	2019.02	Coffee Lake	4.2	14	4	4	64	6	8
	Core i5 9600	2019.02		4.6		6	6	128	9	
	Core i7 9700K	2018.04		4.9		8	8	128	12	
	Core i9 9900K	2018.04		5.0		8	16	128	16	
第十代	Core i3 10100	2020.02	Comet Lake	4.3	14	4	8	128	6	8
	Core i5 10600			4.8		6	12		12	
	Core i7 10700K			5.1		8	16		16	
	Core i9 10900K			5.3		10	20		20	
第十一代	Core i3 11100HE	2021.03	Tiger Lake	4.4	10	4	8	128	8	x
	Core i5 11600K	2021.01	Rocket Lake	4.9	14	6	12		12	8
	Core i7 11700K	2021.01	Rocket Lake	5.0	14	8	16		16	8
	Core i9 11900K	2021.01	Rocket Lake	5.3	14	8	16		16	8
第十二代	Core i3 12300	2022.01	Alder Lake	4.4	7	4	8	128	12	x
	Core i5 12600	2022.01		4.8		6	12		18	x
	Core i7 12700K	2021.04		5.0		12	20		25	x
	Core i9 12900K	2021.04		5.2		16	24		30	x
第十三代	Core i5 13600K	2022.04	Raptor Lake	5.1	7	14	20	128	24	x
	Core i7 13700K			5.4		16	24		30	x
	Core i9 13900K			5.8		24	32		36	x

注：x 表示 Intel 官网没有公布具体数据。

1.1.2 微型计算机的软件发展

计算机软件是指计算机系统中的程序及其文档。程序是指对计算任务的处理对象和处理规则的描述。文档是指为了便于了解程序所需的阐明性资料。计算机软件总体分为系统软件和应用软件两大类。系统软件包括各类操作系统（如 Windows、UNIX、Linux）、操作系统的补丁程序以及硬件驱动程序。应用软件是为了某种特定用途而开发的软件，较常见的有文字处理软件、信息管理软件、辅助设计软件、实时控制软件、教育与娱乐软件等。

1. 操作系统

操作系统（Operating System，OS）是管理和控制计算机硬件与软件资源的计算机程序，是直接运行在"裸机"上的最基本的系统软件，任何其他软件都必须在操作系统的支持下才能运行。从 1946 年第一台电子计算机 ENIAC 诞生以来，每一代的进化都以减少成本、缩小体积、降低功耗、增大存储容量和提高性能为目标。随着计算机硬件的发展，同时也加速了操作系统的形成和发展。早期的计算机并没有操作系统，人们通过各种操作按钮来控制计算机，后来出现了汇编语言，操作人员通过有孔的纸带将程序输入计算机进行编译。这些将语言内置的计算机只能由操作人员自己编写程序来运行，不利于设备、程序的公用。为了解决这些问题，就出现了操作系统，实现了程序的公用，以及对计算机硬件资源的管理。

操作系统的发展经历了两个阶段。第一个阶段为单用户、单任务的操作系统，磁盘操作系统（Disk Operation System，DOS）有 CP/M、DR-DOS、PC-DOS 和 MS-DOS 等。第二个阶段是多用户、多任务的分时操作系统，其典型代表有 UNIX、Linux 和 Windows。

操作系统的主要功能如下。① 存储管理，存储分配、存储共享、存储保护和扩充。② 进程管理，在单用户单任务的情况下，处理器仅为一个用户的一个任务所服务，进程管理的工作十分简单。但在多道程序任务或多用户的情况下，就要解决处理器的调度、分配和回收等问题。③ 文件管理，文件存储空间的管理、目录管理 、文件操作管理和文件保护。④ 设备管理，设备分配、设备传输控制和设备独立性。⑤ 用户接口，负责处理用户提交的任何要求。

（1）DOS

DOS 是一个单用户、单任务的操作系统，可以有效地管理、调度、运行 PC 的各种软件和硬件资源，主要包括 Shell（command.com 文件）和 I/O 端口（io.sys 文件）两部分。Shell 是DOS 的外壳，负责将用户输入的命令翻译成操作系统能够理解的语言。DOS 的 I/O 端口通常实现一组基于 INT 21H 的中断。

DOS 的代表是 MS-DOS，它是 1981 年基于 8086 微处理器而设计的单用户操作系统。后来，Microsoft 公司获得了该操作系统的专利权，配备在 IBM-PC 上，并命名为 PC-DOS。1981年，Microsoft 公司的 MS-DOS 1.0 版面世，这是第一个实际应用的 16 位操作系统。1987 年 8月，Microsoft 公司发布 MS-DOS 3.3 版本，增加了许多关于档案处理的外部命令，开始支持软盘操作，是非常成熟可靠的 DOS 版本，从此 Microsoft 公司取得 PC 操作系统的霸主地位。

MS-DOS 发展年鉴见表 1.5。

表 1.5　MS-DOS 发展年鉴

时间	版本	简　　介
1981.07	MS-DOS 1.0	作为 IBM-PC 的操作系统进行捆绑发售，支持 16KB 内存及 160KB 的 5 寸软盘
1983.03	MS-DOS 2.0	随 IBM XT 的发布，MS-DOS 2.0 扩展了命令，开始支持 5MB 硬盘。同年发布的 2.25 版本对 2.0 版本进行了一些 bug 修正
1984.08	MS-DOS 3.0	增加了对新的 IBM AT 硬件的支持，并开始对部分局域网功能提供支持
1986.01	MS-DOS 3.2	支持 720KB 的 5 寸软盘
1987.08	MS-DOS 3.3	支持 IBM PS/2 设备及 1.44MB 的 3 寸软盘，并支持其他语言的字符集
1988.06	MS-DOS 4.0	增加了 DOS Shell 操作环境，并有切换程式作业的能力
1991.06	MS-DOS 5.0	增强了 DOS Shell 功能，增加了内存管理和宏功能
1993.03	MS-DOS 6.0	增加了 GUI 程序（如 Scandisk、Defrag 和 Msbackup 等）和磁盘压缩功能，增强对 Windows 的支持
1995.08	MS-DOS 7.0	增加了长文件名和 LBA 大硬盘支持，全面支持 FAT32 分区、大硬盘、大内存等，特别是对 4 位年份支持，解决了千年虫问题
2000.09	MS-DOS 8.0	MS-DOS 的最后一个版本，由于 Microsoft 公司看到了 Windows 的曙光，因此放弃了 DOS

（2）Windows

Windows 是 Microsoft 公司在 1985 年 11 月发布的第一代窗口式多任务操作系统，使 PC 进入了图形用户界面（Graphical User Interface，GUI）时代。Windows 采用图形用户界面图形化操作模式，比 DOS 更为人性化。从 1.0 到 3.0 版本，Windows 都由 DOS 引导，还不是一个完全独立的操作系统。

1995 年 8 月，Microsoft 公司推出 Windows 95，它是一个完全独立的、全新的 32 位操作系统，集成了网络功能和即插即用功能。2001 年 10 月，Microsoft 公司发布了 64 位的 WindowsXP。字母 XP 代表英文单词的"体验"（eXPerience）。2006 年 11 月 30 日，Microsoft 公司发布全新的 Windows Vista，使 PC 正式进入双核、大内存、大硬盘时代。

2015 年 7 月 29 日，Microsoft 公司发布 Windows 10，采用全新的开始菜单，并且重新设计了多任务管理界面，任务栏中出现了一个全新的 Taskview（查看任务）。桌面模式下可运行多个应用和对话框，并且还能在不同桌面间自由切换。Windows 10 添加了虚拟桌面功能，用户希望区分不同的使用场景时，可以新建多个虚拟桌面。除了针对云服务、智能移动设备、自然人机交互等新技术进行融合，还对固态硬盘、生物识别、高分辨率屏幕等硬件进行了优化完善与支持。截至 2022 年 5 月 26 日，Windows 10 已更新至 Windows 10 21H2 版本。

2021 年 6 月 24 日，Microsoft 公司发布 Windows 11，可应用于计算机和平板电脑等设备。Windows 11 提供了许多创新功能，支持混合工作环境，侧重于在灵活多变的体验中提高用户的工作效率。截至 2022 年 10 月 12 日，Windows 11 正式版已更新至 22000.1098 版本，预览版已更新至 25217 版本。

Windows 发展年鉴见表 1.6。

表 1.6　Windows 发展年鉴

时间	版本	简　介
1985.11	Windows 1.0	第一代窗口式多任务系统，PC 开始进入了图形用户界面时代。但由于当时的硬件平台为 PC/XT，速度很慢，所以 Windows 1.x 版本并未十分流行
1987.12	Windows 2.0	对用户界面做了改进，增强了键盘和鼠标界面，特别是加入了功能表和对话框
1990.05	Windows 3.0	将 Windows/80286 和 Windows/80386 结合到同一种产品中。Windows 3.0 是第一个在家用和办公室市场上取得立足点的版本。但 Windows 3.x 版本的操作系统都必须在 MS-DOS 之上运行
1993.07	Windows NT	第一个支持 80386、80486 和 Pentium 微处理器的 32 位保护模式的版本。同时，Windows NT 还可以移植到非 Intel 平台上，并可以在使用 RISC 芯片的工作站上工作
1995.08	Windows 95	全新的 32 位操作系统，具有需要较少硬件资源的优点
1998.06	Windows 98	执行效能高，提供更好的硬件支持，与国际网络和万维网（WWW）的结合更紧密
2000.02	Windows 2000	被誉为迄今最稳定的操作系统
2001.10	Windows XP	64 位，易于用户操作。根据不同的微处理器架构，Windows XP 分为两个不同版本，IA-64 版和 x86-64 版。IA-64 版的 Windows XP 是针对 Intel IA-64 架构的 Itanium 2 纯 64 位微处理器的操作系统
2007.01	Windows Vista	PC 正式进入双核、大内存、大硬盘时代，但是由于 Vista 版与 XP 版的使用习惯有一定的差异，以及软/硬件的兼容问题，导致 Vista 版普及率并不高，然而 Vista 华丽的界面和炫目的特效较好
2009.10	Windows 7	一个完美的桌面操作系统，具有 5 个特点：针对笔记本电脑的特有设计、基于应用服务的设计、用户的个性化、视听娱乐的优化、用户易用性的新引擎
2012.10	Windows 8	针对触摸屏设备进行了诸多优化，在界面设计上，采用平面化设计。Windows 8 具有良好的续航能力，且启动速度更快、占用内存更少，兼容 Windows 7 所支持的软件和硬件
2015.07	Windows 10	贯彻了"移动为先，云为先"的设计思路，是跨平台最广的操作系统
2021.06	Windows 11	新增全新的"开始"菜单、设置面板、任务栏、通知中心、文件资源管理器、应用商店、主题、小工具等。引入新的任务管理器，将标签页调整到侧边栏，并加入了半透明的视觉效果

（3）UNIX

UNIX 是一个功能强大的多用户、多任务、多层次的操作系统，支持多种处理器架构，属于分时操作系统。UNIX 最早由 Ken Thompson 和 Dennis Ritchie 于 1969 年在 AT&T 公司的贝尔实验室开发。经过长期的发展和完善，UNIX 成长为一种主流的操作系统技术和基于这种技术的产品大家族。由于 UNIX 具有技术成熟、结构简练、可靠性高、可移植性好、可操作性强、网络和数据库功能强大、可移植性和开放性好等特点，可以满足各行各业的实际需要，特别是能够满足企业重要业务的需要，因此成为主要的工作站平台和重要的企业操作平台。UNIX 主要安装在巨型计算机和大型机上，作为网络操作系统使用，也可用于 PC 和嵌入式系统。

（4）Linux

Linux 来源于 UNIX，是一个可与 UNIX 和 Windows 相媲美的操作系统，具有完备的网络功能。Linux 的基本思想有两点：第一，一切都是文件；第二，每个软件都有确定的用途。Linux 将系统命令、硬件设备、软件进程都视为拥有各自特性或类型的文件。Linux 主要应用领域是服务器系统、嵌入式系统和云计算系统等。

Linux 最初由芬兰赫尔辛基大学的学生 Linus Torvalds 开发，其源代码在 Internet 上公布以后，引起了全球计算机爱好者的青睐。1991 年 4 月，Linus Torvalds 发布了 Linux 0.01 版本，随后在 10 月发布了 0.02 版。1994 年推出 1.0 版，Linux 逐渐成为功能完善、稳定的操作系统，并被广泛使用。

2022 年 6 月，Linux Lite 6.0 正式版发布，提供最新的浏览器、最新的办公套件和最新的定制软件，代号为 Fluorite。2022 年 11 月，Microsoft 公司在 GitHub 上线了 WSL 1.0.0 版本，宣布 Windows 11/10 的 Linux 子系统中删除 Preview 标签。在 platform-drivers-x86 提交合并中，Linux 6.1 新增支持 Microsoft 公司的 Surface Pro 9 和 Surface Laptop 5 两款设备。Microsoft 公司为 Linux 带来嵌套式虚拟化支持，可运行多个 Windows 应用程序。

Linux 的主要特点：① Linux 由众多微内核组成，其源代码完全开源。② Linux 继承了 UNIX 的特性，具有非常强大的网络功能，支持所有的因特网协议，包括 TCP/IPv4、TCP/IPv6 和链路层拓扑程序等，且可以利用 UNIX 的网络特性开发出新的协议栈。③ Linux 系统工具链完整，简单操作就可以配置出合适的开发环境，可以简化开发过程，减少开发中仿真工具的障碍，使系统具有较强的可移植性。

（5）国产操作系统

国产操作系统经历了 4 个发展阶段。

① 启蒙阶段（1989—1995 年）。在启蒙阶段，确定了基于 UNIX 的开发模式，并将其正式列入国家"八五"科技攻关计划。COSIX 1.0 于 1989—1993 年正式推出，后续推出 COSIX V2.0，该系统具有中文、微内核和系统安全性等特点。这一阶段，国内的操作系统还处于研究的初级阶段，并在不断探索之中。

② 发展阶段（1996—2009 年）。自 20 世纪 90 年代后期，伴随着 Linux 开源在国际上的兴起，很快就占据了操作系统技术的制高点，并逐渐取代了 UNIX。从 1999 年开始，中软 Linux、红旗 Linux、蓝点 Linux 相继发布，而其他中小型企业也相继推出了自己基于 Linux 的产品。在此阶段，国内操作系统已经建立起了以 Linux 为核心的技术路线，并从探索阶段过渡到实用化阶段。

③ 壮大阶段（2010—2017 年）。在 Linux 热潮后，国内操作系统的发展逐渐趋于平静。2010 年，中标普华与银河麒麟品牌合并，推出了中标麒麟操作系统并延续至今。这一阶段，国产操作系统日趋成熟，逐步成为真正可用的产品。

④ 攻坚阶段（2018 年至今）。经过 20 多年的发展，国内操作系统从"可用"到"好用"，已经有了很大的飞跃。到目前为止，我国自主开发并被列入国产化名录的操作系统已经有 39 个。这一阶段，国产操作系统借助国家国产化项目工程及新创产业的发展，向市场化发起冲击。

国产主要操作系统简介见表 1.7。

表 1.7　国产主要操作系统简介

名称	代号	简　　介
深度操作系统	Deepin	Deepin 是深之度公司开发的基于 Linux 内核、以桌面应用为主的开源操作系统，支持笔记本电脑、台式机和一体机，是中国第一个具备国际影响力的 Linux 发行版本，截至 2019 年 7 月 25 日，Deepin 支持 33 种语言，用户遍布除南极洲之外的其他六大洲。深度桌面环境 DDE 和大量的应用软件都被移植到了包括 Fedora、Ubuntu、Arch 等 10 余个国际 Linux 发行版和社区，同时还与 360、金山、网易、搜狗等企业联合开发了多款符合中国用户需求的应用软件

名称	代号	简　介
统信操作系统	UOS	UOS 是统信公司开发的一款基于 Linux 内核的操作系统，支持龙芯、飞腾、兆芯、海光、鲲鹏等国产芯片平台的笔记本电脑、台式机、一体机、工作站、服务器，以桌面应用场景为主，包含自主研发的桌面环境、多款原创应用，以及丰富的应用商店和互联网软件仓库，可满足用户的日常办公和娱乐需求
优麒麟操作系统	Ubuntu Kylin	Ubuntu Kylin 是麒麟公司和 CNN 开源软件联合实验室主导开发的全球开源操作系统，作为 Ubuntu 的官方衍生版本，Ubuntu Kylin 得到了来自 Debian、Ubuntu、LUPA 及各地 Linux 用户组等国内外众多社区爱好者的广泛参与和热情支持
红旗操作系统	RedFlag Linux	RedFlag Linux 是中科红旗公司开发的一系列 Linux 发行版，包括桌面版、工作站版、数据中心服务器版、HA 集群版和红旗嵌入式 Linux 等产品，具备满足用户基本需求的软件生态，支持 80x86、ARM、MIPS、SW 芯片架构，支持龙芯、申威、鲲鹏、飞腾、海光、兆芯等国产自主 CPU 品牌，兼容主流厂商的打印机和扫描枪等各种外设
中标麒麟操作系统	Neo Kylin	Neo Kylin 是中标公司采用强化的 Linux 内核开发的操作系统，分成通用版、桌面版、高级版和安全版，能满足不同客户的要求，在央企、能源、政府、交通等行业领域广泛使用。Neo Kylin 符合 Posix 系列标准，兼容浪潮、联想、曙光等公司的服务器硬件产品，兼容达梦、人大金仓数据库、IBM Websphere、DB2 UDB 数据、MQ 等系统软件
中兴新支点操作系统	New Start OS	New Start OS 是中兴新支点公司开发的面向未来的智能通用操作系统，其基于 Linux 架构，在一个操作系统中可选桌面模式、服务器模式、平板模式，支持 80x86、ARM、AMD 以及国产飞腾、龙芯、兆芯、鲲鹏、海光芯片架构。不仅能安装在计算机上，还能安装在 ATM 柜员机、取票机、医疗设备等终端上，可满足日常办公需求，可兼容运行 Windows 平台的日常办公软件，实用性更强
国产实时操作系统	RT-Thread	RT-Thread 既是一个集实时操作系统内核、中间组件和开发者社区于一体的技术平台，也是一个组件完整丰富、高度可伸缩、简易开发、超低功耗、高安全性的物联网操作系统，软件生态相对较好。截至 2022 年，RT-Thread 的累积装机量就已超过 14 亿台，被广泛应用于车载、医疗、能源、消费电子等多个行业，是国人自主开发、国内最成熟稳定和装机量最大的开源实时操作系统
银河麒麟操作系统	银河 Kylin	银河 Kylin 是在"863 计划"和国家核高基科技重大专项支持下，由国防科技大学研发的操作系统，是优麒麟的商业发行版，使用 UKUI 桌面。联想昭阳 N4720Z 笔记本电脑、长城 UF712 笔记本电脑均搭载了银河 Kylin。它充分适应 5G 时代的需求，打通了手机、平板电脑、PC 等终端，实现了多端融合
华为鸿蒙操作系统	Harmony OS	Harmony OS 是面向万物互联的全场景分布式操作系统，支持智能手机、平板电脑、智能穿戴、智慧屏等多种终端，提供应用开发、设备开发的一站式服务。它创造了一个超级虚拟终端互联的世界，将人、设备、场景有机地联系在一起，实现极速发现、极速连接、硬件互助、资源共享，并用合适的设备提供场景体验。2021 年 6 月 2 日，华为正式发布 Harmony OS 2 及多款搭载该操作系统的新产品，标志着国产操作系统迈出了市场化和商业化的重要一步。2022 年 7 月 27 日，Harmony OS 3.0 正式发布，并分批次公布了升级机型和时间，带来包括超级终端、鸿蒙智联、万能卡片、流畅性能、隐私安全、信息无障碍在内的六大升级体验
中国操作系统	COS	COS 从底层到应用层均由中国科学院软件研究所与上海联彤公司设计开发，基于 Linux 构架，同时解决安全性和易用性两方面的问题，可以广泛应用于 PC、智能掌上终端、机顶盒、智能家电等领域，还可以应用于智能工业、智能交通、智能农业、智能零售等多种场合，拥有界面友好、支持多种终端、可运行多种类型应用、安全快速等多种优势

2．程序设计语言

计算机程序指一组指示计算机执行动作或做出判断的指令序列，通常用某种程序设计语言编写。程序设计语言的发展经历了机器语言、汇编语言和高级语言三个阶段。

（1）机器语言（machine language）。机器语言是机器能直接识别的程序语言或指令代码，直接用二进制代码表示。机器语言的每一条指令都是由 0 和 1 组成的一串代码，包括操作码和地址码。操作码说明指令的操作性质及功能，地址码则给出操作数或操作数的地址。每台机器的指令，其格式和代码的含义都是硬性规定的，与机器的硬件息息相关，故称之为面向机器的语言。

机器语言的特点：计算机可以直接识别，不需要进行任何翻译，执行速度较快。但是，由于机器语言由大量的二进制代码组成，不易学也不易掌握，可读性较差。同时它严重地依赖于具体的计算机，所以可移植性差、重用性差。机器语言是第一代计算机的编程语言，对不同型号的计算机来说一般是不同的。

（2）汇编语言（assembly language）。汇编语言也是面向机器的程序设计语言。在汇编语言中，用助记符代替操作码，用地址符号或标号代替地址码。采用符号代替机器语言中的二进制代码，就把机器语言变成了汇编语言，所以汇编语言也称为符号语言。使用汇编语言编写的程序，机器不能直接识别，要由一种程序将汇编语言翻译成机器语言，这种起翻译作用的程序叫汇编程序，把汇编语言翻译成机器语言的过程称为汇编。

汇编语言的特点：能够直接访问与硬件相关的寄存器、存储器或 I/O 端口，不受编译器的限制，对生成的二进制代码进行完全的控制，避免因线程共同访问或硬件设备共享引起的死锁，能根据特定的应用对代码做最佳的优化，提高运行速度，最大限度地发挥硬件的功能。汇编语言比机器语言易于读/写、调试和修改，同时具有机器语言的全部优点。

汇编语言是一种层次非常低的语言，面向具体机型，离不开具体计算机的指令系统。因此，对于不同型号的计算机，有着不同结构的汇编语言，而且，对于同一问题所编制的汇编程序在不同种类的计算机间是互不相通的，通用性也差。但是，用汇编语言编制的系统软件和过程控制软件，其目标程序占用内存空间少，运行速度快，有着高级语言不可替代的用途。汇编语言通常被应用在底层、硬件操作和高要求的程序优化的场合。驱动程序、嵌入式操作系统和实时运行程序都需要汇编语言。

（3）高级语言。无论是机器语言还是汇编语言都是面向硬件的具体操作，由于它们对机器的过分依赖，要求使用者必须对硬件结构及其工作原理都十分熟悉。随着计算机技术的发展，促使人们去寻求一些与人类自然语言相接近且能为计算机所接受的语意确定、规则明确、自然直观和通用易学的计算机语言，因此，高级语言应运而生。

高级语言是一种独立于机器，面向过程或对象的语言，并为计算机所接受和执行的计算机语言。高级语言直接面向用户，无论何种机型的计算机，只要配备相应的高级语言的编译或解释程序，采用该高级语言编写的程序就可以通用。

高级语言的特点：语言结构与计算机本身的硬件以及指令系统无关，可读性强，能够方便地表达程序的功能，更好地描述使用的算法，更易于理解和学习。因为高级编程语言是一种编译语言，计算机并不能直接地接受和执行用高级语言编写的源程序，必须通过"翻译程序"翻译成机器语言形式的目标程序，计算机才能识别和执行，运行速度比汇编程序要低，同时因为高级语言比较冗长，所以代码的执行速度也要慢一些。由于早期计算机的发展主要在美国，因此一般的高级语言都是以英语为蓝本。

高级语言并不特指某一种具体的语言，而是包括了很多编程语言，例如，BASIC、Pascal、C/C++、COBOL、FORTRAN、LOGO 以及 VB、VC、VC++、Java 和 Python 等。

3．应用软件

应用软件是专门为某一应用目的而编制的软件。常用的应用软件有办公软件、网络软件、多媒体软件、电子商务软件、数据库软件等。

（1）办公软件。指可以进行文字处理、表格制作、幻灯片制作、简单数据库处理等工作的软件，包括 Microsoft Office 系列和金山 WPS 系列。办公软件的应用范围很广，大到社会统计，小到会议记录、数字化办公。目前，办公软件正朝着操作简单化和功能细化等方向发展。

（2）网络软件。指在计算机网络环境中，用于支持数据通信和各种网络活动的软件。网络软件包括通信软件、网络服务软件、网络应用软件、网络应用系统、网络管理系统以及用于特殊网络站点的软件等。

（3）多媒体软件。包括文字处理软件、绘图软件、图像处理软件、动画制作软件、声音编辑软件以及视频编辑软件，如 Flash、Photoshop、3ds Max、Powerplayer、PPlive 等。

（4）电子商务软件。是为了适应电子商务的发展以及对业务进行综合管理而产生的软件，包括会计、企业工作流程分析、客户关系管理、企业资源计划、供应链管理、产品生命周期管理等软件。

（5）数据库软件。指用于数据管理的软件或系统，具有信息存储、检索、修改、共享和保护的功能。目前流行的数据库系统有 Access、Sybase、SQL Server、Oracle、MySQL 等。

1.2 运算基础

1.2.1 二进制数的运算方法

计算机具有强大的运算能力，可以进行算术运算和逻辑运算。

1. 二进制数的算术运算

二进制数的算术运算包括加、减、乘、除四则运算，下面分别予以介绍。

（1）二进制数的加法。根据"逢二进一"规则，二进制数加法的法则如下：

$$0+0=0, \qquad 1+1=0 \quad （进位为 1）$$
$$0+1=1+0=1, \qquad 1+1+1=1 \quad （进位为 1）$$

例如，1110 和 1011 相加过程如下：

```
    1110  被加数
+)  1011  加数
  ───────
   11001
```

（2）二进制数的减法。根据"借一有二"的规则，二进制数减法的法则如下：

$$0-0=0, \qquad 1-1=0$$
$$1-0=1, \qquad 0-1=1 \quad （借位为 1）$$

例如，1101 减去 1011 的过程如下：

```
    1101  被减数
-)  1011  减数
  ───────
    0010
```

（3）二进制数的乘法。二进制数乘法运算过程可仿照十进制数乘法进行。由于二进制数只有 0 或 1 两种可能的乘数位，使得二进制数乘法更为简单。二进制数乘法的法则如下：

$$0×0=0, \quad 0×1=1×0=0, \quad 1×1=1$$

例如，1001 和 1010 相乘的过程如下：

```
     1001   被乘数
×)   1010   乘数
  ──────────
     0000
     1001   部分积
    0000
+)  1001
  ──────────
  1011010   乘积
```

由低位到高位，用乘数的每一位去乘被乘数，若乘数的某一位为 1，则该次部分积为被乘数；若乘数的某一位为 0，则该次部分积为 0。某次部分积的最低位必须和本位乘数对齐，所有部分积相加的结果则为相乘得到的乘积。

（4）二进制数的除法。二进制数除法与十进制数除法类似。可先从被除数的最高位开始，将被除数（或中间余数）与除数相比较，若被除数（或中间余数）大于除数，则用被除数（或中间余数）减去除数，商为 1，并得到相减之后的中间余数，否则商为 0。再将被除数的下一位移下补充到中间余数的末位，重复以上过程，就可得到所要求的各位商数和最终的余数。

例如，100110÷110 的运算过程如下：

```
         000110 商
    110)  100110 被除数
       -) 110
          ————————
          111
       -)   110
          ————————
            10 余数
```

所以，100110÷110=110 余 10。

2．二进制数的逻辑运算

（1）逻辑"或"运算又称为逻辑加，常用符号"+"或"∨"来表示，规则如下：

$$0+0=0 \text{ 或 } 0\vee0=0, \quad 0+1=1 \text{ 或 } 0\vee1=1$$
$$1+0=1 \text{ 或 } 1\vee0=1, \quad 1+1=1 \text{ 或 } 1\vee1=1$$

可见，两个相"或"的逻辑变量中，只要有一个变量为 1，"或"运算的结果就为 1。仅当两个变量都为 0 时，"或"运算的结果才为 0。

（2）逻辑"与"运算又称为逻辑乘，常用符号"×"、"·"或"∧"表示，规则如下：

$$0\times1=0 \text{ 或 } 0\cdot1=0 \text{ 或 } 0\wedge1=0$$
$$1\times0=0 \text{ 或 } 1\cdot0=0 \text{ 或 } 1\wedge0=0$$
$$1\times1=1 \text{ 或 } 1\cdot1=1 \text{ 或 } 1\wedge1=1$$

可见，两个相"与"的逻辑变量，只要有一个变量为 0，"与"运算的结果就为 0。仅当两个变量都为 1 时，"与"运算的结果才为 1。

（3）逻辑"非"运算又称为逻辑否定，实际上就是将原逻辑变量的状态求反，规则如下：

$$\overline{0}=1$$
$$\overline{1}=0$$

通常在变量的上方加一条横线表示"非"。当逻辑变量为 0 时，"非"运算的结果为 1；当逻辑变量为 1 时，"非"运算的结果为 0。

（4）逻辑"异或"运算常用符号"⊕"或"∀"来表示，规则如下：

$$0\oplus0=0 \text{ 或 } 0\forall0=0, \quad 0\oplus1=1 \text{ 或 } 0\forall1=1$$
$$1\oplus0=1 \text{ 或 } 1\forall0=1, \quad 1\oplus1=0 \text{ 或 } 1\forall1=0$$

可见，当两个相"异或"的逻辑变量取值相同时，"异或"的结果为 0；当取值相异时，"异或"的结果为 1。

以上仅就逻辑变量只有 1 位的情况得到了逻辑"与"、"或"、"非"、"异或"运算的运算规则。当逻辑变量为多位时，可在两个逻辑变量对应位之间按上述规则进行运算。特别注意，所有的逻辑运算都是按位（二进制数）进行的，位与位之间没有任何联系，即不存在算术运算过程中的进位或借位关系。下面举例说明。

【例 1.1】 两个变量的取值为 X=00FFH，Y=5555H，分别求 Z_1=$X\wedge Y$，Z_2=$X\vee Y$，Z_3=$\overline{X}$，Z_4=$X\oplus Y$ 的值。

解： X = 00FFH = 0000 0000 1111 1111B， Y = 5555H = 0101 0101 0101 0101B

则 $Z_1 = X \wedge Y$ = 0000 0000 0101 0101B = 0055H

$Z_2 = X \vee Y$ = 0101 0101 1111 1111B = 55FFH

$Z_3 = \overline{X}$ = 1111 1111 0000 0000B = FF00H

$Z_4 = X \oplus Y$ = 0101 0101 1010 1010B = 55AAH

计算机二进制数算术运算及逻辑运算规则见表 1.8。

表 1.8   计算机二进制数算术运算及逻辑运算规则

加法	减法	乘法	除法	"与"运算	"或"运算	"非"运算	"异或"运算
0+0=0	0-0=0	0×0=0	与十进制数除法类似	按位对逻辑变量进行"与"运算。当两位均为 1 时，结果为 1；否则为 0。"与"运算用符号"∧"、"×"或"·"表示	按位对逻辑变量进行"或"运算。当两位中有一位为 1 时，结果为 1；当两位均为 0 时，其结果为 0。"或"运算用符号"∨"或"+"表示	当逻辑变量为 0 时，结果为 1；当逻辑变量为 1 时，结果为 0	按位对逻辑变量进行"异或"运算。当两位不相同时，结果为 1。当两位相同时，结果为 0。"异或"运算用符号"⊕"或"∀"表示
0+1=1	1-0=1	0×1=0					
1+1=10 有进位	1-1=0	1×0=0					
1+1+1=11 有进位	0-1=1 有借位	1×1=1					

1.2.2   数在计算机中的表示

在计算机中需要处理的数据包括无符号数和有符号数。

1．无符号数

所谓无符号数，通常表示一个数的绝对值，即数的各位都用来表示数值的大小。1 字节（8 位）二进制数只能表示 0～255 范围内的数。因此，要表示大于 255 的数，必须采用多字节来表示，它的长度可以为任意倍字节长。无符号二进制数格式如图 1.1 所示。

2．有符号数

所谓有符号数，即用来表示一个任意位长的正数或负数。我们知道，在普通数字中，区分正、负数是通过在数的绝对值前面加上符号"+"和"−"来表示的，即"+"表示正数，"−"表示负数。在计算机中，数的符号也数码化了，一般用一个数的最高位作为符号位，用 0 表示正号，用 1 表示负号，而其余位为数值位。有符号二进制数格式如图 1.2 所示。

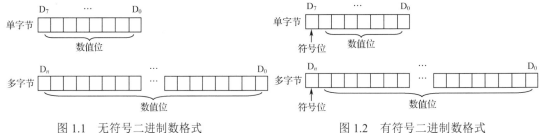

图 1.1   无符号二进制数格式   图 1.2   有符号二进制数格式

3．有符号数的原码、反码、补码及补码运算

带正、负号的二进制数称为数的真值。

例如： X = +1010110B， Y = −0110101B

为了运算方便，计算机中的有符号数有三种表示方法，即原码、反码和补码，称为机器数。

（1）原码。正数的符号位用 0 表示，负数的符号位用 1 表示，其余数字位表示数值本身，这种表示法称为原码。

前例 X 、 Y 可以表示如下：

$[X]_原$ = 01010110B， $[Y]_原$ = 10110101B

对于 0，可以认为它是+0，也可以认为它是-0。因此在原码中，0 有下列两种表示：

$$[+0]_原 = 00000000B, \quad [-0]_原 = 10000000B$$

原码表示数的方法很简单，只需要在真值的基础上，将符号位用数码"0"和"1"表示即可。但采用原码表示的数在计算机中进行加、减运算时很麻烦。例如，遇到两个异号数相加或两个同号数相减时，就要用减法运算。为了把减法运算转变成加法运算，引入了反码和补码。

（2）反码。在原码表示的基础上很容易求得一个数的反码。正数的反码与原码相同，而负数的反码则是在原码的基础上，符号位不变（仍为 1），其余数字位按位求反，即 0→1，1→0。

前例 X、Y 可以表示如下：

$$[X]_反 = 01010110B, \quad [Y]_反 = 11001010B$$

在反码中，0 也有下列两种表示：

$$[+0]_反 = 00000000B, \quad [-0]_反 = 11111111B$$

（3）补码。在反码表示的基础上，一个数的补码也很容易求得。如果是正数，它的补码与原码相同、与反码也相同，如果是负数，则在反码的基础上最末位加 1。

前例 X、Y 可以表示如下：

$$[X]_补 = [X]_原 = [X]_反 = 01010110B, \quad [Y]_补 = 11001010B+1B = 11001011B$$

注意：补码中 0 只有一种表示，无正负之分，即

$$[+0]_补 = [-0]_补 = 00000000B$$

不难证明，补码具有如下特性：

$$[[X]_补]_补 = [X]_原$$

8 位二进制数对应的无符号数和有符号数的原码、反码、补码见表 1.9。

由表 1.9 可知，用 8 位二进制数表示无符号数的范围为 0～255；表示原码的范围为−127～+127；表示反码的范围为−127～+127；表示补码的范围为−128～+127。

（4）补码运算

两个用补码表示的有符号数进行加、减运算时，需要将符号位上表示正、负的 0 和 1 也看成数，与数值部分一同进行运算，所得的结果也为补码形式。也就是说，结果的符号位为 0，表示正数；结果的符号位为 1，则表示负数。下面分加、减法两种情况予以讨论。

两个有符号数 X 和 Y 进行相加时，先将两个数分别转换为补码的形式，然后进行补码加法运算，所得结果为"和"的补码形式：

$$[X+Y]_补 = [X]_补 + [Y]_补$$

表 1.9　8 位二进制数对应的无符号数和有符号数的原码、反码、补码

8 位二进制数	无符号十进制数	原码	反码	补码
0000 0000	0	+0	+0	+0
0000 0001	1	+1	+1	+1
0000 0010	2	+2	+2	+2
...	...	...	...	...
0111 1100	124	+124	+124	+124
0111 1101	125	+125	+125	+125
0111 1110	126	+126	+126	+126
0111 1111	127	+127	+127	+127
1000 0000	128	−0	−127	−128
1000 0001	129	−1	−126	−127
1000 0010	130	−2	−125	−126
...	...	...	...	...
1111 1100	252	−124	−3	−4
1111 1101	253	−125	−2	−3
1111 1110	254	−126	−1	−2
1111 1111	255	−127	**−0**	−1

【例 1.2】　用补码进行下列运算：

① (+18)+(−15)；② (−18)+(+15)；③ (−18)+(−11)。

解：

①
```
        00010010 B      [+18]补
    +)  11110001 B      [-15]补
    ─────────────────────────────
    1   00000011 B      [+3]补
```
— 符号位的进位自动丢失

②
```
        11101110 B      [-18]补
    +)  00001111 B      [+15]补
    ─────────────────────────
        11111101 B      [-3]补
```

③
```
        11101110 B      [-18]补
    +)  11110101 B      [-11]补
    ──────────────────────────────
    1   11100011 B      [-29]补
```
— 符号位的进位自动丢失

由例 1.2 可知，当带符号的数采用补码形式进行相加运算时，可把符号位也当作普通数字一样与数值部分一起进行加法运算。若符号位上产生进位时，则自动丢掉，所得结果为两数之和的补码形式。如果想得到运算后原码的结果，可对运算结果再求一次补码即可。

两个有符号数相减，可通过下面的公式进行：

$$X-Y=X+(-Y)$$

则

$$[X-Y]_补 = [X+(-Y)]_补 = [X]_补+[-Y]_补$$

可见，求$[X-Y]_补$，可以用$[X]_补$和$[-Y]_补$相加来实现。这里的关键在于求$[-Y]_补$。如果已知$[Y]_补$，那么对$[Y]_补$的每位（包括符号位）都按位求反，然后末位加 1，结果即为$[-Y]_补$（证明略）。一般称$[-Y]_补$为对$[Y]_补$的"变补"，即$[[Y]_补]_{变补}=[-Y]_补$；已知$[Y]_补$求$[-Y]_补$的过程称为变补。

这样，求两个带符号的二进制数之差，可以用"被减数（补码）与减数（补码）变补相加"来实现。这是补码表示法的主要优点之一。

【例 1.3】 用补码进行下列运算：

① 96−19； ② (−56)−(−17)。

解：

① X=96，Y=19，则

$[X]_补$ = 01100000 B

$[Y]_补$ = 00010011 B

$[-Y]_补$ = 11101101 B

```
        01100000 B      [X]补
    +)  11101101 B      [-Y]补
    ──────────────────────────
    1   01001101 B      [X-Y]补
```
— 符号位的进位自动丢失

故 $[X-Y]_补$=$[X-Y]_原$=01001101=+77

② X=−56，Y=−17，则

$[X]_补$=11001000 B

$[Y]_补$=11101111 B

$[-Y]_补$=00010001 B

```
        11001000 B      [X]补
    +)  00010001 B      [-Y]补
    ──────────────────────────
        11011001 B      [X-Y]补
```

则 $[X-Y]_补$=11011001 B

故 $[X-Y]_原$=$[[X-Y]_补]_补$=10100111 B = −39

综上所述，对于补码的加、减运算可以用下面的公式来表示：

$$[X\pm Y]_补=[X]_补+[\pm Y]_补 \quad (|X|,|Y| 及 X\pm Y 都小于 2^{n+1})$$

（5）溢出判断

当两个有符号数进行补码运算时，若运算结果的绝对值超出运算装置容量，数值部分就会发生溢出，占据符号位的位置，导致错误的结果，这种现象通常称为补码溢出，简称溢出。这与正常运算时符号位的进位自动丢失在性质上是不同的。下面举例说明。

【例 1.4】 某运算装置共有 5 位（二进制数），除最高位表示符号位外，其余 4 位用来表示数值。先看下面两组运算。

解：

① 计算 13+7。

$$
\begin{array}{r}
+13 \\
+)\quad +7 \\
\hline
+20
\end{array}
$$

十进制数运算

$$
\begin{array}{r}
01101\,B \\
+)\quad 00111\,B \\
\hline
10100\,B=-12
\end{array}
$$

二进制数补码运算

② 计算(−4)+(−4)。

$$
\begin{array}{r}
-4 \\
+)\quad -4 \\
\hline
-8
\end{array}
$$

十进制数运算

$$
\begin{array}{r}
11100\,B \\
+)\quad 11100\,B \\
\hline
1\,11000\,B=-8
\end{array}
$$

↑── 符号位的进位自动丢失

二进制补码运算

解：① 运算结果显然是错误的，因为两个正数相加不可能得到负数的结果，产生错误的原因是两个数相加后的数值超出了加法装置所允许位数（数值部分为 4 位，最大值为 15），因此从数值的最高位向符号位产生了进位，或者说这种现象是由于"溢出"而造成的。② 运算结果显然是正确的，由符号位产生的进位自动丢失。

为了保证运算结果的正确性，计算机必须能够判别出是正常进位还是发生了溢出错误。计算机中常用的溢出判别称为双高位判别法，由"异或"电路来实现溢出判别。其表达式为：

$$C_S \oplus C_P = 1 \text{（表示发生了溢出错误）}$$

式中，C_S 表示最高位（符号位）产生进位的情况，$C_S=1$，有进位；$C_S=0$，无进位。C_P 表示次高位（数值部分最高位）向符号位产生进位的情况，$C_P=1$，有进位；$C_P=0$，无进位。

由表达式可知，在运算过程中，当 C_S 和 C_P 状态不同（为 01 或 10）时，产生溢出，当 C_S 和 C_P 状态相同（为 00 或 11）时，不产生溢出。

发生溢出时，$C_S \oplus C_P=0 \oplus 1$ 为正溢出，通常出现在两个正数相加时；$C_S \oplus C_P=1 \oplus 0$ 为负溢出，通常出现在两个负数相加时。考察例 1.4：① $C_S \oplus C_P=0 \oplus 1=1$，有溢出，为正溢出。② $C_S \oplus C_P=1 \oplus 1=0$，无溢出。下面举例说明溢出判别。

【例 1.5】 计算 64+65。

解：
$$
\begin{array}{ll}
\quad 01000000\,B & [+64]_{补} \\
+)\quad 01000001\,B & [+65]_{补} \\
\hline
\quad 10000001\,B & [-127]_{补}
\end{array}
$$

由于 $C_S \oplus C_P=0 \oplus 1=1$，产生溢出，并且是正溢出，导致运算结果出错。

【例 1.6】 计算−110−92。

解：
$$
\begin{array}{ll}
\quad 10010010\,B & [-110]_{补} \\
+)\quad 10100100\,B & [-92]_{补} \\
\hline
1\,00110110\,B & [+54]_{补}
\end{array}
$$

由于 $C_S \oplus C_P=1 \oplus 0=1$，产生溢出，并且是负溢出，结果出错。

【例 1.7】 计算−117+121。

解：
$$
\begin{array}{ll}
\quad 10001011\,B & [-117]_{补} \\
+)\quad 01111001\,B & [+121]_{补} \\
\hline
1\,00000100\,B & [+4]_{补}
\end{array}
$$

由于 $C_S \oplus C_P=1 \oplus 1=0$，无溢出，结果正确。

1.2.3 数的编码方法

在计算机中，所有用到的数字、字母、符号、指令等都必须用特定的二进制数来表示，这就是二进制编码。

1．十进制数的二进制编码

计算机只能识别二进制数，但人们熟悉的却是十进制数。所以在计算机输入和输出数据时，往往采用十进制数表示。不过，这样的十进制数是用二进制编码表示的，称为用二进制编码的十进制数（Binary Code Decimal，BCD）。

用二进制数为十进制数编码，每位十进制数需要用 4 位二进制数来表示。4 位二进制数共有 16 种编码形式，由于十进制数只有 0～9 共 10 个数码，故有 6 个编码是多余的，放弃不用。而这种多余性便产生了多种不同的 BCD 码。在计算机中较常用的是 8421 BCD 码（简称 BCD码）。这种 BCD 码用 4 位二进制数表示 1 位十进制数的数码 0～9，权值从高位到低位依次为 8、4、2、1。BCD 码见表 1.10。

表 1.10 BCD 码

十进制数	BCD 码	十进制数	BCD 码
0	0000	8	1000
1	0001	9	1001
2	0010	10	0001 0000
3	0011	11	0001 0001
4	0100	12	0001 0010
5	0101	13	0001 0011
6	0110	14	0001 0100
7	0111	15	0001 0101

例如：$(208)_{10} = (0010\ 0000\ 1000)_{BCD}$
$(1001\ 0001\ 0111\ 0101)_{BCD} = (9175)_{10}$

2．字母与符号的编码

在计算机中，字母和符号也必须用特定的二进制编码来表示。目前，在计算机、通信设备及仪器仪表中广泛采用的是美国标准信息交换码（American Standard Code for Information Interchange，ASCII）。ASCII 码用 7 位二进制编码表示一个字母或符号，能表示 $2^7=128$ 个不同的字符，其中包括数字 0～9、英文大/小写字母、运算符、标点及其他的一些控制符号。ASCII 码见表 1.11。

表 1.11 ASCII 码

			高位 MSB						
			0	1	2	3	4	5	6	7
			000	001	010	011	100	101	110	111
	0	0000	NUL 空操作	DLE 数据链路转义	SP	0	@	P	`	p
	1	0001	SOH 标题开始	DC1 设备控制 1	!	1	A	Q	a	q
	2	0010	STX 正文开始	DC2 设备控制 2	"	2	B	R	b	r
	3	0011	ETX 正文结束	DC3 设备控制 3	#	3	C	S	c	s
	4	0100	EOT 传输结束	DC4 设备控制 4	$	4	D	T	d	t
	5	0101	ENQ 询问	NAK 拒绝接收	%	5	E	U	e	u
	6	0110	ACK 确认	SYN 同步空闲	&	6	F	V	f	v
低位 LSB	7	0111	BEL 响铃	ETB 信息组结束	'	7	G	W	g	w
	8	1000	BS 退格	CAN 取消	(	8	H	X	h	x
	9	1001	HT 横向制表	EM 纸尽	)	9	I	Y	i	y
	A	1010	LF 换行	SUB 取代	*	:	J	Z	j	z
	B	1011	VT 纵向制表	ESC 换码	+	;	K	[	k	{
	C	1100	FF 换页	FS 文件分隔符	,	<	L	\	l		
	D	1101	CR 回车	GS 组分隔符	-	=	M	]	m	}
	E	1110	SO 移出	RS 记录分隔符	·	>	N	↑	n	~
	F	1111	SI 移入	US 单元分隔符	/	?	O	←	o	Del 删除

例如，数字 0 的 ASCII 码为 0110000B 或 30H，数字 9 的 ASCII 码为 0111001B 或 39H，字母 A 的 ASCII 码为 1000001B 或 41H。

1.3 微型计算机系统

1.3.1 基本概念

首先介绍几个基本概念。

① 微处理器。微处理器或微处理机（Micro Processor，MP）也称为中央处理器（Central Processing Unit，CPU），是指由一片或几片大规模集成电路组成的、具有运算和控制功能的中央处理单元。

② 微型计算机。微型计算机（Micro Computer，MC），是指以 CPU 为核心，再配上一定容量的存储器和输入/输出接口电路，通过外部总线将其连接起来，便组成了一台微型计算机。

③ 微型计算机系统。微型计算机系统（Micro Computer System，MCS），是指以微型计算机为核心，再配以相应的外围设备、辅助电路和电源（统称硬件），以及指挥微型计算机工作的系统软件，构成的一个完整的系统。

微处理器、微型计算机和微型计算机系统，是三个含义不同但又有密切关联的基本概念，要特别注意对它们的理解和区别。

1.3.2 微型计算机系统的硬件组成

微型计算机系统由硬件和软件组成，如图 1.3 所示。

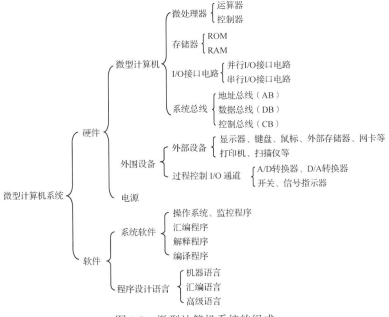

图 1.3 微型计算机系统的组成

1. 微型计算机的结构

微型计算机的结构如图 1.4 所示。一台微型计算机主要由微处理器、存储器、输入/输出接口电路及系统总线（虚线内部分）构成。

微处理器由运算器和控制器两部分组成。运算器主要用来完成对数据的运算，包括算术运算和逻辑运算。控制器为整机的指挥控制中心，计算机的一切操作，如数据输入/输出、打印、运算处理等都必须在控制器

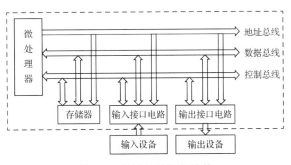

图 1.4 微型计算机的结构

的控制下才能进行。

存储器是一个记忆装置，用来存储数据、程序代码、运算的中间结果和最终结果。存储器包括随机存取存储器（RAM）和只读存储器（ROM）。

输入/输出接口电路是微型计算机（主机）与外设联系的桥梁。由于外设的种类繁多，工作速度大部分不能和主机相匹配（相对来讲都较慢），因此，主机与外设之间的信息传递都必须通过接口电路进行速度匹配、格式转换及缓存。输入接口电路是主机的输入端，用来将输入设备（如键盘、鼠标等）的信息输入到主机内部，而输出接口电路是主机的输出端，用来将主机运算的结果或控制信号输出给输出设备，如 CRT（Cathode Ray Tube）显示器、打印机等。

微处理器与微型计算机内部各部件的联系，以及与外部设备信息的传递都要通过总线来实现。在微型计算机中通常使用的总线有数据总线、地址总线和控制总线，称为系统三总线。

数据总线（Data Bus，DB）是微处理器与外界传递数据的数据信号线，数据总线的位数实际上决定了微处理器与外部传送数据通道的宽度，也称为微处理器的字长。数据总线可以双向传递数据信号，是一组双向、三态总线。

地址总线（Address Bus，AB）是由微处理器输出的一组地址信号线，用来指定微处理器所访问的存储器和外部设备的地址。地址总线的位数决定了微处理器所能直接访问的存储器的地址空间。例如，地址总线为 20 位时，可访问的地址范围为 00000H～FFFFFH（$2^{20}=1048576$）。地址总线为三态输出总线。

控制总线（Control Bus，CB）用来传送控制信号和时序信号，其中有的为高电平有效，有的为低电平有效，有的为输出信号，有的为输入信号。通过控制总线，微处理器可以向其他部件发出一系列的命令信号，其他部件也可以将工作状态、请求信号传送给微处理器。

2．外围设备

外围设备即微型计算机的 I/O（输入/输出）设备，简称外设。外设是微型计算机系统与外界（包括使用计算机的人）通信的渠道。输入设备把程序、数据、命令转换成微型计算机能识别、接收的信息，输入给微型计算机。输出设备把微处理器计算和处理的结果转换成人们易于理解和阅读的形式，输出到外部。外设包括外部设备和过程控制 I/O 通道。外部设备主要包括显示器、键盘、鼠标、外部存储器、网卡打印机、扫描仪等。过程控制 I/O 通道主要有 A/D 转换器、D/A 转换器、开关、信号指示器等。外设是微型计算机系统必不可少的，它们的选型及性能的优劣对微型计算机应用环境和用户工作效率有重大的影响。

3．电源

电源是微型计算机系统正常运行的电力保障，其为微型计算机提供所需要的稳定电压。电源将 220V 交流电转换成±5V 和±12V 这 4 种 DC（直流）电压。一般台式机的电源功率为 150～220W，立式机的电源功率为 220～400W。电源中由风扇提供对整个系统的冷却。电源应满足最低安全标准，且不会产生干扰无线电信号的电磁辐射。

1.3.3　微型计算机系统的软件组成

微型计算机系统的软件分为系统软件和应用软件。微型计算机系统软件组成如图 1.5 所示。

1．系统软件

系统软件是由生产厂家提供给用户的一组程序，负责管理微型计算机系统中各种独立的硬件，使它们可以协调工作。

系统软件的核心是操作系统，主要功能是对系统的软件、硬件资源进行合理管理，为用户创造方便、有效和可靠的工作环境。操作系统的主要部分是常驻监督程序，只要一开机，它就开始运行，接收用户命令，并使操作系统执行相应的动作。操作系统有 8 个程序分支。

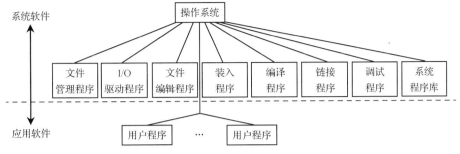

图 1.5　微型计算机系统软件组成

① 文件管理程序：用来处理存放在外存储器中的大量信息，与外存储器的设备驱动程序相连接，对存放在其中的信息以文件的形式进行存取、复制及其他管理操作。

② I/O 驱动程序：用来对 I/O 设备进行控制和管理。当系统程序或用户程序需要使用 I/O 设备时，只要发出命令，执行 I/O 驱动程序，即可完成微处理器与 I/O 设备之间的信息传送。

③ 文件编辑程序：文件是指由字母、数字和符号等组成的一组信息，它可以是一个用汇编语言或高级语言编写的程序，也可以是一组数据或一份报告。文件编辑程序用来建立、输入或修改文件，并将它存入内存或外存储器中。

④ 装入程序：用来把保存在外存储器中的程序传送到内存中，以便机器执行。

⑤ 编译程序：也称为编译器，是把用高级程序设计语言编制的源程序翻译成机器语言格式的目标程序的翻译程序，基本功能就是把源程序翻译成目标程序，同时具备语法检查、调试措施、修改手段、覆盖处理、目标程序优化、不同语言合用以及人机联系等重要功能。

⑥ 链接程序：将目标程序与库文件或其他程序模块链接在一起，形成计算机能执行的程序。

⑦ 调试程序：系统提供给用户的、能监督和控制用户程序的一种工具。它可以装入、修改、显示并逐条执行程序指令，通常与编译程序一起放在集成开发环境（Integrated Development Environment，IDE）中。

⑧ 系统程序库：各种标准程序、子程序及一些文件的集合，可以被系统程序或用户程序调用。

2．应用软件

应用软件是指用户利用微型计算机系统的软件和硬件资源，使用不同的程序设计语言，按照特定的目的而开发的程序，是为满足用户不同领域、不同问题的应用需求而提供的软件。通常包括文字处理软件、信息管理软件、辅助设计软件和实时控制软件等。

应当指出，硬件和软件是相辅相成的，共同构成了微型计算机系统，缺一不可。用户通过软件与硬件发生联系，在系统软件的干预下使用硬件。

1.3.4　微型计算机系统的性能指标

微型计算机系统的主要性能指标包括字长、主存储器容量、运算速度、存取周期和扩展能力。此外，还有可靠性、可维护性、平均无故障时间和性能价格比等性能指标。

1．字长

字长指计算机内部一次可以处理的二进制位数。字长越长，计算机所能表示的数据精度越高，并且在完成同样精度的运算时，数据的处理速度越高。但字长增加，机器中的通用寄存器、存储器、ALU 的位数和数据总线的位数也要增加，硬件代价增大，因此应本着考虑精度、速度和成本兼顾的原则来决定计算机的字长。通常，字长取值是 8 的整数倍，如 8、16、32、64 等。

2．主存储器容量

主存储器容量是衡量计算机存储二进制信息量大小的一个重要指标。主存储器容量的大小反映了计算机即时存储信息的能力，容量越大，系统功能就越强大，能处理的数据量就越庞大。计算机中通常以字节为单位表示存储容量，如 B（Byte）、KB（Kilo Byte）、MB（Mega Byte）、GB（Giga Byte）、TB（Tera Byte）和 PB（Peta Byte）。

$1KB=2^{10}=1024$ B

$1MB=2^{20}=1024$ KB$=1048576$ B

$1GB=2^{30}=1024$ MB$=1073741824$ B

$1TB=2^{40}=1024$ GB$=1099511627776$ B

$1PB=2^{50}=1024$ TB$=1125899906842624$ B

3．运算速度

计算机的运算速度以每秒能执行的指令条数来表示。运算速度与计算机的主频紧密相关。一般来说，主频越高则运算速度越快。由于不同类型的指令执行时所需的时间长度不同，因此有几种不同的衡量运算速度的方法。

① MIPS（Million Instruction Per Second，百万条指令每秒）法，根据不同类型指令出现的频度，再乘上不同的系数，求得统计平均值，得到平均运算速度，并用 MIPS 作为单位来衡量。

② 最短指令法，以执行时间最短的指令（如传送指令、加法指令）为标准来计算速度。

③ 直接计算法，给出 CPU 的主频和每条指令执行所需要的时钟周期，可以直接计算出每条指令执行所需的时间。

4．存取周期

把二进制信息存入存储器，称为"写"。把二进制信息从存储器中取出，称为"读"。存储器进行一次"读"或"写"所需要的时间，称为存储器的访问时间（或读/写时间），而连续启动两次独立的"读"或"写"所需要的最短时间，称为存取周期。存取周期越短，运算速度越快。

5．扩展能力

扩展能力主要指微型计算机系统配置各种外设的可能性和适应性。例如，一台计算机允许配接多少种外设，对其功能有重大影响。

微型计算机系统是硬件和软件相结合的统一整体，用户应当根据自己的需要和应用场合来配置硬件、软件的种类和数量。确定微型计算机系统配置的基本原则是，满足使用的要求，并兼顾近期发展的扩展需要。

习题 1

1-1　简述电子计算机和微型计算机经过了哪些主要的发展阶段。

1-2　设机器字长为 8 位（二进制数），最高位为符号位。试用二进制数加法计算下列各式，并用"双高位"判别法判别有无溢出。若有，是正溢出还是负溢出？

50+84，−33+(−37)，−90+(−70)，72−8

1-3　写出下列各数的原码、反码、补码（设机器字长为 8 位）：

+1010011 B，−0101100 B，−32，+47

1-4　将下列十进制数变为 8421 BCD 码：

306，512，9183，4700

1-5　将下列 8421 BCD 码变为十进制数：

1000010010100 B，11001100011 B，1001000101 B，11000 B

1-6　写出下列十六进制数的 ASCII 码：

1357H，ABCDH，3FH，20EH

1-7　什么是微处理器、微型计算机、微型计算机系统？

1-8　试画出微型计算机的结构框图，并简述各部分的功能。

1-9　衡量微型计算机系统的主要性能指标有哪几个？

重点难点

第2章　微处理器及其结构

摘要　微处理器（CPU）是微型计算机的核心。本章首先介绍 16 位 Intel 8086 微处理器的内部结构、寄存器结构、外部引脚及其功能，然后重点讲述 32 位 Intel 80486 微处理器的内部结构、寄存器结构、外部引脚及其功能，并对 Intel 80486 微处理器的工作模式和总线操作时序进行详细讲解。

2.1　8086 16 位微处理器

8086 微处理器是 Intel 公司于 1978 年 6 月推出的 16 位微处理器，采用高性能 NMOS 工艺，40 引脚的双列直插式封装（Dual In-line Package，DIP），集成了约 29000 个晶体管。8086 微处理器有 16 位数据总线和 20 位地址总线，直接寻址的存储空间为 1MB（2^{20}B），用其中的 16 位地址总线可以访问 64KB（2^{16}B）的 I/O 空间。8086 微处理器工作时钟频率有 3 种，8086 微处理器为 5MHz，8086-1 微处理器为 8MHz，8086-2 微处理器为 10MHz。8086 微处理器还提供了一套完整的、功能强大的指令系统。

2.1.1　内部结构

8086 微处理器的主要特点：16 位微处理器，16 位数据总线，20 位地址总线，可寻址 1MB 存储空间，时钟频率为 5～10MHz。8086 微处理器的内部结构如图 2.1 所示，由执行部件（Execution Unit，EU）和总线接口部件（Bus Interface Unit，BIU）两部分组成。

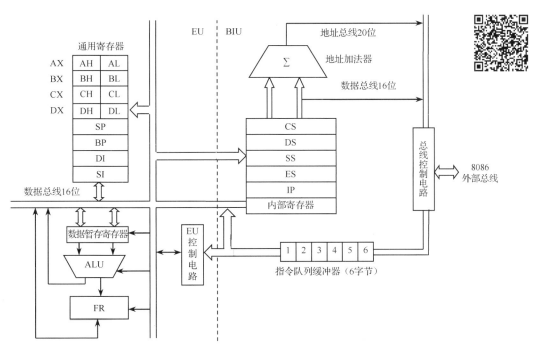

图 2.1　8086 微处理器的内部结构

1．总线接口部件（BIU）

BIU 负责 8086 微处理器与存储器和外设之间的信息传送。具体地说，BIU 负责从内存的指定区域取出指令，送至指令队列缓冲器排队。在执行指令时所需要的操作数，也由 BIU 从内存的指定区域取出，传送给执行部件（EU）去执行。图 2.1 虚线右侧为 BIU 的结构。BIU 包含一个地址加法器、一组 16 位的段寄存器、一个 16 位的指令指针 IP、一个 6 字节的指令队列缓冲器以及总线控制电路。

（1）地址加法器和段寄存器。由于 8086 微处理器具有 20 位地址总线，可以方便地寻址 $2^{20}=1MB$ 的内存单元。但是在微处理器内部只有 16 位的寄存器，无法保存和传送每个存储单元的 20 位地址信息。为了正确地访问存储器，8086 微处理器采用了分段结构，将 1MB 的内存空间划分为若干个逻辑段，在每个逻辑段中使用 16 位段基（地）址和 16 位偏移地址构成 20 位物理地址进行寻址，段寄存器用来存放各段的段基址。利用 BIU 的地址加法器计算并形成微处理器所要访问的存储单元地址（20 位）或 I/O 地址（16 位）。有关存储器的分段、段寄存器的使用以及存储器地址的形成将在 2.1.4 节中详细讲解。

（2）指令队列缓冲器。指令队列缓冲器是 6 字节的"先进先出"RAM，用来按顺序存放微处理器要执行的指令代码，并送到 EU 中去执行。EU 总是从指令队列缓冲器的输出端取走指令代码，每当指令队列缓冲器中存满一条指令后，EU 就立即开始执行。当指令队列中前两条指令字节被 EU 取走后，BIU 就自动执行总线操作，读出指令代码并装入指令队列缓冲器中。当程序发生跳转时，BIU 立即清除原来指令队列缓冲器中的内容并重新开始取指令代码。

（3）总线控制电路。总线控制电路主要负责产生总线控制信号。例如，产生对存储器的读/写控制信号和 I/O 的读/写控制信号等。

2. 执行部件（EU）

图 2.1 虚线左侧为 EU 的结构。EU 负责指令的执行，它从 BIU 的指令队列缓冲器中取出指令、分析指令并执行指令，而执行指令过程中所需要的数据以及执行的结果也都由 EU 向 BIU 发出请求，再由 BIU 对存储器或外设进行存取操作来完成。EU 主要由算术逻辑单元、数据暂存寄存器、标志寄存器、通用寄存器、指针寄存器、变址寄存器和 EU 控制电路组成。

（1）算术逻辑单元（Arithmetic and Logic Unit，ALU）。16 位的算术逻辑运算单元，用来对操作数进行算术运算和逻辑运算，也可以按指令的寻址方式计算出微处理器要访问的内存单元的 16 位偏移地址。

（2）数据暂存寄存器。16 位的寄存器，主要功能是暂时保存数据，并向 ALU 提供参与运算的操作数。

（3）EU 控制电路。接收从 BIU 的指令队列缓冲器中取出的指令代码，经过分析、译码后形成各种实时控制信号，对各个部件进行实时操作。

2.1.2 寄存器结构

8086 微处理器中包含 4 个通用寄存器、4 个指针及变址寄存器、4 个段寄存器、1 个指令指针（寄存器）和 1 个标志寄存器。8086 微处理器的寄存器如图 2.2 所示。

图 2.2 8086 微处理器的寄存器

1．通用寄存器

通用寄存器包括 4 个 16 位的寄存器 AX、BX、CX、DX。它们既可以作为 16 位寄存器使用，也可以分为两个 8 位寄存器使用，即高 8 位寄存器 AH、BH、CH、DH 和低 8 位寄存器 AL、BL、CL、DL。通用寄存器既可以作为算术运算和逻辑运算的源操作数，向 ALU 提供参与运算的原始数据，也可以作为目标操作数，保存运算的中间结果或最后结果。在有些指令中，通用寄存器具有特定的用途，例如，AX 作为累加器，BX 作为基址寄存器，CX 作为计数寄存器，DX 作为数据寄存器。

2．指针及变址寄存器

指针及变址寄存器包括 2 个指针寄存器：堆栈指针（Stack Pointer，SP）和基址指针（Base Pointer，BP），以及 2 个变址寄存器：源变址寄存器（Source Index，SI）和目的变址寄存器（Destination Index，DI）。这组寄存器通常用来存放存储单元的 16 位偏移地址（相对于段起始地址的距离，简称偏移地址）。

（1）指针寄存器。在 8086 微处理器内存中有一个按照"先进后出"（First In Last Out，FILO）原则进行数据操作的区域，称为堆栈。微处理器对堆栈的操作有两种，压入（PUSH）操作和弹出（POP）操作。在进行堆栈操作的过程中，SP 用来指示堆栈栈顶的偏移地址，而 BP 则用来存放位于堆栈段中的一个数据区的"基址"的偏移量。

（2）变址寄存器。SI、DI 用来存放当前数据所在存储单元的偏移地址。在串操作指令中，SI 用来存放源操作数地址的偏移量，DI 用来存放目标操作数地址的偏移量。

3．段寄存器

在 8086 微处理器中有 4 个 16 位的段寄存器：CS（Code Segment，代码段）、DS（Data Segment，数据段）、SS（Stack Segment，堆栈段）和 ES（Extra Segment，附加段），用来指示一个特定的现行段，存放的是各段的段基址。当用户用指令设定了它们的初始值后，实际上已经确定了一个 64KB 的存储区段。其中，CS 用来存放当前使用的代码段的段基址，用户编制的程序必须存放在代码段中，微处理器将会依次从代码段取出指令代码并执行；DS 用来存放当前使用的数据段的段基址，程序运行所需要的原始数据以及运算的结果都存放在数据段中；ES 用来存放当前使用的附加段的段基址，也用来存放数据，在执行数据串操作指令时，用来存放目标数据串（此时 DS 用来存放源数据串）；SS 用来存放当前使用的堆栈段的段基址，所有堆栈操作的数据均保存在堆栈段中。

4．指令指针

指令指针（Instruction Pointer，IP）为 16 位寄存器，IP 的内容总是指向 BIU 将要读取的下一条指令代码的 16 位偏移地址。当取出 1 字节指令代码后，IP 的内容自动加 1 并指向下一条指令代码的偏移地址。IP 的内容由 BIU 修改，用户不能通过指令预置或修改 IP 的内容，但有些指令的执行可以修改它的内容，也可以将其内容压入堆栈或由堆栈中弹出。

5．标志寄存器

8086 微处理器中有一个 16 位的标志寄存器（Flag Register，FR），但只使用了 9 位。其中 6 位为状态标志位，用来反映算术运算或逻辑运算结果的状态；3 位为控制标志位，用来控制微处理器的操作。8086 微处理器的标志寄存器如图 2.3 所示。

D_{15}	D_{14}	D_{13}	D_{12}	D_{11}	D_{10}	D_9	D_8	D_7	D_6	D_5	D_4	D_3	D_2	D_1	D_0
×	×	×	×	OF	DF	IF	TF	SF	ZF	×	AF	×	PF	×	CF

图 2.3　8086 微处理器的标志寄存器

（1）状态标志位

CF：进位标志（carry flag）。表示本次加法或减法运算过程中最高位（D_7 或 D_{15}）产生进位或借位的情况。CF=1 表示有进位，CF=0 表示无进位（减法运算时表示借位情况）。

PF：奇偶校验标志（parity flag）。表示本次运算结果低 8 位中包含 1 的个数。PF=1 表示有偶数个 1，PF=0 表示有奇数个 1。

AF：辅助进位标志（auxiliary carry flag）。表示加法或减法运算过程中 D_3 位向 D_4 位产生进位或借位的情况。AF=1 表示有进位，AF=0 表示无进位（减法运算时表示借位情况）。

ZF：零标志（zero flag）。表示当前的运算结果是否为 0。ZF=1 表示运算结果为 0，ZF=0 表示运算结果不为 0。

SF：符号标志（sign flag）。表示运算结果的正、负情况。SF=1 表示运算结果为负，SF=0 表示运算结果为正。

OF：溢出标志（overflow flag）。表示补码运算过程是否发生溢出。OF=1 表示有溢出，OF=0 表示无溢出。

（2）控制标志位

DF：方向标志（direction flag）。用来设定和控制字符串操作指令的步进方向。DF=1 时，串操作过程中的地址会自动减 1；DF=0 时，地址自动加 1。

IF：中断允许标志（interrupt enable flag）。用来控制可屏蔽中断的标志位。IF=1 时，开中断，微处理器可以接受可屏蔽中断请求；IF=0 时，关中断，微处理器不能接受可屏蔽中断请求。

TF：单步标志（trap flag）。用来控制微处理器进入单步工作方式。TF=1 时，微处理器处于单步工作方式，每执行完一条指令就会自动产生一次内部中断；TF=0 时，微处理器不能以单步方式工作。微处理器的单步工作方式为程序调试提供了一种重要的方法。

2.1.3　引脚及功能

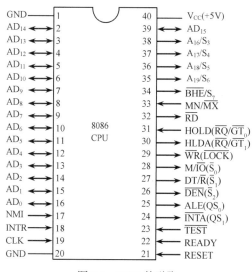

图 2.4　8086 的引脚

8086 微处理器是 40 引脚双列直插式芯片，微处理器通过这些引脚可以与存储器、I/O 端口、外部控制管理部件以及其他微处理器相互交换信息。8086 微处理器的引脚如图 2.4 所示。

在学习 8086 微处理器的引脚及其信号前，必须弄清微处理器最小模式和最大模式的概念。所谓最小模式，是指在系统中只有一个 8086 微处理器，所有的总线控制信号都直接由 8086 微处理器产生，因此，系统中的总线控制电路被减到最少。最大模式是相对最小模式而言的。在最大模式下，系统中总是包含两个或多个微处理器，其中一个主处理器就是 8086，其他的处理器称为协处理器，用于协助 8086 主处理器工作，例如，数值运算协处理器 8087，输入/输出协处理器 8089 等。8086 微处理器工作于最大模式还是最小模式，完全由硬件决定。当微处理器处于不同工作模式时，其部分引脚的功能也不同。

1．两种模式下功能相同的引脚

（1）$AD_{15} \sim AD_0$：地址/数据（address data），双向，三态。这是一组采用分时方式传送地址或数据的复用引脚。根据不同时钟周期的要求，决定当前是传送要访问的存储单元或 I/O 空间的低 16 位地址，还是传送 16 位数据，或者处于高阻状态。

（2）$A_{19}/S_6 \sim A_{16}/S_3$：地址/状态（address/status），输出，三态。这是采用分时方式传送地址或状态的复用引脚。其中，$A_{19} \sim A_{16}$ 为 20 位地址总线的高 4 位地址；$S_6 \sim S_3$ 为状态，S_6 表示微处理器与总线连接的情况，S_5 指示当前中断允许标志 IF 的状态，S_4 和 S_3 用来指示当前正在使用的是哪个段寄存器。S_4 和 S_3 对应段寄存器的情况见表 2.1。

（3）$\overline{\text{BHE}}/S_7$：允许高 8 位数据总线传送/状态（bus high enable/status），输出，三态。$\overline{\text{BHE}}$ 为允许高 8 位数据总线传送，当 $\overline{\text{BHE}}$ 为低电平时，表明在高 8 位数据总线 $D_{15} \sim D_8$ 上传送 1 字节的数据。S_7 为设备的状态。

表 2.1　S4 和 S3 对应段寄存器的情况

S_4	S_3	性　能	对应段寄存器
0	0	交换数据	ES
0	1	堆栈	SS
1	0	代码或不用	CS 或未用段寄存器
1	1	数据	DS

（4）$\overline{\text{RD}}$：读（read），输出，三态，低电平有效。$\overline{\text{RD}}$ 为低电平时，表示微处理器正在进行读存储器或读 I/O 端口的操作。

（5）READY：准备就绪（ready），输入，高电平有效。READY 用来实现微处理器与存储器或 I/O 端口之间的时序匹配。当 READY 为高电平时，表示微处理器要访问的存储器或 I/O 端口已经做好了输入/输出数据的准备工作，微处理器可以进行读/写操作。当 READY 为低电平时，表示存储器或 I/O 端口还未准备就绪，微处理器需要插入"T_W 状态"进行等待。

（6）INTR：可屏蔽的中断请求（interrupt request），输入，高电平有效。微处理器在每条指令执行到最后一个时钟周期时，都要检测 INTR。当 INTR 为高电平时，表明有 I/O 设备向微处理器申请中断。若标志寄存器中 IF=1，微处理器则会响应中断，在当前指令操作结束后，为申请中断的 I/O 设备服务。

（7）$\overline{\text{TEST}}$：等待测试（test），输入，低电平有效。$\overline{\text{TEST}}$ 用来支持构成多处理器系统，实现微处理器与协处理器之间同步协调功能，只有当微处理器执行 WAIT 指令时才使用。

（8）NMI：非屏蔽中断请求（non-maskable interrupt），输入，高电平有效。当 NMI 上出现一个上升沿触发信号时，表明微处理器内部或 I/O 设备提出了非屏蔽中断请求，微处理器会在结束当前所执行的指令后，立即响应中断请求。

（9）RESET：复位（reset），输入，高电平有效。RESET 为高电平时，微处理器立即结束现行操作，处于复位状态，初始化所有的内部寄存器。当 RESET 由高电平变为低电平时，微处理器从 FFFF0H 地址开始重新启动执行程序。系统复位后寄存器状态见表 2.2。

表 2.2　系统复位后寄存器状态

内部寄存器	状　态
FR	清除
IP	0000H
CS	FFFFH
DS	0000H
SS	0000H
ES	0000H
指令队列缓冲器	清除

（10）CLK：时钟（clock），输入。CLK 为微处理器提供基本的定时脉冲。微处理器一般使用时钟发生器 8284A 来产生时钟，时钟频率为 5～8MHz，占空比为 1∶3。

（11）V_{CC}：电源输入。8086 微处理器采用单一+5V 电源供电。

（12）GND：接地。

（13）$MN/\overline{MX}$：最小/最大（minimum/maximum）模式。$MN/\overline{MX}$ 用来设置 8086 微处理器的工作模式。当 $MN/\overline{MX}$ 为高电平（接+5V）时，微处理器工作于最小模式；当 $MN/\overline{MX}$ 为低电平（接地）时，微处理器工作于最大模式。

2．微处理器工作于最小模式时使用的引脚

当 $MN/\overline{MX}$ 接高电平时，微处理器工作于最小模式，引脚 24～31 的含义及功能如下。

（1）$M/\overline{IO}$：存储器、I/O 选择（memory I/O select）。$M/\overline{IO}$ 指明当前微处理器是选择访问存储器还是访问 I/O 端口。当 $M/\overline{IO}$ 为高电平时，访问存储器，表示当前要进行微处理器与存储器

之间的数据传送；当 M/$\overline{\text{IO}}$ 为低电平时，访问 I/O 端口，表示当前要进行微处理器与 I/O 端口之间的数据传送。

（2）DT/$\overline{\text{R}}$：数据发送/接收（data transmit or receive），输出，三态。DT/$\overline{\text{R}}$ 用来控制数据传送的方向。当 DT/$\overline{\text{R}}$ 为高电平时，微处理器发送数据到存储器或 I/O 端口；当 DT/$\overline{\text{R}}$ 为低电平时，微处理器接收来自存储器或 I/O 端口的数据。

（3）$\overline{\text{DEN}}$：数据允许（data enable），输出，三态，低电平有效。$\overline{\text{DEN}}$ 用于总线收发器的选通。当 $\overline{\text{DEN}}$ 为低电平时，表明微处理器进行数据的读/写操作。

（4）$\overline{\text{INTA}}$：（可屏蔽）中断响应（interrupt acknowledge），输出，低电平有效。微处理器通过 $\overline{\text{INTA}}$ 对外设提出的可屏蔽中断请求做出响应。当 $\overline{\text{INTA}}$ 为低电平时，表示微处理器已经响应外设的中断请求，即将执行中断服务子程序。

（5）ALE：地址锁存允许（address lock enable），输出，高电平有效。微处理器利用 ALE 将地址/数据总线 $AD_{15} \sim AD_0$、地址/状态总线 $A_{19}/S_6 \sim A_{16}/S_3$ 上的地址信息锁在地址锁存器中。

（6）$\overline{\text{WR}}$：写（write），输出，低电平有效。当 $\overline{\text{WR}}$ 为低电平时，表明微处理器正在执行写总线操作，同时由 M/$\overline{\text{IO}}$ 决定是对存储器还是对 I/O 端口执行写操作。

（7）HOLD：总线保持请求（hold request），输入，高电平有效。在 DMA（直接存储器访问）数据传送方式中，由总线控制器 8237A 发出高电平总线请求，并通过 HOLD 输入微处理器，请求微处理器让出总线控制权。

（8）HLDA：总线保持响应（hold acknowledge），输出，高电平有效。HLDA 是与 HOLD 配合使用的联络信号。在 HOLD 有效期间，HLDA 输出一个高电平，同时总线将处于浮空状态，微处理器让出对总线的控制权，将其交付给申请使用总线的 8237A，总线使用完后，使 HOLD 变为低电平，微处理器又重新获得对总线的控制权。

3. 微处理器工作于最大模式时使用的引脚

当 MN/$\overline{\text{MX}}$ 接低电平时，微处理器工作于最大模式，引脚 24～31 的含义及功能如下。

（1）$\overline{S}_2$、$\overline{S}_1$ 和 $\overline{S}_0$：总线周期状态，输出，低电平有效。它们表明当前总线周期所进行的操作类型。$\overline{S}_2$、$\overline{S}_1$ 和 $\overline{S}_0$ 对应的微处理器操作见表 2.3。

表 2.3　$\overline{S}_2$、$\overline{S}_1$ 和 $\overline{S}_0$ 对应的微处理器操作

$\overline{S}_2$	$\overline{S}_1$	$\overline{S}_0$	操作功能
0	0	0	发出中断响应信号
0	0	1	读 I/O 端口
0	1	0	写 I/O 端口
0	1	1	暂停
1	0	0	取指令
1	0	1	读内存
1	1	0	写内存
1	1	1	无效状态

（2）QS_1 和 QS_0：指令队列状态（queue status），输出。QS_1 和 QS_0 的组合用于指示总线接口部件（BIU）中指令队列缓冲器的状态，以便其他处理器监视、跟踪指令队列缓冲器的状态。QS_1 和 QS_0 对应的指令队列缓冲器状态见表 2.4。

（3）$\overline{\text{LOCK}}$：总线封锁（lock），输出，低电平有效。若 $\overline{\text{LOCK}}$ 为低电平，表示此时微处理器不允许其他总线部件占用总线。

（4）$\overline{\text{RQ}}/\overline{\text{GT}}_1$ 和 $\overline{\text{RQ}}/\overline{\text{GT}}_0$：总线请求输入/总线允许输出，双向，低电平有效。$\overline{\text{RQ}}/\overline{\text{GT}}_1$ 和 $\overline{\text{RQ}}/\overline{\text{GT}}_0$ 用于取代最小模式时的 HLDA 和 HOLD，是特意为多处理器系统设计的引脚。当系统中某个部件要求获得总线控制权时，通过此引脚向微处理器发出总线请求，若微处理器响应总线请求，则通过同一个引脚发回响应信号，允许总线请求，表明微处理器已放弃对总线的控制权，将总线控制权交给提出总线请求的部件使用。$\overline{\text{RQ}}/\overline{\text{GT}}_0$ 的优先级高于 $\overline{\text{RQ}}/\overline{\text{GT}}_1$。

表 2.4　QS_1 和 QS_0 对应的指令队列缓冲器状态

QS_1	QS_0	指令队列缓冲器状态
0	0	无操作
0	1	从队列中取出当前指令的第 1 字节代码
1	0	队列为空
1	1	除第 1 字节外，还从队列中取出指令的后续字节

2.1.4 存储器组成及输入/输出结构

1. 8086 微处理器的存储器组成

8086 微处理器有 20 位地址总线，可直接寻址 1MB 的存储空间。一个存储单元存放 1 字节（8 位）二进制信息。为了便于对存储器进行存取操作，每个存储单元都有唯一的地址与之对应，其地址范围用十进制数表示为 0～1048575，用十六进制数表示为 00000H～FFFFFH，共有 1048576 个存储单元。8086 微处理器的存储单元及其地址如图 2.5 所示。

十进制数地址	存储器	$A_{19}A_{18}A_{17}A_{16}A_{15}A_{14}A_{13}A_{12}A_{11}A_{10}A_9 A_8 A_7 A_6 A_5 A_4 A_3 A_2 A_1 A_0$	十六进制数地址
0		0 0 0 0 0 0 0 0 0 0 0 0 0 0 0 0 0 0 0 0	00000H
1		0 0 0 0 0 0 0 0 0 0 0 0 0 0 0 0 0 0 0 1	00001H
2		0 0 0 0 0 0 0 0 0 0 0 0 0 0 0 0 0 0 1 0	00002H
3		0 0 0 0 0 0 0 0 0 0 0 0 0 0 0 0 0 0 1 1	00003H
⋮		⋮	⋮
1048571		1 1 1 1 1 1 1 1 1 1 1 1 1 1 1 1 1 0 1 1	FFFFBH
1048572		1 1 1 1 1 1 1 1 1 1 1 1 1 1 1 1 1 1 0 0	FFFFCH
1048573		1 1 1 1 1 1 1 1 1 1 1 1 1 1 1 1 1 1 0 1	FFFFDH
1048574		1 1 1 1 1 1 1 1 1 1 1 1 1 1 1 1 1 1 1 0	FFFFEH
1048575		1 1 1 1 1 1 1 1 1 1 1 1 1 1 1 1 1 1 1 1	FFFFFH

图 2.5 8086 微处理器的存储单元及其地址

在进行数据存取操作时，数据的单位可以是字节、字、双字，甚至是多字，它们分别占用 1 个存储单元、2 个存储单元、4 个存储单元和多个存储单元。

2. 存储器分段及物理地址的形成

（1）存储器分段

8086 微处理器将 1MB 的存储器划分为若干个区段，每段包含 2^{16} 字节（65536 字节，即 64KB 的存储空间），并且每段的首地址都是一个可以被 16 整除的数（每段的起始地址最低 4 位为 0）。在任意时刻，程序能很方便地访问 4 个区段的内容。这 4 个区段又被称为 4 个现行可寻址段，即代码段、数据段、堆栈段和附加段。将这 4 个现行段的起始地址的最高 16 位地址（用十六进制数表示为 4 位）分别存放在段寄存器 CS、DS、SS 和 ES 中，称为现行段的段基址。利用指令可以任意设定段寄存器的内容。段基址一旦确定，对应 64KB 的存储区段就完全确定下来，程序可以从 4 个段寄存器给出的逻辑段中存取指令代码和数据。

存储空间的分段方式可以有多种，段与段之间可以部分重叠、完全重叠或者完全分离。8086 微处理器的存储器分段示例如图 2.6 所示。

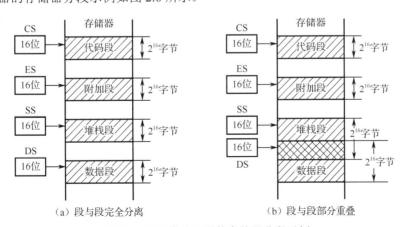

图 2.6 8086 微处理器的存储器分段示例

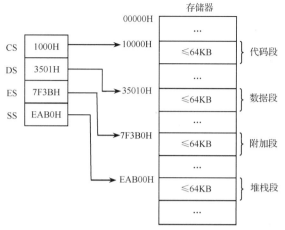

图 2.7 代码段、数据段、附加段和堆栈段在存储器中的分布情况

若已知当前有效的代码段、数据段、附加段和堆栈段的段基址分别为 1000H、3501H、7F3BH 和 EAB0H，那么它们在存储器中的分布情况如图 2.7 所示。由图可知，除了 1MB 的存储器已经被定义的 4 个区段，还剩下一些空白（未用）区域，如果要用到这些区域，则必须首先改变相应段寄存器的内容，重新设置 4 个段寄存器。一旦加以定义，就可以通过段寄存器来访问不同的区段。

（2）存储器中的逻辑地址和物理地址

存储器采用分段结构以后，对存储器的访问可以使用两种地址，即逻辑地址和物理地址。

逻辑地址由段基址（存放在段寄存器中）和偏移地址（由寻址方式提供）两部分构成，它们都是无符号的 16 位二进制数。逻辑地址是用户进行程序设计时采用的地址。

1MB 内存空间中每个存储单元的物理地址都是唯一的，由 20 位二进制数构成。物理地址是微处理器访问内存时使用的地址。当用户通过编写程序将 16 位逻辑地址送入微处理器的 BIU 时，地址加法器通过运算将其变换为 20 位的物理地址。计算 20 位物理地址的公式：

$$物理地址=段基址\times16+偏移地址$$

式中，段基址×16 的操作常通过将 16 位段寄存器的内容（二进制数形式）左移 4 位，末位补 4 个 0 来实现。8086 微处理器的存储器物理地址形成过程如图 2.8 所示。

【例 2.1】 数据段寄存器 DS=2100H，试确定该数据段物理地址的范围。

首先需要确定该数据段中第一个存储单元和最后一个存储单元的 16 位偏移地址。因为一个逻辑段的最大容量为 64KB，所以第一个存储单元的偏移地址为 0，最后一个存储单元的偏移地址为 FFFFH。所以，该数据段由低至高相应存储单元的偏移地址为 0000H～FFFFH。

$$数据段的首地址=DS\times16+偏移地址=2100H\times16+0000H=21000H$$

$$数据段的末地址=DS\times16+偏移地址=2100H\times16+FFFFH=30FFFH$$

该数据段的物理地址范围是 21000H～30FFFH，如图 2.9 所示。有时也采用"段基址：偏移地址"这种形式来表示存储单元的地址。

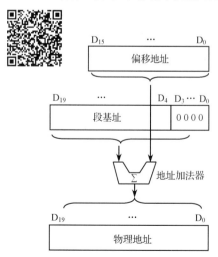

图 2.8 8086 微处理器存储器物理地址的形成过程

段基址：偏移地址	存储器	物理地址
2100H: 0000H		21000H
2100H: 0001H		21001H
2100H: 0002H		21002H
2100H: 0003H		21003H
2100H: 0004H		21004H
⋮	⋮	⋮
2100H: FFFBH		30FFBH
2100H: FFFCH		30FFCH
2100H: FFFDH		30FFDH
2100H: FFFEH		30FFEH
2100H: FFFFH		30FFFH

图 2.9 例 2.1 数据段地址范围

【例 2.2】　① 当 CS=5A00H，偏移地址=2245H 时，求物理地址。

　　　　　② 当 CS=4C82H，偏移地址=FA25H 时，求物理地址。

根据物理地址的计算公式，可得

　　　①的物理地址=CS×16+偏移地址=5A00H×16+2245H=5C245H

　　　②的物理地址=CS×16+偏移地址=4C82H×16+FA25H=5C245H

从结果可知：①和②中给定的段基址和偏移地址各不相同，而计算所得的物理地址却是一样的，均为 5C245H。这说明，对于存储器中的任意存储单元来说，物理地址是唯一的，而逻辑地址却有无数组。不同的段基址和相应的偏移地址可以形成同一个物理地址。

（3）按信息特征分段存储与分段寻址

8086 微处理器在存储器中存储的信息包括程序指令代码、数据及计算机运行的状态等。为了便于寻址和操作，这些信息在存储器中分段存储，因而可将存储器划分为程序区、数据区和堆栈区，并通过段寄存器 CS、DS、ES 和 SS 进行寻址。

① 对程序区的访问。专门用于存放程序指令代码的存储区域称为程序区。访问程序区时，段基址由 CS 指定，IP 的内容表示段内的偏移地址。当前所取指令的物理地址：

$$物理地址=CS×16+IP$$

要访问不同的程序区，只需要修改 CS 的内容即可。

② 对数据区的访问。用来存放数据信息的区域称为数据区。这些数据信息包括微处理器要处理的原始数据、运算的中间结果和最终结果。访问数据区时，段基址由 DS 指定，偏移地址由指令的寻址方式所求得的有效地址（Effective Address，EA）来确定。其物理地址：

$$物理地址=DS×16+EA$$

③ 对堆栈区的访问。堆栈是特殊的存储区域，用来存放由 PUSH 指令压入的需要进行保护的数据和状态信息。访问堆栈区时，段基址由 SS 指定，SP 的内容表示栈顶的偏移地址，BP 的内容表示栈底的偏移地址。堆栈操作时存储单元的物理地址：

$$物理地址=SS×16+SP$$

④ 字符串操作。字符串操作是指对存储器中两个数据块进行传送或比较，这就需要指定源数据区和目标数据区。通常用 DS 作为源数据区的段寄存器保存段基址，源变址寄存器（SI）的内容表示偏移地址，用 ES 作为目标数据区的段寄存器保存段基址，目的变址寄存器（DI）的内容表示偏移地址。其地址的计算公式：

$$源数据区的物理地址=DS×16+SI$$

$$目标数据区的物理地址=ES×16+DI$$

3．8086 微处理器的输入/输出结构

在 8086 微型计算机系统中，配置了一定数量的输入/输出设备，而这些设备必须通过 I/O 接口芯片与微处理器相连接。每个 I/O 接口芯片都有一个或几个 I/O 端口，像存储器一样，每个 I/O 端口都有一个唯一的端口地址，以供微处理器访问。

由于 8086 微处理器使用地址总线的低 16 位 A_{15}～A_0 来提供端口地址，因此 8086 微处理器可以访问的 I/O 端口地址共有 64K（65536）个，其地址范围为 0000H～FFFFH。I/O 端口均为 8 位端口，即通过 I/O 端口一次输入/输出 1 字节（8 位）二进制信息。对端口的寻址有直接寻址方式和间接寻址方式两种。直接寻址适用于地址在 00H～FFH 范围内的端口寻址。间接寻址适用于地址在 0100H～FFFFH 范围内的端口寻址（注意，所有 I/O 端口均可采用间接寻址方式）。

2.2　80486 32 位微处理器

80486 微处理器是 Intel 公司于 1989 年推出的 32 位微处理器，采用 1μm 制造工艺，集成了 120 万个晶体管；内、外部数据总线和地址总线均为 32 位，可寻址 4GB（2^{32}B）的存储空间，支持虚拟存储管理技术，虚拟存储空间为 64TB；内部集成有浮点运算部件和 8KB 的内部缓存（L1 Cache，一级缓存），同时支持外部缓存（L2 Cache，二级缓存）；采用 RISC，提高了指令的执行速度；此外，80486 微处理器还引进了时钟倍频技术和新的内部总线结构，使最高主频达到 100MHz。

2.2.1　内部结构

80486 微处理器内部包括总线接口部件、指令预取部件、指令译码部件、控制和保护测试单元、整数执行部件、分段部件、分页部件，以及浮点运算部件和缓存部件等，80486 微处理器的内部结构如图 2.10 所示。

1．总线接口部件（BIU）

BIU 与外部总线连接，用于管理访问外部存储器和 I/O 接口电路的地址、数据和控制总线。对处理器内部，BIU 主要与指令预取部件和缓存部件交换信息，将预取指令存入指令代码队列。

BIU 与 Cache 交换数据有三种情况：① 向 Cache 写入数据，BIU 一次可以从外部总线读取 16 字节写入 Cache 中；② 如果 Cache 的内容被处理器内部操作修改了，则修改的内容也由 BIU 写回到外部存储器中；③ 如果一个读操作请求所要访问的存储器操作数在 Cache 中，则由 BIU 控制总线直接对外部存储器进行操作。

在预取指令代码时，BIU 把从外部存储器取出的指令代码同时传送给指令预取部件和内部 Cache，以便在下一次预取相同的指令时，可直接访问内部 Cache。

2．指令预取部件

80486 微处理器内部有一个 32 字节的指令预取部件，在总线空闲周期，指令预取部件形成存储单元地址，并向 BIU 发出预取指令请求。指令预取部件一次读取 16 字节的指令代码并存入指令代码队列，指令代码队列遵循先进先出（First In First Out，FIFO）的规则，自动地向输出端移动。如果缓存在指令预取时被命中，则不产生总线周期。当遇到跳转、中断、子程序调用等操作时，指令代码队列被清空。

3．指令译码部件

指令译码部件（Instruction Decode Unit，IDU）从指令代码队列中读取指令并译码，将其转换成相应的控制信号。译码过程分两步：① 确定指令执行时是否需要访问存储器，若需要，则立即产生总线访问周期，使存储器操作数在指令译码后准备就绪；② 产生对其他部件的控制信号。

4．控制和保护测试单元

控制和保护测试单元（Control and Protection Test Unit，CPTU）对整数执行部件、浮点运算部件和分段管理部件进行控制，执行已译码的指令。

5．整数执行部件

整数执行部件（Integer data-path Unit，IU）包括 4 个 32 位通用寄存器、两个 32 位间址寄存器、两个 32 位指针寄存器、一个标志寄存器、一个 64 位桶形移位寄存器和算术逻辑单元（ALU）等。它能在一个时钟周期内完成整数的传送、加减运算、逻辑操作等。80486 微处理器采用了 RISC 技术，并将微程序逻辑控制改为硬件布线逻辑控制，缩短了指令的译码和执行时间，一些基本指令可在一个时钟周期内完成。

两组 32 位双向数据总线将整数执行部件和浮点运算部件联系起来，可以传送 64 位操作数，同时还将微处理器与缓存联系起来，通用寄存器的内容通过 32 位数据总线传向分段单元。

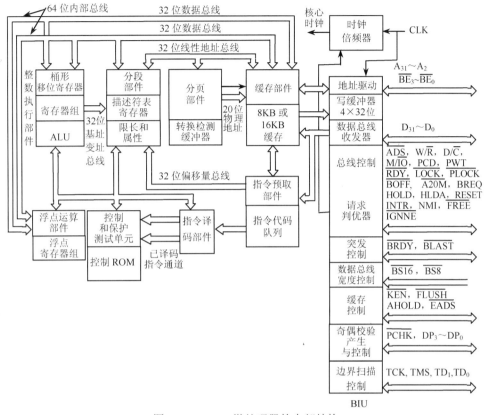

图 2.10　80486 微处理器的内部结构

6. 浮点运算部件

80486 微处理器内部集成了一个增强型 80387 数字协处理器，称为浮点运算部件（Floating Point Unit，FPU）用于完成浮点数运算。由于 FPU 与微处理器集成封装在一个芯片内，而且它与微处理器之间的数据通道是 64 位的，所以当它从内部寄存器和内部缓存中取数时，运行速度会极大提高。

7. 分段部件和分页部件

80486 微处理器设置了分段部件（Segmentation Unit，SU）和分页部件（Paging Unit，PU），用于实现存储器保护和虚拟存储器管理。SU 将逻辑地址转换成线性地址，采用分段缓存可以提高转换速度。PU 用来完成虚拟存储，把 SU 形成的线性地址进行分页，转换成物理地址。为了提高页转换速度，PU 中还集成了一个转换检测缓冲器（Translation Look-aside Buffer，TLB）。

8. 缓存部件

80486 微处理器内部集成了一个数据/指令混合型缓存，称为缓存部件（Cache Unit，CU）。在绝大多数的情况下，微处理器都能在内存中存取数据和指令，减少了微处理器的访问时间。在与 80486 DX 配套的主板设计中，采用 128～256KB 的大容量 L2 Cache 来提高 Cache 的命中率，内存（L1 Cache）与外部缓存（L2 Cache）合起来的命中率可达 98%。微处理器内部总线宽度高达 128 位，BIU 将以一次 16 字节的方式在 Cache 与内存之间传输数据，大大提高了数据处理速度。80486 微处理器中的 CU 与指令预取部件紧密配合，一旦预取代码未在 Cache 中命中，BIU 就对 Cache 进行填充，从内存中取出指令代码，同时送给 CU 和指令预取部件。

2.2.2 寄存器结构

80486 微处理器的寄存器按功能可分为 4 类：基本寄存器、系统寄存器、调试和测试寄存器以及浮点寄存器。这些寄存器从总体上还可分为程序可见和不可见两类。在程序设计期间要使用的、并可由指令来修改其内容的寄存器，称为程序可见寄存器。在程序设计期间，不能直接寻址的寄存器，称为程序不可见寄存器，但其可以被间接引用。程序不可见寄存器用于保护模式下控制和操作存储器系统。

1．基本寄存器

基本寄存器包括 8 个通用寄存器 EAX、EBX、ECX、EDX、EBP、ESP、EDI 和 ESI；一个指令指针（Extra Instruction Pointer，EIP）；6 个段寄存器 CS、DS、ES、SS、FS 和 GS；一个标志寄存器（EFLAGS，全称为 extra flags register）。80486 微处理器的基本寄存器组如图 2.11 所示，它们都是程序可见寄存器。

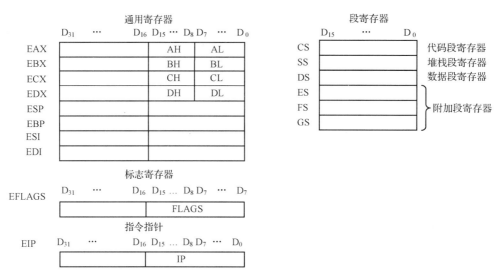

图 2.11　80486 微处理器的基本寄存器组

（1）通用寄存器

通用寄存器包括 EAX、EBX、ECX、EDX、EBP、ESP、EDI 和 ESI。

EAX、EBX、ECX、EDX 都可以作为 32 位寄存器、16 位寄存器或者 8 位寄存器使用。① EAX 作为累加器用于乘法、除法及一些调整指令。对于这些指令，累加器常表现为隐含形式。EAX 也可以保存被访问存储单元的偏移地址。② EBX 常用于地址指针，保存被访问存储单元的偏移地址。ECX 经常用作计数器，用于保存指令的计数值。③ ECX 也可以保存访问数据所在存储单元的偏移地址。用于计数的指令包括重复的串指令、移位指令和循环指令。移位指令用 CL 计数，重复的串指令用 CX 计数，循环指令用 CX 或 ECX 计数。④ EDX 常与 EAX 配合，用于保存乘法形成的部分结果，或者除法操作前的被除数，还可以寻址存储器数据。

EBP 和 ESP 是 32 位寄存器，也可作为 16 位寄存器 BP、SP 使用，常用于堆栈操作。EDI 和 ESI 常用于串操作，EDI 用于寻址目标数据串，ESI 用于寻址源数据串。

（2）指令指针

指令指针 EIP 用于存放指令的偏移地址。微处理器工作于实地址模式时，EIP 与 IP（16

位）寄存器相同。80486 微处理器工作于保护模式时，EIP 为 32 位寄存器。EIP 总是指向下一条指令的首地址。EIP 用于微处理器在程序中顺序地寻址代码段内的下一条指令。当遇到跳转指令或调用指令时，EIP 的内容需要修改。

（3）标志寄存器

标志寄存器（EFLAGS）包括状态标志位、控制标志位和系统标志位，用于指示微处理器的状态并控制微处理器的操作。80486 微处理器的标志寄存器如图 2.12 所示。

D_{31}	...	D_{19}	D_{18}	D_{17}	D_{16}	D_1	D_{14}	D_{13} D_{12}	D_{11}	D_{10}	D_9	D_8	D_7	D_6	D_5	D_4	D_3	D_2	D_1	D_0
			AC	VM	RF		NT	IOPL	OF	DF	IF	TF	SF	ZF		AF		PF		CF

注：图中 D_{31}~D_{19}、D_{15}、D_5、D_3 和 D_1 为保留位，未使用。

图 2.12　80486 微处理器的标志寄存器

① 状态标志位：包括进位标志（CF）、奇偶标志（PF）、辅助进位标志（AF）、零标志（ZF）、符号标志（SF）和溢出标志（OF）。

② 控制标志位：包括陷阱标志/单步标志（TF）、中断允许标志（IF）和方向标志（DF）。80486 微处理器标志寄存器中的状态标志位和控制标志位与 8086 微处理器标志寄存器中的状态标志位和控制标志位的功能完全一样，这里不再赘述。

③ 系统标志位和 IOPL（输入/输出特权级）字段：用于控制操作系统或执行某种操作，不能被应用程序修改。

IOPL：输入/输出特权级（I/O privilege level），占用 D_{13} 和 D_{12} 两位，规定能使用 I/O 敏感指令的特权级。在保护模式下，利用 D_{13} 和 D_{12} 的编码可以分别表示 0、1、2、3 这 4 种特权级，0级特权最高，3 级特权最低。在 80286 以上的处理器中有一些 I/O 敏感指令，如 CLI（关中断）、STI（开中断）、IN（输入）、OUT（输出）。IOPL 的值规定了能执行这些指令的特权级。只有特权级高于 IOPL 的程序才能执行 I/O 敏感指令；而特权级低于 IOPL 的程序，如果企图执行敏感指令，则会引起异常中断。

NT：任务嵌套标志（nested task flag）。在保护模式下，指示当前执行的任务嵌套于另一任务中。当任务被嵌套时，NT=1；否则 NT=0。

RF：恢复标志（resume flag）。与调试寄存器一起使用，用于保证不重复处理断点。当RF=1 时，即使遇到断点或故障，也不产生异常中断。

VM：虚拟 8086 模式标志（virtual-8086 mode flag），用于在保护模式下选择虚拟操作模式。VM=1，启用虚拟 8086 模式；VM=0，返回保护模式。

AC：队列检查标志（alignment check flag），如果在不是字或双字的边界上寻址一个字或双字，则队列检查标志被激活。

（4）段寄存器

80486 微处理器包括 6 个段寄存器分别存放段基址（实地址模式）或选择符（保护模式），与微处理器中的其他寄存器联合生成存储单元的物理地址。80486 微处理器的段寄存器如图 2.13 所示。

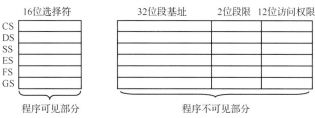

图 2.13　80486 微处理器的段寄存器

① CS：在实地址模式下，CS 存放代码段的段基址，定义一个 64KB 存储区段的起点。在保护模式下，CS 选择一个描述符，描述程序代码所在存储单元的起始地址和长度。在保护模式下，代码段的长度为 4GB。

② DS：用于存放数据段的段基址，通过偏移地址或者其他含有偏移地址的寄存器来寻址数据段内的数据。在实地址模式下，DS 定义一个 64KB 数据段的起点。在保护模式下，数据段的长度为 4GB。

③ SS：用于存放堆栈段的段基址。ESP 用于确定堆栈段内当前的入口地址，也可以寻址堆栈段内的数据。

④ ES：存放附加数据段的段基址，或者在串操作中作为目标数据段的段基址。

⑤ FS 和 GS：FS 和 GS 是附加的数据段寄存器，作用与 ES 相同，以便允许程序访问两个附加的数据段。

在保护模式下，每个段寄存器都含有一个程序不可见区域。这些寄存器的程序不可见区域通常称为描述符缓存（descriptor Cache），因此它也是存储信息的小存储器。这些描述符缓存与微处理器中的一级或二级缓存不能混淆。当段寄存器中的内容改变时，段基址、段限和访问权限被装入段寄存器的程序不可见区域。例如，当一个新的段基址存入段寄存器时，微处理器就访问一个描述符表，并把描述符表装入段寄存器的程序不可见的描述符缓存区域内。这个描述符一直保存在此处，并在访问存储器时使用，直到段基址再次改变。这就允许微处理器在重复访问一个内存段时，不必每次都去查询描述符表，因此称为描述符缓存。

2．系统寄存器

在保护模式下，存储器系统中增加了全局描述符表（Global Descriptor Table，GDT）、局部描述符表（Local Descriptor Table，LDT）和中断描述符表（Interrupt Descriptor Table，IDT）。为了访问和指定它们的地址，80486 微处理器增加了 4 个系统地址寄存器和 4 个控制寄存器。

（1）系统地址寄存器

系统地址寄存器包括全局描述符表寄存器（GDTR）、局部描述符表寄存器（LDTR）、中断描述符表寄存器（IDTR）和任务寄存器，它们都是程序不可见的寄存器。80486 微处理器的系统地址寄存器如图 2.14 所示。

图 2.14　80486 微处理器的系统地址寄存器

系统地址寄存器和段寄存器一起，为操作系统完成内存管理、多任务环境、任务保护提供硬件支持。

① 全局描述符表寄存器（GDTR）是一个 48 位的寄存器，在存储器中定义了一个 GDT。GDTR 用来存放 GDT 的 32 位段基址和 16 位段限。16 位段限规定了 GDT 的大小（按字节计算）。段限要比表的实际值小 1。例如，如果表长为 256 字节，那么，段限等于 00FFH。GDTR 中的 32 位段基址，指示 GDT 在存储器中的起始地址。

② 局部描述符表寄存器（LDTR）是一个 80 位的寄存器，由 16 位段选择符（程序可见部分）和 64 位描述符（程序不可见部分）组成，用于保存 LDT 的 32 位段基址、16 位段限和 16 位访问权限等。

③ 中断描述符表寄存器（IDTR）是一个 48 位的寄存器，在存储器中定义了一个 IDT。IDTR 用来存放 IDT 的 32 位段基址和 16 位段限。80486 微处理器为每个中断定义了一个中断描述符，所有的中断描述符存放在 IDT 中，IDTR 指出 IDT 在内存中的位置。

④ 任务寄存器（Task Register，TR）是一个 80 位的寄存器，由 16 位段选择符和 64 位描述符组成，提供任务状态段（Task State Segment，TSS）在内存中的位置。在 80486 微处理器中，任务通常就是程序的进程或应用程序。任务寄存器完成任务的切换，允许微处理器在足够短的时间内实现任务之间的切换，也允许多任务系统以简单而规则的方式，从一个任务切换到另一个任务。

（2）控制寄存器（Control Registers，CR）

80486 微处理器中有 4 个 32 位控制寄存器 $CR_0 \sim CR_3$，用来保存全局性与任务无关的机器状态。其中，CR_1 为与后续的 Intel 微处理器兼容而保留，CR_2 中存放页故障的线性地址。下面对 CR_0、CR_3 的格式及功能进行说明。

① 控制寄存器 CR_0

CR_0 中包含系统操作模式控制位和系统状态控制位，共定义了 11 位。80486 微处理器的控制寄存器 CR_0 如图 2.15 所示。

D_{31}	D_{30}	D_{29}	$D_{28} \ldots D_{19}$	D_{18}	D_{17}	D_{16}	$D_{15} \ldots D_6$	D_5	D_4	D_3	D_2	D_1	D_0
PG	CD	NW	保留	AM	保留	WP	保留	NE	ET	TS	EM	MP	PE

图 2.15　80486 微处理器的控制寄存器 CR_0

PE：保护模式允许。PE=1，系统在保护模式下运行；PE=0，系统在实地址模式下运行。

MP：监视协处理器。MP=1，表示系统中有一个协处理器；否则 MP=0。

EM：仿真协处理器（emulation）。EM=1，表示微处理器中没有仿真协处理器；否则 EM=0。

TS：任务转换（task switched）。每次任务转换操作完成时，主处理器都自动将 TS 位置 1。在执行浮点运算指令时，需要对该位进行测试。

ET：协处理器类型，用于指示系统中协处理器的类型。ET=1，表示系统使用与 80387 兼容的 32 位协处理器；否则 ET=0。

NE：数值异常（numeric error）。控制浮点运算中未被屏蔽的异常事故。NE=1，允许报告浮点数值异常。当 NE=0，且 $\overline{\text{IGNNE}}$ 输入引脚的信号有效时，则忽略数值异常；当 NE=0，且 $\overline{\text{IGNNE}}$ 输入引脚的信号无效时，将导致处理器停止工作，产生系统外部中断。

WP：写保护（write protect）。WP=1，表示禁止系统对用户级只读页的访问，实行写保护；WP=0，允许系统对用户级只读页进行访问。

AM：对齐标志（alignment mask）。AM=1，允许自动对齐检查；AM=0，不允许。

NW：不通写（not write-through）。NW=0，CD=0 时，允许对命中的缓存进行通写，这是缓存工作的必要条件；NW=1，CD=1 时，不允许通写。

CD：缓存禁止（Cache disable）。CD=0，系统内部的缓存允许使用。CD=1，若访问缓存"脱靶"，则不填充缓存；但是，若访问缓存命中，则缓存仍可正常工作。若要完全使缓存停止工作，则必须刷新缓存。

PG：分页（paging）。PG 用来指示分页管理机构是否进行工作。PG=1，分页管理机构工作，允许分页；PG=0，分页管理机构不工作。

② 控制寄存器 CR_3

CR_3 为微处理器提供当前任务的页目录表地址。只有当 CR_0 中的 PG=1 时，才能使用 CR_3，其中高 20 位（D_{31}～D_{12}）存放页目录表的物理基址。CR_3 中的 PCD 和 PWT 位仅对 80486 微处理器有效。80486 微处理器的控制寄存器 CR_3 如图 2.16 所示。

D_{31} … D_{12}	D_{11}…D_5	D_4	D_3	D_2 D_1 D_0
页目录表基址	保留	PCD	PWT	保留

图 2.16　80486 微处理器的控制寄存器 CR_3

PWT：页面通写。对内部缓存而言，PWT 控制现行页目录下哪些缓存页进行回写，哪些缓存页进行通写。PWT=1，缓存页进行通写；PWT=0，缓存页进行回写。PWT 位驱动 PWT 引脚，以控制内部缓存的通写或回写。

PCD：页面缓存禁止。PCD =1，对页目录不进行缓存；PCD=0，进行缓存。PCD 位驱动 PCD 引脚控制外部缓存是否工作。

3．调试寄存器和测试寄存器

80486 微处理器提供了 8 个 32 位可编程调试寄存器 DR_0～DR_7 和 8 个 32 位可编程测试寄存器 TR_0～TR_7，用于支持系统的调试功能。

（1）调试寄存器（Debug Registers，DR）

8 个 32 位的可编程调试寄存器 DR_0～DR_7 用来支持系统的 Debug 调试功能。DR_0～DR_3 为断点地址寄存器，用来存放断点的线性地址；DR_4、DR_5 保留未用；DR_6 是调试状态寄存器，用来说明是哪一种性质的断点及断点异常是否发生；DR_7 为调试控制寄存器，指明断点发生的条件及断点的类型。80486 微处理器的调试寄存器如图 2.17 所示。

$D_{31}D_{30}$	$D_{29}D_{28}$	$D_{27}D_{26}$	$D_{25}D_{24}$	$D_{23}D_{22}$	$D_{21}D_{20}$	$D_{19}D_{18}$	$D_{17}D_{16}$	$D_{15}D_{14}$	D_{13}	$D_{12}D_{11}$	D_{10}	D_9	D_8	D_7	D_6	D_5	D_4	D_3	D_2	D_1	D_0	
LEN_3	R/W_3	LEN_2	R/W_2	LEN_1	R/W_1	LEN_0	R/W_0	0 0	GD	0 0	0	GE	LE	G_3	L_3	G_2	L_2	G_1	L_1	G_0	L_0	DR_7

D_{31} … D_{16}	D_{15}	D_{14}	D_{13}	D_{12} … D_4	D_3	D_2	D_1	D_0	
保留	BT	BS	BD	011111111	B_3	B_2	B_1	B_0	DR_6

D_{31} … D_0	
保留	DR_5
保留	DR_4
断点3的线性地址	DR_3
断点2的线性地址	DR_2
断点1的线性地址	DR_1
断点0的线性地址	DR_0

图 2.17　80486 微处理器的调试寄存器

① 调试控制寄存器 DR_7

DR_7 用于指示中断发生的条件及断点的类型。

L_3～L_0：局部断点允许标志。L_i（i=0～3）为 1 时，表示 i 号局部断点允许使用，断点仅在某一任务内发生，L_i 位在任务转换时清 0。若要使某个断点在某个任务中有效，则该任务在 TSS 中的 T 位应置 1；此后，在任务转换取得微处理器控制权时发生异常，可在其处理程序中将 L_i 位置 1，以保证该断点在此任务内有效。

$G_3 \sim G_0$：全局断点允许标志。G_i（$i=0 \sim 3$）为 1 时，表示 i 号全局断点允许使用，无论是操作系统还是某一任务，只要满足条件便会产生中断。

LE 和 GE：局部断点和全局断点类型标志。当 LE=1 或 GE=1 时，表示全局断点或局部断点为精明断点。精明断点为立即报告的断点。非精明断点为可以执行若干条指令后再报告或不报告的断点。

GD：调试寄存器保护标志。GD=1，调试寄存器处于保护状态，并产生中断。

$R/W_3 \sim R/W_0$：发生中断时系统读/写标志。$R/W_3 \sim R/W_0$ 分别指示 $L_3 \sim L_0$ 局部断点和 $G_3 \sim G_0$ 全局断点发生中断时，系统在进行何种操作。

$LEN_3 \sim LEN_0$：断点地址存放的数据长度。$LEN_3 \sim LEN_0$ 分别指示断点地址寄存器 $DR_3 \sim DR_0$ 在存储器中存放的情况。

② 调试状态寄存器 DR_6

DR_6 指示调试程序时异常发生的原因，当调试异常发生时，DR_6 的相关位自动被置 1。为避免在识别各种调试异常时出现混乱，调试服务程序返回前应复位 DR_6。

$B_3 \sim B_0$：断点异常发生指示标志。B_i（$i=0 \sim 3$）为 1 时，表示对应断点发生异常。

BD：调试寄存器处理检测标志。BD=1，表明下一条指令将读/写调试寄存器。

BS：单步异常标志。BS=1，表示异常是由标志寄存器中 TF=1 时单步自陷引起的。

BT：任务转换标志。BT=1，表示因为转换而发生异常。

$DR_0 \sim DR_7$ 调试寄存器给 80486 微处理器带来了先进的调试功能，如设置数据断点、代码断点（包括 ROM 断点）和对任务转换进行调试。

（2）测试寄存器（Test Registers，TR）

80486 微处理器提供了 5 个 32 位测试寄存器 $TR_3 \sim TR_7$，用于存放测试控制命令。其中，TR_3、TR_4 和 TR_5 用于缓存的测试，TR_6 和 TR_7 用于转换后援缓冲器 TLB 的测试。

4．浮点寄存器

80486 微处理器内部集成了一个增强型 80387 数字协处理器，共有 8 个 80 位通用寄存器，2 个 48 位寄存器（指令指针寄存器和数据指针寄存器），3 个 16 位寄存器（控制寄存器、状态寄存器和标志寄存器），用于浮点数运算。

80486 微处理器的寄存器在不同工作模式下的应用情况见表 2.5。

2.2.3 引脚及功能

80486 微处理器采用 PGA（Pin Grid Array）封装形式，共有 168 个引脚，其中包括 30 个地址引脚、32 个数据引脚、35 个控制引脚、24 个 V_{CC} 引脚、28 个 V_{SS} 引脚和 19 个空脚。80486 微处理器的引脚如图 2.18 所示。

表 2.5 寄存器在不同工作模式下的应用情况

寄存器	实地址模式		保护模式		虚拟 8086 模式	
	调用	存储	调用	存储	调用	存储
通用寄存器	是	是	是	是	是	是
段寄存器	是	是	是	是	是	是
FR	是	是	是	是	IOPL	IOPL
CR	是	是	PL=0	PL=0	否	否
GDTR	是	是	PL=0	是	否	否
IDTR	是	是	PL=0	是	否	否
LDTR	否	否	PL=0	是	否	否
任务寄存器	否	否	PL=0	是	否	否
DR	是	是	PL=0	PL=0	否	否
TR	是	是	PL=0	PL=0	否	否

1．时钟

CLK：时钟，为微处理器提供基本的定时信号和工作频率。

2．32 位地址总线

$A_{31} \sim A_2$：地址总线，三态，输出。

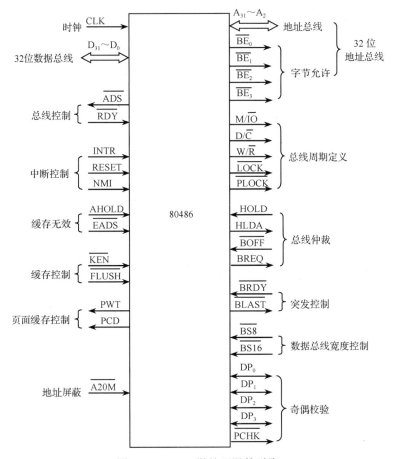

图 2.18　80486 微处理器的引脚

$\overline{BE_3} \sim \overline{BE_0}$：字节允许（byte enable），低电平有效。

$A_{31} \sim A_2$ 与 $\overline{BE_3} \sim \overline{BE_0}$ 共同构成 32 位地址总线，可寻址 4GB 的内存空间和 64KB 的 I/O 空间。4GB 的内存空间分为 4 个 1GB 的存储体，每个存储体分别由字节允许信号 $\overline{BE_3} \sim \overline{BE_0}$ 选通。当 $\overline{BE_i}$（$i=0\sim3$）有效时，选择相应的存储体，然后由 $A_{31} \sim A_2$ 选择相应的字节进行读/写操作。寻址 I/O 空间时，只有 $A_{15} \sim A_2$ 和 $\overline{BE_i}$（$i=0\sim3$）有效，可寻址 64KB 的 I/O 空间，即 65536 个 I/O 端口地址。

3．32 位数据总线

$D_{31} \sim D_0$：32 位数据总线，双向，可以传输 8 位、16 位和 32 位数据。

4．奇偶校验

$DP_3 \sim DP_0$：数据奇偶校验（data parity），双向。$DP_3 \sim DP_0$ 分别对应 32 位数据中字节 3 至字节 0 的校验位。

$\overline{PCHK}$：奇偶校验检查（parity check），输出，低电平有效。当 $\overline{PCHK}$ 为低电平时，表示微处理器在上一个读周期采样的数据奇偶校验出错。

5．数据总线宽度控制

$\overline{BS8}$：8 位数据总线宽度，输入，低电平有效。当 $\overline{BS8}$ 为低电平时，规定数据总线中只有 8 位有效，支持 8 位数据传输。

$\overline{BS16}$：16 位数据总线宽度，输入，低电平有效。当 $\overline{BS16}$ 为低电平时，规定数据总线中只有 16 位有效，支持 16 位数据传输。

6．总线周期定义

W/$\overline{\text{R}}$：读/写，输出。W/$\overline{\text{R}}$=1，表示写周期；W/$\overline{\text{R}}$=0，表示读周期。

M/$\overline{\text{IO}}$：存储器或 I/O 访问，输出。M/$\overline{\text{IO}}$=1，表示访问存储器；M/$\overline{\text{IO}}$=0，表示访问 I/O 端口。

D/$\overline{\text{C}}$：数据/控制，输出。D/$\overline{\text{C}}$=1，表示数据传输周期；D/$\overline{\text{C}}$=0，表示指令代码传输周期。

M/$\overline{\text{IO}}$、D/$\overline{\text{C}}$ 和 W/$\overline{\text{R}}$ 对应的总线周期操作见表 2.6。

$\overline{\text{LOCK}}$：总线锁定，输出，低电平有效。当 $\overline{\text{LOCK}}$ 为低电平时，表示当前的总线周期被锁定，此时，80486 微处理器独占系统总线。$\overline{\text{LOCK}}$ 由 LOCK 指令前缀设置或存储器操作时自动锁定。

$\overline{\text{PLOCK}}$：伪锁定（pseudo-lock），输出，低电平有效。当 $\overline{\text{PLOCK}}$ 为低电平时，表示微处理器需要多个总线周期才能完成传输。

表 2.6　M/$\overline{\text{IO}}$、D/$\overline{\text{C}}$ 和 W/$\overline{\text{R}}$ 对应的总线周期操作

M/$\overline{\text{IO}}$	D/$\overline{\text{C}}$	W/$\overline{\text{R}}$	总线周期操作
0	0	0	中断响应
0	0	1	空闲
0	1	0	读 I/O 数据
0	1	1	写 I/O 数据
1	0	0	读存储器代码
1	0	1	停止/关机
1	1	0	读存储器数据
1	1	1	写存储器数据

7．总线控制（bus control）

$\overline{\text{ADS}}$：地址选通（address strobe），输出，低电平有效。当 $\overline{\text{ADS}}$ 为低电平时，表明地址总线上输出的地址有效。

$\overline{\text{RDY}}$：非突发传送就绪，输入，低电平有效。当 $\overline{\text{RDY}}$ 为低电平时，指示现行总线周期已经完成。

8．突发控制（burst control）

$\overline{\text{BRDY}}$：突发传送就绪，输入，低电平有效。其作用与 $\overline{\text{RDY}}$ 相同。由 $\overline{\text{BRDY}}$ 结束的周期称为突发周期。突发传送是指两个设备之间不间断的连续数据传送方式。在突发传送时，一次数据传送只需要一个时钟周期，而不是通常的两个时钟周期。

$\overline{\text{BLAST}}$：突发传送结束，输出，低电平有效。当 $\overline{\text{BLAST}}$ 为低电平时，表示下一个 $\overline{\text{BRDY}}$ 输入时，突发周期结束。

9．中断控制（interrupts control）

RESET：复位，输入，高电平有效。当 RESET 为高电平时，系统复位。系统复位后寄存器的状态见表 2.7。

表 2.7　系统复位后寄存器的状态

寄存器	复位状态	寄存器	复位状态
EAX	00000000H	ES	选择符=0000H，段基址=00000000H，段限=FFFFH
EBX	00000000H	CS	选择符=F000H，段基址=FFFF0000H，段限=FFFFH
ECX	00000000H	SS	选择符=0000H，段基址=00000000H，段限=FFFFH
EDX	000004XXH	DS	选择符=0000H，段基址=00000000H，段限=FFFFH
EBP	00000000H	FS	选择符=0000H，段基址=00000000H，段限=FFFFH
ESP	00000000H	GS	选择符=0000H，段基址=00000000H，段限=FFFFH
EDI	00000000H	IDTR	段基址=00000000H，段限=FFFFH
ESI	00000000H	CR_0	60000010H
EFR	00000002H	DR_7	00000000H
EIP	0000FFF0H	浮点寄存器	不变

INTR：可屏蔽中断请求，输入，高电平有效。当 INTR 为高电平时，表明外部有可屏蔽中

断请求信号输入。

NMI：非屏蔽中断请求，输入，上升沿有效。当 NMI 有效时，表明外部有非屏蔽中断请求信号输入。

10．总线仲裁（bus arbitration）

HOLD：总线请求，输入，高电平有效。HOLD 由另一个总线主控设备产生，请求微处理器让出对总线的控制权。

HLDA：总线请求响应，输出，高电平有效。HLDA 是对 HOLD 的应答，当 HLDA 为高电平时，表示微处理器已让出对总线的控制权。

BREQ：内部总线请求，输出，高电平有效。当 BREQ 为高电平时，表明微处理器内部提出一个总线请求，此时微处理器正在控制总线。

$\overline{\text{BOFF}}$：强制微处理器放弃（back off）系统总线，输入，低电平有效。微处理器接收到该信号后，将立即放弃对系统总线的控制权，并使其所有引脚处于浮空状态。

11．缓存无效

AHOLD：地址保持请求，输入，高电平有效。AHOLD 决定地址总线 $A_{31} \sim A_2$ 是否接收地址输入，在缓存无效周期时使用。

$\overline{\text{EADS}}$：外部地址，输入，低电平有效。当 $\overline{\text{EADS}}$ 为低电平时有效，表示地址总线上的地址信号有效。微处理器将其读入后，在内部缓存中寻找该地址，若找到，则执行缓存无效周期，使内部缓存对应存储单元中的数据无效。

12．页面缓存控制

PWT：页面通写，输出，高电平有效。当 PWT 为高电平时，规定当前缓存页为通写方式；当 PWT 为低电平时，规定当前缓存页为回写方式。由于 80486 微处理器内部缓存规定为通写方式，因此 PWT 只对外部缓存有效，其反映控制寄存器 CR_3 中 PWT 位的状态。

PCD：页面缓存禁止，输出，高电平有效。当 PCD 为高电平时，禁止在缓存页面中进行缓存；当 PCD 为低电平时，允许缓存页面进行缓存。PCD 反映的是控制寄存器 CR_3 中 PCD 位的状态。

13．缓存控制

$\overline{\text{KEN}}$：缓存允许，输入，低电平有效。$\overline{\text{KEN}}$ 用来决定当前缓存周期是否有效。当 $\overline{\text{KEN}}$ 有效时，微处理器进行缓存填充。

$\overline{\text{FLUSH}}$：缓存清除，输入，低电平有效。当 $\overline{\text{FLUSH}}$ 有效时，强制微处理器对内部缓存进行大清除，回写所有修改的行，使其全无效。

14．地址屏蔽

$\overline{\text{A20M}}$：第 20 位地址屏蔽，输入，低电平有效。当 $\overline{\text{A20M}}$ 有效时，将屏蔽 A_{20} 及以上地址（屏蔽地址 $A_{32} \sim A_{20}$），使 80486 微处理器仿真 8086 微处理器的 1MB 存储器地址（地址 $A_{19} \sim A_0$）。只有微处理器工作在实地址模式下，$\overline{\text{A20M}}$ 才有意义。

2.2.4 存储器组织及输入/输出结构

1．存储器组织与 I/O 结构

80486 微处理器有 32 根地址总线，可寻址 2^{32}=4GB 的存储器空间，地址范围为 00000000H～FFFFFFFFH。32 根地址总线中的低 16 位地址用于对 64K 个 I/O 端口的寻址，地址范围为 0000H～FFFFH。80486 微处理器的存储器与 I/O 地址空间如图 2.19 所示。

2．存储器寻址

80486 微处理器的地址总线 $A_{31} \sim A_2$ 与字节允许信号 $\overline{BE_3} \sim \overline{BE_0}$ 共同构成 32 位地址，可寻址 4GB 的存储器空间。由 80486 微处理器的引脚图可以发现，地址总线中没有 A_1 和 A_0，其实是在微处理器内部利用 A_1 和 A_0 经译码产生了字节允许信号 $\overline{BE_3} \sim \overline{BE_0}$。$A_{31} \sim A_2$ 与 $\overline{BE_3} \sim \overline{BE_0}$ 构成的 32 位地址见表 2.8。$\overline{BE_3} \sim \overline{BE_0}$ 与 32 位数据总线的对应情况见表 2.9。

表 2.8　$A_{31} \sim A_2$ 与 $\overline{BE_3} \sim \overline{BE_0}$ 构成的 32 位地址

$A_{31} \sim A_0$（32 位地址）			$\overline{BE_3}$	$\overline{BE_2}$	$\overline{BE_1}$	$\overline{BE_0}$
A_{31} ⋯ A_2	A_1	A_0				
0000 ⋯ 0000	0	0	×	×	×	0
⋮	0	1	×	×	0	1
⋮	1	0	×	0	1	1
1111 ⋯ 1111	1	1	0	1	1	1

表 2.9　$\overline{BE_3} \sim \overline{BE_0}$ 与 32 位数据总线的对应情况

字节允许	数据总线	
$\overline{BE_0}$	$D_7 \sim D_0$	字节 0（最低位）
$\overline{BE_1}$	$D_{15} \sim D_8$	字节 1
$\overline{BE_2}$	$D_{23} \sim D_{16}$	字节 2
$\overline{BE_3}$	$D_{31} \sim D_{24}$	字节 3（最高位）

由于 80486 微处理器的数据总线为 32 位，所以存储器和 I/O 地址空间都是针对 32 位数据宽度来组织，80486 微处理器的存储器结构如图 2.20 所示。

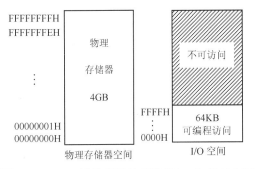

图 2.19　80486 微处理器的存储器与 I/O 地址空间

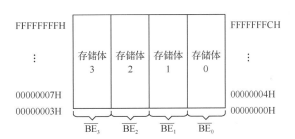

图 2.20　80486 微处理器的存储器结构

2.2.5　工作模式

从操作系统的角度看，Intel 80486 微处理器有三种工作模式：实地址模式、保护模式和虚拟 8086 模式。当微处理器复位后，系统自动进入实地址模式。通过设置控制寄存器 CR_0 中的保护模式允许位 PE，可以进行实地址模式和保护模式之间的转换。执行 IRET 指令或进行任务切换，可由保护模式转移到虚拟 8086 模式。

虚拟 8086 模式是一种既有保护功能又能执行 16 位微处理器软件的工作方式，工作原理与保护模式相同，但程序指定的逻辑地址与 8086 微处理器相同。虚拟 8086 模式可以看作保护模式的一种子方式。

1．实地址模式（real mode）

实地址模式是最基本的工作模式，与 16 位微处理器 8086/8088 的实地址模式保持兼容，原有 16 位微处理器的程序不加任何修改就可以在 80486 微处理器实地址模式下运行。80486 微处理器的实地址模式具有更强的功能，增加了寄存器，扩充了指令，可进行 32 位操作。

8086/8088 只能工作于实地址模式，80286 及其以上的微处理器可工作于实地址模式、保护模式和虚拟 8086 模式。

实地址模式只允许微处理器寻址第一个 1MB 存储器空间，存储器中第一个 1MB 存储单元称为实地址模式存储器或常规内存。DOS 操作系统要求微处理器工作于实地址模式。当 80486 微处理器工作于实地址模式时，存储器的管理方式与 8086 微处理器存储器的管理方式完全相同，这里不再赘述。

2．保护模式（protected mode/protected virtual address mode）

通常在程序运行过程中，应防止以下情况的发生：① 应用程序破坏系统程序；② 某个应用程序破坏其他应用程序；③ 错误地把数据当作程序运行。

为了避免以上情形的发生，所采取的措施称作"保护"。

保护模式的特点是引入虚拟存储器的概念，同时可使用附加的指令集，所以 80486 微处理器支持多任务操作。在保护模式下，80486 微处理器可访问的物理存储空间为 4GB（2^{32}B），程序可用的虚拟存储空间为 64TB（2^{46}B）。

在保护模式下，存储器寻址（80286 及以上的微处理器）允许访问第一个 1MB 及其以上的存储器内的数据和程序。寻址这个扩展的存储器段，需要更改用于实地址模式存储器寻址的段基址加偏移地址的机制。

在保护模式下，当寻址扩展内存中的数据和程序时，仍然使用偏移地址访问位于存储器段内的信息。保护模式与实地址模式的区别：在实地址模式下，段基址由段寄存器提供；而在保护模式下，段寄存器里存放着一个选择符，用于选择描述符表内的一个描述符。描述符描述存储器段的位置、长度和访问权限。由于段基址加偏移地址仍然用于访问第一个 1MB 存储器内的数据，因此保护模式下的指令和实地址模式下的指令完全相同。

保护模式和实地址模式的不同之处在于存储器地址空间的扩大（由 1MB 扩展到 4GB），以及存储器管理机制的不同。

3．虚拟 8086 模式（virtual 8086 mode）

80486 微处理器允许在实地址模式和虚拟 8086 模式下执行 8086 的应用程序，为系统设计人员提供了 80486 微处理器保护模式的全部功能，因而具有更大的灵活性。有了虚拟 8086 模式，80486 微处理器不仅可以执行 80486 微处理器操作系统及其应用程序，同时还可以执行 8086 微处理器操作系统及其应用程序。在一个多用户的 80486 微处理器的计算机中，多个用户可以同时使用计算机。

在虚拟 8086 模式下，允许以实地址模式相同的形式应用段寄存器，形成现行段基址。通过使用分页功能，就可以把虚拟 8086 模式下的 1MB 地址空间映射到 80486 微处理器的 4GB 的物理空间中的任何位置。

2.2.6　总线操作

1．总线

总线是计算机各部件之间传递信息的通道，按其功能不同，分为以下三类：① 内部总线，指微处理器芯片与其他芯片之间的连线；② 系统总线，指各集成电路板之间的连线；③ 外部总线，指微型计算机系统与其他设备之间的连线。

2．总线操作周期

微型计算机系统各部件之间的信息交换是通过总线操作周期完成的，一个总线操作周期通常分为以下 4 个阶段。

① 总线请求和仲裁阶段：当有多个模块提出总线请求时，必须由仲裁机构判断，以确定将总线的使用权分配给哪个模块。

② 寻址阶段：取得总线控制权的模块即主模块，经总线发出本次要访问的存储器或 I/O 端口的地址和相关命令。

③ 数据传送阶段：主模块与其他模块之间进行数据传送。

④ 结束阶段：主模块将有关信息从总线上撤除，主模块交出对总线的控制权。

3．时钟周期、总线周期和指令周期

① 时钟周期：微处理器执行指令的最小时间单位，又称 T 状态，通常与微机的主频有关。

② 总线周期：微处理器对存储器或 I/O 端口完成一次读/写操作所需的时间。例如，8086 微处理器的基本总线周期由 4 个时钟周期 $T_1 \sim T_4$ 组成，而 80486 微处理器的基本总线周期由 T_1 和 T_2 两个时钟周期组成。当外设速度较慢时，可插入等待周期 T_w。

③ 指令周期：微处理器执行一条指令所需要的时间。指令周期由若干个总线周期组成，不同指令执行的时间不同。同一功能的指令，当寻址方式不同时，所需要的时间也不同。

微处理器执行不同指令，时间有很大的差别，但每条指令都有各自固定的时序，大多数指令由存储器读/写、I/O 端口读/写、中断响应等基本的总线周期组成。

习题 2

2-1 简述 8086 微处理器和 80486 微处理器内部结构由哪些部件组成，并阐述它们的功能。

2-2 8086 微处理器和 80486 微处理器中各有哪些寄存器？

2-3 8086 微处理器的标志寄存器 FR 包含哪些标志位？说明标志位的作用。

2-4 8086 微处理器的存储器为什么要分段？在实地址模式下存储器如何分段？

2-5 什么是逻辑地址？什么是物理地址？在实地址模式下，如何求存储器的物理地址？设一个 16 字的数据存储区，它的起始地址为 70A0H:DDF6H。写出这个数据区的首字单元和末字单元的物理地址。

2-6 对堆栈进行操作时，应遵循什么原则？为什么要设置堆栈？

2-7 简述时钟周期、总线周期和指令周期的定义。

2-8 80486 微处理器的实地址模式的物理地址空间是多大？保护模式下的物理地址空间是多大？保护模式下的虚拟地址空间是多大？

2-9 当总线状态信号 M/$\overline{\text{IO}}$、D/$\overline{\text{C}}$、W/$\overline{\text{R}}$ 为 010 时，将进行哪种总线周期操作？

知识拓展

重点难点

第3章 指令系统

摘要　指令系统是计算机所能执行的全部指令的集合，它描述了微处理器内部的全部控制信息和"逻辑判断"能力，是学习汇编语言程序设计的基础。本章首先介绍 80486 微处理器指令系统的数据类型、寻址方式、指令格式，然后详细介绍 80486 微处理器的指令系统，包括基本指令和扩展指令，重点是指令的格式、功能、操作及对标志位的影响。

3.1　80486 微处理器的数据类型和指令格式

首先介绍 2 个基本概念。

① 指令：指示计算机执行某种操作的命令，由一串二进制数码组成。

② 指令系统：计算机所能执行的全部指令的集合，即 CPU 所能识别的全部指令。

3.1.1　数据类型

80486 微处理器（简称 80486）在其内部整数执行部件和浮点运算部件的支持下，可以处理以下 6 种类型的数据。

1．无符号二进制数（unsigned binary number）

无符号二进制数包括：① 字节，无符号 8 位二进制数；② 字，两个相邻字节组成的无符号 16 位二进制数；③ 双字，4 个相邻字节组成的无符号 32 位二进制数。

2．有符号二进制定点整数（signed binary fixed point integer number）

有符号二进制定点整数有正、负之分，均以补码表示。80486 微处理器支持 8 位、16 位和 32 位有符号整数，其最高位为符号位。

3．浮点数（floating point number）

80486 中的浮点数（实数）由符号位、有效数字（尾数）和阶码 3 个字段组成。浮点数由 FPU 支持，分为单精度（32 位）、双精度（64 位）和扩展精度（80 位）3 种。

① 单精度浮点数包括 1 位符号、8 位阶码、24 位有效数字（显示 23 位，隐含 1 位）。

② 双精度浮点数包括 1 位符号、11 位阶码、53 位有效数字（显示 52 位，隐含 1 位）。

③ 扩展精度浮点数包括 1 位符号、15 位阶码、64 位有效数字（隐含 1 位，同时小数点"."也被隐含）。

4．BCD 码

BCD 码包括压缩 BCD 码和非压缩 BCD 码两种。压缩 BCD 码的 1 字节包含 2 个十进制数，非压缩 BCD 码的 1 字节只包含 1 个十进制数。CPU 支持 8 位压缩 BCD 码和非压缩 BCD 码，FPU 只支持压缩 BCD 码，且最大长度为 80 位（10 字节，20 个 BCD 码）。

5．串数据

80486 支持的串（也称字符串）数据如下。

① 位串：一串连续的二进制数据。

② 字节串：一串连续的字节数据。

③ 字串：一串连续的字数据。

④ 双字串：一串连续的双字数据。

32 位微处理器可处理的串数据最长达（$2^{32}-1$）字节。

6．ASCII 码数据

ASCII 码数据包括 ASCII 码字符串和 ASCII 码两种。

3.1.2　指令格式

80486 汇编语言指令由 4 部分组成，格式如下：

　　[标号:] [前缀] 助记符 [操作数] [;注释]

其中，方括号表示的部分为任选部分，在具体指令中可有可无。

以汇编语言中的 MOV 传送指令为例，其指令格式如下：

数据传送指令　　　　NEXT:　　MOV　　AL,　　66H　　;将立即数 66H 传送给寄存器 AL

　　　　　　　　　　　↓　　　　↓　　　↓　　　↓　　　　　　　　　↓

　　　　　　　　　　标号　　操作码　目标操作数　源操作数　　　　　注释

1．标号（label）

标号是指令语句的标识符，也可以理解为给该指令所在地址取的名字，或称为符号地址。一般来说，跳转指令转到的目标指令、子程序的首条指令前必须设置标号，其他指令前是否使用标号，没有特殊要求，是可供选择的项。标号可由字母（包括英文 26 个大小写字母）、数字（0～9）及一些特殊符号组成。注意，标号的第一个字符只能是字母，且字符总数不得超过 31 个（一般为 1～8 个字符）。在标号的字符中间可插入空格或连接符，标号和后面的助记符之间必须用冒号 ":" 分隔开。

2．前缀及助记符（prefixes and mnemonic）

助记符是一些与指令操作类型和功能意义相近的英文缩写，用来指示指令语句的操作类型和功能，也称为操作码。所有的指令语句都必须有操作码，不可缺少。在一些特殊指令中，有时需要在助记符前面加前缀，与助记符配合使用，实现某些附加操作。

3．操作数（operand）

操作数指参与操作的数据。不同的指令对操作数的要求也各不相同，有的不带任何操作数，有的要求带一个或两个操作数。若指令中有两个操作数，中间必须用逗号 "," 分隔开，并且称逗号左边的操作数为目标操作数，右边的操作数为源操作数（还有的指令带三个操作数）。操作数与助记符之间必须以空格分隔。

4．注释（description）

注释是对指令及程序功能的标注和说明，用于增加程序的可读性。注释不影响程序的执行（汇编时不产生目标代码），也并非所有的指令都要加注释。程序中可采用英文或中文注释。注释与操作数之间用分号 ";" 分隔，分号作为注释的开始。

3.2　寻址方式

计算机在运行过程中需要的数据称为操作数，寻找指令中所需的操作数或操作数地址的方式称为寻址方式。80486 微处理器指令系统的寻址方式包括三种类型：操作数寻址、转移地址寻址及 I/O 端口寻址。

3.2.1　对操作数的寻址方式

指令中所需要的操作数来自以下 3 个方面。

① 操作数包含在指令中。在取指令代码的同时，操作数也随着取出，这种操作数被称为立即数。

② 操作数在 CPU 的某个内部寄存器中。由于寄存器在 CPU 的内部，因此取操作数也比较简单。

③ 操作数在内存中。由于内存在 CPU 的外部，因此，在寻找这种操作数时需要执行一个总线周期。首先找到该操作数在内存中存放的地址，再从该地址中取出操作数。

在 80486 微机系统中，任何内存单元的地址都由段基址和偏移地址组成。其中，段基址由段寄存器提供，而偏移地址则由以下 4 部分组合而成：① 基址，由基址寄存器提供；② 间址，由间址寄存器（或称变址寄存器）提供；③ 比例因子；④ 偏移量。

以上 4 部分称为偏移地址四元素。一般将这 4 个元素按某种计算方法组合形成的偏移地址称为有效地址（Effective Address，EA）。有效地址的组合方式和计算方法如下：

$$EA=基址+间址×比例因子+偏移量$$

采用 16 位寻址时，偏移量为 8 位或 16 位，用 BX 和 BP 作为基址寄存器，SI 和 DI 作为间址寄存器，比例因子为 1。

采用 32 位寻址时，可使用 8 位和 32 位的偏移量，32 位通用寄存器都可以作为基址寄存器或间址寄存器（ESP 不作为间址寄存器），并且可采用 2、4 或 8 三种不同的比例因子。

以上 4 个因素可优化组合出 9 种存储器寻址方式，加上立即寻址和寄存器寻址，共有 11 种寻址方式。

1. 立即数寻址（immediate addressing）

立即数寻址的特点：操作数就在指令中，跟在操作码后面，称为立即数。在指令格式中，立即数一般为源操作数。

注意，在汇编语言中，立即数是以常数形式出现的。常数可以是二进制数（加后缀字母 B 或 b）、十进制数（不加后缀字母，或加 D 或 d）、十六进制数（加后缀字母 H 或 h，以 A～F 开头时，前面要加一个 0）、字符串（用单引号括起来的字符，表示对应的 ASCII 码值）。

例如： MOV AL, 0FH ;将 8 位立即数 0FH 传送给 AL

MOV AX, 0102H ;将 16 位立即数 0102H 传送给 AX

立即数寻址操作如图 3.1 所示。

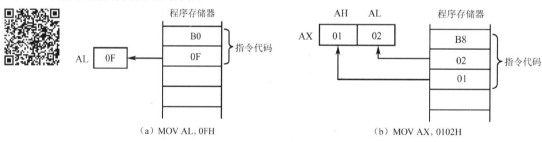

（a）MOV AL, 0FH　　　　　　　（b）MOV AX, 0102H

图 3.1 立即数寻址操作

注意：立即数寻址时，只允许源操作数为立即数，而目标操作数必须是寄存器或存储器操作数，其作用是给寄存器或存储单元赋值。

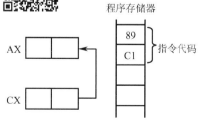

图 3.2 寄存器寻址操作

2. 寄存器寻址（register addressing）

寄存器寻址的特点：操作数在 CPU 的某个寄存器中，由于存取此类操作数是在 CPU 内部进行，因此执行速度较快。

例如： MOV AX, CX ;将 CX 中的内容传送给 AX

寄存器寻址操作如图 3.2 所示。

3. 直接寻址（direct addressing）

直接寻址的特点：操作数一般存放在存储器的数据段中，而操作数的 EA 由指令给出。

物理地址= DS ×16+EA

例如： MOV AX, [2000H] ;将 EA=2000H 字单元中的内容传送给 AX

在汇编语言中，带方括号"[ ]"的操作数称为存储器操作数，方括号中的内容作为存储单元的 EA。存储器操作数本身并不能表明地址的类型，而需要通过另一个寄存器操作数的类型或其他方式来确定。上例中由于目标操作数 AX 为字类型，源操作数也应与之对应，因此 EA=2000H 为字单元。设 DS=3000H，该指令的寻址及执行过程如图 3.3 所示。

物理地址=3000H×16+2000H=32000H

该指令的功能是将存储器 32000H 和 32001H 两个存储单元的内容 50H 和 30H，按照"高字节对应高地址，低字节对应低地址"的原则，传送给寄存器 AL 和 AH，结果 AX= 3050H。

直接寻址允许用符号地址来代替数值地址，例如：MOV AX, [DATA]，变量 DATA 为存放操作数的存储单元的符号地址，还可写成 MOV AX, DATA。直接寻址适用于处理单个变量。

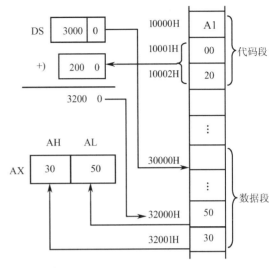

图 3.3 MOV AX, [2000H]指令的寻址及执行过程

4. 寄存器间接寻址（register indirect addressing）

寄存器间接寻址的特点：操作数在存储器中，其 EA 存放在某个寄存器中。

注意，寄存器的使用在 16 位寻址和 32 位寻址时不一样。

（1）16 位寻址

有效地址存放在 SI、DI、BX、BP 中。如果指令中指定的寄存器是 BX、SI、DI，则操作数在数据段中，段基址在 DS 中，操作数的物理地址计算公式如下：

$$物理地址=DS \times 16 + \begin{cases} BX \\ SI \\ DI \end{cases}$$

如果指令中指定的寄存器是 BP，则操作数在堆栈段中，段基址在 SS 中，操作数的物理地址计算公式如下：

物理地址= SS ×16 + BP

例如： MOV AX, [BP]

设 SS=3000H，BP=1000H，[31000H]=00H 和 [31001H]=3AH，该指令的寻址及执行过程如图 3.4 所示。

（2）32 位寻址

8 个 32 位通用寄存器均可作为寄存器间接寻址使用。除 ESP 和 EBP 默认段寄存器为 SS 外，其余 6 个通用寄存器均默认段寄存器为 DS。

寄存器间接寻址方式用于表格处理，执行完一条指令，只需要修改寄存器的内容就可以取出

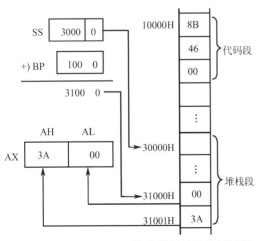

图 3.4 MOV AX, [BP]指令的寻址及执行过程

表格中的下一项数据。

5. 基址寻址（based relative addressing）

基址寻址的特点：操作数在存储器中，操作数的 EA 由基址寄存器的内容与指令代码给出的偏移量之和给出。

（1）16 位寻址。BX 和 BP 作为基址寄存器，其中 BX 以 DS 作为默认段寄存器，BP 以 SS 作为默认段寄存器。偏移量为 8 位或 16 位。EA 的计算公式：

$$EA=(BX\ 或\ BP)+偏移量(8\ 位或\ 16\ 位)$$

（2）32 位寻址。8 个 32 位通用寄存器均可作为基址寄存器，其中 ESP、EBP 以 SS 作为默认段寄存器，其余均以 DS 作为默认段寄存器。偏移量为 8 位或 32 位。EA 的计算公式：

$$EA=基址+偏移量(8\ 位或\ 32\ 位)$$

6. 间址寻址（indexed relative addressing）

在间址寻址中，EA 的计算公式：

$$EA=间址+偏移量(8\ 位或\ 32\ 位)$$

（1）16 位寻址。只有 SI 和 DI 可以作为间址寄存器，默认 DS 作为段寄存器。

（2）32 位寻址。除 ESP 以外的其他 7 个 32 位的寄存器均可以作为间址寄存器，EBP 默认 SS 作为段寄存器，其余以 DS 作为段寄存器。

基址寻址和间址寻址适用于对一维数组的数组元素进行检索操作。

7. 比例间接寻址（proportion indirect addressing）

在比例间接寻址中，EA 的计算公式：

$$EA=间址×比例因子(2、4\ 或\ 8)+偏移量(8\ 位或\ 32\ 位)$$

比例间接寻址方式只适用于 32 位寻址。

例如：　　MOV　EAX, TABLE [ESI×4]

其中，TABLE 为偏移量，4 是比例因子，ESI 乘以 4 的操作在 CPU 内部完成。

8. 基址加间址寻址

基址加间址寻址也分为 16 位寻址和 32 位寻址，EA 的计算公式：

$$EA=基址+间址$$

例如：　　MOV　AX, [BX+SI]

　　　　　MOV　DX, [BX+DI]

如果 DS=1000H，BX=2000H，DI=0010H，则

物理地址=DS×16+BX+DI

=10000H+2000H+0010H

=12010H

MOV　DX, [BX+DI]指令的寻址及执行过程如图 3.5 所示。

注意，当基址寄存器和间址寄存器默认的段寄存器不同时，一般以基址寄存器决定的段寄存器作为段基址寄存器。

例如：　　MOV　EAX, [EBP][ECX]

由于基址寄存器是 EBP，因此默认 SS 作为段基址寄存器。基址加间址寻址主要用于二维数组的操作。

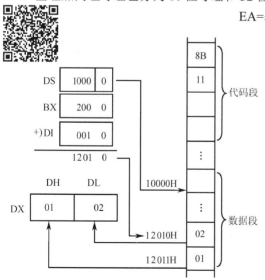

图 3.5　MOV　DX, [BX+DI]指令的寻址及执行过程

9. 基址加比例间址寻址

在基址加比例间址寻址中，EA 的计算公式：

$$EA=基址+间址×比例因子$$

例如：　MOV　EAX, [EBX] [EDI×8]

基址加比例间址寻址方式只适用于 32 位寻址。

10. 带位移的基址加间址寻址

在带位移的基址加间址寻址中，EA 的计算公式：

$$EA=基址+间址+偏移量$$

带位移的基址加间址寻址方式分为 16 位和 32 位寻址两种情况。

例如：　MOV　AX, [BX+SI+MASK]

　　　　ADD　EDX, [ESI][EBP+0FFF0000H]

　　　　MOV　DX, RSSA [BX][SI]

注：也可写成 MOV　DX, RSSA [BX+SI]或 MOV　DX, [RSSA+BX+SI]。

如果 DS=3000H，BX=2000H，SI=1000H，偏移量 RSSA=0250H，则

　　　　物理地址=DS×16+BX+SI+RSSA

　　　　　　　　=30000H+2000H+1000H+0250H

　　　　　　　　=33250H

MOV　DX, RSSA [BX][SI]指令寻址及执行过程如图 3.6 所示。

注意，当基址寄存器和间址寄存器默认的段寄存器不同时，一般以基址寄存器决定的段寄存器作为段基址寄存器。

11. 带位移的基址加比例间址寻址

在带位移的基址加比例间址寻址中，EA 的计算公式：

$$EA=间址×比例因子+基址+偏移量$$

带位移的基址加比例间址寻址只有 32 位寻址。

例如：　INC　BYTE PTR [EDI×8][EDX+40H]

以上 11 种寻址方式可以分为两大类。

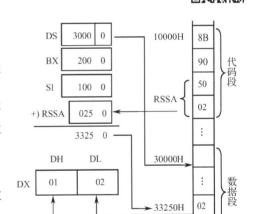

图 3.6　MOV　DX, RSSA[BX][SI]指令的寻址及执行过程

① 非存储器操作寻址方式：包括立即数寻址和寄存器寻址，不需要访问存储器，故执行速度快。

② 访问存储器操作寻址方式：后 9 种寻址方式属于这一类。在进行访问存储器操作时，除要计算 EA 外，还必须确定操作数所在的段，即确定有关的段寄存器。

编写程序时应注意以下 5 点。

① 在一般情况下，指令不特别指出段寄存器。80486 微处理器约定了默认的段寄存器。

② 有的指令允许段超越寻址，这时指令中应加上超越前缀。

③ 程序只能存放在代码段中，使用 IP（EIP）作为偏移地址寄存器。

④ 堆栈操作数只能在堆栈段中，使用 SP 或 BP（ESP 或 EBP）作为偏移地址寄存器。

⑤ 在串操作中，目标操作数只能在附加数据段 ES 中，其他操作虽然也有默认段，但都是允许段超越的。

3.2.2 对程序转移地址的寻址方式

通常，CPU 执行程序的顺序由代码段寄存器 CS 和指令指针 IP（EIP）的内容所确定。IP（EIP）具有自动加 1 的功能，每当 BIU 取完一条指令以后，IP（EIP）的内容都会自动加 1 指向下一条指令，以便使程序按照指令存放的次序由低地址到高地址依次执行。当程序中有跳转指令时，就需要改变以上顺序执行的过程，按照指令的要求修改 IP（EIP）的内容或同时修改 IP（EIP）和 CS 的内容，从而将 CPU 引导到指令所规定的地址去执行。程序转移地址的寻址方式，寻找的是程序转移的目标地址，而不是操作数。

在 80486 微机系统中，由于存储器采用了分段结构，因此，对转移地址的寻址方式分为段内寻址和段间寻址两类。程序转移地址的寻址方式如图 3.7 所示。

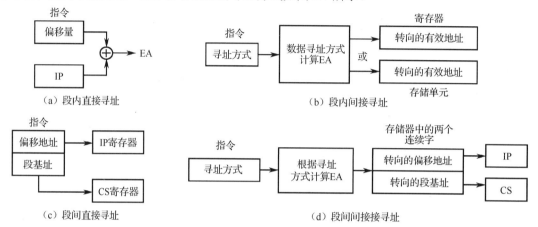

图 3.7 程序转移地址的寻址方式

1．段内直接寻址

段内直接寻址也称为相对寻址。转向的有效地址（EA）是当前 IP 的内容和指令指定的 8 位或 16 位偏移量之和，如图 3.7（a）所示。

当偏移量是 8 位时，称为短程转移，常在转向的符号地址前加操作符 SHORT。当偏移量是 16 位时，称为近程转移，常在转向的符号地址前加操作符 NEAR PTR。

例如：　　JMP　SHORT　LOOP1

　　　　　JMP　NEAR　PTR　LOOP2

其中，LOOP1 和 LOOP2 均为程序转向的符号地址。

2．段内间接寻址

段内间接寻址方式的特点是程序转向的 EA 存放在寄存器或存储单元中。指令执行时，用寄存器或存储单元的内容去更新 IP 的内容，从而正确地实现程序转移，如图 3.7（b）所示。

例如：　　JMP　BX

　　　　　JMP　WORD PTR[SI+2000H]

其中，WORD PTR 是一个操作符，说明跟在其后的存储器操作数所取得的转向地址是一个字类型的有效地址，从而表明这种寻址方式是一种段内转移。

以上两种寻址方式均为段内寻址，由于转向的目标地址与跳转指令同在一个代码段内，因此不需修改 CS 的内容，只需要修改 IP 的内容，根据指令的寻址方式求得转向的 EA 并送到 IP 中就可以了。转向的物理地址计算公式：物理地址=CS ×16+IP。

3．段间直接寻址

段间直接寻址方式的特点是在跳转指令中直接给出转向的段基址和偏移地址，16 位的段基址用来更新 CS，16 位的偏移地址用来更新 IP，从而完成从一个段到另一段的转移。在段间直接寻址方式的指令中，常在转向的符号地址前加上操作符 FAR PTR，如图 3.7（c）所示。

例如： JMP FAR PTR LOOP3 ;LOOP3 为转向的符号地址

4．段间间接寻址

段间间接寻址方式的特点是由指令寻址方式确定的连续两个字的内容来取代 IP 和 CS 寄存器中的原有内容，低位字单元中的 16 位数据作为转向的偏移地址用以取代 IP 中的内容，高位字单元中的 16 位数据作为段基址用以取代 CS 中的内容，从而实现段间程序转移，如图 3.7（d）所示。

例如： JMP DWORD PTR [BX]

其中，DWORD PTR 为双字操作符，说明后面紧跟的存储器操作数所取得的转向地址是一个双字的有效地址。

以上两种寻址方式均为段间寻址，跳转指令和转向地址分别在两个不同的代码段中，所以既需要修改 IP 的内容，又需要修改 CS 的内容，这样才能实现段间转移。

3.2.3　对 I/O 端口的寻址方式

80486 微处理器允许使用地址总线的低 16 位 $A_{15} \sim A_0$ 访问 I/O 端口，共有 65536（2^{16}）个端口地址，地址范围为 0000H～FFFFH。80486 微处理器对 I/O 端口采取独立编址方式，采用直接寻址和间接寻址两种寻址方式。

1．直接寻址

I/O 端口的直接寻址方式仅适合于访问地址范围为 00H～FFH 的端口，在输入/输出指令中，端口地址以 8 位立即数的形式出现。

例如： IN AL,80H

表示由地址为 80H 的端口读取一个字节数据到寄存器 AL 中。

2．间接寻址

I/O 端口的间接寻址方式适合于访问地址范围为 0000H～FFFFH 的全部端口，当端口地址为 0100H～FFFFH 时，必须采用间接寻址方式。在输入/输出指令中，端口是 16 位的立即数。端口间接寻址只可使用寄存器 DX，16 位的 I/O 端口地址必须预置在 DX 中。

例如： MOV DX,2000H

OUT DX,AX

表示将 AX 中的 16 位数据由(DX+1)和(DX)确定的 2001H 和 2000H 两个 I/O 端口输出。

3.3　80486 微处理器的基本指令系统

80486 微处理器的指令系统包含 133 条基本指令，按功能分为以下六大类。数据传送类指令（data transfer instructions）、算术运算类指令（binary and decimal arithmetic instructions）、逻辑运算与移位类指令（logical operations, shift and rotate instructions）、串操作类指令（string instructions）、程序控制类指令（program control instructions）、处理器控制类指令（CPU control instructions）。

由于 80486 微处理器指令系统的功能强大，同时也比较复杂，学习和掌握好这些指令会有一定的难度，因此，这部分内容的学习应主要掌握指令的格式、功能、操作及对标志位的影响。

3.3.1　数据传送类指令

数据传送类指令的功能是完成寄存器与寄存器之间、寄存器与存储器之间及寄存器与 I/O 端口之间的字节数据或字数据的传送。这类指令的共同特点是不影响标志寄存器中的标志位。数据传送类指令见表 3.1。

表 3.1　数据传送类指令

指 令 类 型	指 令 格 式	指 令 功 能
通用数据传送指令	MOV　d, s	字节或字传送
	PUSH　s	字压入堆栈
	POP　d	字弹出堆栈
	XCHG　d, s	字节或字交换
	XLAT	字节转换
目标地址传送指令	LEA　d, s	装载有效地址
	LDS　d, s	装载 DS
	LES　d, s	装载 ES
标志位传送指令	LAHF	将 FR 低字节装入 AH
	SAHF	将 AH 内容装入 FR 低字节
	PUSHF	将 FR 内容压入堆栈
	POPF	从堆栈弹出 FR 内容
I/O 数据传送指令	IN　累加器,端口	输入字节或字
	OUT　端口,累加器	输出字节或字

注：d 表示目标操作数，s 表示源操作数。

1. 通用数据传送指令

通用数据传送指令包括最基本的传送指令 MOV、堆栈操作指令 PUSH 与 POP、数据交换指令 XCHG 和字节转换指令 XLAT。

（1）传送指令

MOV：最基本的传送指令。

格式：MOV　d, s

操作：d←(s)，将由 s 指定的源操作数传送给目标操作数 d。

注：( )表示有关的内容。

通用数据传送指令数据传送方向示意图如图 3.8 所示。

在数据传送类指令中，由 s 与 d 分别指定源操作数与目标操作数。源操作数可以是 8/16 位寄存器操作数，也可以是存储器中的某个字节/字数据，或者是 8/16 位立即数。目标操作数不允许为立即数，其他同源操作数一样，且两者不能同时为存储器操作数。例如：

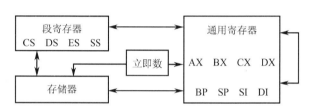

图 3.8　通用数据传送指令数据传送方向示意图

```
MOV    AL, 30H        ;寄存器←立即数（AL←30H），字节传送
MOV    AX, 1122H      ;寄存器←立即数（AX←1122H），字传送
MOV    BH, CH         ;寄存器←(寄存器)，字节传送
MOV    SI, BX         ;寄存器←(寄存器)，字传送
MOV    CL, ADDR       ;CL←内存单元 ADDR 中的字节内容
MOV    AX, [DI]       ;AH←(DI+1)，AL←(DI)，[DI]指定内存单元的字地址
MOV    [SI] , DX      ;[SI+1]←DH，[SI]←DL，[SI]指定内存单元的字地址
MOV    [2000H] , DS   ;[2001H]←DS₁₅~₈，[2000H]←DS₇~₀，[2000H]指定内存单元的字地址
MOV    SS, AX         ;段寄存器←寄存器，字传送
```

注意，CS 和 IP 这两个寄存器不能作为目标操作数，也就是说，这两个寄存器的值不能用 MOV 指令来修改。另外，当操作数采用 BX、SI、DI 进行间接寻址时，默认的段寄存器为 DS，访问数据段。当采用 BP 进行间接寻址时，默认的段寄存器为 SS，访问堆栈段。

```
MOV    AL, 00H        ;AL←00H
MOV    BL, 01H        ;BL←01H
MOV    CL, 02H        ;CL←02H
MOV    BL, AL         ;BL←00H
MOV    CL, BL         ;CL←00H
```

这是全部由字节传送类指令组成的程序段，指令执行后，AL=00H，BL=00H，CL=00H。该程序段的功能是将寄存器 AL、BL 和 CL 清 0。

```
MOV    AX, 5060H
MOV    [2100H], AX
```

执行上述两条指令组成的程序段后，相应存储单元中的内容是什么？

第一条指令的执行结果是 AX=5060H，第二条指令将 AX 中的内容传送到内存中偏移地址为 2100H 的字单元中，所以[2101H]=50H，[2100H]=60H。

（2）堆栈操作指令

80486 微处理器的堆栈采取"向下生长"的编址方式，即越靠近堆栈底部，其地址越大；越靠近堆栈顶部，其地址越小。80486 微处理器堆栈只有一个出入口，对堆栈的操作遵循"先进后出"的原则，即最先压入堆栈的数据最后才能弹出，最后压入堆栈的数据最先弹出。在堆栈操作的过程中，堆栈指针 SP 始终指向堆栈栈顶的地址（开始时，SP 指在堆栈的底部，地址最高）。在 80486 微处理器指令系统中，有两条专用于堆栈操作的指令 PUSH 和 POP。除此之外，子程序调用及返回指令、中断调用及返回指令的操作过程，都会影响堆栈。

① PUSH：将数据压入堆栈指令

格式：PUSH　s

操作：(SP-1), (SP-2)←(s)

$\qquad$SP←SP-2

其中，s 是源操作数，表示入栈的字操作数，除了不允许使用立即数，寄存器、存储器、段寄存器都可以作为源操作数。

具体操作过程：先将 SP 减 1，将操作数的高位字节送入当前 SP 所指单元中，然后再将 SP 减 1，将操作数的低位字节送入当前 SP 所指单元中。也就是说，每执行一次 PUSH 操作，将源操作数 s 指定的一个字数据压入堆栈中由 SP 指定的相邻两个单元保存起来，数据的高位字节压入高地址单元，低位字节压入低地址单元（高位对应高地址，低位对应低地址），堆栈指针 SP 减 2，SP 总是指向最后压入数据的单元地址，即栈顶。

例如：　PUSH　AX

设指令执行前 SS=4000H，SP=2500H，AX=3125H，PUSH　AX 指令的执行过程及堆栈操作如图 3.9 所示。

指令执行时，首先 SP 减 1，则 SP=24FFH，将 AH=31H 送入 SP 和 SS 所指定的 424FFH 单元中，然后将 SP 再减 1，此时 SP=24FEH，将 AL=25H 送入 SP 和 SS 所指定的 424FEH 单元中。执行完 PUSH 指令，SP=24FEH，是在原来 SP=2500H 的基础上减 2 所得的结果。

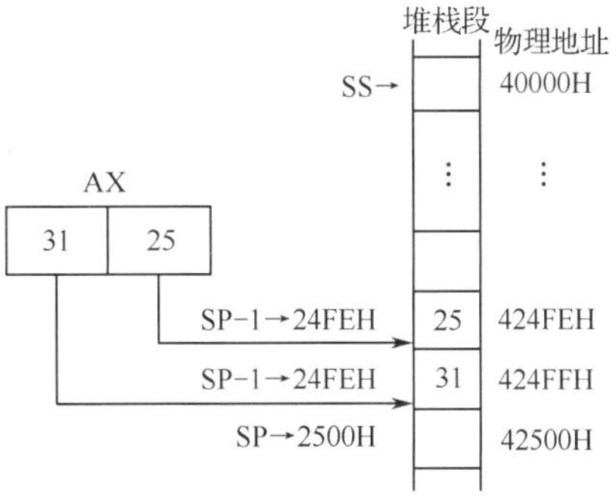

图 3.9　PUSH AX 指令的执行过程及堆栈操作

② POP：将数据弹出堆栈指令

格式：POP　d

操作：d←(SP+1), (SP)

$\qquad$SP←SP+2

其中，d 为目标操作数，表示由堆栈弹出的字操作数所在的目标地址，除了立即数和 CS 段寄存器，寄存器、存储器和段寄存器都可以作为目标操作数。

具体操作过程：先将当前 SP 所指栈顶单元的内容弹出，并送入 d 指定的低位字节单元，SP 的内容加 1 指向下一个单元。然后再将当前 SP 所指栈顶单元中的内容弹出，并送入 d 指定的高位字节单元，SP 的内容再加 1。也就是说，每执行一次 POP 操作，由当前 SP 所指的栈顶字单元中弹出一个字数据，送入 d 指定的目标操作数，高位对应高地址，低位对应低地址，堆栈指针 SP 加 2，SP 总是指向下一个数据的单元地址，即栈顶。

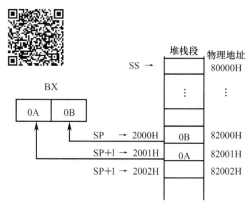

图 3.10　POP BX 指令的执行过程及堆栈操作

例如：　　POP　BX

设指令执行前，SS=8000H，SP=2000H，堆栈段 2000H 单元中的内容为 0BH，2001H 单元中的内容为 0AH。POP BX 指令的执行过程及堆栈操作如图 3.10 所示。

指令执行时，首先将 SP=2000H 所指栈顶地址单元中的内容 0BH 弹出，并送入 BX 的低位字节 BL 中，然后 SP 加 1 为 2001H，再将当前 SP 所指栈顶地址单元中的内容 0AH 弹出，送入 BX 的高位字节 BH 中，最后再将 SP 加 1，指向 2002H 单元，SP 在原来 2000H 的基础上增加 2。指令执行后，BX=0A0BH，SP=2002H。

堆栈操作在计算机中常常被用来保护现场和恢复现场。如果在程序中要用到某些寄存器，但它们原来的内容在后面程序的执行过程中还要用到，这时就可以使用 PUSH 指令，将这些寄存器的内容暂时保存在堆栈中，以后要用到这些内容时，再使用 POP 指令将其弹出。程序段如下：

```
PUSH    AX      ;将 AX 的内容压入堆栈保护
PUSH    BX      ;将 BX 的内容压入堆栈保护
…               ;在此可以使用 AX, BX 进行其他操作
POP     BX      ;恢复 BX 原先的内容
POP     AX      ;恢复 AX 原先的内容
```

此时，要遵循堆栈操作"先进后出"的原则，应特别注意有关内容的入栈及出栈的顺序，防止造成数据的交叉或混乱。

在实际使用时，还可利用堆栈操作将某些寄存器或存储单元的内容进行交换（特殊用法）。

```
例如：    MOV    SP, 3000H    ;设置堆栈指针，SP←3000H
          MOV    AX, 1234H    ;设置 AX 初始值，AX←1234H
          MOV    BX, 5678H    ;设置 BX 初始值，BX←5678H
          PUSH   AX           ;将 AX 内容压入堆栈
          PUSH   BX           ;将 BX 内容压入堆栈
          POP    AX           ;AX←5678H
          POP    BX           ;BX←1234H
```

上述堆栈操作程序段的执行过程如图 3.11 所示。

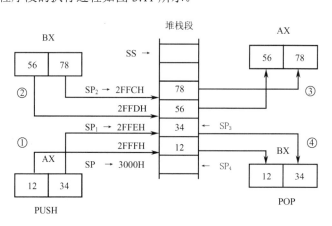

图 3.11　堆栈操作程序段的执行过程

① 执行 PUSH AX 指令后，SP₁=SP−2=2FFEH，将 AX 的内容 1234H 压入堆栈 2FFFH 和

2FFEH 单元中。

② 执行 PUSH BX 指令后，$SP_2=SP_1-2=2FFCH$，将 BX 的内容 5678H 压入堆栈 2FFDH 和 2FFCH 单元中。

③ 执行 POP AX 指令后，将栈顶 SP_2 指定的 2FFCH 和 2FFDH 单元中原先 BX 的两个字节数据弹出，并送入目标操作数 AX，$SP_3=SP_2+2=2FFEH$。

④ 执行 POP BX 指令后，将栈顶 SP_3 指定的 2FFEH 和 2FFFH 单元中原先 AX 的两个字节数据弹出，并送入目标操作数 BX，$SP_4=SP_3+2=3000H$。

堆栈操作程序段执行后，$SP=SP_4=3000H$，AX=5678H，BX=1234H。

讨论：

① 堆栈指针 SP 的变化情况。由于每执行一条 PUSH 指令 SP-2，而每执行一条 POP 指令 SP+2，所以 SP=3000H-2-2+2+2=3000H。

② AX、BX 的内容变化情况。当进行 PUSH 操作时，先压入 AX 的内容，后压入 BX 的内容。而当进行 POP 操作时，最先弹出的内容（原 BX 的内容）送入 AX，最后弹出的内容（原 AX 的内容）送入 BX。由于堆栈操作遵循"先进后出"的原则，所以，AX 和 BX 的内容发生了交换。

（3）XCHG：交换指令

格式：XCHG   d, s

操作：$(d) \longleftrightarrow (s)$

指令功能：将 s 表示的源操作数的内容与 d 表示的目标操作数的内容相互交换，这两个操作数都可以是字节或字类型。交换可以在寄存器与寄存器之间、寄存器与存储单元之间进行，但不能在两个存储单元之间交换。段寄存器和 IP 不能作为源操作数和目标操作数。

例如：   XCHG   AX, CX   ;$(AX) \longleftrightarrow (CX)$，将 AX 和 CX 的内容相互交换

（4）XLAT：字节转换指令

格式：XLAT

操作：$AL \leftarrow (BX+AL)$

指令功能：用来将一种字节代码转换成另一种字节代码。将 BX 的内容（代码表格首地址）和 AL 的内容（表格偏移量）相加作为有效地址，并读出地址单元的内容传送到 AL 中。指令执行后，AL 的内容是所要转换的代码。

【例 3.1】   将 0～F 的十六进制数转换为共阳极七段数码管的显示代码。七段数码管的显示代码顺序存放在当前数据段中，DS=2000H，起始单元的偏移地址值为 0300H。

将十六进制数 B 转换成相应的七段数码管的显示代码，步骤如下。

① 建立七段数码管显示代码表，如图 3.12 所示。将表首单元的偏移地址送入 BX，BX=0300H。

② 将待转换的十六进制数在表中的序号（又称索引值）0BH 送入 AL。

③ 执行 XLAT 指令。程序段如下：

```
MOV   BX, 0300H        ;BX←0300H
MOV   AL, 0BH          ;AL←0BH
XLAT                   ;AL←03H
```

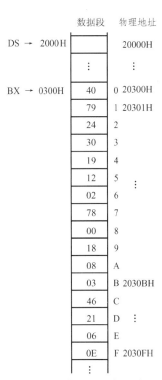

数据段		物理地址
DS → 2000H		20000H
⋮		⋮
BX → 0300H	40	0 20300H
	79	1 20301H
	24	2
	30	3
	19	4
	12	5 ⋮
	02	6
	78	7
	00	8
	18	9
	08	A
	03	B 2030BH
	46	C
	21	D ⋮
	06	E
	0E	F 2030FH
		⋮

图 3.12　数码显示代码表

执行 XLAT 指令，首先计算物理地址=DS×16+偏移地址=2000H×16+0300H+0BH=2030BH，而后将 2030BH 单元的内容 03H 传送给 AL，从而完成代码转换过程，AL 的内容 03H 即为十六进制数 B 转换成的显示代码（共阳极数码管）。

2．目标地址传送指令

目标地址传送指令共有三条，功能是将操作数的段基址或偏移地址传送到指定的寄存器中。

（1）LEA：装载有效地址（load effective address）指令

格式：LEA　d, s

操作：d←EA

指令功能：将源操作数 s 的有效地址（EA）传送到指令指定的寄存器。源操作数 s 只能是各种寻址方式的存储器操作数，而寄存器、立即数和段寄存器都不能作为源操作数。目标操作数 d 可以是一个 16 位的通用寄存器。这条指令常用来使一个寄存器作为地址指针。

例如：　　LEA　BX, [SI]

设指令执行前，SI=2500H，则 EA=2500H；

指令执行后，BX=2500H。

指令的执行结果是将源操作数确定的存储单元的有效地址 2500H 传送到目标操作数确定的寄存器 BX 中（关注的是存储单元的有效地址，而不是其中的内容）。要特别注意，指令 LEA BX, [SI]与指令 MOV BX, [SI]的区别。前者将 SI 中的内容 2500H 作为存储器的有效地址送入 BX，后者则将 SI 间接寻址方式确定的相邻两个存储单元的内容送入 BX。若 DS=5000H，该数据段中 52500H 字单元的内容为 1234H，LEA 和 MOV 指令的执行过程如图 3.13 所示。

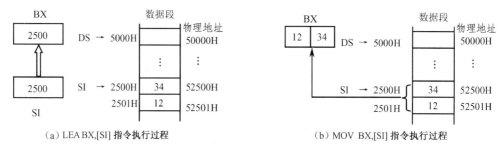

（a）LEA BX,[SI] 指令执行过程　　　　　　　　（b）MOV BX,[SI] 指令执行过程

图 3.13　LEA 和 MOV 指令的执行过程

（2）LDS：装载数据段寄存器（load data segment register）指令

格式：LDS　d, s

操作：d←(s)

　　　DS←(s+2)

指令功能：从源操作数 s 所指定的存储单元开始的连续 4 个存储单元，取出前两个字节传送给目标操作数 d 所指定的 16 位通用寄存器，将后两个字节传送给段寄存器 DS。源操作数 s 确定一个双字类型的存储器操作数的首地址，目标操作数 d 指定一个 16 位的寄存器操作数（不允许使用段寄存器）。

例如：　　LDS　BX, LOP [DI]

设 DS=4000H，DI=0200H，LOP=0010H，则源操作数存储单元的物理地址为

物理地址=DS×16+DI+LOP=40000H+0200H+0010H=40210H

设指令执行前，BX=30A0H，则指令执行后，BX=2050H，DS=8000H，LDS　BX, LOP [DI] 指令的执行过程如图 3.14 所示。

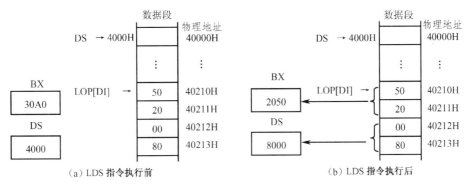

（a）LDS 指令执行前   （b）LDS 指令执行后

图 3.14　LDS　BX, LOP [DI]指令的执行过程

（3）LES：装载扩展段寄存器（load extra segment register）指令

格式：LES　d, s

操作：d←(s)

　　　ES←(s+2)

指令功能：从源操作数 s 所指定的存储单元开始的连续 4 个存储单元中，取出前两个字节传送给目标操作数 d 所指定的 16 位通用寄存器，将后两个字节传送给段寄存器 ES。

例如：　　LES　DI, [BX]

设 DS=5000H，BX=2000H，则源操作数存储单元的物理地址为

物理地址=DS×16+BX=50000H+2000H=52000H

设指令执行前，DI=1234H，ES=6400H，数据段中(52000H)=FFH，(52001H)=20H，(52002H)=00H，(52003H)=81H，则指令执行后，DI=20FFH，ES=8100H。

3．标志位传送指令

标志位传送指令的操作涉及标志寄存器（FR），利用这些指令，可以读出 FR 的内容，也可对 FR 的标志位进行设置。标志位传送指令共有 4 条，都是单字节指令，指令的操作数规定为隐含方式，在指令的书写格式中不出现，是无操作数指令。

（1）LAHF：状态标志位送入 AH 指令

格式：LAHF

操作：AH←FR 的低 8 位。LAHF 指令操作示意图如图 3.15 所示。

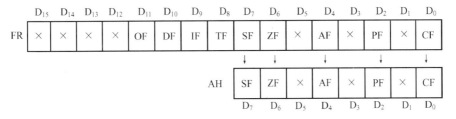

图 3.15　LAHF 指令操作示意图

指令功能：将 FR 的低 8 位状态标志送入 AH 的相应位，即 SF 送 D_7 位，ZF 送 D_6 位，AF 送 D_4 位，PF 送 D_2 位，CF 送 D_0 位。LAHF 指令执行以后，AH 的 D_5、D_3、D_1 位无意义。

（2）SAHF：AH 内容送入 FR 指令

格式：SAHF

操作：FR 的低位字节←AH

指令功能：将 AH 中的 D_7、D_6、D_4、D_2、D_0 位送入 FR 相应的状态标志位，而 FR 的其他

位不受影响。

（3）PUSHF：FR 内容压入堆栈指令

格式：PUSHF

操作：SP←SP-1，SP←FR 的高 8 位字节

　　　SP←SP-1，SP←FR 的低 8 位字节

指令功能：将 16 位 FR 的内容压入堆栈进行保存，堆栈指针（SP）的值减 2。指令执行后，FR 的内容不变。其操作过程与 PUSH 指令类似。

（4）POPF：堆栈内容弹出到 FR 指令

格式：POPF

操作：FR 低 8 位←(SP)，SP←SP+1

　　　FR 高 8 位←(SP)，SP←SP+1

指令功能：将当前栈顶中一个字数据弹出，传送给 FR，同时 SP 的值加 2，其操作过程与 POP 指令类似。

4．I/O 数据传送指令

80486 微处理器指令系统中的 I/O 指令，只能在 AL 或 AX 与输入/输出端口之间进行数据传送。I/O 端口地址的寻址方式包括直接寻址和 DX 间接寻址两种。

（1）IN：从端口输入数据指令

格式：　IN　累加器,端口地址

指令功能：将一个字节或一个字数据由输入端口传送给 AL（字节）或 AX（字）。若端口地址采用直接寻址方式，则由 8 位立即数直接给出，可寻址 0～255 共 256 个端口地址（00H～FFH）。若端口地址采用 DX 间接寻址方式，可间接寻址 64K（65536）个 16 位端口地址（0000H～FFFFH）。根据不同的寻址方式，输入指令如下：

　　　　　IN　AL, PORT　　　;AL←(端口 PORT)

　　　　　IN　AX, POPT　　　;AH←(端口 PORT+1)，AL←(端口 PORT)

　　　　　IN　AL, DX　　　　;AL←(端口 DX)

　　　　　IN　AX, DX　　　　;AH←(端口 DX+1)，AL←(端口 DX)

指令中的 PORT 代表 8 位的端口地址 00H～FFH。

例如：　　　IN　AL, 80H　　　;直接寻址方式的字节类型输入指令

该指令将 8 位端口 80H 中的内容传送给 AL，若端口 80H 中的内容为 3FH，则指令执行后 AL=3FH。

例如：　　　MOV　DX, 2000H

　　　　　　IN　　AX, DX　　　　;间接寻址方式的字类型输入指令

该指令将由(DX+1)和(DX)确定的相邻两个端口地址 2001H 和 2000H 中输入的一个字数据传送给 AX。存放时，AH=(2001H)，AL=(2000H)。

（2）OUT：输出数据到端口指令

格式：OUT　端口地址,累加器

指令功能：将预先存放在 AL 中的一个字节数据或 AX 中的一个字数据传送到指令指定的输出端口，端口地址的寻址方式同输入指令。根据不同的寻址方式，输出指令如下：

　　　　OUT　PORT, AL　　　;(端口 PORT)←AL

　　　　OUT　PORT, AX　　　;(端口 PORT+1)←AH，(端口 PORT)←AL

　　　　OUT　DX, AL　　　　;(端口 DX)←AL

　　　　OUT　DX, AX　　　　;(端口 DX+1)←AH，(端口 DX)←AL

例如：　　　OUT　　50H, AX　　;直接寻址方式的字类型输出指令

该指令将预先存放在 AX 中的一个字数据传送到端口 51H 和 50H。传送时，高位对应高地址，低位对应低地址。若 AX=0304H，则指令执行后，端口(51H)=03H，端口(50H)=04H。

例如：　　　MOV　　AL, 68H

　　　　　　MOV　　DX, 3000H

　　　　　　OUT　　DX, AL　　　　;间接寻址方式的字节类型输出指令

输出指令将 AL 中的一个字节数据 68H 传送到由寄存器 DX 确定的一个输出端口 3000H。指令执行后，端口(3000H)=68H。

由以上讨论可知，输入/输出指令只能在 AL/AX 与 I/O 端口之间传送数据，而不能使用其他寄存器。当采用直接寻址方式的指令时，寻址端口地址范围为 00H～FFH，一般适用于较小规模的微机系统。当需要寻址大于 FFH 的端口地址时，必须使用 DX 间接寻址。在输入/输出过程中，要搞清楚以下三个方面的要求。

① 是输入过程还是输出过程（指数据传送的方向）？

② 数据是字节类型还是字类型（指输入/输出数据的类型）？

③ 是直接寻址还是 DX 间接寻址（指指令的寻址方式）？

明确上述三个方面的要求后，才能正确地完成 CPU 与 I/O 端口之间的数据传送。

【例 3.2】　　由端口 3000H 输入一个字节数据到寄存器 AL 中。

　　　　由于端口 3000H 已超出 00H～FFH 地址范围，所以必须采用 DX 间接寻址方式。

　　　　MOV　　　　DX, 3000H
　　　　IN　　　　　AL, DX

若由同一端口输入一个字数据，则可将寄存器 AL 改为 AX。

【例 3.3】　　将数据 3A3BH 输出到端口 20H。

　　　　由于端口地址为 20H，在 00H～FFH 范围内，所以使用直接寻址方式。

　　　　MOV　　　　AX, 3A3BH
　　　　OUT　　　　20H, AX

3.3.2　算术运算类指令

80486 微处理器的算术运算类指令包括二进制数运算指令和十进制数运算指令。指令系统中提供了加、减、乘、除 4 种基本算术操作，用于字节或字的运算、有符号数和无符号数的运算。如果是有符号数，则用补码来表示。指令系统中还提供了各种校正操作指令，可以进行 BCD 码或 ASCII 码表示的十进制数的算术运算。在学习算术运算类指令的过程中，除掌握指令的格式、功能及操作外，还要掌握指令操作对标志位的影响情况。算术运算类指令见表 3.2。

表 3.2　算术运算类指令

指 令 类 型	指 令 格 式	指 令 功 能	状 态 标 志 位					
			OF	SF	ZF	AF	PF	CF
加法指令	ADD　d, s	不带进位的加法（字节/字）	↑	↑	↑	↑	↑	↑
	ADC　d, s	带进位的加法（字节/字）	↑	↑	↑	↑	↑	↑
	INC　d	加 1（字节/字）	↑	↑	↑	↑	↑	·
减法指令	SUB　d, s	不带借位的减法（字节/字）	↑	↑	↑	↑	↑	↑
	SBB　d, s	带借位的减法（字节/字）	↑	↑	↑	↑	↑	↑
	DEC　d	减 1（字节/字）	↑	↑	↑	↑	↑	·
	NEG　d	求补	↑	↑	↑	↑	↑	1
	CMP　d, s	比较	↑	↑	↑	↑	↑	↑

指令类型	指令格式	指令功能	状态标志位					
			OF	SF	ZF	AF	PF	CF
乘法指令	MUL s	无符号数乘法（字节/字）	↑	x	x	x	x	↑
	IMUL s	有符号数乘法（字节/字）	↑	x	x	x	x	↑
除法指令	DIV s	无符号数除法（字节/字）	x	x	x	x	x	x
	IDIV s	有符号数除法（字节/字）	x	x	x	x	x	x
	CBW	字节转换为字	·	·	·	·	·	·
	CWD	字转换为双字	·	·	·	·	·	·
十进制调整指令	AAA	加法的 ASCII 码调整	x	x	x	↑	x	1
	DAA	加法的十进制调整	x	↑	↑	↑	↑	↑
	AAS	减法的 ASCII 码调整	x	x	x	↑	x	↑
	DAS	减法的十进制调整	x	↑	↑	↑	↑	↑
	AAM	乘法的 ASCII 码调整	x	↑	↑	x	↑	x
	AAD	除法的 ASCII 码调整	x	↑	↑	·	↑	x

注：s 表示源操作数，d 表示目标操作数，↑ 表示运算结果影响标志位，· 表示运算结果不影响标志位，

x 表示标志位为任意值，1 表示将标志位置 1，0 表示将标志位清 0。

1．加法指令

加法指令共有三条。

（1）ADD：不带进位的加法指令

格式： ADD   d, s

操作： d←(d)+(s)

其中，目标操作数 d 为被加数操作数和结果操作数，源操作数 s 为加数操作数。

指令功能：将源操作数与目标操作数相加，结果（和）存放在目标操作数中，并根据结果置 1/清 0 标志位。ADD 指令完成半加器的功能。

源操作数可以是 8/16 位的通用寄存器操作数、存储器操作数或立即数。除了目标操作数不允许为立即数，其他同源操作数。

注意，两个操作数不能同时为存储器操作数，段寄存器不能作为源操作数和目标操作数。

例如： ADD   AL, BL

设指令执行前，AL=66H，BL=20H。

执行指令：

        0110 0110B AL
    +) 0010 0000B BL
    ─────────────────────
        1000 0110B AL

指令执行后，AL=86H，BL=20H。

标志位的情况：最高位无进位，CF=0；结果不为 0，ZF=0；最高位为 1，SF=1；D_3 向 D_4 无进位，AF=0；$C_S \oplus C_P = 0 \oplus 1 = 1$，OF=1，发生溢出；结果中有 3 个 1，PF=0。

例如： ADD   WORD PTR [BX+106BH],1234H

注意：前缀 WORD PTR 指明存储器操作数为字类型。

设 DS=2000H，BX=1200H，则字操作数存储单元的物理地址为

            物理地址=20000H+1200H+106BH=2226BH

设指令执行前，(2226BH)=44H，(2226CH)=33H。

执行指令：

$$\begin{array}{r} 0011\ \ 0011\ \ 0100\ \ 0100B \\ +)\ \ 0001\ \ 0010\ \ 0011\ \ 0100B \\ \hline 0100\ \ 0101\ \ 0111\ \ 1000B \end{array}$$

指令执行后，(2226BH)=78H，(2226CH)=45H。

标志位的情况：最高位无进位，CF=0；结果不为 0，ZF=0；最高位为 0，SF=0；D_3 向 D_4 无进位，AF=0；$C_S \oplus C_P = 0 \oplus 0 = 0$，OF=0，不发生溢出；结果中低 8 位有 4 个 1，PF=1。

（2）ADC：带进位的加法（add with carry）指令

格式：ADC   d, s

操作：d←(d)+(s)+CF

指令功能：ADC 指令的操作和功能与 ADD 指令基本相同，唯一的不同是还要加上当前进位标志 CF 的值，完成全加器的功能，主要用于两个多字节（或多字）二进制数的加法运算。

【例 3.4】   编写程序段完成两个无符号双精度数（双字数据）的加法。

目标操作数（被加数）存放在 DX 和 AX 中，其中 DX 存放高位字，AX 存放低位字。源操作数（加数）存放在 BX 和 CX 中，其中 BX 存放高位字，CX 存放低位字。

指令执行前，设 DX=0002H，AX=F365H，BX=0005H，CX=E024H。

应完成的操作：0002F365H+0005E024H。

双字加法程序段如下：

```
MOV    DX, 0002H
MOV    AX, 0F365H
MOV    BX, 0005H
MOV    CX, 0E024H
ADD    AX, CX    ;低位字相加
ADC    DX, BX    ;高位字连同 CF 的值相加
```

执行加法指令 ADD：

$$\begin{array}{r} 1111\ \ 0011\ \ 0110\ \ 0101B\ AX \\ +)\ \ 1110\ \ 0000\ \ 0010\ \ 0100B\ CX \\ \hline CF \leftarrow 1\ \ 1101\ \ 0011\ \ 1000\ \ 1001B\ AX \end{array}$$

指令执行后，AX=D389H，最高位有进位，CF=1；结果不为 0，ZF=0；最高位为 1，SF=1；D_3 向 D_4 无进位，AF=0；$C_S \oplus C_P = 1 \oplus 1 = 0$，OF=0；结果中低 8 位含 3 个 1，PF=0。

执行带进位的加法指令 ADC：

$$\begin{array}{r} 0000\ \ 0000\ \ 0000\ \ 0010B\ DX \\ 0000\ \ 0000\ \ 0000\ \ 0101B\ BX \\ +)\ \ \hspace{4em} 1B\ CF \\ \hline 0000\ \ 0000\ \ 0000\ \ 1000B\ DX \end{array}$$

指令执行后，DX=0008H，最高位无进位，CF=0；结果不为 0，ZF=0；最高位为 0，SF=0；D_3 向 D_4 无进位，AF=0；$C_S \oplus C_P = 0 \oplus 0 = 0$，OF=0；结果中低 8 位含 1 个 1，PF=0。

执行程序段后，结果存放在 DX, AX 中，DX=0008H，AX=D389H，结果正确。

（3）INC：加 1（increment by 1）指令

格式：INC   d

操作：d←(d)+1

指令功能：将目标操作数当作无符号数，将其内容加 1 后，再送回到目标操作数。目标操作数可以是 8/16 位的通用寄存器或存储器操作数，但不允许是立即数和段寄存器。INC 指令的执行不影响 CF，通常用于在循环过程中修改指针和循环次数。

例如：   INC   CX

指令执行后，将 CX 中的内容加 1 后再送回 CX。

2．减法指令

减法指令共有 5 条。

（1）SUB：不带借位的减法指令

格式：SUB　d, s

操作：d←(d)–(s)

指令功能：将目标操作数减去源操作数，结果（差）存入目标操作数中，并根据结果置 1/清 0 标志位。源操作数可以是 8/16 位的通用寄存器操作数、存储器操作数或立即数。除了目标操作数不允许为立即数，其他同源操作数。SUB 指令可以是字操作，也可以是字节操作。

例如：　　SUB　　AL, [BP+8]

设 SS=5000H，BP=2000H，则源操作数存储单元的物理地址为

物理地址=SS×16+BP+8=50000H+2000H+8=52008H

设指令执行前，AL=45H，(52008H)=17H。

执行指令：

```
        0100  0101 B    AL
   –)   0001  0111 B    (52008H)
        0010  1110 B    AL
```

指令执行后，AL=2EH，(52008H)=17H。

标志位的情况：最高位无借位，CF=0；结果不为 0，ZF=0；最高位为 0，SF=0；D_3 向 D_4 有借位，AF=1；$C_S \oplus C_P$=0⊕0=0，OF=0；结果中含 4 个 1，PF=1。

（2）SBB：带借位的减法（subtract with borrow）指令

格式：　SBB　　d, s

操作：　d←(d)–(s)–CF

其中，CF 为当前借位标志的值。

指令功能：SBB 指令的操作和功能以及两个操作数寻址方式的规定与 SUB 指令极为相似，唯一的不同就是 SBB 指令在执行减法运算时，还要减去当前 CF 的值。SBB 指令执行时，用被减数（d）减去减数（s），还要减去低位字节相减时所产生的借位。在实际应用中，SBB 指令主要用于两个多字节或多字二进制数的相减过程。

【例 3.5】 编写程序段完成两个无符号的双精度数（双字数据）的减法。

目标操作数（被减数）存放在寄存器 DX 和 AX 中，其中 DX 存放高位字，AX 存放低位字。源操作数（减数）存放在寄存器 CX 和 BX 中，其中 CX 存放高位字，BX 存放低位字。

设指令执行前，DX=0012H，AX=7546H，CX=0010H，BX=9428H，应完成 00127546H–00109428H 的减法过程。

双字减法程序段如下：

```
MOV    DX, 0012H
MOV    AX, 7546H
MOV    CX, 9428H
MOV    BX, 0010H
SUB    AX, BX   ;低位字相减
SBB    DX, CX   ;高位字连同借位 CF 相减
```

执行减法指令 SUB：

```
      0111 0101 0100 0110 B    AX
   –) 1001 0100 0010 1000 B    BX
CF←1110 0001 0001 1110 B    AX
```

指令执行后，AX=E11EH。最高位有借位，CF=1；结果不为 0，ZF=0；最高位为 1，SF= 1；D_3 向 D_4 有借位，AF=1；$C_S \oplus C_P=1 \oplus 0=1$，OF=1，发生溢出；结果中低 8 位含 4 个 1，PF=1。

执行带借位的减法指令 SBB：

```
        0000 0000 0001 0010 B   DX
        0000 0000 0001 0000 B   CX
   -)                     1 B   CF
      ─────────────────────────
        0000 0000 0000 0001 B   DX
```

指令执行后，DX=0001H。最高位无借位，CF=0；结果不为 0，ZF=0；最高位为 0，SF=0；D_3 向 D_4 无借位，AF=0；$C_S \oplus C_P=0 \oplus 0=0$，OF=0；结果中低 8 位含 1 个 1，PF=0。

执行程序段后，差存放在 DX, AX 中，DX=0001H，AX=E11EH。

（3）DEC：减 1（decrement by 1）指令

格式：DEC　d

操作：d←(d)−1

指令功能：将目标操作数当作无符号数，将其内容减 1 后，再送回到目标操作数。目标操作数可以是 8/16 位的通用寄存器或存储器操作数，但不允许是立即数和段寄存器。DEC 指令的执行不影响 CF，通常用于在循环过程中修改指针和循环次数。

例如：　DEC　CX

指令执行后，将 CX 中原先的内容减 1 后再回送给 CX。

（4）NEG：求补指令

格式：NEG　d

操作：d←($\overline{d}$)+1

指令功能：将目标操作数的内容按位求反后末位加 1，再回送到目标操作数。对一个操作数求补实际上也相当于用 0 减去该操作数，所以 NEG 指令执行减法 d←0−(d)。目标操作数可以是 8/16 位的通用寄存器或存储器操作数，但不允许是立即数和段寄存器。

例如：　NEG　DL

设指令执行前，DL=80H。

指令执行：

```
         0000  0000 B
     -)  1000  0000 B DL
   ──────────────────────
   CF ← 1 1000  0000 B DL
```

指令执行后，DL=80H，CF=1，ZF=0，SF=1，AF=0，OF=1，PF=0。

（5）CMP：比较指令

格式：CMP　d, s

操作：(d)−(s)

指令功能：CMP 指令的功能、操作数的规定以及影响标志位的情况均类似于 SUB 指令。唯一的不同是 CMP 指令不保存相减以后的结果（差），即该指令执行后，两个操作数原先的内容不会改变，只是根据相减操作的结果设置标志位。CMP 指令通常用于在分支程序结构中比较两个数的大小，在该指令之后经常安排一条条件转移指令，根据比较的结果使程序转移到相应的分支程序去执行。

例如：　CMP　AL, CL

设指令执行前，AL=68H，CL=9AH。

执行指令：

$$0110\ 1000B\ AL$$
$$-)\ \ \ 1001\ 1010B\ CL$$
$$\overline{CF\leftarrow 1\ 1100\ 1110B}$$

指令执行后，AL=68H，CL=9AH，最高位有借位，CF=1；结果不为 0，ZF=0；最高位为 1，SF=1；D_3 向 D_4 有借位，AF=1；$C_S \oplus C_P=1 \oplus 0=1$，OF=1；结果中有 5 个 1，PF=0。

作为无符号数比较时，被减数小于减数，不够减，有借位，CF=1。作为有符号数时，结果已超出有符号数所能表示的范围，因此，OF=1，有溢出。

3．乘法指令

乘法共有两条指令。

（1）MUL：无符号数的乘法指令

格式：MUL　s

操作：s 为字节操作数：　AL× (s) →AX

　　　　s 为字操作数：　AX×(s) →DX, AX

指令功能：两个 8 位数相乘时，用 AL 中的被乘数乘以乘数，得到的乘积为 16 位，存放在 AX 中。两个 16 位数相乘时，用 AX 中的被乘数乘以乘数，得到的乘积为 32 位，存放在 DX, AX 中（DX 存放结果的高位字，AX 存放结果的低位字）。乘法指令操作示意图如图 3.16 所示。

MUL 指令中仅有一个操作数（源操作数），表示乘数，可使用寄存器或各种寻址方式的存储器操作数，而绝对不可以使用立即数和段寄存器。指令中的目标操作数隐含在指令中且必须使用累加器（表示被乘数），字节相乘使用 AL，字相乘使用 AX。

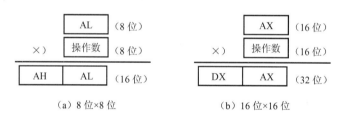

（a）8 位×8 位　　　　　　　（b）16 位×16 位

图 3.16　乘法指令操作示意图

（2）IMUL：有符号数的乘法指令

格式：IMUL　s

操作：s 为字节操作数 AL× (s) →AX

　　　　s 为字操作数　AX×(s) →DX, AX

指令功能：IMUL 指令执行的操作与 MUL 指令基本相同，不同之处在于 MUL 指令中的操作数为无符号数，而 IMUL 指令中的操作数为有符号数。

无符号数和有符号数的乘法指令执行结果是不同的。例如，两个 4 位二进制数 1110B 和 0011B，如果理解为无符号数，使用 MUL 指令运算，则 1110B×0011B=2AH（十进制数的 14×3=42）。如果理解为有符号数，使用 IMUL 指令运算，则 1110B 的原码 1010B（十进制数的-2），0011B 的原码仍为 0011B（十进制数的+3）。运算时，先去掉符号位，将两个数的绝对值相乘，0010B×0011B=00000110B，其结果的符号按两个数符号位"异或"运算规则确定，$1 \oplus 0=1$，结果为负，再将相乘所得的结果取补码。所以，最后相乘的结果为 11111010B=FAH（十进制数-2×3=-6）。

乘法指令的操作影响 OF 和 CF，对其余的标志位无定义（指令执行后，这些标志位的状态不确定）。对于 MUL 指令，如果乘积的高一半数位为 0，即字节操作时 AH=0，字操作时

DX=0，则操作结果使 CF=0，OF=0。否则，当 AH≠0 或 DX≠0 时，则 CF=1，OF=1，这种情况的标志位状态可以用来检查字节相乘的结果是字节还是字，字相乘的结果是字还是双字。而对于 IMUL 指令，如果乘积的高一半数位是低一半符号位的扩展，则 CF=0，OF=0；否则，CF=1，OF=1。

例如：　MUL　BL

设指令执行前，AL=B4H=180，BL=11H=17，均为无符号数

执行指令：

$$
\begin{array}{r}
1011\ 0100\text{B}\quad \text{AL}\\
\times)\ 0001\ 0001\text{B}\quad \text{BL}\\
\hline
1011\ 0100\\
+)1011\ 0100\\
\hline
1011\ 1111\ 0100\text{B}\quad \text{AX}
\end{array}
$$

指令执行后，AX=0BF4H=3060，BL=11H，CF=1，OF=1。

例如：　IMUL　BL

设指令执行前，AL=B4H=-76，为有符号数，BL=11H=17。

指令执行时，先将 AL 和 BL 中的内容转换为原码并将符号位去掉（AL=4CH，BL=11H），数值部分相乘。

$$
\begin{array}{r}
0100\,1100\,\text{B}\quad \text{AL}\\
\times)\ 0001\,0001\,\text{B}\quad \text{BL}\\
\hline
0100\,1100\\
+)\ 0100\,1100\\
\hline
0101\,0000\,1100\,\text{B}\quad \text{AX}
\end{array}
$$

再求结果的符号，$1 \oplus 0=1$，即符号位为 1，是负数，所以 AX=-1292，CF=1，OF=1。

4．除法指令

除法指令共有 4 条。

（1）DIV：无符号数的除法指令

格式：DIV　s

操作：分为字节和字两种操作类型。

指令功能：字节操作时，16 位被除数在 AX 中，8 位除数为源操作数，结果的 8 位商在 AL 中，8 位余数在 AH 中，表示为

　　AX/(s) →AL　商
　　AX/(s) →AH　余数

字操作时，32 位被除数在 DX 和 AX 中，其中 DX 为高位字，16 位除数为源操作数，结果的 16 位商在 AX 中，16 位余数在 DX 中，表示为

　　DX,AX/(s) → AX　商
　　DX,AX/(s) → DX　余数

DIV 指令的被除数、除数、商和余数全部为无符号数。

（2）IDIV：有符号数的除法指令

格式：IDIV　s

操作：将操作数变为原码，并去掉符号位，然后再将两个数（绝对值）相除。商的符号按两个数符号位"异或"运算规则确定，若符号位为 1（负数)，再取补码。

指令功能：与 DIV 指令相同，只是被除数、除数、商和余数均为有符号数，且余数的符号和被除数的符号相同。除法指令执行后，标志位 AF、OF、CF、PF、SF 和 ZF 均不确定。

除法指令 DIV 和 IDIV 的操作数 s 的规定与乘法指令相同。除法指令操作示意图如图 3.17 所示。

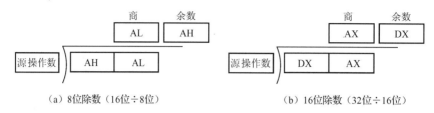

（a）8位除数（16位÷8位） （b）16位除数（32位÷16位）

图 3.17　除法指令操作示意图

使用 IDIV 指令时，如果一个双字除以一个字，则商的范围为–32728～+32727。如果一个字除以一个字节，则商的范围为–128～+127。如果超出这个范围，就会产生 0 型中断，以除数为 0 的情况来处理，而不是使溢出标志 OF 置 1。

由于除法指令的字节操作要求被除数为 16 位，字操作要求被除数为 32 位，因此，当实际数据不满足以上要求时，就需要进行被除数位数的扩展，方法如下。

① 对于无符号数除法指令 DIV，字节操作时，将被除数的高 8 位 AH 清 0；字操作时，将被除数的高 16 位 DX 清 0。

② 对于有符号数除法指令 IDIV，字节操作时，将 AL 中的最高位（符号位）扩展到 AH 中，若 AL 的 D_7=0，则 AH=00H，若 AL 的 D_7=1，则 AH=FFH；字操作时，将 AX 中的最高位（符号位）扩展到 DX 中，若 AX 的 D_{15}=0，则 DX=0000H，若 AX 的 D_{15}=1，则 DX=FFFFH。为此，80486 微处理器指令系统提供了专门的符号扩展指令 CBW 和 CWD。

（3）CBW：字节转换为字指令

格式：CBW

操作：将 AL 中的符号位（最高位 D_7）扩展到 AH 中。若 D_7=0，则 AH=00H；若 D_7=1，AH=FFH。

指令功能：将隐含在 AL 中的字节操作数转换为字操作数。

（4）CWD：字转换为双字指令

格式：CWD

操作：将 AX 中的符号位（最高位 D_{15}）扩展到 DX 中。若 D_{15}=0，则 DX=0000H；若 D_{15}=1，则 DX=FFFFH。

指令功能：将隐含在 AX 中的字节操作数转换为双字操作数。

CBW 和 CWD 指令的执行结果都不影响标志位。下面举例说明除法指令的用法。

例如：　　DIV　BL

设指令执行前，AX=0400H=1024，BL=B4H=180，均为无符号数。

执行指令：

```
                                    101  商
      10110100 ) 0000 0100 0000 0000
                    10 1101 00
                   1 0011 0000
                     1011 0100
                      111 1100   余数
```

指令执行后，AL=05H=5（商），AH=7CH=124（余数）。

例如：　　　IDIV　BL

设指令执行前，AX=0400H=+1024（正数），BL=B4H=−76（负数）。

执行指令，先将 BL 中的内容转换为原码（1100 1100B），去掉符号位，BL=01001100B，数值部分相除：

```
                               1101   商
01001100)0000  0100  0000  0000
              010  0110   0
             01  1010   00
             01  0011   00
                 0111  0000
                 0100  1100
                 0010  0100   余数
```

数值相除后，求商的符号，0⊕1=1，即符号位为 1，是负数。

指令执行后，AL=−13（商），AH=24H=36（余数）。

【例 3.6】　编写程序段计算(V−((X×Y)+Z−540))/X。

其中，X、Y、Z、V 均为 16 位有符号数，分别存入内存的 X、Y、Z、V 字单元中。要求将计算结果存入 AX 中，余数存入 DX 中。

MOV	AX, X	;将被乘数 X 存入 AX 中
MOV	SI, Y	;SI←Y，立即数不能作为乘法指令的操作数，先将 Y 传送给 SI
IMUL	Y	;DX, AX←X×Y
MOV	CX, AX	
MOV	BX, DX	;将乘积存入 BX, CX 中
MOV	AX, Z	;将加数 Z 存入 AX 中
CWD		将加数扩展为双字存入 DX, AX 中
ADD	CX, AX	
ADC	BX, DX	;完成(X×Y)+Z 运算，并将结果存入 BX, CX 中
SUB	CX, 540	
SBB	BX, 0	;完成(X×Y)+Z−540 运算，并将结果存入 BX, CX 中
MOV	AX, V	;将 V 存入 AX
CWD		;将 V 扩展为双字数据存入 DX, AX 中
SUB	AX, CX	
SBB	DX, BX	;完成 V−((X×Y)+Z−540)运算，并将结果存入 DX, AX 中
MOV	DI, X	;DI←X，立即数不能作为除法指令的操作数，先将 X 传送给 DI
IDIV	X	;完成(V−((X×Y)+Z−540))/X 运算，并将结果存入 DX, AX 中

5．十进制调整指令

前面介绍过的算术运算指令都是二进制数的运算指令，如果要进行十进制数的运算，必须先把十进制数转换为二进制数，用相应的二进制数运算指令进行运算，然后再将运算得到的二进制数结果转换为十进制数加以输出。为了便于十进制数的运算，80486 指令系统提供了一组专门用于十进制调整的指令，可将由二进制数运算指令得到的结果进行调整，从而得到十进制数的结果。

表示十进制数的 BCD 码分为两种：压缩 BCD 码和非压缩 BCD 码。

① 压缩 BCD 码用 4 位二进制数表示一个十进制数位，整个十进制数形式为一个顺序的以 4 位二进制数为一组的数串。

例如，十进制数 8564 的压缩 BCD 码形式为

1000 0101 0110 0100 B

用十六进制数表示为 8564H。

② 非压缩 BCD 码以 8 位二进制数为一组表示一个十进制数位，8 位二进制数中的低 4 位表

示 1 位 BCD 码，而高 4 位则没有意义，通常将高 4 位清 0。

例如：十进制数 8564 的非压缩 BCD 码形式为

00001000 00000101 00000110 00000100 B

用十六进制数表示为 08050604H，为 4 字节数据。

由于数字 0～9 的 ASCII 码其高 4 位为 0011B，低 4 位是以 8421 BCD 码表示的十进制数位，符合非压缩 BCD 码高 4 位无意义的规定。

用普通二进制数运算指令对 BCD 码运算时，为什么要进行调整？怎样进行调整？下面通过加法来说明十进制调整的原理。

【例 3.7】 用 BCD 码进行 7+6=13 运算。

将两个加数用 BCD 码表示，并用二进制数加法指令相加，过程如下：

```
      0111B    7 的 BCD 码
 +)   0110B    6 的 BCD 码
     ─────────
      1101B    D 的二进制数（13）
```

BCD 码的 7 加 6，结果为十六进制数 D。而在 BCD 码中，只允许出现 0～9 共 10 个数字，D 不代表任何 BCD 码，因此，必须对其进行调整。

如何调整？我们知道，BCD 码运算的进位规则是"逢十进一"，而 80486 微处理器指令系统中的加法指令进行的是二进制数运算，对于 4 位二进制数运算来说，是"逢十六进一"。用加法指令进行十进制数运算时，必须跳过 6 个数的编码 1010B～1111B（十进制数的 10～15）。这些数在二进制数中是存在的，而在 BCD 码中是不存在的。因此在调整过程中，遇到运算结果中出现 1010B～1111B 时，就必须加 0110B（6）进行调整，让其产生进位，从而得到正确的十进制数结果。对例 3.7 的结果进行加 6 调整，得到 13 的压缩 BCD 码。

```
      1101B       13 的二进制数
 +)   0110B       加 6 调整
     ─────────
   0001 0011B     13 的压缩 BCD 码
```

【例 3.8】 用压缩 BCD 码进行 28+39=67 运算。

将两个加数用压缩 BCD 码表示，并用二进制数加法指令相加，过程如下：

```
      0010 1000 B   28 的 BCD 码
 +)   0011 1001 B   39 的 BCD 码
     ──────────────
      0110 0001 B   半进位 AF＝1
```

将结果看成 BCD 码，则表示十进制数 61，显然是错误的。其原因是，在加法运算时，要使低 4 位向高 4 位进位，4 位二进制数必须是"逢十六进一"，而 BCD 码是"逢十进一"，所以当 BCD 码按照二进制数运算规则进行计算时，只要产生了半进位（AF=1），就会"暗中"丢失一个 6，因此，必须在结果的低 4 位进行加 6 调整，才能得到正确的结果。对例 3.8 的结果进行加 6 调整，得到 67 的压缩 BCD 码：

```
      0110 0001 B
 +)   0000 0110 B   加 6 调整
     ──────────────
      0110 0111 B   67 的压缩 BCD 码
```

【例 3.9】 用 BCD 码进行 80+94=174 运算。

将两个加数用压缩 BCD 码表示，并用二进制数加法指令相加，过程如下：

```
        1000 0000 B    80 的 BCD 码
   +)   1001 0100 B    94 的 BCD 码
      ────────────
      1 0001 0100 B    CF＝1
```

计算结果为 114，而不是 174，错误的原因是高 4 位产生进位 CF=1，所以应该对运算结果的高 4 位进行加 6 调整，则

```
      1 0001 0100 B
   +)    0110 0000 B          高位加 6 调整
      ────────────
      1 0111 0100 B          174 的压缩 BCD 码
```

由此可知，当 BCD 码的数位增多需要进行多字节 BCD 码加法时，调整的原理是一样的。

① 当某 4 位二进制数值大于 9 时，进行加 6 调整。

② 当一个字节中的低 4 位向高 4 位产生进位（AF=1），或者低位字节向高位字节产生进位（CF=1）时，都需要进行加 6 调整。

十进制调整指令会根据 AF 或 CF 的状态做出判断，看是否需要进行加 6 调整。如果是进行多字节 BCD 码减法，则相应地进行减 6 调整，乘、除法也有相应的调整办法。

（1）压缩 BCD 码调整指令

① DAA：加法的十进制调整指令

格式：DAA

操作：DAA 指令必须紧跟在二进制数加法指令 ADD 或 ADC 之后，将二进制数加法的结果（必须放在 AL 中）调整为压缩的 BCD 码格式，再存入 AL 中。

DAA 指令的调整方法：考察结果（在 AL 中）的低 4 位和高 4 位的值以及半进位标志 AF 和进位标志 CF 的状态，如果结果的低 4 位的值大于 9 或 AF=1，则将结果的低 4 位进行加 6 调整，并将 AF 置 1。如果结果的高 4 位的值大于 9 或 CF=1，则将结果的高 4 位进行加 6 调整，并将 CF 置 1。如果结果的高 4 位和低 4 位的值均大于 9 或既有 AF=1，又有 CF=1 时，则将结果的高、低 4 位均进行加 6 调整，并将 AF、CF 均置 1，从而得到正确的压缩 BCD 码结果。

DAA 指令对 OF 无定义，却影响其他所有标志位。

例如：   ADD   AL, DL
           DAA

设指令执行前，AL=27H，DL=49H。

执行 ADD 指令：   执行 DAA 指令：
```
      0010 0111 B    AL                    0111 0000B    AL
   +) 0100 1001 B    DL                 +) 0000 0110B    加 06H 调整
     ───────────                          ──────────
      0111 0000 B    AL  AF=1              0111 0110B
```

由于执行 ADD 指令后，AL=70H，AF=1，必须进行十进制调整。执行 DAA 指令，AL 的低 4 位加 6 调整后 AL=76H，是压缩的 BCD 码，结果为 76（27+49=76）。

【例 3.10】 设(BCD1)=1834H，(BCD2)=2789H，编写程序段，将这两个十进制数相加，相加的结果存入 BCD3 中，即(BCD1)+(BCD2)→(BCD3)。

BCD1 和 BCD2 都是 4 位压缩 BCD 码，每个数都占有两个字节单元，高位字节数据存放在高地址单元中，低位字节数据存放在低地址单元中，其存放方式为：

(BCD1+1)=18H，(BCD1)=34H
(BCD2+1)=27H，(BCD2)=89H

4 位十进制数相加的程序段如下：

```
MOV    AL, BCD1        ;取第一个数低 2 位 BCD 码送 AL
ADD    AL, BCD2        ;两个数低 2 位 BCD 码二进制数加法运算，结果送 AL
```

DAA		;十进制调整
MOV	BCD3, AL	;存低 2 位 BCD 码结果到 BCD3 码单元中
MOV	AL, BCD1+1	;取第一个数高 2 位 BCD 码送 AL
ADC	AL, BCD2+1	;两个数高 2 位 BCD 码带低位进位相加
DAA		;十进制调整，得到 BCD 码结果
MOV	BCD3+1, AL	;存高 2 位 BCD 码结果到 BCD3+1 单元中

本程序共有 8 条指令，分成两组。第一组前 4 条指令，完成两个加数低 2 位 BCD 码相加，经十进制调整后存入 BCD3 中。其中，执行 ADD 指令后，AL=BDH，高 4 位和低 4 位均大于 9，需要分别进行加 6 调整，执行 DAA 指令调整后，AL=23H，CF=1，AF=1。

```
       0011 0100 B   BCD1              1011 1101 B   AL
   +)  1000 1001 B   BCD2          +)  0110 0110 B   66H
   ─────────────────────          ─────────────────────
   CF=0 1011 1101 B   AL           CF=1 0010 0011 B   AL
       AF=0                             AF=1
     两数低位相加                    加 66H，进行十进制调整
```

第二组后 4 条指令，完成两个加数高 2 位 BCD 码带进位相加，经十进制调整后存入 BCD3+1 单元中。其中，执行 ADC 指令后，AL=40H，AF=1，低 4 位需要进行加 6 调整，执行 DAA 指令后，AL=46H，CF=0，AF=0。

```
       0001 1000 B   BCD1+1             0100 0000 B   AL
       0010 0111 B   BCD2+1         +)  0000 0110 B   06H
   +)         1 B   CF              ─────────────────────
   ─────────────────────           CF=0 0100 0110 B   AL
   CF=0 0100 0000 B   AL                AF=0
       AF=1                         加 06H，进行十进制调整
     两数高位带进位相加
```

执行程序段后，字单元(BCD3)=4623H，结果正确。

② DAS：减法的十进制调整指令

格式：DAS

操作：DAS 指令必须紧跟在二进制数减法指令 SUB 或 SBB 指令之后，将二进制数减法的结果（必须放在 AL 中）调整为压缩的 BCD 码格式，再存入 AL 中。

DAS 指令的调整方法类似于 DAA，只是在进行十进制调整时，DAA 指令是加 6 调整，而 DAS 指令是减 6 调整。对标志位的影响也同 DAA 指令。

例如：   SUB   AL, AH
          DAS

设指令执行前，AL=88H，AH=49H。执行指令：

```
       1000 1000 B   AL              0011 1111 B   AL
   -)  0100 1001 B   AH          -)  0000 0110 B   减 06H 调整
   ─────────────────────         ─────────────────────
   CF=0 0011 1111 B   AL             0011 1001 B   AL
       AF=1
```

执行 SUB 指令后，AL=3FH，AF=1，需要低 4 位进行减 6 调整。

执行 DAS 指令后，AL=39H，是压缩的 BCD 码减法结果 39（88-49=39）。

（2）非压缩 BCD 码调整指令

① AAA：加法的 ASCII 码调整指令

格式：AAA

操作：与 DAA 指令一样，AAA 指令也必须紧跟在二进制数加法指令 ADD/ADC 之后，先用二进制数加法指令将两个非压缩的 BCD 码相加，并把结果存入 AL 中。

执行指令时：

AL←把 AL 中二进制数加法的结果调整为非压缩的 BCD 码格式；

AH←AH+调整产生的进位值。

考察 AL 低 4 位的值或 AF，一旦发现其低 4 位的值大于 9 或 AF=1，则将 AL 的内容进行加 6 调整，AH 的内容加 1，将 AF 置 1，清除 AL 的高 4 位，并将 AF 的值送给 CF。AAA 指令影响 AF 和 CF，不影响其余的标志位。

例如：　ADD　AL, CL

　　　　AAA

设指令执行前，AX=0035H，CL=38H，AL 和 CL 的内容分别为数字 5 和 8 的 ASCII 码，相加结果应为 13。执行指令：

```
      0011 0101 B  AL              0000  1101 B  AL
  +)  0011 1000 B  CL         +)   0000  0110 B  加 06H 调整
  CF=0 0110 1101 B AL=6DH          0001  0011 B  AL
       AF=0                          AF=1
```

执行 ADD 指令后，AL=6DH，AF=0，低 4 位大于 9，需要进行加 6 调整。执行 AAA 指令进行调整，清除 AL 的高 4 位，低 4 位加 06H。调整后，AL 高 4 位为 1，AH 的内容加 1，并将 AF 的值送给 CF。所以，AX=0103H，即非压缩 BCD 码的 13，AF=1，CF=1。

② AAS：减法的 ASCII 码调整指令

格式：AAS

操作：AAS 必须紧跟在减法指令 SUB 或 SBB 之后，先用二进制数减法指令将两个非压缩的 BCD 码相减，并将结果存入 AL 中。

AAS 指令执行时：

AL←把 AL 中的减法结果调整为非压缩的 BCD 码格式；

AH←AH−调整产生的借位值。

考察 AL 低 4 位的值或 AF，一旦发现其低 4 位的值大于 9 或 AF=1，则把 AL 的内容减 6，AH 的内容减 1，将 AF 置 1，清除 AL 的高 4 位，并将 AF 的值送给 CF。AAS 指令影响 AF 和 CF，不影响其余的标志位。

例如：　SUB　AL, DL

　　　　AAS

设指令执行前，AX=0236H，DL=39H，AL 和 DL 的内容分别为数字 6 和 9 的 ASCII 码。执行指令：

```
      0011 0110 B  AL              0000 1101 B  AL
  −)  0011 1001 B  DL         −)   0000 0110 B  减 06H 调整
  CF=1 1111 1101 B AL              0000 0111 B  AL
       AF=1
```

执行 SUB 指令后，AL=FDH，AF=1，低 4 位需要进行减 6 调整。

执行 AAS 指令后，AL 减 06H 调整，AH 减 1，同时清除 AL 高 4 位，则 AX=0107H，CF=1，AF=1。

③ AAM：乘法的 ASCII 码调整指令

格式：AAM

操作：AX←把 AL 中的二进制乘积调整为非压缩的 BCD 码格式。

AAM 指令跟在乘法指令 MUL 之后，MUL 指令已将两个非压缩的 BCD 码相乘（此时要求其高 4 位为 0），结果放在 AL 中。

AAM 指令的调整方法：将 AL 的内容除以 0AH，所得的商（高位十进制数）保存在 AH 中，余数（低位十进制数）保存在 AL 中。AAM 指令影响标志位 SF、ZF 和 PF，但对标志位 OF、CF 和 AF 无意义。

例如：　　MUL　　BL

　　　　　AAM

设指令执行前，AL=07H，BL=09H。执行指令：

$$00000111B \quad AL$$
$$\times) \ 00001001B \quad BL$$
$$\overline{00000111}$$
$$+) \ 00000111$$
$$\overline{00111111B \quad AL}$$

$$1010\overline{)0011 \ 1111} \quad 商 \rightarrow AH$$
$$\quad 10 \ 10$$
$$\overline{\quad 1 \ 011}$$
$$\quad 1 \ 010$$
$$\overline{0000 \ 0011} \quad 余数 \rightarrow AL$$

执行 MUL 指令后，AL=3FH。执行 AAM 指令后，AH=06H，AL=03H。

④ AAD：除法的 ASCII 码调整指令

格式：AAD

操作：AL←(AH)×10+(AL)

　　　AH←0

前面所述的加法、减法和乘法的 ASCII 码调整指令都先用加法、减法和乘法指令对两个非压缩的 BCD 码进行运算，再使用 AAA、AAS、AAM 指令来对运算结果进行十进制调整，而 AAD 指令则在除法指令之前先进行调整操作。

AAD 指令的调整方法：将预先存放在 AX 中的两位非压缩 BCD 码的十进制数调整为二进制数，存放在 AL 中。将 AH 中的高位十进制数乘以 10，与 AL 中的低位十进制数相加，结果以二进制数形式保存在 AL 中，然后将 AH 清 0。

例如：　　AAD

设指令执行前，AX=0607H。

执行 AAD 指令，AL = (AH) ×10+(AL)

$$= 06×10+07$$

$$= 67$$

$$= 43H$$

指令执行后，AX=0043H。

3.3.3　逻辑运算与移位类指令

逻辑运算与移位类指令见表 3.3。

表 3.3　逻辑运算与移位类指令

指　令　类　型	指　令　格　式		指　令　功　能	状态标志位					
				OF	SF	ZF	AF	PF	CF
逻辑运算指令	AND	d, s	与（字节/字）	0	↑	↑	x	↑	0
	OR	d, s	或（字节/字）	0	↑	↑	x	↑	0
	XOR	d, s	异或（字节/字）	0	↑	↑	x	↑	0
	NOT	d	非（字节/字）	•	•	•	•	•	•
	TEST	d, s	测试（字节/字）	0	↑	↑	x	↑	0
移位指令	SAL	d, count	算术左移（字节/字）	↑	↑	↑	x	↑	↑
	SAR	d, count	算术右移（字节/字）	↑	↑	↑	x	↑	↑
	SHL	d, count	逻辑左移（字节/字）	↑	↑	↑	x	↑	↑
	SHR	d, count	逻辑右移（字节/字）	↑	↑	↑	x	↑	↑

指令类型	指令格式		指令功能	状态标志位					
				OF	SF	ZF	AF	PF	CF
循环移位指令	ROL	d, count	循环左移（字节/字）	↑	•	•	x	•	↑
	ROR	d, count	循环右移（字节/字）	↑	•	•	x	•	↑
	RCL	d, count	带进位循环左移（字节/字）	↑	•	•	x	•	↑
	RCR	d, count	带进位循环右移（字节/字）	↑	•	•	x	•	↑

注：s 表示源操作数，d 表示目标操作数，↑ 表示运算结果影响标志位，• 表示运算结果不影响标志位，

x 表示标志位为任意值，1 表示将标志位置 1，0 表示将标志位清 0

1．逻辑运算指令

逻辑运算指令共有 5 条。

（1）AND：逻辑与指令

格式：AND　d, s

操作：d←(d)∧(s)

其中，符号"∧"表示逻辑与操作。源操作数 s 可以是 8/16 位通用寄存器、存储器操作数或立即数，目标操作数 d 只允许是通用寄存器或存储器操作数。

指令功能：将两个操作数按位（二进制位）相与，并将结果保存到目标操作数中，指令执行后，使 CF=0，OF=0，影响 SF、ZF 和 PF，AF 无定义。

AND 指令常用于将操作数的某些位清 0（也称为屏蔽某些位），而其余位维持不变。需要清 0 的位和 0 相与，需要维持不变的位和 1 相与。

【例 3.11】　将寄存器 AL 中的 D_1 位、D_5 位清 0，其余位保持不变。

　　AND　AL, 0DDH　;将 D_1 位、D_5 位和 0 相与，其他位和 1 相与

设指令执行前，AL=7AH。

执行指令：

```
      0111 1010 B    AL
∧)   1101 1101 B    DDH
      0101 1000 B    AL
```

指令执行后，AL=58H。

（2）OR：逻辑或指令

格式：OR　d, s

操作：d←(d)∨(s)

其中，符号"∨"表示逻辑或操作。源操作数 s 可以是 8/16 位通用寄存器、存储器操作数或立即数，目标操作数 d 只允许是通用寄存器或存储器操作数。

指令功能：将两个操作数按位（二进制位）相或，并将结果保存到目标操作数中，指令执行后，使 CF=0，OF=0，影响 SF、ZF 和 PF，AF 无定义。

利用 OR 指令可将操作数的某些位置 1，而其余位不变。需要置 1 的位和 1 相或，需要维持不变的位和 0 相或。

例如：　　OR　AL, 80H ;使 AL 中的最高位 D_7=1，其余位不变

设指令执行前，AL=3AH。

执行指令：

```
      0011 1010 B    AL
∨)   1000 0000 B    80H
      1011 1010 B    AL
```

指令执行后，AL=BAH。

（3）XOR：逻辑异或指令

格式：XOR　d, s

操作：d←(d)⊕(s)

其中，符号"⊕"表示逻辑异或操作。源操作数 s 可以是 8/16 位通用寄存器、存储器操作数或立即数，目标操作数 d 只允许是通用寄存器或存储器操作数。

指令功能：将两个操作数按位（二进制位）相"异或"，并将结果保存到目标操作数中，指令执行后，使 CF=0，OF=0，影响 SF、ZF 和 PF，AF 无定义。

利用 XOR 指令可以将操作数的某些位求反，而某些位不变。维持不变的位与 0 相"异或"，需要求反的位与 1 相"异或"。

例如：　　XOR　BL, 0FH　;使 BL 的高 4 位维持不变，而将低 4 位求反

设指令执行前，BL=55H。

执行指令：

$$
\begin{array}{r}
0101\,0101\,B \quad BL \\
\oplus)\ 0000\,1111\,B \quad 0FH \\
\hline
0101\,1010\,B \quad BL
\end{array}
$$

指令执行后，BL=5AH。

例如：　　XOR　AL, AL

设指令执行前，AL=78H。

执行指令：

$$
\begin{array}{r}
0111\,1000\,B \quad AL \\
\oplus)\ 0111\,1000\,B \quad AL \\
\hline
0000\,0000\,B \quad AL
\end{array}
$$

指令执行后，AL=00H，CF=0，ZF=1。可见，XOR 指令可用于将操作数清 0，并使 CF=0。

（4）NOT：逻辑非指令

格式：NOT　d

操作：d←($\overline{d}$)

其中，操作数 d 上面的符号"‾"表示求反运算。目标操作数 d 只允许是通用寄存器或存储器操作数。

指令功能：将操作数的内容按位（二进制位）求反，并将结果保存到源操作数中，其执行结果不影响任何标志位。

例如：　　NOT　AL

设指令执行前，AL=33H=0011 0011B。

执行指令后，AL=CCH=1100 1100B。

（5）TEST：测试指令

格式：TEST　d, s

操作：(d)∧(s)

其中，符号"∧"表示逻辑与操作。源操作数 s 可以是 8/16 位通用寄存器、存储器操作数或立即数，目标操作数 d 只允许是通用寄存器或存储器操作数。

指令功能：将两个操作数的内容按位（二进制位）相与，根据运算结果设置相关的标志位，但不回送结果到目标操作数中，运算结果在设置相关标志位后会被自动丢弃。

使用 TEST 指令，通常是在不希望改变原有操作数的情况下，检测某一位或某几位的状态，

所以常被用于条件转移指令之前，根据测试的结果使程序发生跳转。

【例 3.12】 检测 DL 中的内容是否为负数，若为负数（$D_7=1$），则转移到标号 LOP1 去执行；否则顺序执行。

```
            TEST        DL, 80H     ;DL 的内容与 80H 进行与操作
            JNZ         LOP1        ;ZF=0，即与操作结果不为 0，D₇=1，转到标号 LOP1
            MOV         AL, DL      ;ZF=1，即与操作结果为 0，D₇=0，顺序执行
            …
LOP1:       MOV         AL, BL
            …
```

2．移位与循环移位指令

移位与循环移位指令操作示意图如图 3.18 所示。指令中的目标操作数 d 可以是 8/16 位通用寄存器和存储器操作数，不允许使用立即数和段寄存器。移位次数由 count 决定。count 可取 1 或 CL 寄存器操作数。当 count 为 1 时，每执行一条指令，可将操作数的内容移 1 位；若需要移位的次数大于 1，则必须在移位指令之前，将移位次数置于 CL 中，而在移位指令中将 count 写为 CL，当移位结束后，CL=0。

（1）移位（shift）指令

移位指令共有 4 条。

① SHL：逻辑左移指令

格式：SHL　d, count

操作：SHL 指令将目标操作数的内容向左移位，移位的次数由 count 给定，每左移 1 位，操作数最高位的状态移入 CF，末位补 0。

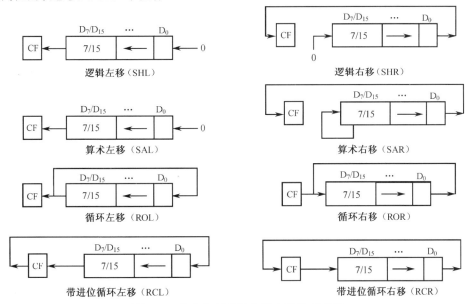

图 3.18　移位与循环移位指令操作示意图

例如：　MOV　CL, 4
　　　　　SHL　AL, CL

SHL 指令执行后，使 AL 的内容左移 4 位，即 AL 中的低 4 位的状态移入高 4 位，并将低 4 位清 0。

② SHR：逻辑右移指令

格式：SHR　d, count

操作：SHR 指令的操作和 SHL 指令相反，将目标操作数的内容向右移位，每右移 1 位，操作数末位移入 CF，最高位补 0。

③ SAL：算术左移（shift arithmetic left）指令

格式：SAL　d, count

操作：与 SHL 指令完全相同。将目标操作数的内容向左移位，移位的次数由 count 给定，每左移 1 位，操作数最高位的状态移入 CF，末位补 0。

④ SAR：算术右移（shift arithmetic right）指令

格式：SAR　d, count

操作：将目标操作数的内容向右移位，每右移 1 位，操作数末位移入 CF，最高位移入次高位的同时其值不变，这样，移位后最高位和次高位的值相同，符号位始终保持不变。

综上所述，移位指令分为算术移位指令和逻辑移位指令。算术移位指令只对有符号数进行移位，在移位过程中保持符号位不变。而逻辑移位指令对无符号数移位，移位时，总是用 0 来填补已空出的数位。每左移 1 位，相当于将原数据乘以 2，每右移 1 位，相当于将原数据除以 2。根据移位操作的结果置标志寄存器中的状态标志（AF 除外）。若移位的次数是 1，移位的结果又使最高位（符号位）发生变化，则将溢出标志 OF 置 1。移多位时，OF 无效。这样，对于有符号数而言，可由此判断移位后的符号位和移位前的符号位是否相同。

（2）循环移位（rotate）指令

循环移位指令共有 4 条。

① ROL：循环左移指令

格式：ROL　d, count

操作：将目标操作数的内容向左移 count 位，每左移 1 位，目标操作数最高位的状态移出，送入 CF 和目标操作数的末位。

② ROR：循环右移指令

格式：ROR　d, count

操作：将目标操作数的内容向右移 count 位，每右移 1 位，目标操作数末位的状态移出，送入 CF 和目标操作数的最高位。

③ RCL：带进位循环左移指令

格式：RCL　d, count

操作：将目标操作数的内容连同 CF 的内容一同向左移 count 位，每左移 1 位，目标操作数最高位的状态移入 CF，而 CF 原先的状态移入目标操作数的末位。

④ RCR：带进位循环右移指令

格式：RCR　d, count

操作：将目标操作数的内容连同 CF 的内容一同向右移 count 位，每右移 1 位，目标操作数末位的状态移入 CF，而 CF 原先的状态移入目标操作数的最高位。

综上所述，循环移位指令有两类。ROL 和 ROR 指令在执行时，没有把 CF 套在循环中，称为小循环移位。而 RCL 和 RCR 指令在执行时，连同 CF 一起进行循环移位，称为大循环移位。以上 4 条指令仅影响 CF 和 OF。对 OF 的影响表现为，ROL 和 RCL 指令在执行一次左移后，如果目标操作数的最高位与 CF（原先的符号位）不等，说明新的符号位与原来的符号位不同了，则使 OF=1，表明左移循环操作造成了溢出。同样，ROR 和 RCR 指令在执行一次右移后，如果目标操作数的最高位与次高位不等，也表明移位后新的数据符号与原来的符号不同了，此时也会使 OF=1，产生溢出。

【例3.13】 设X为无符号字数据，存放在寄存器AX中，将该数乘以10（乘积仍为字数据）。

在80486指令系统中有乘法指令，但从指令手册中可知，执行乘法指令所花费的时间为10～11个时钟周期，而用逻辑左移指令SHL实现乘2操作所需要的时间为1～3个时钟周期，从而可以大大提高计算速度。

很明显，X×10=X×2+X×8，某数乘2即左移1位，乘8即左移3位。程序段如下：

```
SHL   AX, 1      ;AX←X×2，AX内容左移1位，相当于乘2，需要1个时钟周期
MOV   BX, AX     ;X×2的乘积存入BX，需要1个时钟周期
SHL   AX, 1      ;相当于X×4，需要1个时钟周期
SHL   AX, 1      ;相当于X×8，需要1个时钟周期
ADD AX, BX       ;X×8+X×2=X×10，需要1个时钟周期
```

执行上述程序段所需要的时间为5个时钟周期。若改用乘法指令实现乘10的操作，则所需要12个时钟周期。

3.3.4 串操作类指令

80486指令系统提供了一组强有力的串操作类指令。串操作类指令可以对含有字母、数字的字符串进行操作和处理，例如，传送、比较、查找、插入、删除操作等。

串操作类指令是指令系统中唯一可以在存储器内部进行源操作数与目标操作数之间操作的指令，所有串操作类指令均可以处理字或字节数据。串操作类指令见表3.4。

为缩短指令长度，串操作类指令均采用隐含寻址方式。一般，源串存放在当前数据段中，由段寄存器DS提供段基址，其偏移地址必须由源变址寄存器（SI）提供。目标串必须存放在附加段中，由段寄存器ES提供段基址，其偏移地址必须由目标变址寄存器（DI）提供。如果要在同一段内进行串操作，必须使DS和ES指向同一段。串长度必须存放在寄存器CX中。因此，在串指令执行之前，必须对SI、DI和CX预置初值，即将源串和目标串的首元素或末元素的偏移地址分别置入SI和DI中，将串长置入CX

表3.4 串操作类指令

指令类型	指令格式	状态标志位					
		OF	SF	ZF	AF	PF	CF
字节串/字串 传送指令	MOVS d, s	•	•	•	•	•	•
	MOVSB/MOVSW	•	•	•	•	•	•
字节串/字串 比较指令	CMPS d, s	↑	↑	↑	↑	↑	↑
	CMPSB/CMPSW	↑	↑	↑	↑	↑	↑
字节串/字串 搜索指令	SCAS d	↑	↑	↑	↑	↑	↑
	SCASB/SCASW	↑	↑	↑	↑	↑	↑
读字节串/字串 指令	LODS s	•	•	•	•	•	•
	LODSB/LODSW	•	•	•	•	•	•
写字节串/字串 指令	STOS d	•	•	•	•	•	•
	STOSB/STOSW	•	•	•	•	•	•

注：s表示源操作数，d表示目标操作数，↑表示运算结果影响标志位，•表示运算结果不影响标志位。

中。这样，CPU每处理完一个串元素，就自动修改SI和DI的内容，使之指向下一个元素。

为加快串操作的执行速度，可在串操作类指令前加上重复前缀，共有5种重复前缀。带有重复前缀的串操作类指令，每处理完一个串元素后自动修改CX的内容（按字节/字处理，减1或减2），以完成计数功能。当CX≠0时，继续串操作，直到CX=0时才结束操作。

串操作类指令对SI和DI寄存器的修改与两个因素有关。① 与被处理的串是字节串还是字串有关。② 与当前标志寄存器中DF的状态有关。当DF=0时，表示串操作由低地址向高地址进行，SI和DI内容递增，其初始值应该是源串和目标串的首地址；当DF=1时，则情况正好相反。

1．基本串操作类指令

80486 指令系统中共有 5 种基本串操作类指令。

（1）MOVS：串传送指令

格式（有 3 种形式）：

```
MOVS    d, s
MOVSB                    ;字节串传送
MOVSW                    ;字串传送
```

操作：(DI)←(SI)

字节串操作：SI←SI±1, DI←DI±1

当方向标志位 DF=0 时，用"+"；当方向标志位 DF=1 时，用"−"。

字串操作：SI←SI±2, DI←DI±2

当方向标志位 DF=0 时，用"+"；当方向标志位 DF=1 时，用"−"。

串传送指令将一个字节数据或一个字数据从源串（由 DS:SI 寻址）传送给目标串（由 ES:DI 寻址），并自动修改 SI 和 DI 的值，指向下一个字节/字数据。MOVSB/MOVSW 是 MOVS 的替代符，由于指令助记符中已明确是字节串还是字串传送，因此没有操作数。通常，指令前要加上重复前缀 REP，此时，要传送的数据个数在 CX 中，每传送完一个字节/字数据，CPU 自动修改 CX 的值（按字节/字数据处理，减 1 或减 2），直到 CX=0 为止。串传送指令的结果不影响标志位。

例如，设变量 ADDR1 和 ADDR2 为字类型，下面两条指令是等效的：

```
MOVS    ADDR1, ADDR2
MOVSW
```

【例 3.14】 编写程序段，将源串中的 256 个字节数据传送到目标串的单元中。源串首地址的偏移地址为 2000H，目标串首地址的偏移地址为 5000H。

完成数据串传送的程序段如下：

```
CLD                     ;设置 DF=0，地址自动递增
MOV     CX, 256         ;CX←256，设置计数器，初始值为数据串的长度
MOV     SI, 2000H       ;SI←2000H
MOV     DI, 5000H       ;DI←5000H
REP     MOVSB           ;重复串操作，直到 CX=0 为止
```

（2）CMPS：串比较指令

格式（有 3 种形式）：

```
CMPS    s, d
CMPSB                   ;字节串比较
CMPSW                   ;字串比较
```

字节串操作：(SI)−(DI), SI←SI±1, DI←DI±1

字串操作：   (SI)−(DI), SI←SI±2, DI←DI±2

串比较指令将源串（由 DS:SI 寻址）中的一个字节数据或一个字数据减去目标串（由 ES:DI 寻址）中的一个字节数据或一个字数据，不回送结果，只根据结果特征设置标志位，并自动修改 SI 和 DI 的值，指向下一个字节/字数据。通常，在 CMPS 指令前加重复前缀 REPE/REPZ，两者的定义完全相同，只是书写的形式不一样，此时，可重复进行两数的比较。仅当 ZF=1（两数相等）且 CX≠0 时，才可继续进行比较，一旦发现 ZF=0（两数不相等或比较结束），则终止指令的执行。

注意：串比较指令的源串操作数（由 DS:SI 寻址）是写在逗号左边的，而目标串操作数（用 ES:DI 寻址）则写在右边。这是指令系统中唯一例外的指令句法结构，编程时要特别注意。CMPSB 和 CMPSW 同样作为 CMPS 指令的替代符，不带操作数。

（3）SCAS：串搜索指令

格式（有 3 种形式）：

```
SCAS      d
SCASB                 ;字节串搜索
SCASW                 ;字串搜索
```

字节串操作：AL−(DI), DI←DI±1

字串操作：　AX−(DI), DI←DI±2

串搜索指令用来从指定存储区域（目标串）中查找某个关键字，要求将待查找的关键字预先存入 AX（字数据）或 AL（字节数据）中。执行指令时，将 AX 或 AL 中的关键字减去由 ES:DI 指向的目标串中的一个字数据或一个字节数据，不传送结果，只根据结果设置标志位，然后修改 DI 的值使之指向下一个字节/字数据。通常，在 SCAS 前加重复前缀 REPNE/REPNZ，可重复在目标串中进行寻找关键字的操作，直到 ZF=1（查到了某关键字）或 CX=0（终未查找到）为止。同样，SCASB 和 SCASW 为 SCAS 指令的替代符，不带操作数。

【例 3.15】 编写程序段，从存储区域首地址的偏移地址为 0100H 的一个数据串（数据个数为 256）中找出指定的关键字（如'$'），可用 REPNZ SCASB 指令实现。

```
CLD                        ;设置 DF=0，地址自动递增
MOV       DI, 0100H        ;DI←0100H
MOV       CX, 256          ;CX←256，设置计数器初始值
MOV       AL, '$'          ;AL←24H（'$'的 ASCII 码），设置关键字
REPNZ     SCASB            ;查找关键字，若未找到则重复查找
```

（4）LODS：读串指令

格式（有 3 种形式）：

```
LODS      s
LODSB              ;读取字节串
LODSW              ;读取字串
```

字节串操作：AL←(SI), SI←SI±1

字串操作：　AX←(SI), SI←SI±2

读串指令把由 DI:SI 指定的数据段中的字节数据或字数据送入 AL 或 AX 中，并根据方向标志位 DF 及数据类型来修改 SI 的值。

指令执行之前，要取出的数据必须在存储器中预先定义（用 DB 或 DW），SI 必须预置初始值。读串指令一般不加重复前缀，常用来和其他指令相结合完成复杂的串操作功能。而 LODSB 和 LODSW 同样为 LODS 的替代符，不带操作数。读串指令的执行结果不影响标志位。

（5）STOS：写串指令

格式（有 3 种形式）：

```
STOS      d
STOSB              ;写入字节串
STOSW              ;写入字串
```

字节串操作：DI←(AL), DI←DI±1

字串操作：　DI←(AX), DI←DI±2

写串指令将 AL 或 AX 中的内容存入由 ES:DI 指定的附加段的字节串或字串中，并根据 DF 的值及数据类型来修改 DI 的值。

指令执行之前，必须把要存放的数据预先存入 AX 或 AL 中，并对 DI 预置初始值。写串指令的执行结果不影响标志位。STOSB 和 STOSW 同样为 STOS 的替代符，不带操作数。如果加上前缀指令 REP，用 STOSB 和 STOSW 可使一个连续的存储单元（字节串或字串）中填满相同的数据。

【例 3.16】 编写程序段，将字符'$'送入附加段偏移地址为 0100H 的连续 5 个单元中。

```
CLD                    ;设置 DF=0，地址自动递增
MOV    CX, 5           ;CX←5，设置计数器初始值
MOV    DI, 0100H       ;DI←0100H，
MOV    AL, '$'         ;AL←24H（'$'的 ASCII 码）
REP    STOSB           ;连续将'$'写入相应的存储单元中
```

2．重复前缀

在实际应用中，如果必须重复执行基本串指令来处理一个数据块，则需要在该指令前加上一个重复前缀。重复前缀见表 3.5。

表 3.5　重复前缀

重复前缀类型	重复前缀格式	应　用	功　能
无条件重复	REP	MOVS，STOS	当不是串尾时重复操作，CX≠0
当相等/为零时重复	REPE/REPZ	CMPS，SCAS	当不是串尾且串相等时重复操作，CX≠0 且 ZF=1
当不等/不为零时重复	REPNE/REPNZ	CMPS，SCAS	当不是串尾且串不等时重复操作，CX≠0 且 ZF=0

（1）前缀 REP

REP 将重复基本串指令操作一直到 CX=0 为止，每次执行指令时都要测试 CX。如果 CX≠0，则 CX−1→CX，重复基本串指令。当 CX=0 时，结束重复操作，执行下一条指令。在执行重复操作前必须先将重复次数装入 CX 中。

（2）前缀 REPE/REPZ

REPE 和 REPZ 的功能相同，与 CMPS、SCAS 指令一起使用。带前缀的 CMPS/SCAS 指令，只要 CX≠0 且 ZF=1，基本串比较或串搜索操作就会一直重复执行。CX≠0 表示还没有到达串尾，ZF=1 表示所比较的元素相等。

（3）前缀 REPNE/REPNZ

REPNE 和 REPNZ 的工作方式类似于 REPE/REPZ，只不过重复条件变为 CX≠0 且 ZF=0。这就是说，只要串不相等且未到达串尾，就重复执行串比较或串搜索操作。

3.3.5　程序控制类指令

在一般情况下，CPU 执行程序是按照指令的顺序逐条执行的，但实际上程序不可能总是顺序执行，而经常需要改变程序的执行流程，转移到所要求的目标地址去执行，这就必须安排一条程序转移类指令。在 80486 指令系统中，程序控制类指令就是专门用来控制程序流向的，包括无条件转移指令、条件转移指令、循环控制指令及中断指令 4 种类型。

1．无条件转移指令

无条件转移指令的功能是使程序无条件地转移到指令指定的地址去执行。

（1）JMP：无条件转移指令

格式：JMP　　目标标号

操作：JMP 指令可以使程序无条件地转移到目标标号指定的地址去执行。目标地址可以在当前代码段内（段内转移），也可在其他代码段中（段间转移）。根据目标地址的位置和寻址方式的不同，有 5 种基本格式。

① 段内直接短程转移

格式：JMP　　SHORT　目标标号

操作：IP←IP+D_8

其中，SHORT 为属性操作符，表明指令代码中的操作数是一个以 8 位二进制补码形式表示

的偏移量 D_8，只能在−128～+127 范围内取值。SHORT 在指令中可以省略。执行指令时，转移的目标地址由当前的 IP 值（跳转指令的下一条指令的首地址）与指令代码中 8 位偏移量之和决定。

【例 3.17】 在当前代码中，有一条无条件转移指令如下：

```
        JMP      SHORT   LOP1
        ...
LOP1:   MOV      AL, 55H
        ...
```

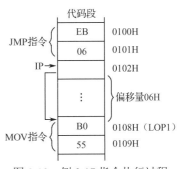

图 3.19 例 3.17 指令执行过程

指令执行过程如图 3.19 所示。由图 3.19 可知，当前 IP=0102H，偏移量为 06H，所以，标号 LOP1 的偏移地址为 0102H+ 06H= 0108H。

② 段内直接近程转移

格式：JMP　NEAR　PTR 目标标号

操作：IP←IP+D_{16}

其中，NEAR PTR 为近程转移的属性操作符。段内直接近程转移指令控制转移的目标地址由当前 IP 值与指令代码中 16 位偏移量 D_{16} 之和决定，偏移量的取值范围为−32768～+32767。其转移的过程和短程转移过程基本相同，属性运算符 NEAR PTR 在指令中可以省略。

③ 段内间接转移

格式：JMP　WORD　PTR OPR

操作：IP←(EA)

其中，WORD PTR 为字属性操作符，OPR 可以是存储器或寄存器操作数。将段内转移的目标地址预先存放在某 16 位寄存器或存储器的某两个连续地址单元中，指令中只需给出该寄存器名或存储单元地址，这种方式称为段内间接转移（OPR 为寄存器时，不加 WORD PTR）。

例如： JMP　BX

上述指令是由寄存器间接表示转移的目标地址。设 CS=1000H，IP=3000H，BX=0102H，执行指令时，首先以寄存器 BX 的内容（0102H）取代 IP 的内容（3000H），然后，CPU 将转移到物理地址为 CS×16+IP=10102H 的单元中去执行后续指令。

例如： JMP　WORD　PTR [SI]

上述指令由存储单元的内容表示转移的目标地址，用该目标地址去取代 IP 的值，其中 WORD PTR 表明后面紧跟的存储器操作数是一个字类型。

设 DS=2000H，SI=0100H，则存放转移目标地址偏移量的字单元的物理地址为 DS×16+SI= 20100H。

设指令执行前，CS=4000H，IP=2500H，(20100H)=22H，(20101H)=30H。

指令执行后，IP=3022H，程序转移到 43022H 地址处继续执行。

以上 3 种转移方式均为段内转移。在执行指令时，用指令提供的信息修改 IP 的值，CS 的值不变。

④ 段间直接转移

格式：JMP　FAR PTR　目标标号

操作：IP←目标标号的偏移地址

　　　　CS←目标标号所在段的段基址

其中，FAR PTR 为属性运算符，表示转移在段间进行。目标标号在其他代码段中，指令中直接给出目标标号的段基址和偏移地址，分别取代当前 IP 及 CS 的值，从而转移到另一个代码段中相应的位置去执行（FAR PTR 在指令中可以省略）。

【例 3.18】 下面程序段可实现段间直接转移。

```
C1        SEGMENT
          ...
          JMP    FAR PTR ADDR1
          ...
C1        ENDS
C2        SEGMENT
          ...
ADDR1:    MOV CL, AL
          ...
C2        ENDS
```

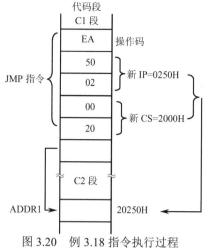

图 3.20   例 3.18 指令执行过程

上述程序段中，由段定义语句 SEGMENT/ENDS（第 4 章介绍）定义了两个代码段 C1 段和 C2 段，JMP 指令在 C1 段中，而要转移到的目标标号 ADDR1 在 C2 段中。指令执行过程如图 3.20 所示。

直接转移同样需要在指令中明确给出要跳转到的目的标号。

⑤ 段间间接转移

格式：JMP   DWORD PTR OPR

操作：IP←EA

　　　CS←EA+2

其中，OPR 只能是存储器操作数。

指令中由操作数 OPR 的寻址方式确定一个有效地址（EA），指向存放转移目标地址的偏移地址和段基址的单元，根据寻址方式求出 EA 后，访问相邻的 4 个字节单元，低位字单元中的 16 位数据传送给 IP，高位字单元中的 16 位数据传送给 CS，从而找到要转移的目标地址，实现段间间接转移。

例如：　JMP   DWORD   PTR   ALPHA [BP][DI]

也可以写成　JMP   DWORD   PTR   [BP+DI+ALPHA]

存放转移目标地址（包括段基址和偏移地址）的堆栈段中的存储单元的物理地址为 SS×16+BP+DI+ALPHA。执行 JMP 指令时，从堆栈段中物理地址确定的连续 4 个字节单元中取出两个字数据，将低位字送 IP，高位字送 CS。此时，程序无条件转移到目标地址继续执行程序。

（2）CALL：子程序调用指令

格式：CALL   子程序名

操作：CPU 暂停执行下一条指令，无条件调用指定的子程序继续执行。

为了便于模块化程序设计，往往把程序中某些具有特定功能的部分编写成独立的程序模块，称为子程序。在程序中，可用调用指令 CALL 来调用这些子程序，而在子程序执行完后又用返回指令 RET 返回主程序继续执行。

CALL 指令有 4 种基本格式。

① 段内直接调用

格式：CALL   NEAR PTR   子程序名

操作：SP←SP−2

　　　(SP+1), (SP)←IP

　　　IP←IP+D_{16}

将 CALL 指令下一条指令的首地址压入堆栈（子程序的返回地址），然后转到子程序的入口地址去执行，这个过程称作调用以子程序。子程序的入口地址是当前 IP 的值与 16 位偏移量 D_{16} 相加的和。

由于是段内调用，调用程序和子程序同在一个代码段中，因此，不论是需要保护的返回地址，还是要调用的子程序首地址，只需要 16 位的偏移地址，即只改变 IP 的值，不改变 CS 值。直接调用是指在 CALL 指令中明确指出了要调用子程序的首地址。

② 段内间接调用

格式：CALL　WORD　PTR DST

操作：SP←SP−2

　　　(SP+1), (SP)←IP

　　　IP←(EA)

段内间接调用指令执行的操作步骤与段内直接调用大致相同，主要区别是子程序入口地址 DST 的寻址方式不同而已。DST 可以是寄存器操作数或存储器操作数，不允许采用立即数和段寄存器操作数。执行 CALL 指令时，CPU 把 DST 所对应的寄存器的内容或存储器有效地址所在字单元的内容送入 IP 寄存器，作为子程序的入口地址，由于还是段内调用，因此 CS 值保持不变。

例如：　　CALL　DI

　　　　　CALL　WORD PTR [BX]

第一条指令，寄存器 DI 的内容就是子程序的入口地址。第二条指令，将 BX 的值确定的相邻两个存储单元的内容作为子程序的入口地址去修改 IP，实现段内间接转移。

③ 段间直接调用

格式：CALL　FAR　PTR　子程序名

操作：SP←SP−2

　　　(SP+1), (SP)←CS

　　　SP←SP−2

　　　(SP+1), (SP)←IP

　　　IP←子程序入口地址的偏移地址

　　　CS←子程序入口地址的段基址

其中，子程序名即为段间直接调用的子程序的入口地址。段间直接调用指令的操作分两步：第一步，保护返回地址，即将 CALL 指令的下一条指令的首地址（包括 CS 和 IP 的值）先后压入堆栈保护，其顺序为先 CS 后 IP；第二步，将子程序入口地址（包括段基址和偏移地址）分别送入 IP 和 CS，从而实现段间直接调用。

由于是段间调用，调用程序和子程序不在同一代码段中，因此，不论是需要保护的返回地址，还是要调用的子程序首地址，均包括段基址和偏移地址。段间直接调用同样是指在指令中明确给出了要调用的子程序名。

④ 段间间接调用

格式：CALL　DWORD　PTR DST

操作：SP←SP−2

　　　(SP+1), (SP)←CS

　　　SP←SP−2

　　　(SP+1), (SP)←IP

　　　IP←(EA)

　　　CS←(EA+2)

其中，DST 只能是各种寻址方式确定的存储器操作数。段间间接调用指令的操作分两步：第一步，将返回地址（包括 IP 和 CS 值）压入堆栈保护；第二步，将指令的寻址方式确定的有效地址 EA 和 EA+1 两个字节单元的内容送入 IP，将 EA+2 和 EA+3 两个字节单元的内容送入 CS。这样既修改了 IP，又修改了 CS，将 CPU 引导到另一个代码段内子程序的首地址去执行。

例如：　　CALL　DWORD　PTR　[BX]

　　　　　CALL　DWORD　PTR　[BP][SI]

（3）RET：从子程序返回指令

RET 指令的功能：从堆栈中弹出由 CALL 指令压入的返回地址，返回到调用程序（主程序）中 CALL 指令的下一条指令去继续执行。段内返回指令把堆栈弹出的两个字节内容送给 IP，而段间返回指令则将堆栈弹出 4 个字节的内容分别送 IP 和 CS。RET 指令设置在子程序的末尾。

① 段内返回

格式：RET

操作：IP←(SP+1), (SP)

　　　SP←SP+2

② 段内带立即数返回

格式：RET　EXP

操作：IP←(SP+1), (SP)

　　　SP←SP+2

　　　SP←SP+D_{16}

其中，EXP 是一个表达式或 16 位立即数（偏移量）。段内带立即数返回指令允许返回地址出栈后修改堆栈指针 SP=SP+EXP，便于调用程序在使用 CALL 指令调用子程序前，把子程序所需要的参数入栈，以便子程序运行时使用这些参数。当子程序返回后，这些参数不再有用，就可以修改指针使其指向参数入栈以前的值，即自动删除子程序参数所占用的字节单元。

③ 段间返回

格式：RET

操作：IP←(SP+1), (SP)

　　　SP←SP+2

　　　CS←(SP+1), (SP)

　　　SP←SP+2

④ 段间带立即数返回

格式：RET　EXP

操作：IP←(SP+1), (SP)

　　　SP←SP+2

　　　CS←(SP+1), (SP)

　　　SP←SP+2

　　　SP←SP+D_{16}

这里 EXP 的含义与段内带立即数返回指令相同，不再赘述。

2. 条件转移指令

条件转移指令根据对标志寄存器状态位的测试结果来决定程序的走向，当条件满足时，转移到目标标号去执行程序，否则，程序不发生转移，顺序向下执行程序。

所有条件转移指令的寻址方式只有一种，即偏移量为 8 位的相对寻址方式，因此都是短程转移，即转向语句的目标地址必须在当前代码段内，相对位移只能在-128～+127 字节范围内。

条件转移指令共有 18 条，分为三类：第一类根据两个无符号数比较/相减的结果决定是否转移；第二类根据两个有符号数比较/相减的结果决定是否转移；第三类根据单个标志位的值来决定程序是否转移。条件转移指令见表 3.6。

表 3.6　条件转移指令

指 令 类 型	指 令 格 式		指 令 功 能	测 试 条 件
第一类： 针对无符号数的 转移指令	JA/JNBE (jump if above)	目标标号	高于/不低于也不等于转移	CF OR ZF = 0
	JAE/JNB (jump if above or equal)	目标标号	高于或等于/不低于转移	CF = 0
	JB/JNAE (jump if below)	目标标号	低于/不高于也不等于转移	CF = 1
	JBE/JNA (jump if below or equal)	目标标号	低于或等于/不高于转移	CF OR ZF = 1
第二类： 针对有符号数的 转移指令	JG/JNLE (jump if greater)	目标标号	大于/不小于也不等于转移	(SF XOR OF) OR ZF=0
	JGE/JNL (jump if greater or equal)	目标标号	大于或等于/不小于转移	SF = OF
	JL/JNGE (jump if less)	目标标号	小于/不大于也不等于转移	SF≠OF
	JLE/JNG (jump if less or equal)	目标标号	小于或等于/不大于转移	(SF XOR OF) OR ZF=1
第三类： 针对单个标志位 的转移指令	JE/JZ (jump if equal)	目标标号	等于/结果为零转移	ZF=1
	JNE/JNZ (jump if not equal)	目标标号	不等于/结果不为零转移	ZF=0
	JC (jump if carry)	目标标号	有进位/有借位转移	CF=1
	JNC (jump if not carry)	目标标号	无进位/无借位转移	CF=0
	JO (jump if overflow)	目标标号	溢出转移	OF=1
	JNO (jump if not overflow)	目标标号	不溢出转移	OF=0
	JP/JPE (jump if parity)	目标标号	奇偶标志位为1/偶状态转移	PF=1
	JNP/JPO (jump if not parity)	目标标号	奇偶标志位为0/奇状态转移	PF=0
	JS (jump if sign)	目标标号	符号位为 1 转移	SF=1
	JNS (jump if not sign)	目标标号	符号位为 0 转移	SF=0

【例 3.19】　在存储器中有一个首地址为 ARRAY 的 N 字数组，编写程序段，测试其中正数、0 和负数的个数。正数的个数存放在 DI 中，0 的个数存放在 SI 中，并根据 N−(DI)−(SI)求出负数的个数存放在 AX 中。

```
            MOV     CX, N                  ;CX←N，设置计数器初始值
            MOV     BX, 0                  ;BX←0，设置数据指针
            MOV     DI, 0                  ;DI←0，存放累计正数的个数
            MOV     SI, 0                  ;SI←0，存放累计 0 的个数
AGAIN:      CMP     WORD PTR ARRAY[BX], 0  ;数组中的一个数据与 0 进行比较
            JLE     LE                     ;数据小于或等于 0，转到 LE 标号
            INC     DI                     ;数据大于 0，使 DI+1，累计正数的个数
            JMP     SHORT NEXT
LE:         JL      NEXT                   ;数据小于 0，转到 NEXT 标号
            INC     SI                     ;数据=0，SI←(SI)+1，累计 0 的个数
NEXT:       ADD     BX, 2                  ;BX←(BX)+2，修改数据指针
            DEC     CX                     ;CX←(CX)−1，计数器减 1
            JNZ     AGAIN                  ;ZF=0，未测试完，转到 AGAIN 标号
            MOV     AX, N                  ;已测试完，AX←N，准备求负数的个数
            SUB     AX, DI                 ;AX←(AX)−(DI)
            SUB     AX, SI                 ;AX←(AX)−(SI)，负数的个数存入 AX
```

3. 循环控制指令

循环控制指令又称迭代控制指令，与条件转移指令相同之处是，要依据给定的条件是否满足来决定程序的走向。当满足条件时，发生程序转移；若不满足条件，则顺序执行程序。与条件转移指令不同之处是，循环控制指令要管理程序循环的次数，对 CX 的内容进行测试，用 CX 的

内容是否为 0 或把 CX 的内容是否为 0 与 ZF 的状态相结合作为是否执行循环体的条件。所有循环控制指令程序转移的范围只能在−128~+127 字节内。循环控制指令见表 3.7。

表 3.7　循环控制指令

指 令 格 式		指 令 功 能	测 试 条 件
LOOP (loop until CX=0)	目标标号	CX≠0 时循环	CX←CX−1，CX≠0
LOOPE/LOOPZ (loop if equal)	目标标号	相等/结果为 0 时循环	CX←CX−1，CX≠0 且 ZF=1
LOOPNE/LOOPNZ(loop while CF≠0 and ZF=0)	目标标号	不等/结果不为 0 时循环	CX←CX−1，CX≠0 且 ZF=0
JCXZ (jump if CX=0，ZF is ignored)	目标标号	CX=0 时循环	CX=0

由表 3.8 可知，JCXZ 指令执行时不影响 CX 的内容，而执行其他的循环控制指令时，都会先使 CX 的内容自动减 1，然后再判断 CX 的内容是否为 0，当 CX≠0 时才可能转移。

【例 3.20】 编写程序段，检测当前数据段 64KB 内存单元能否正确地进行读/写操作。

一般的做法：先向每个字节单元写入数据 01010101B (55H) 或 10101010B (AAH)，然后读出来进行比较，若读/写正确，则转入处理正确的程序段，否则转入出错处理的程序段。

```
          XOR     CX, CX        ;初始值清 0，CX=0
          XOR     BX, BX        ;BX 清 0，BX=0
          MOV     AL, 55H       ;AL←55H
CHECK:    MOV     [BX], AL      ;将 55H 写入存储单元
          INC     BX            ;BX←BX+1
          CMP     [BX−1], AL    ;读出写入存储单元的内容与 AL(55H)相比较
          LOOPZ   CHECK         ;ZF=1，且 CX≠0 则转到标号 CHECK
          JCXZ    RIGHT         ;CX=0，64KB 内存单元均能正确读/写，转标号 RIGHT
ERROR:    …                     ;一旦不能正确读/写，转入出错处理的程序段
          …
RIGHT:    …                     ;处理正确的程序段
          …
```

4．中断指令

（1）INT：中断指令

格式：INT　TYPE

操作：SP←SP−2

　　　(SP+1), (SP)←FR

　　　SP←SP−2

　　　(SP+1), (SP)←CS

　　　SP←SP−2

　　　(SP+1), (SP)←IP

　　　IP←(TYPE×4)

　　　CS←(TYPE×4+2)

其中，TYPE 为中断类型号，可以是常数或常数表达式，其值必须在 0~255 范围内。

（2）INTO：溢出中断（interrupt on overflow）指令

格式：INTO

操作：若 OF=1，则

　　　SP←SP−2

　　　(SP+1), (SP)←FR

　　　SP←SP−2

　　　(SP+1), (SP)←CS

SP←SP−2

(SP+1), (SP)←IP

IP←(0010H)

CS←(0012H)

当 OF=0 时，则溢出中断指令执行空操作。

（3）IRET：中断返回指令

格式：IRET

操作：IP←(SP+1), (SP)

SP←SP+2

CS←(SP+1), (SP)

SP←SP+2

FR←(SP+1), (SP)

SP←SP+2

3.3.6 处理器控制类指令

处理器控制类指令只能完成对 CPU 的简单控制功能，共有 12 条指令。处理器控制类指令见表 3.8。

表 3.8 处理器控制类指令

指 令 类 型	指 令 格 式	指 令 功 能	标志寄存器中的标志位								
			OF	DF	IF	TF	SF	ZF	AF	PF	CF
对标志位进行操作的指令	CLC	清除进位标志	•	•	•	•	•	•	•	•	0
	STC	置 1 进位标志	•	•	•	•	•	•	•	•	1
	CMC	取反进位标志	•	•	•	•	•	•	•	•	$\overline{CF}$
	CLD	清除方向标志	•	0	•	•	•	•	•	•	•
	STD	置 1 方向标志	•	1	•	•	•	•	•	•	•
	CLI	清除中断允许标志	•	•	0	•	•	•	•	•	•
	STI	置 1 中断允许标志	•	•	1	•	•	•	•	•	•
同步控制指令	WAIT	等待	•	•	•	•	•	•	•	•	•
	ESC	交权	•	•	•	•	•	•	•	•	•
	LOCK	封锁总线	•	•	•	•	•	•	•	•	•
其他控制指令	HLT	暂停	•	•	•	•	•	•	•	•	•
	NOP	空操作	•	•	•	•	•	•	•	•	•

注：• 表示运算结果不影响标志位。

1．对标志位进行操作的指令

（1）对进位标志（CF）进行操作的指令

CLC   ;CF←0，将 CF 清 0

STC   ;CF←1，将 CF 置 1

CMC   ;CF←$\overline{CF}$，对 CF 求反

（2）对方向标志（DF）进行操作的指令

CLD   ;DF←0，将 DF 清 0

STD   ;DF←1，将 DF 置 1

（3）对中断允许标志（IF）进行操作的指令

CLI   ;IF←0，将 IF 清 0，关中断

STI   ;IF←1，将 IF 置 1，开中断

2．同步控制指令

同步控制指令有 3 条，它们的操作均不影响标志位。

（1）WAIT：等待指令。WAIT 指令使 CPU 处于等待状态，等待 TEST 信号有效后，方可退出等待状态。

（2）ESC：外部操作码，源操作数交权指令。其中，外部操作码是一个由程序员规定的 6 位立即数，源操作数为存储器操作数。这条指令主要用于与协处理器配合工作。当 CPU 读取 ESC 指令后，利用 6 位外部操作码控制协处理器来完成某种指定的操作，而协处理器则可以从 CPU 的程序中取得一条指令或一个存储器操作数。这相当于在 CPU 执行 ESC 指令时，取出源操作数交给协处理器。

（3）LOCK：封锁总线指令。LOCK 不是一条独立的指令，常作为指令的前缀，位于任何指令的前端。凡带有 LOCK 前缀的指令，在指令执行过程中，都禁止其他协处理器占用总线，故将它称为总线锁定前缀。

3．其他控制指令

其他控制指令，它们的操作不影响标志位。

（1）HLT：暂停指令。HLT 指令迫使 CPU 暂停执行程序，只有当下面 3 种情况之一发生时，CPU 才退出暂停状态：① 复位引脚 RESET 出现高电平复位信号；② 非屏蔽中断引脚 NMI 出现请求信号；③ 可屏蔽中断引脚 INTR 出现请求信号，且中断允许标志位 IF=1，CPU 允许中断。

（2）NOP：空操作指令。NOP 指令使 CPU 不执行任何操作，只是每执行 1 次该指令需要占用 3 个时钟周期的时间，常用于短暂的延时或在调试程序时用于取代其他指令。

习题 3

3-1 分别指出下列指令中源操作数和目标操作数的寻址方式。

① MOV	SI, 100	⑦ OR [DI+3000H], BX
② MOV	CX, DATA[SI]	⑧ XOR [BP+SI], AL
③ ADD	AX, [BX][DI]	⑨ MOV EAX, EBX
④ SUB	AH, DH	⑩ MOV EAX, [ECX][EBX]
⑤ AND	DL, [BX+SI+20H]	⑪ MOV EAX, [ESI][EDX×2]
⑥ MOV	[BP+1054H], AX	⑫ MOV EAX, [ESI×8]

3-2 设 DS=1000H，BX=2865H，SI=0120H，偏移量 D=47A8H，请计算下列各种寻址方式下的有效地址，并在右边答案中找出正确答案，将它的序号填入括号内。

① 使用 D 的直接寻址　　　　　　　　　　（　）A. 2865H

② 使用 BX 的寄存器间接寻址　　　　　　（　）B. 700DH

③ 使用 BX 和 D 的寄存器相对寻址　　　　（　）C. 47A8H

④ 使用 BX、SI 和 D 的相对基址变址寻址　（　）D. 2985H

⑤ 使用 BX、SI 的基址变址寻址　　　　　（　）E. 712DH

3-3 设 DS=2000H，ES=2100H，SS=1500H，SI=00A0H，BX=0100H，BP=0010H，数据段中变量名 VAL 的偏移地址值为 0050H，指出下列源操作数的寻址方式是什么，其物理地址值是多少？

① MOV AX, [100H]　　　　　　　⑥ MOV AX, [BP+SI]

② MOV AX, [BP]　　　　　　　　⑦ MOV AX, [BX]

③ MOV AX, VAL　　　　　　　　⑧ MOV AX, VAL[BX][SI]

④ MOV AX, VAL[BX]　　　　　　⑨ MOV AX, ES: [BX]

⑤ MOV AX, [BX+10]　　　　　　⑩ MOV AX, ES: [BX][SI]

3-4 根据以下要求，分别写出相应的汇编语言指令。

① 以 BX 和 SI 作为基址加间址寻址方式的存储器中的一个字数据传送到 CX 中。

② 以 BX 和偏移量 VALUE 作为寄存器相对寻址方式的存储器中的一个字与 AX 相加，把结果回送到存储器字单元中。

③ 以 BX 和 DI 的基址间址寻址方式的存储器中的一个字节与 AL 的内容相加，并把结果回送到存储单元中。

④ 清除以 SI 间接寻址的存储器字单元，同时清除 CF。

3-5 下列程序段中每条指令执行完后，指出 AX 的内容及 CF、SF、ZF 和 OF 的值。

```
MOV    AX, 0
DEC    AX
ADD    AX, 7FFFH
ADD    AX, 2
NOT    AX
SUB    AX, 0FFFFH
ADD    AX, 8000H
SUB    AX, 1
AND    AX, 58D1H
SAL    AX, 1
SAR    AX, 1
NEG    AX
ROR    AX, 1
```

3-6 设 DX=36C5H，CL=5，CF=1，确定下列各条指令执行后，DX 和 CF 的值。

① SHR   DX, 1
② SAR   DX, CL
③ SHL   DX, CL
④ SHL   DL, 1
⑤ ROR   DX, CL
⑥ ROL   DL, CL
⑦ SAL   DH, 1
⑧ RCL   DX, CL
⑨ RCR   DH, 1
⑩ SAR   DH, CL

3-7 写出下列每组指令执行后，目标操作数的内容。

① MO   VEAX, 299FF94H
  ADD   EAX, 34FFFFH
② MOV   EBX, 500000H
  ADD   EBX, 700000H
③ MOV   EDX, 40000000H
  SUB   EDX, 1500000H
④ MOV   EAX, 39393834H
  AND   EAX, 0F0F0F0FH
⑤ MOV   EBX, 9FE35DH
  XOR   EBX, 0F0F0F0H

3-8 指出下列每条指令执行后，相应寄存器的内容。

① MOV   EAX, 9823F4B6H   (AL, AH, AX, EAX)
② MOV   EBX, 985C2H   (BL, BH, BX, EBX)
③ MOV   EDX, 2000000H   (DL, DH, DX, EDX)
④ MOV   ESI, 120000H   (SI, ESI)

3-9 分别说明下列每组指令中两条指令的区别。

① MOV   AX, TABLE
  LEA   AX, TABLE
② AND   BL, 0FH
  OR   BL, 0FH
③ JMP   SHORT L1
  JMP   NEAR   PTR L1
④ MOV   AX, [BX]
  MOV   AX, BX
⑤ SUB   DX, CX
  CMP   DX, CX
⑥ MOV   [BP][SI] , CL
  MOV   DS: [BP][SI] , CL

3-10 设堆栈指针 SP 的初始值为 2000H，AX=3000H，BX=5000H，试问：

① 执行指令 PUSH AX 后，SP=？

② 再执行指令 PUSH BX 及 POP BX 后，SP=？ AX=？ BX=？ 画出堆栈变化示意图。

3-11 已知当前 SS=10A0H，SP=0040H，AX=FF00H，BX=8850H，画图表示执行下列 4 条指令过程中堆栈内容的变化情况。

```
PUSH    AX
PUSH    BX
POP     AX
POP     BX
```

3-12 编写程序段，实现下述要求：

① 将存储器 1A00H 单元中的一个字节数据传送到 1B00H 单元中；

② 使 AX 的低 4 位清 0，其余位不变；

③ 使 AL 的低 4 位保持不变，高 4 位取反；

④ 使 DH 的低 4 位为 1，高 4 位不变。

3-13　有两个 4 字节的无符号数相加，这两个数分别存放在 2000H 和 3000H 开始的存储单元中，得到的和也为 4 字节，存放在 2000H 开始的单元中，编写程序段，完成这两个数的相加过程。

3-14　将一个 32 位二进制数存放于 DX 和 AX 中，试利用移位与循环移位指令实现以下操作：

① DX 和 AX 中存放的是无符号数，将其分别乘以 2 和除以 2；

② DX 和 AX 中存放的是有符号数，将其分别乘以 2 和除以 2。

3-15　编写程序段，将内存 2500H 开始的 256 个字节单元清 0。

3-16　设 1000H 和 1002H 单元的内容为双精度数 p，3000H 和 3002H 单元的内容为双精度数 q（1000H 和 3000H 单元中存放低位字，1002H 和 3002H 单元中存放高位字），说明下面程序段完成什么工作？

```
          MOV     DX, [1002H]
          MOV     AX, [1000H]
          ADD     AX, [1000H]
          ADC     DX, [1002H]
          CMP     DX, [3002H]
          JL      L2
          JG      L1
          CMP     AX, [3000H]
          JBE     L2
L1:       MOV     AX, 1
          JMP     SHORT   EXIT
L2:       MOV     AX, 2
EXIT:     HLT
```

3-17　编写程序段，完成如图 3.21 所示流程图的功能。

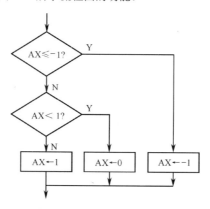

图 3.21　习题 3-17 流程图

知识拓展

重点难点

第4章 汇编语言程序设计

摘要 本章首先介绍有关汇编语言的语法规定、汇编语言程序的结构、各种伪指令的格式及用法、常用标识符的定义及应用，这些内容与第 3 章讨论的指令系统都是汇编语言程序设计的基础；然后重点介绍汇编语言程序设计的方法、步骤及编程举例；并介绍 DOS 功能调用和 BIOS 功能调用。

4.1 概述

计算机程序：为了实现特定功能或解决特定问题而采用某种计算机所能识别的语言来编写的指令序列。计算机语言分为高级语言和低级语言，低级语言包括机器语言和汇编语言。

4.1.1 汇编语言

汇编语言（assembly language）是为特定计算机、微处理器、微控制器或其他可编程逻辑器件设计的一种面向机器的语言，也称为符号语言。在汇编语言中，用助记符（mnemonics）代替机器指令的操作码，用地址符号（symbol）或标号（label）代替指令或操作数的地址。在不同的设备中，汇编语言对应着不同的机器语言指令集，通过汇编过程被转换成机器指令。通常特定的汇编语言与特定的机器语言指令集一一对应，不同平台之间不可以直接移植。

汇编语言源程序是用指令助记符、符号地址、标号等书写的程序。符号化的汇编语言源程序必须被翻译成相应的机器码才能被计算机执行。将汇编语言源程序翻译成机器码程序（目标程序）的过程称为汇编。为计算机配置的、把汇编语言源程序翻译成目标程序的一种专用软件程序称为汇编程序。汇编程序以汇编语言源程序为输入，输出一个目标程序文件（文件扩展名为.obj）和一个源程序列表文件（文件扩展名为.lst），前者链接定位后可由机器直接执行，后者列出源程序清单、机器码和符号表，主要用于调试程序。汇编程序功能如图 4.1 所示。

汇编语言实质上仍是一种面向机器的语言，它用助记符代替机器语言指令的二进制代码，因此汇编语言源程序与其经过汇编后产生的机器语言目标程序之间具有一一对应的关系。在用汇编语言编程时，允许程序员使用 CPU 的指令系统和各种寻址方式直接对

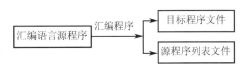

图 4.1 汇编程序功能

位、字节、字、寄存器、存储单元和 I/O 端口进行操作，所以，汇编语言源程序比用高级语言编写的源程序生成的目标代码精练、占内存少、执行速度快。但用汇编语言编写和调试程序的周期较长，程序设计的技巧性强。程序员既要熟悉计算机的硬件结构，又要熟悉计算机的指令系统，才能编写出高质量的汇编语言源程序。同时，汇编语言源程序通用性较差，一般不具有可移植性。由于汇编语言的这些特点，它主要用于系统软件、实时控制软件、I/O 接口驱动等程序的设计中。

支持 Intel 微处理器的汇编软件有 ASM、MASM、TASM 等多种，现在广泛使用的 MASM 是 Microsoft 公司开发的宏汇编软件，不仅包含了 ASM 的功能，还增加了宏指令等高级宏汇编语言功能，使得采用汇编语言进行程序设计更为方便灵活。

4.1.2 宏汇编程序及上机过程简介

宏汇编程序是一种系统软件，它除了将汇编语言源程序翻译成对应的目标程序，还包括以下功能。① 按用户要求自动分配存储区。② 自动把各种进位制数转换成二进制数。③ 计算源

程序中表达式的值。④ 对源程序进行语法检查，给出错误信息。⑤ 进行宏汇编，展开宏指令。

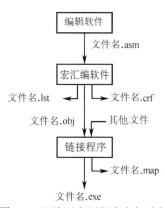

图 4.2　汇编语言源程序上机过程

汇编语言源程序上机过程如图 4.2 所示，操作处理过程如下。

（1）用编辑软件（如 Edit、Word 等）把汇编语言源程序输入计算机中，生成扩展名为.asm 的源程序文件，如 PROG.asm。

（2）使用宏汇编软件 MASM，把.asm 文件汇编成扩展名为.obj 的目标程序文件（二进制代码）及扩展名为.lst 的源程序列表文件，如 PROG.obj 及 PROG.lst。

（3）目标程序虽然是二进制代码，但它不能直接运行，必须经过链接程序（LINK）把目标程序文件、其他文件和库文件链接起来才可以生成扩展名为.exe 的可执行文件，如 PROG.exe。

（4）如果运行中仍有问题或想观察运行过程，可以使用调试程序（DEBUG）进行调试。只有在计算机中调试通过的程序，才能被认为是正确的程序。

注意：

① 扩展名为.crf 的文件是 MASM 生成的一个随机交叉参考（cross reference）文件，它提供一个按字母排序的列表，其中包含源程序中所有用到的指令、标号和数字，对调试包含多个代码段、数据段的大型源程序非常有帮助。

② 扩展名为.map 的文件是 MASM 为包含多个代码段、数据段的大型源程序生成的一个随机文件，该文件提供了各段的起始地址、结束地址和段长等信息。

4.2　MASM 的数据形式及表达式

4.2.1　MASM 的数据形式

数据是指令中操作数的基本组成部分，数据的形式对语句格式有很大影响。汇编程序能识别的数据形式有常数、变量和标号。

1. 常数（constant）

常数是没有任何属性的纯数值。汇编时，常数的值已经确定，并且在程序运行过程中，常数的值不会改变。常数分为两种类型：数值型常数和字符串型常数。

（1）数值型常数

① 二进制数（Binary）：以字母 B 结尾，如 01011010B。

② 八进制数（Octonary）：以字母 O 结尾，如 21O。

③ 十进制数（Decimal）：以字母 D 结尾（或省略），如 1995D、3528。

④ 十六进制数（Hexadecimal）：以字母 H 结尾，如 3A40H、0E50H。

注意：对于十六进制常数，当第一位（最高位）是字母 A～F 时，必须在第一个字母前加写一个数字 0，以便和标号名或变量名相区别。

（2）字符串型常数

字符串型常数是指用单引号括起来的、可打印的 ASCII 码字符串。汇编程序把它们表示成一个字节序列，1 字节对应一个字符，把引号中的字符翻译成它的 ASCII 码值存放在存储单元中，如'ABCD'、'12345'、'HOW ARE YOU ? '等。

2．变量（variable）

变量在除代码段以外的其他段中被定义，用来定义存放在存储单元中的数据。

如果存储单元中的数据在程序运行中随时可以修改，则这个存储单元中的数据可以用变量来定义。为了便于对变量进行访问，要给变量取一个名字，这个名字称为变量名。变量名应符合标识符的规定。变量与一个数据项的第一个字节相对应，表示该数据项第一个字节在现行段中的地址偏移量。变量和后面的操作项应以空格隔开（注：此处无冒号）。

定义变量可用变量定义伪指令（后面将介绍）。经过定义的变量有三重属性。

（1）段属性（SEG）：SEG 定义变量所在段的起始地址（段基址）。此值必须在一个段寄存器中，一般在 DS 段寄存器中，也可以用段前缀来指明是 ES 或 SS 段寄存器。

（2）偏移属性（OFFSET）：OFFSET 表示变量所在的段内偏移地址。此值为一个 16 位无符号数，它代表从段的起始地址到定义变量的位置之间的字节数。段基址和偏移地址构成变量的逻辑地址。

（3）类型属性（TYPE）：TYPE 表示变量占用存储单元的字节数，即所存放数据的长度。这一属性由数据定义伪指令来定义。变量可分别被定义为 8 位（DB，1 字节）、16 位（DW，2 字节）、32 位（DD，4 字节）、64 位（DQ，8 字节）和 80 位（DT，10 字节）数据。

3．标号（label）

标号可在代码段中被定义，是指令语句的标识符，表示后面的指令所存放单元的符号地址（该指令第一个字节存放的内存地址），标号必须和后面的操作项以冒号分隔开来。标号常作为转移指令的操作数，用于确定程序转移的目标地址。与变量类似，标号也有三重属性。

（1）段属性（SEG）：SEG 定义标号所在段的起始地址（段基址）。此值必须在一个段寄存器中，而标号的段基址则总是在 CS 段寄存器中。

（2）偏移属性（OFFSET）：OFFSET 表示标号所在的段内偏移地址。此值为一个 16 位无符号数，它代表从段的起始地址到定义标号的位置之间的字节数。段基址和偏移地址构成标号的逻辑地址。

（3）距离属性（Distance）：当标号作为转移类指令的操作数时，可在段内或段间转移。NEAR 只允许在本段内转移，FAR 允许在段间转移。

如果没有对标号进行类型说明，则默认它为 NEAR 属性。

4.2.2　MASM 的表达式

表达式是操作数的常见形式，它是常数、寄存器、标号、变量与一些运算符和操作码相组合的序列。表达式的运算是在程序汇编过程中进行的，表达式的运算结果作为操作数参与指令所规定的操作。MASM 允许使用的表达式分为数字表达式和地址表达式两类。

1．数字表达式

数字表达式的结果是数字。

例如：　　MOV DX，(6*A–B)/2

指令的源操作数(6*A–B)/2 是一个数字表达式。设变量 A=1，变量 B=2，则表达式的值为(6*1–2)/2=2，是一个数字结果。

2．地址表达式

地址表达式的结果是一个存储单元的地址。当这个地址中存放的是数据时，称为变量；当这个地址中存放的是指令时，称为标号。

在指令操作数部分采用地址表达式时，应注意其物理意义。例如，两个地址相乘或相除是无意义的，两个不同段的地址相加减也是无意义的。地址表达式经常进行的是地址加减数字量运算。例如，SUM+1 是指向 SUM 字单元的下一个单元的地址。

例如：　MOV AX, ES: [BX+SI+1000H]

BX+SI+1000H 为地址表达式，结果是一个存储单元的地址。

3．表达式中的常用运算符

MASM 支持的运算符分为六大类，它们是算术运算符、逻辑运算符、关系运算符、分析运算符、合成运算符和其他运算符。MASM 支持的运算符见表 4.1。

表 4.1　MASM 支持的运算符

运算符			运算结果	实例
类型	符号	名称		
算术运算符	+	加	和	3+5=8
	−	减	差	8−3=5
	*	乘	乘积	3*5=15
	/	除	商	21/7=3
	MOD	模除	余数	12MOD3=0
逻辑运算符	NOT	非	逻辑非结果	1010B 取反等于 0101B
	AND	与	逻辑与结果	1010B ∧ 1001B=1000B
	OR	或	逻辑或结果	1010B ∨ 1001B=1011B
	XOR	异或	逻辑异或结果	1010B ⊕ 1001B=0011B
关系运算符	EQ	相等	结果为真，输出全 1 结果为假，输出全 0	5 EQ 11B=全 0
	NE	不等		5 NE 11B=全 1
	LT	小于		5 LT 11B=全 0
	LE	小于或等于		5 LE 11B=全 0
	GT	大于		5 GT 11B=全 1
	GE	大于或等于		5 GE 11B=全 1
分析运算符	SEG	返回段基址	段基址	SEG N1=N1 所在段的段基址
	OFFSET	返回偏移地址	偏移地址	OFFSET N1=N1 的偏移地址
	LENGTH	返回变量单元数	单元数	LENGH N1=N1 单元数
	TYPE	返回元素字节数	字节数	TYPE N1=N1 中元素字节数
	SIZE	返回变量总字节数	总字节数	SIZE N1=N1 总字节数
合成运算符	PTR	修改类型属性	修改后类型	BYTE PTR[BX]
	THIS	指定类型/距离属性	指定后类型	ALP EQU THIS BYTE
	段操作码	段前缀	修改段	ES:[BX]
	HIGH	分离高字节	运算对象的高字节	HIGH 3050H=30H
	LOW	分离低字节	运算对象的低字节	LOW 3050H=50H
	SHORT	短程转移说明	实现短程转移	JMP SHORT LOOP1
其他运算符	( )	圆括号	改变运算符优先级	(8−4)*6=24
	[ ]	方括号	下标或间接寻址	MOV AX , [BX]
	.	点运算符	连接结构与变量	TAB.T1
	< >	尖括号	修改变量	<, 8, 5>
	MASK	返回字段屏蔽码	字段屏蔽码	MASK　C
	WIDTH	返回记录宽度	记录/字段位数	WIDTH　W

（1）算术运算符

算术运算符包括+（加）、-（减）、*（乘）、/（除）和 MOD（模除）5 种，算术运算符通常用在数字表达式或地址表达式中。在地址表达式中，一般应采用在标号上加减某一个数字量的形式，如 START+3、SUM-1 等，表示一个存储单元的地址。

例如：

A1	EQU	1020H+3300H		A1	EQU 4320H
MOV	BX, A1-1000H			MOV	BX, 3320H
MOV	AX, 35*5	可等效为→		MOV	AX, 175
MOV	DX, A1/100H			MOV	DX, 0043H
MOV	CX, A1 MOD 100H			MOV	CX, 0020H

（2）逻辑运算符

逻辑运算符包括 NOT（非）、AND（与）、OR（或）和 XOR（异或）4 种。逻辑运算符完成的运算按位（二进制位）操作，只能用于数字表达式中，不能用于存储器的地址表达式中，例如：

	NOT	0FFH	;结果为 00H
11001100B	AND	11110000B	;结果为 11000000B
11001100B	OR	11110000B	;结果为 11111100B
11001100B	XOR	11110000B	;结果为 00111100B

注意，表达式中的逻辑运算符与指令系统中的逻辑运算指令助记符在形式上是相同的，但两者有显著的区别：逻辑运算符由汇编程序来完成运算，而逻辑运算指令要在 CPU 执行该指令时才完成相应的操作。

例如：   AND   DX, PORT   AND   0FH

在 AND 指令的源操作数表达式 PORT AND 0FH 中，AND 表示一个逻辑运算符。在汇编时，对该表达式计算可得一个数值。而在程序执行时，该指令将 DX 的内容与汇编程序计算得到的数值按位相"与"，结果存放在 DX 中。

设 PORT=55H，则 55H ∧ 0FH=05H，汇编后指令为 AND   DX, 05H。

（3）关系运算符

关系运算符包括 EQ（相等）、NE（不等）、LT（小于）、LE（小于或等于）、GT（大于）、GE（大于或等于）6 种。

关系运算符连接的两个操作数必须都是数字或同一段内的两个存储单元地址。关系运算符对两个运算对象进行比较操作，运算的结果是逻辑值。若满足条件，则表示运算结果为 TRUE（真），输出结果全为1；若不满足条件，则表示运算结果为 FALSE（假），输出结果为全 0。

例如：

MOV	AX, 5 EQ 101B			MOV	AX, 0FFFFH
MOV	BH, 10H GT 16	可等效为→		MOV	BH, 00H
ADD	BL, FFH EQ 255			ADD	BL, 0FFH

（4）分析运算符

分析运算符又称数值返回运算符，包括 SEG、OFFSET、LENGTH、TYPE 和 SIZE 运算符。分析运算符总是加在运算对象之前，返回的结果是运算对象的某个参数或将存储单元地址分解为它的组成部分，如段基址、偏移地址和类型等。

① SEG 运算符

格式：SEG 变量或标号

SEG 运算符加在某个变量或标号之前，返回的数值是该变量或标号的段基址。

例如，若 DATAE 是从存储器的 20000H 地址开始的一个数据段段名，LOP1 是该段中的一个变量，则使用以下指令：

        MOV   SI, SEG   LOP1

汇编时，将变量名 LOP1 所在数据段的段基址 2000H 作为立即数传送给 SI。

② OFFSET 运算符

格式：OFFSET 变量或标号

OFFSET 运算符加在某个变量或标号之前，返回的数值是该变量或标号的偏移地址。

例如：   MOV   DI, OFFSET   NN

汇编时，将 NN 的偏移地址作为立即数回送给指令，作为源操作数；在指令执行时，将该偏移地址值传送给 DI，所以这条指令与指令 LEA   DI, NN 是等价的。

③ LENGTH 运算符

格式：LENGTH   变量

LENGTH 运算符加在某个变量之前，返回的数值是该变量所包含的单元数，分配单元可以以字节、字、双字为单位计算。对于变量中使用 DUP 的情况，汇编程序将返回分配给变量的单元数，而对于其他情况则返回 1。

例如，变量 K1、K2 和 K3 可用下列伪指令定义：

        K1   DB   4   DUP(0)
        K2   DW   10   DUP(?)
        K3   DD   1, 2, 3

则

BB:	MOV	AL, LENGTH K1	等效于	BB:	MOV	AL, 4
	MOV	BL, LENGTH K2	──────→		MOV	BL, 10
	MOV	CL, LENGTH K3			MOV	CL, 1

（5）合成运算符

合成运算符又称为修改属性运算符。在程序运行过程中，当需要修改变量或标号的属性（段属性、偏移地址属性和类型属性）时，可采用合成运算符来实现。

① PTR 运算符

格式：类型   PTR   表达式

PTR 运算符可用来修改变量或标号的类型属性。类型可以是 BYTE、WORD、DWORD、NEAR 或 FAR，表达式可以是变量、标号或存储器操作数，其含义是将 PTR 左边的类型属性赋给其右边的表达式。例如：

        F1   DB   15H
        F2   DW   3132H
                  ...
        ALPHA: MOV   AX, WORD PTR F1
                  ...
        BETA: MOV   BL, BYTE PTR F2

第一条语句由 DB 将 F1 定义为字节类型的变量，其值为 15H。第二条语句由 DW 将 F2 定义为字变量，其值为 3132H。而标号为 ALPHA 的语句中用 PTR 运算符又将变量 F1 的类型属性由原定义的字节改为字，否则该指令将无法执行，汇编程序将指示出错，指出该指令中的两个操作数类型不匹配。同样，在标号为 BETA 的语句中，用 PTR 运算符将变量 F2 的类型属性由原定义的字改为字节，否则该指令将同样产生操作数类型不匹配的错误而无法执行。

② THIS 运算符

格式：THIS   类型

THIS 为指定类型属性运算符，可用来定义变量或标号的类型属性。THIS 运算符的对象是类型（BYTE、WORD、DWORD）或距离（NEAR、FAR），用于规定所指变量或标号的类型属性或距离属性，使用时常和 EQU 伪指令连用。例如：

```
GAMA        EQU THIS BYTE
START       EQU THIS FAR
```

第一条语句将变量 GAMA 的类型属性定义为字节，不管原来 GAMA 的类型是什么，从本条语句开始，GAMA 就成为字节变量，直到遇到新的类型语句为止。第二条语句将标号 START 的属性定义为 FAR，不管原来 START 的属性是什么，从本条语句开始，START 就成为 FAR 类型标号，允许作为其他代码段中的调用或转移指令的目标标号。

③ 段操作码

段操作码也称为段超越前缀，用来表示一个标号、变量或地址表达式的段属性。例如，用段操作码来说明地址在附加段中，可以使用指令 MOV DX, ES: [BX][DI]，可见它是用"段寄存器名:地址表达式"来表示的。

④ 分离运算符

分离运算符有 HIGH 和 LOW 两种。HIGH 运算符用来从运算对象中分离出高字节，LOW 运算符用来从运算对象中分离出低字节。分析下列代码：

```
K1    EQU      1234H
K2    EQU      5678H
...
MOV   AL, LOW   K1
MOV   BL, HIGH  K2
```

前两条语句将 K1 和 K2 定义为两个字常数，第 3 条语句将 K1 的低字节 34H 送入 AL，第 4 条语句则将 K2 的高字节 56H 送入 BL。

⑤ SHORT 运算符

SHORT 为说明运算符，说明转移指令的目标地址与该指令之间的字节距离在−128～+127 范围内，具有短程转移的属性，例如：

```
            ...
LOOP1:      JMP    SHORT   LOOP2
            ...
LOOP2:      MOV    AX, BX
            ...
```

上述代码表示标号 LOOP1 与目标标号 LOOP2 之间的距离小于 127 字节。

以上介绍了汇编语言表达式中常用的运算符。当各种运算符同时出现在同一表达式中时，具有不同的优先级，运算符的优先级规定见表 4.2。优先级相同的运算符操作顺序为先左后右。

表 4.2　运算符的优先级规定

优　先　级		符　　　号
高级 ↑ 低级	1	LENGTH, SIZE, WIDTH, MASK, ( ), [ ], < >
	2	PTR, OFFSET, SEG, TYPE, THIS
	3	HIGH, LOW
	4	+, −（单目）
	5	*, /, MOD
	6	+, −（双目）
	7	EQ, NE, LT, LE, GT, GE
	8	NOT
	9	AND
	10	OR, XOR
	11	SHORT

4.3　伪指令

MASM 有三种基本语句：指令性语句、指示性语句和宏指令语句。其中，指示性语句又称为伪指令（pseudo instruction）。伪指令对汇编过程进行控制，说明数据类型、段结构、源程序起止信息等，汇编时不生成对应的机器代码。

MASM 有丰富的伪指令，包括变量定义伪指令、符号定义伪指令、段定义伪指令和子程序定义伪指令等。

4.3.1 伪指令的基本格式

伪指令语句的格式如下：

    [名字]　伪指令操作码　[操作数]　[;注释]

其中，方括号内的字段为可选项。伪指令的格式与指令语句类似，不同之处有以下几点。

① 名字是给伪指令取的名称，相当于指令语句的标号，也称为标识符，但在名字后面不允许带冒号"："。名字可以省略。

② 伪指令操作码是由 MASM 规定的符号，又称为汇编命令，不可省略，如 DB、DW、PROC 等。

③ 操作数的个数随不同伪指令而相差悬殊，有的伪指令不允许有操作数，有的伪指令允许带多个操作数，这时必须用逗号"，"将各个操作数分隔开。

4.3.2 变量定义伪指令

变量定义伪指令用来定义变量的类型，并为变量中的数据项分配存储单元。变量定义伪指令有两种不同的格式。

1. 格式 1

格式：[变量名]　DB/DW/DD/DQ/DT　表达式

功能如下。

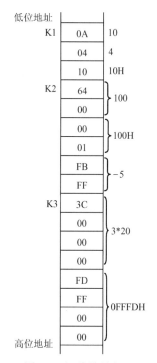

图 4.3　汇编结果之 1

DB：定义一个字节类型的变量，其后的每个操作数均占用 1 个字节。

DW：定义一个字类型的变量，其后的每个操作数均占用 1 个字（2 个字节）。

DD：定义一个双字类型的变量，其后的每个操作数均占用 2 个字（4 个字节）。

DQ：定义一个 4 字类型的变量，其后的每个操作数均占用 4 个字（8 个字节）。

DT：定义一个 10 字节类型的变量，其后的每个操作数均占用 5 个字（10 个字节）。

注意：变量定义伪指令将高位字节数据存放在高地址存储单元中，低位字节数据存放在低地址存储单元中。格式 1 又可分为以下 4 种具体用法。

（1）用数值表达式定义变量

例如：

    K1　　　DB　　　　10, 4, 10H

    K2　　　DW　　　　100, 100H, −5

    K3　　　DD　　　　3*20, 0FFFDH

变量 K1、K2、K3 的汇编结果如图 4.3 所示。

（2）用地址表达式定义变量

例如：

    RS1　　DW　　　　ADDR1

    　　　　DW　　　　ADDR2

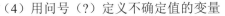

RS2	DW	LOOP1
	DW	LOOP2

汇编程序在汇编时，在相应的存储单元中存入变量或标号的地址值，其中偏移地址或段基址均占一个字，低位字节占用第一个字节地址，高位字节占用第二个字节地址。变量 RS1、RS2 的汇编结果如图 4.4 所示。

（3）用字符串定义变量

采用字符串定义变量时，字符串必须用单引号括起来，其中字符的个数可以是一个，也可以是多个。注意，空格也是字符（ASCII 码为 20H）。

例如：

STRING1	DB	'123'
STRING2	DB	'HOW ARE YOU'
STRING3	DW	'C', 'DE'

变量 STRING1、STRING2、STRING3 的汇编结果如图 4.5 所示。

注意，对字符串的定义可用 DB 伪指令，也可用 DW 伪指令。用 DW 和 DB 定义的变量在存储单元中存放的格式是不同的。用 DW 语句定义的字符串只允许包含一个或两个字符。如果字符多于两个，则必须用 DB 语句来定义。

（4）用问号（?）定义不确定值的变量

可以为变量保留空单元，常用来存放运算的结果。例如：

OPER1	DB	35H, ?, 0AH
OPER2	DW	0C0DH, ?
OPER3	DD	?

变量 OPER1、OPER2、OPER3 的汇编结果如图 4.6 所示。

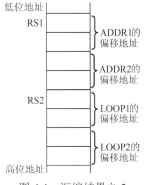

图 4.4　汇编结果之 2

2．格式 2

格式 2 用于定义重复变量，其格式如下：

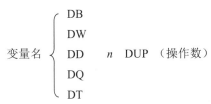

与格式 1 的不同之处在于，格式 2 增加了 n DUP（Duplicate），用于表示重复次数，同时表达式需要用圆括号括起。其中，重复次数 n 可以是常数，也可以是表达式，它的值是一个正整数，数值范围为 1～65535，其作用是指定圆括号中操作数项的重复次数。圆括号中的操作数项可以有多项，但项与项之间必须用逗号分隔开。这种格式适用于定义多个相同的变量。例如：

T1	DB	3	DUP(0)
T2	DW	2	DUP(?)
T3	DB	3	DUP(1, 50H)

变量 T1、T2、T3 的汇编结果如图 4.7 所示。

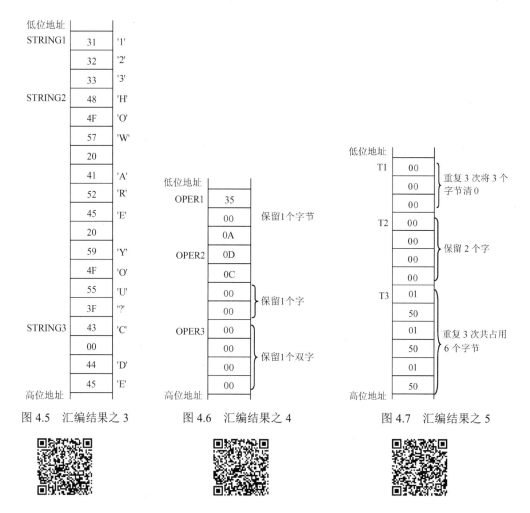

图 4.5 汇编结果之 3   图 4.6 汇编结果之 4   图 4.7 汇编结果之 5

4.3.3 符号定义伪指令

汇编语言中所有的变量名、标号名、子程序名、指令助记符、寄存器名等统称为"符号"。这些符号可以用符号定义伪指令来命名或重新命名，符号定义伪指令有两种基本格式。

1. 等值语句（EQU）

格式：符号 EQU 表达式

功能：将表达式的值赋给 EQU 左边的符号。

例如：COUNT   EQU   5   ;COUNT 等于 5

        NUM   EQU   13/6   ;NUM 等于表达式的值

等值语句在汇编时不产生任何目标代码，也不占用存储单元。但在同一个程序中，不能对经 EQU 语句定义的符号进行重新定义。EQU 伪指令的使用可使汇编语言源程序简单明了，便于程序调试和修改。

2. 等号语句（=）

格式：符号=表达式

等号语句与 EQU 语句有同样的功能，区别在于等号语句定义的符号允许进行重新定义，使用更加方便灵活。下列等号语句是有效的：

        COUNT=5

        COUNT=COUNT+100

4.3.4　段定义伪指令

段定义伪指令指示汇编语言源程序如何按段组织程序和使用存储器。段定义伪指令主要有 SEGMENT、ENDS 和 ASSUME。

1. 段定义伪指令（SEGMENT、ENDS）

格式：段名　SEGMENT [定位类型][, 组合类型][, 字长类型][, 类别]

　　　…

　　　(段体)

　　　…

　　　段名　ENDS

任何一个逻辑段都是从 SEGMENT 语句开始，以 ENDS 语句结束的。伪指令名 SEGMENT 和 ENDS 是本语句的关键字，不可以省略，并且必须成对出现。语句中，段名是必选项，定位类型、组合类型、字长类型、类别为可选项。段名由用户自己选定，但是不能省略，其规定同变量或标号。一个段开始与结尾用的段名必须一致。

2. 段分配伪指令（ASSUME）

段分配伪指令用来完成段的分配，说明当前哪些逻辑段被分别定义为代码段、数据段、堆栈段和附加段。代码段用来存放被执行的程序；数据段用来存放程序执行中需要的数据和运算结果；若程序中使用的数据量很大或使用了串操作指令，可设置附加段来增加数据段的容量；堆栈段用来设置堆栈。

格式：ASSUME 段寄存器:段名[, 段寄存器:段名, …]

功能：说明程序中定义的段由哪个段寄存器去寻址。段寄存器可以是 CS、SS、DS、ES、FS 或 GS。

格式中，ASSUME 是伪指令名，是语句中的关键字，不可省略。段寄存器名后面必须有冒号 ":"。如果要分配的段名不止一个，则应用逗号分开。段名是指用 SEGMENT 伪指令语句定义过的段名。ASSUME 伪指令设置在代码段内（只能设置在代码段内），跟在段定义语句之后。

使用 ASSUME 语句进行段分配时，需要注意以下几点。

① 在一个代码段中，如果没有另外的 ASSUME 语句重新设置，则原有的 ASSUME 语句的设置一直有效。

② 每条 ASSUME 语句可设置 1～6 个段寄存器。

③ 可以使用 NOTHING 将以前的设置删除，例如：

　ASSUME　ES: NOTHING　　　　　　　　;删除对 ES 与某段的关联设置
　ASSUME　NOTHING　　　　　　　　　　;删除对全部 6 个段寄存器的设置

④ 段寄存器的装入。

任何对寄存器访问的指令，都必须使用 CS、DS、ES、SS、FS 和 GS 段寄存器的值才能形成真正的物理地址。因此在执行指令之前，必须首先设置这些段寄存器的值，即段基址。ASSUME 语句只建立当前段和段寄存器之间的联系，并不能将各段的段基址装入各个段寄存器。在程序中段基址的装入由指令来完成，6 个段寄存器的装入也不相同。因为 CS 的值是在系统初始化时自动设置的，即在模块被装入时由 DOS 设定，因此，除 CS 和 SS（在组合类型中选择了 STACK 参数）外，其他定义的段寄存器（DS、ES、FS 和 GS）应由用户在代码段起始处用指令进行段基址的装入。对于堆栈段，还必须要将堆栈栈顶的偏移地址置入堆栈指针（SP）中。

由于在段定义格式中，每个段的段名即为该段的段基址，它表示一个 16 位的立即数，而段寄存器不能用立即数寻址方式直接装入，因此，段基址需先送入通用寄存器，然后再传送给段寄存器，即必须用两条 MOV 指令才能完成段基址的传送过程。例如：

```
                    MOV      AX, DATA
                    MOV      DS, AX
```
【例 4.1】   使用 SEGMENT、ENDS 和 ASSUME 伪指令来定义代码段、数据段、堆栈段和附加段。

```
          DATA          SEGMENT                   ;定义数据段
          XX            DB   ?
          YY            DB   ?
          ZZ            DB   ?
          DATA          ENDS
          EXTRA         SEGMENT                   ;定义附加段
          RSS1          DW   ?
          RSS2          DW   ?
          RSS3          DD   ?
          EXTRA         ENDS
          STACK         SEGMENT                   ;定义堆栈段
                        DW   50  DUP(?)
          TOP           EQU THIS WORD
          STACK         ENDS
          CODE          SEGMENT                   ;定义代码段
          ASSUME  CS: CODE, DS: DATA              ;说明代码段使用 CS 寻址，数据段使用 DS 寻址
          ASSUME  ES: EXTRA, SS: STACK            ;说明附加段使用 ES 寻址，堆栈段使用 SS 寻址
   START: MOV           AX, DATA
          MOV           DS, AX                     ;数据段段基址传送给 DS
          MOV           AX, EXTRA
          MOV           ES, AX                     ;附加段段基址传送给 ES
          MOV           AX, STACK
          MOV           SS, AX                     ;堆栈段段基址传送给 SS
          MOV           SP, OFFSET   TOP
          …
          CODE   ENDS
          END   START
```

本例中，用 SEGMENT 和 ENDS 分别定义了 4 个段：数据段、附加段、堆栈段和代码段。在数据段和附加段中分别定义了一些数据，在堆栈段中定义了 50 个字的堆栈空间。段分配伪指令 ASSUME 指明 CS 指向代码段 CODE，DS 指向数据段 DATA，ES 指向附加段 EXTRA，SS 指向堆栈段 STACK。如果一行写不下，可用两个 ASSUME 语句来说明。

4.3.5   子程序定义伪指令

子程序定义伪指令（PROC/ENDP）用于定义子程序。

格式：子程序名   PROC   属性

```
                 …

                 RET
子程序名          ENDP
```

子程序名是一个标识符，其写法规定与标号相同。可以将子程序名理解为子程序入口的符号地址，调用子程序时只要在 CALL 指令后写上子程序名即可。属性字段用来指明子程序的类型属性是 NEAR 还是 FAR。RET 指令总是设置在子程序的末尾，使子程序结束后可以正确返回主程序。PROC 和 ENDP 是子程序定义的伪指令，PROC 为起始语句，ENDP 为结束语句，这两条语句之间的内容就是被定义的子程序。PROC 和 ENDP 前面的子程序名必须相同，并且 PROC 和 ENDP 总是成对出现的。

【例 4.2】　当子程序和主程序在同一个代码段中时，子程序定义和调用格式如下。

```
CODE    SEGMENT
        ...
SUBT    PROC    NEAR      ;子程序 SUBT 被定义为 NEAR 属性
        ...
        RET
SUBT    ENDP              ;定义 SUBT 结束
        ...
        CALL    SUBT      ;调用 SUBT
        ...
CODE    ENDS
```

由于主程序和子程序在同一个代码段中，因此子程序 SUBT 被定义为 NEAR 属性。当主程序执行到 CALL 指令时，将一个字的返回地址（下一条指令的偏移地址，即 IP 的内容）压入堆栈，然后转到 SUBT 为首地址的子程序去执行，子程序执行到 RET 指令，由堆栈弹出一个字的地址（IP 的内容），返回到 CALL 的下一条指令继续执行主程序。

【例 4.3】　当子程序和主程序不在同一个代码段中时，子程序定义和调用格式如下。

```
CODE1   SEGMENT
        ...
SUBT    PROC    FAR       ;子程序 SUBT 被定义为 FAR 属性
        ...
        RET
SUBT    ENDP              ;定义 SUBT 结束
        ...
        CALL    SUBT      ;在代码段 CODE1 中调用 SUBT
        ...
CODE1   ENDS
CODE2   SEGMENT
        ...
        CALL    SUBT      ;在代码段 CODE2 中调用 SUBT
        ...
CODE2   ENDS
```

子程序 SUBT 在代码段 CODE1 中被定义，在程序中被调用两次：一次在 CODE1 中被调用，属于段内调用，具有 NEAR 属性；而另一次在代码段 CODE2 中被调用，属于段间调用，具有 FAR 属性，在这种情况下，子程序 SUBT 只能被定义为 FAR 属性。不论是在 CODE1 中调用还是在 CODE2 中被调用，压入和弹出的地址信息都包括 16 位的段基址（CS 的内容）和 16 位的偏移地址（IP 的内容）。相反，若将 SUBT 定义为 NEAR 属性，则在 CODE2 中调用时便会出错。

4.3.6　其他伪指令

1. LABEL 伪指令

LABEL 伪指令为要使用的变量或标号定义一个类型。

格式：变量或标号　LABEL　类型

对于变量，类型可以是 BYTE、WORD 或 DWORD；对于标号，类型为 NEAR 或 FAR。

例如：

```
ABC     LABEL   BYTE              ;将变量 ABC 定义为字节类型
XYZ     LABEL   WORD              ;将变量 XYZ 定义为字类型
```

则有

```
MOV      AL, ABC              ;将变量 ABC 的第 1 个字节数据传送给 AL
MOV      BX, XYZ              ;将变量 XYZ 的第 1、第 2 个字节数据传送给 BX
```

2．指定起始位置伪指令（ORG）和当前位置计数器（$）

（1）指定起始位置伪指令

格式：ORG　表达式

其中，ORG（origin）是操作码，不可省略。表达式给出偏移地址，即 ORG 语句后的指令或数据以表达式给出的值作为起始的偏移地址。表达式必须是一个可计算得到的正整数，数值范围在 0～65 535 之间。

ORG 伪指令用来指出其后的程序段或数据块存放的起始地址的偏移量。汇编时把语句中表达式的值作为起始地址，连续存放 ORG 语句之后的程序和数据，直到出现一个新的 ORG 指令为止。若省略 ORG 语句，则从本段起始地址（偏移地址为 0000H）开始连续存放。

在大多数情况下，不需要用 ORG 语句设置位置指针。由于段定义语句是段的起点，它的偏移地址为 0000H，以后每分配一个字节，位置指针自动加 1，因此每条指令都有确定的偏移地址。只有程序要求改变这个位置指针时，才需要安排 ORG 语句。通常，ORG 语句可以出现在程序中的任何位置。

例如：
```
SDATA      SEGMENT
ORG        0010H
D1         DB         00H, 5AH, 80H, 24H
ORG        0030H
D2         DW         4142H, 6162H, 0A0DH
SDATA      ENDS
```

如果不设置 ORG 语句，字节变量 D1 的第一个元素 00H 的偏移地址为 0000H，字变量 D2 的第一个元素 4142H 的偏移地址为 0004H。由于 ORG 的设置，D1 的第一个元素 00H 的偏移地址为 0010H，而 D2 的第一个元素 4142H 的偏移地址为 0030H。

（2）当前位置计数器（$）

在汇编程序对源程序进行汇编的过程中，使用地址计数器来保存当前正在汇编的指令地址。地址计数器值可用 "$" 来表示，汇编语言也允许用户直接用 "$" 来引用地址计数器的当前值，因此，"ORG $+5" 表示从当前地址开始跳过 5 个字节的存储单元。在指令和伪指令中，也可直接用 "$" 表示地址计数器的当前值。

例如：　　JGE $+8

表示满足条件时要转移的地址是 JGE 指令的首地址加上 8，指令中使用的 "$" 表示本指令中第一个字节的偏移地址。

3．程序结束伪指令

格式：END　[标号]

它表示程序结束。其中标号为程序开始执行的起始地址标号。这样，程序经过汇编、链接，将目标代码装入内存之后准备要执行的起始地址由此标号所决定。如果多个程序模块相链接，则只有主程序要使用标号，其他子程序模块只用 END 而不必指定标号。

【例 4.4】　编写程序段，将内存字地址 ADDR1 和 ADDR2 中的内容相减，并将结果存入内存字地址 RST 中。

```
          程序如下：
          DATA      SEGMENT           ;定义数据段
          ADDR1    DW    X            ;定义变量 ADDR1
```

```
        ADDR2    DW    Y                   ;定义变量 ADDR2
        RST      DW    ?                   ;定义变量 RST
        DATA     ENDS
        CODE     SEGMENT                   ;定义代码段
        ASSUME   CS: CODE, DS: DATA        ;说明代码段使用 CS 寻址，数据段使用 DS 寻址
START:  MOV      AX, DATA
        MOV      DS, AX                    ;数据段段基址传送给 DS
        MOV      AX, ADDR1
        SUB      AX, ADDR2
        MOV      RST, AX
        CODE     ENDS
        END      START
```

在本例中，用"END START"表示程序结束。汇编程序遇到 END 时结束汇编，程序将从 START 标号开始执行。

4.4 宏指令

在汇编语言源程序中，有的程序段要多次使用。为了在程序中不重复书写这个程序段，可以用一条宏指令来代替它，由汇编程序在汇编时产生所对应的机器代码。

4.4.1 宏指令、宏定义、宏调用和宏展开

1．宏指令

宏指令是代表某种功能的一段程序，可以根据用户的需要，由用户自己在程序中定义。宏指令一经定义，便可以在以后的程序中多次调用。

2．宏定义（MACRO 和 ENDM）

宏定义是对宏指令进行定义的过程，由 MASM 提供的伪指令 MACRO 和 ENDM 实现，其定义格式如下：

```
宏指令名      MACRO      [形式参数列表]
             ...                        ⎫
             ENDM                       ⎬ （宏定义体）
```

其中，宏指令名（macro name）给出宏定义的名称，即为宏指令起的名字，以便在程序中调用宏指令时使用。宏指令名的选择和规定同段名。MACRO 和 ENDM 是宏定义的伪指令，它们必须成对地出现在程序中，且必须以 MACRO 作为宏定义的开头，以 ENDM 作为宏定义的结尾。MACRO 和 ENDM 之间的语句称为宏定义体（简称为宏体），是实现宏指令功能的实体。形式参数列表也称为哑元表，给出宏定义中所用到的参数。形式参数的设置根据需要而定，可以有一个或多个（最多不能超过 132 个），也可以没有。当有多个形式参数时，参数之间必须以逗号","隔开。

3．宏调用

经过宏定义后的宏指令就可以在程序中被调用，这种对宏指令的调用称为宏调用。宏调用的格式为：

宏指令名 [实际参数列表]

宏调用的宏指令名就是宏定义中的宏指令名，这是一一对应的。实际参数列表也称为实元表，其中的每一项均为实际参数，相互之间用逗号隔开。

由宏调用格式可以看出，只需在程序中写上已定义过的宏指令名就算调用该宏指令了。若在宏定义时该宏指令有形式参数，还必须在宏调用时在宏指令名后面写上实际参数以便与形式参数

一一对应；若宏定义时没有形式参数，则宏调用时也不需要写实际参数。

4．宏展开

具有宏调用的源程序被汇编时，汇编程序将对每个宏调用进行宏展开。宏展开实际上是用宏定义时设计的宏体去代替宏指令名，并且用实际参数一一取代形式参数，即第 n 个实际参数取代第 n 个形式参数，以形成符合设计功能且能够实现、执行的程序代码。

一般来说，实际参数的个数应与形式参数的个数相等，且一一对应。若两者个数不等，无论是形式参数多还是实际参数多，汇编程序在完成它们一一对应的关系后，便会将多余的形式参数做"空"处理，而多余的实际参数不予考虑。下面举例说明宏定义、宏调用、宏展开的具体方法。

【例 4.5】 用宏指令定义两个字操作数相乘，得到一个 16 位的第三个操作数作为结果。

宏定义：

```
MULTIPLY    MACRO      OPR1, OPR2, RESULT      ;宏定义，有 3 个形式参数
PUSH        DX
PUSH        AX
MOV         AX, OPR1
IMUL        OPR2
MOV         RESULT, AX
POP         AX
POP         DX
ENDM
```

宏调用：

```
MULTIPLY    CX, VAR, XYZ[BX]           ;宏调用，有 3 个实际参数
...
MULTIPLY    240, BX, SAVE              ;宏调用，有 3 个实际参数
...
```

宏展开：

```
+    PUSH   DX
+    PUSH   AX
+    MOV    AX, CX             ;用实际参数 CX 取代形式参数 OPR1
+    IMUL   VAR                ;用实际参数 VAR 取代形式参数 OPR2
+    MOV    XYZ[BX], AX        ;用实际参数 XYZ[BX]取代形式参数 RESULT
+    POP    AX
+    POP    DX
     ...
+    PUSH   DX
+    PUSH   AX
+    MOV    AX, 240            ;用实际参数 240 取代形式参数 OPR1
+    IMUL   BX                 ;用实际参数 BX 取代形式参数 OPR2
+    MOV    SAVE, AX           ;用实际参数 SAVE 取代形式参数 RESULT
+    POP    AX
+    POP    DX
     ...
```

汇编程序在所展开的指令前加上"+"以示区别。宏指令可以带形式参数，宏调用时用实际参数取代，这就避免了子程序由于变量传送带来的麻烦，从而增加了宏汇编使用的灵活性。实际参数可以是常数、寄存器、存储单元地址及其他表达式，还可以是指令的操作码（助记符）或操作码的一部分。

4.4.2　宏定义中的标号和变量

如果在宏定义体中出现标号和变量，该宏指令又需要多次被调用，这样在宏展开后的程序中将多次重复出现相同的标号和变量，也就是说，会产生重复定义标号或变量的错误，这在汇编语言源程序中是不允许的。为了避免发生这种错误，MASM 在宏定义中用伪指令 LOCAL 把要出现在宏体中的标号或变量定义为局部标号或变量。

格式：　　LOCAL　　参数表

其中，LOCAL 为重复定义的定义符。参数表中给出宏体中要用到的标号或变量，可以有多个，各参数之间必须用逗号隔开。宏展开时，汇编程序用??0000, ??0001,…, ??FFFF 来依次取代参数表中出现的标号或变量，以建立唯一的符号。

LOCAL 伪指令只能出现在宏定义体内，而且必须是 MACRO 伪指令后的第一条语句，在MACRO 和 LOCAL 伪指令之间不允许有注释和分号标志。

【例 4.6】　　宏定义中标号的使用。

```
ABSOL    MACRO    OPER
         CMP      OPER, 0
         JGE      NEXT
         NEG      OPER
NEXT:    MOV      AX, 0FFH
         …
         ENDM
```

上述宏定义中出现了标号 NEXT，如果要在程序中多次调用这个宏定义，宏展开后就会出现重复的标号。因此，在宏体中应使用 LOCAL 伪指令进行重新定义。

```
ABSOL    MACRO    OPER
         LOCAL    NEXT
         CMP      OPER, 0
         JGE      NEXT
         NEG      OPER
NEXT:    MOV      AX, 0FFH
         …
         ENDM
```

宏调用：

```
         …
ABSOL    VAR
         …
ABSOL    BX
         …
```

宏展开：

```
+        CMP      VAR, 0
+        JGE      ??0000
+        NEG      VAR
+ ??0000: MOV     AX, 0FFH
         …
+        CMP      BX, 0
+        JGE      ??0001
+        NEG      BX
+ ??0001: MOV     AX, 0FFH
         …
```

4.4.3　宏指令与子程序

在汇编语言程序设计中，宏指令和子程序都为程序员提供了很大的方便。子程序是指将一段需要多次执行的程序按一定的格式定义后，存放在内存的某个区域，可被调用程序多次调用；宏指令则根据需要按一定的格式进行定义，用一条指令来代替一段程序。无论是宏指令还是子程序，都可以起到简化程序的作用。但两者的区别是什么呢？

一方面，子程序由 CALL 指令调用，由 RET 指令返回，汇编以后子程序的机器码只占用一个程序段。即使在一个程序中多次调用同一个子程序，子程序的程序段也只有一段，主程序中只有调用指令的目标代码，即汇编后产生的代码少，目标程序占用的内存空间少，节约了内存空间。而宏指令每调用一次，宏体展开时都要占用一个程序段，有多少次调用，在目标程序中就有多少次目标代码插入，调用次数越多，占用内存空间就越大。因而从占用内存空间大小的角度来说，子程序优于宏指令。

另一方面，子程序在执行时，每调用一次都要保护和恢复返回地址及寄存器的内容，这些操作都额外增加了时间。子程序被调用的次数越多，这些附加的时间就越长，因而导致 CPU 执行程序的时间加长，速度慢。而宏指令在执行时不存在保护和恢复返回地址及寄存器内容的问题，执行的时间短，速度快。因而从程序执行时间长短的角度来说，宏指令优于子程序。

在程序设计过程中，到底选择子程序还是宏指令，需视具体情况而定。一般来说，当要重复执行的程序不长，重复次数又较多时，速度是主要考虑的问题，通常使用宏指令；而当要重复执行的程序较长，重复次数又不是太多时，额外操作所附加的时间就不明显了，节省内存空间应视为主要考虑的问题，通常使用子程序。

4.5　程序设计基础

4.5.1　源程序

1. 源程序的基本结构

汇编语言源程序一般包括代码段、数据段、堆栈段和附加段 4 个段。8086/8088/80286 微处理器允许同时使用 4 个段。80386/80486 微处理器除以上 4 个段外，还增加了 FS 和 GS 两个附加数据段。在源程序中，只有代码段是必需的，其他段都为可选段。在实地址模式下，每个段的大小为小于或等于 64KB；在保护模式下，每段最大长度允许为 4GB。源程序的基本结构如下：

```
        DATA      SEGMENT                              ;数据段
                  ...
        DATA      ENDS
        EXTRA     SEGMENT                              ;附加段
                  ...
        EXTRA     ENDS
        STACK1    SEGMENT   PARA   STACK   ;堆栈段
        ...
        STACK1    ENDS
        CODE      SEGMENT                              ;代码段
        ASSUME    CS: CODE, DS: DATA, SS: STACK1, ES: EXTRA
START:  MOV       AX, DATA
        MOV       DS, AX                               ;数据段段基址装入 DS
        MOV       AX, EXTRA
        MOV       ES, AX                               ;附加段段基址装入 ES
        MOV       AX, STACK1
        MOV       SS, AX                               ;堆栈段段基址装入 SS
```

```
    ...                        ;核心程序段
    MOV    AH, 4CH             ;系统功能调用
    INT    21H                 ;返回操作系统
    CODE   ENDS
END    START
```

说明如下。

（1）源程序通常包括代码段、数据段、堆栈段和附加段。

（2）ASSUME 伪指令只说明段寄存器和逻辑段的关系，并没有为段寄存器赋值。因此，在源程序中，除代码段 CS 和堆栈段 SS（在组合类型中选择了 STACK 参数）外，其他定义的段寄存器由用户在代码段起始处用指令装入段基址。

（3）每个源程序在代码段中都必须含有返回 DOS 操作系统的指令语句，以保证程序执行结束后能自动返回 DOS 状态。终止当前程序，使其正确返回 DOS 状态的方法有以下两种。

① 采用 DOS 功能调用"INT 21H"中的 4CH 号功能调用。这种方法在代码段结束前加入以下调用语句：

```
    MOV    AH, 4CH（或 MOV  AX,4C00H）     ;功能号 4CH→AH
    INT    21H                            ;DOS 功能调用
```

② 采用标准程序法，适用于定义为 FAR 的子程序。这种方法在子程序定义语句 PROC 后加入以下语句：

```
子程序名 PROC    FAR
         PUSH    DS        ⎫
         MOV     AX, 0     ⎬    标准程序段
         PUSH    AX        ⎭
         ...
         RET
子程序名 ENDP
```

2．汇编语言程序设计的基本步骤

与高级语言程序设计类似，用汇编语言进行程序设计同样需要按以下 6 个步骤进行：① 分析问题，建立数学模型。② 确定算法。③ 编制程序流程图。④ 编写汇编语言源程序。⑤ 编译汇编语言源程序。⑥ 上机运行程序并反复调试、优化程序。

4.5.2　顺序结构

1．顺序结构的形式

顺序结构也称为线形结构或直线结构，其特点是其中的语句或结构被连续执行。顺序结构的程序流程图如图 4.8 所示。由图可知，顺序结构的程序只有一个起始框，1~n 个执行框和一个结束框。S_1, S_2, …, S_n 可以由单条指令或一个程序段组成。CPU 执行顺序结构的程序时，将程序中的指令一条条地顺序执行，无分支、循环和转移。顺序结构最常见，也最简单，只要遵照算法步骤依次写出相应的指令即可。在进行顺序结构程序设计时，主要考虑如何选择简单、有效的算法、存储单元和寄存器。

2．顺序结构程序设计

【例 4.7】　在内存中自 RSSA 开始的 11 个单元中，连续存放着 0~10 的平方值（称为平方表）。任给一个数 x（$0 \leq x \leq 10$）存放在 RS1 单元中，编写程序段，查表求 x 的平方值，并将结果存放于 RS2 单元中。

解题思路：编写查表程序，关键是要找到表的起始地址与要查的结果所在地址之间的关系，即找到表的存放规律。因为平方表是按顺序存放的，所以在平方表首地址单元中存放 0 的平

方值，地址为 RSSA，即 0^2 存放在 RSSA+0 单元，1^2 存放在 RSSA+1 单元，……。由此可知，表的起始地址与数 x 的和便是 x^2 在表中存放的单元地址。程序流程图如图 4.9（a）所示，平方表在内存中的存放情况如图 4.9（b）所示。

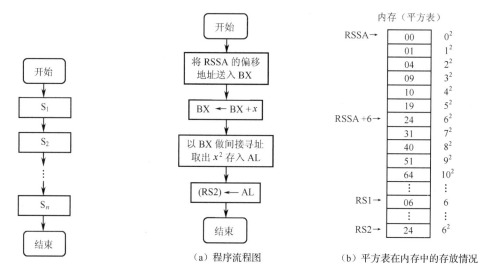

图 4.8 顺序结构的程序流程图　　　　　图 4.9 例 4.7 的程序流程图及平方表在内存中的存放情况

```
            DATA      SEGMENT              ;数据段
            RSSA      DB   0, 1, 4, 9, 16, 25, 36, 49   ;定义 0～10 的平方值
                      DB   64, 81, 100
            RS1       DB   ?
            RS2       DB   ?
            DATA      ENDS
            CODE      SEGMENT              ;代码段
            ASSUME  CS: CODE, DS: DATA
START:      MOV   AX, DATA
            MOV   DS, AX                   ;DS←AX 数据段段基址
            MOV   BX, OFFSET  RSSA          ;取 RSSA 的偏移地址
            MOV   AH, 0                    ;AH←0
            MOV   AL, RS1                  ;AL←x
            ADD   BX, AX                   ;BX←BX+x
            MOV   AL, [BX]                 ;AL←x²
            MOV   RS2, AL                  ;x² 存入 RS2 单元
            MOV   AH, 4CH                  ;返回 DOS
            INT   21H
CODE        ENDS
            END   START
```

4.5.3 分支结构

计算机可根据不同的条件进行逻辑判断，从而选择不同的程序走向。程序的走向由 CS 和 IP（EIP）值决定，当程序仅在同一段内转移时，只需要修改偏移地址 IP（EIP）的值。如果程序在不同段之间进行转移，则段基址 CS 和偏移地址 IP（EIP）值均需要修改。

1．分支结构的形式

分支结构有两种形式：双分支结构和多分支结构。

（1）双分支结构

双分支结构程序流程图如图 4.10 所示。

双分支结构根据条件满足或不满足可分别执行两个分支程序段。当条件满足时执行程序段 2，条件不满足时执行程序段 1。双分支结构也称为 IF-THEN-ELSE 结构。

（2）多分支结构

多分支结构程序流程图如图 4.11 所示。

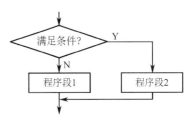

图 4.10　双分支结构程序流程图

多分支结构可以有多个分支，适用于有多种条件的情况，根据不同的条件进行不同的处理。多分支结构也称为 CASE 结构。无论是双分支结构还是多分支结构，它们共同的特点是，在某一种确定的条件下，只能执行一个分支程序段，而程序的分支要靠条件转移指令来实现。

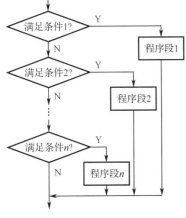

图 4.11　多分支结构程序流程图

2．分支结构程序设计

分支结构程序设计要领如下。

① 首先根据处理的问题选用比较、测试、算术运算、逻辑运算等指令，使标志寄存器产生相应的标志位。例如，比较两个单元地址的高低、两个数的大小，测试某个数据是正数还是负数，测试数据的某位是 0 还是 1，……，将处理的结果反映在标志寄存器的 CF、ZF、SF、DF 和 OF 位上。

② 根据转移条件选择适当的转移指令。因为，一条条件转移指令只能产生两个分支，所以，要产生 n 个分支需要 $n-1$ 个条件转移指令。

③ 各分支之间不能产生干扰，如果产生干扰，可用无条件转移语句进行隔离。

【例 4.8】　已知符号函数 $y=\begin{cases}1, & x>0 \\ 0, & x=0 \\ -1, & x<0\end{cases}$ $(-128\leqslant x\leqslant127)$。

设任意给定 x 的值，并存放在内存 RS1 单元中。编写程序段，求出函数 y 的值，并存放在内存 RS2 单元中。程序流程图如图 4.12 所示。

图 4.12　例 4.8 的程序流程图

```
DATA      SEGMENT          ;数据段
RS1       DB   X           ;存放自变量 x
RS2       DB   ?           ;函数 y 值的存储单元
DATA      ENDS
CODE      SEGMENT          ;代码段
          ASSUME   CS: CODE, DS: DATA
START:    MOV      AX, DATA
          MOV      DS, AX   ;DS←AX 数据段段基址
          MOV      AL, RS1  ;AL←x
          CMP      AL, 0    ;将 x 与 0 进行比较
          JGE      BIG      ;若 x 大于或等于 0，则转标号 BIG
          MOV      RS2, 0FFH ;若 x 小于 0，则(RS2)←[-1]补（0FFH 是-1 的补码）
          JMP      DONE
BIG:      JE       EQUL     ;若 x=0，则转标号 EQUL
          MOV      RS2, 1   ;若 x>0，则(RS2)←1
```

```
            JMP       DONE
EQUL:       MOV       RS2, 0      ;若 x=0，则(RS2)←0
DONE:       MOV       AH, 4CH     ;返回 DOS
            INT       21H
CODE        ENDS
            END       START
```

这是一个三分支结构的程序，根据 x 的不同取值，程序分为 3 个分支，分别处理 x<0、x=0、x>0 这 3 种情况，3 个分支使用了 2（=3−1）个条件转移指令。

【例 4.9】　设有一组（8 个）选择项存于寄存器 AL 中，编写程序段，根据 AL 中哪一位为 1 把程序分别转移到相应的分支程序去执行。

解题思路：根据题意，可使用跳转表法使程序根据不同的条件转移到多个程序分支去执行。首先将 8 个选择项所对应的 8 个分支程序的标号（首地址）存放在一个数据表（跳转表）中，然后采用移位指令将 AL 中的内容逐位移出到 CF 中，并判断 CF 是否为 1。若 CF=1，则根据分程序标号在跳转表中存放的地址将程序转入相应分支；若 CF=0，则继续判断下一个选择项是否为 1……这是一个典型的多分支选择（CASE）程序结构，程序流程图如图 4.13 所示。

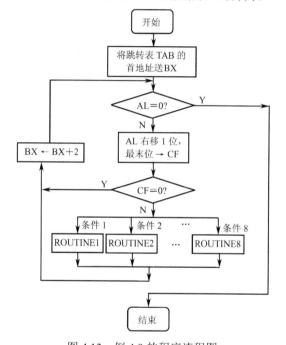

图 4.13　例 4.9 的程序流程图

```
DSEG        SEGMENT                 ;数据段
TAB         DW        ROUTINE1      ;地址表
            DW        ROUTINE2
            DW        ROUTINE3
            DW        ROUTINE4
            DW        ROUTINE5
            DW        ROUTINE6
            DW        ROUTINE7
            DW        ROUTINE8
            DSEG      ENDS
CSEG        SEGMENT                 ;代码段
            ASSUME    CS: CSEG, DS: DSEG
START:      MOV       AX, DSEG
            MOV       DS, AX
            LEA       BX, TAB               ;BX←跳转表首地址
AGAIN:      CMP       AL, 0                 ;判断 AL 中是否有置 1 的位
            JE        DONE                  ;AL=0，转到标号 DONE，退出
            SHR       AL, 1                 ;AL≠0，AL 右移 1 位，末位→CF
            JNC       LOP                   ;CF=0，转标号 LOP
            JMP       WORD  PTR[BX]         ;CF=1，转相应的分支程序段去执行
LOP:        ADD       BX, 2                 ;修改指针，指向下一个分支
            JMP       AGAIN                 ;转到标号 AGAIN，循环执行
DONE:       …                               ;AL=0，已无选择项，执行其他处理程序段
ROUTINE1:   …
ROUTINE2:   …
…
ROUTINE8:   …
CSEG        ENDS
            END   START
```

4.5.4　循环结构

在程序中多次重复执行的程序段可用循环结构实现。

1．循环结构的形式

常见的循环结构有两种形式：DO-WHILE 结构和 DO-UNTIL 结构，程序流程图分别如图 4.14 和图 4.15 所示。

① DO-WHILE 结构：当循环控制条件满足时，执行循环体，否则退出循环。

② DO-UNTIL 结构：先执行一次循环体，再判断循环控制条件是否满足。若不满足，则再次执行循环体，直到循环控制条件满足时，才退出循环。

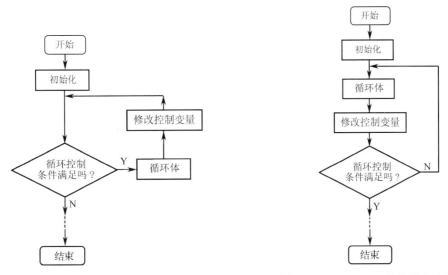

图 4.14　DO-WHILE 结构程序流程图　　　　图 4.15　DO-UNTIL 结构程序流程图

两种循环结构的基本结构一样，通常由以下 4 部分组成。

① 初始化：主要为循环做准备工作，包括建立指针，设置循环次数的计数初始值，设置其他变量的初始值等。

② 循环体：循环结构的核心部分，是每次循环都要执行的程序段，用于完成各种具体操作。

③ 修改控制变量：为执行循环而修改某些参数，如地址指针、计数器或某些变量，为下次循环做准备。

④ 循环控制条件：用于判断循环是否结束。这部分是循环结构设计的关键，每个循环结构都必须设置一个控制循环执行和结束的条件。

通常，判断循环是否结束主要有两种方法：计数器控制循环，一般用于循环次数已知的情况；条件控制循环，一般用于循环次数未知的情况，根据条件决定是否结束。

2．循环结构程序设计

【例 4.10】　编写程序段，计算 $y = \sum_{i=1}^{10} a_i$ 。

设这 10 个已知数为字类型，已连续存放在内存中以 AA 为首地址的存储区域中，累加和仍为字类型，存放在 BB 字单元中。

解题思路：分析题意可知，求 $a_1+a_2+\cdots+a_{10}$ 的累加和，要用 10 条加法指令来完成，这样程序太长，书写麻烦。因为数据是有规律存放的，并且每加一项所用的指令都一样，只是数据的地址不同，所以可采用间接寻址的方法，将数据地址放在寄存器中，用寄存器加 1 指令修改地址来取得每个待加的数据，将相加的程序作为一个公共执行的程序段（循环体），重复执行 10 次来实现累加的过程。程序流程图如图 4.16 所示。

```
DATA        SEGMENT                         ;数据段
AA          DW    a1, a2, a3, …, a10
BB          DW    ?
DATA        ENDS
CODE        SEGMENT                         ;代码段
            ASSUME  CS: CODE, DS: DATA
START:      MOV     AX, DATA
            MOV     DS, AX
            MOV     AX, 0                   ;AX←0，累加器清零
            MOV     CX, 10                  ;CX←10，设置计数器初始值
            MOV     BX, OFFSET  AA          ;BX←操作数地址
            MOV     DI, OFFSET  BB          ;DI←结果地址
LOP:        ADD     AX, [BX]                ;累加一个数据
            INC     BX                      ;BX←BX+1
            INC     BX                      ;BX←BX+1，修改地址指针指向下一个数据
            LOOP    LOP                     ;CX−1≠0，转到标号 LOP，继续循环累加
            MOV     [DI], AX                ;CX=0，循环结束，存入结果
            MOV     AH, 4CH                 ;返回 DOS
            INT     21H
CODE        ENDS
            END     START
```

本例中已假定 10 个数据的累加和仍为一个字类型数据，即表明累加和不产生溢出。如果这 10 个字数据的数值比较大，应该用双字数据来表示累加和，那么程序应如何编制呢？

以上例题给出的程序属于单循环，为简单循环结构。然而在程序设计中，有一些比较复杂的过程，仅采用单循环不能解决问题，这就出现了多重循环程序结构。所谓多重循环，就是在循环结构的循环体内又包含着循环结构，称为循环嵌套。

多重循环结构中最常用的是二重循环，在一个循环结构中还包含有另一个完整的循环结构，外面一层循环称为外循环，里面一层循环称为内循环。多重循环程序的设计方法与单循环程序的设计方法是一致的，应分别考虑各重循环的控制条件及其程序实现，相互之间不能混淆。注意，内循环必须完整地被包含在外循环中，循环可以嵌套、并列，但不可以交叉。另外，还应分清循环层次，避免出现死循环。

下面举例说明多重循环程序的设计方法。

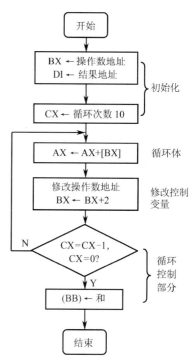

图 4.16　例 4.10 的程序流程图

【例 4.11】　设有一个首地址为 ARRAY 的 n 字数组，编写程序段，将数组中的数据按从大到小的顺序排列。

解题思路：对于这样一个数据排列问题，通常采用"冒泡"（bubble sort）排序算法。从数组的第一个数据开始，依次对相邻两个数据的大小进行比较。若符合排序规定，则不做任何操作；若不符合排序规定，则将两个数据交换位置。第一轮比较（共进行

$n-1$ 次相邻两个数据的比较）完后，数组中最小的数据已经排在了最后。然后以同样的方法，再进行第二轮比较，此时为了加快处理速度，最后一个数据将不再参与比较，所以，只需对 $n-1$ 个数据进行比较，需进行 $n-2$ 次相邻两个数据的比较过程。同样，第三轮比较只有 $n-2$ 个数据需要考虑（又有一个较小的数据排在后面），需进行 $n-3$ 次相邻两个数据的比较过程。对于 n 个数据，最多需要进行 $n-1$ 轮比较就可完成排序过程。"冒泡"排序过程见表 4.3。

表 4.3　"冒泡"排序过程

序　　号	数　　据	第一轮比较	第二轮比较	第三轮比较
1	20	20	67	312
2	15	67	312	67
3	67	312	46	46
4	312	46	37	37
5	46	37	20	20
6	37	15	15	15

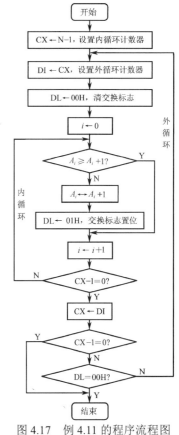

图 4.17　例 4.11 的程序流程图

　　表 4.3 中的 6 个数据排序，仅进行了 3 轮比较即可完成。因而每轮比较结束后，应判断一下，在本轮比较排序过程中，有没有发生相邻两个数据的交换。若发生了交换，则表明排序未完成，应进行下一轮比较排序；若没有发生交换，则表明排序已完成，可以提前结束循环，从而缩短 CPU 执行程序的时间。本例中设置寄存器 DL 为交换标志，当 DL=00 时表明无交换，当 DL=01H 时表明发生了相邻两数的交换。程序流程图如图 4.17 所示。

```
DSEG      SEGMENT              ;数据段
ARRAY     DW  N   DUP(?)       ;定义 N 字数组
DSEG      ENDS
CSEG      SEGMENT              ;代码段
          ASSUME  CS: CSEG, DS: DSEG
START:    MOV     AX, DSEG
          MOV     DS, AX
          MOV     CX, N-1      ;设置内循环计数器
LOP1:     MOV     DI, CX       ;设置外循环计数器
          MOV     BX, 0000H    ;BX←0000H 地址指针
          MOV     DL, 00H      ;DL←00H
                               ;设成两数不交换状态
LOP2:     MOV     AX, ARRAY[BX]     ;AX←数据
          CMP     AX, ARRAY[BX+2]   ;相邻两数比较
          JGE     LOP3         ;如果数据 1≥数据 2
                               ;转标号 LOP3
          XCHG    AX, ARRAY[BX+2]   ;如果数据 1<数据 2
                               ;两数交换
          MOV     ARRAY[BX], AX     ;将大数存入 BX 间址的存储单元
          MOV     DL, 01H      ;DL←01H，设成两数交换状态
LOP3:     ADD     BX, 2        ;BX←BX+2，修改地址指针
          LOOP    LOP2         ;如果 CX-1≠0，一轮未比较完，转到标号 LOP2
          MOV     CX, DI       ;CX←外循环次数
          DEC     CX           ;CX←CX-1
          JZ      DONE         ;如果 CX=0，外循环结束，转到标号 DONE
          AND     DL, DL       ;外循环没有结束，检测 DL 的状态
          JNZ     LOP1         ;DL=01H，则 ZF=0，转到标号 LOP1，继续循环
```

```
    DONE:    MOV     AH, 4CH            ;DL=00H，则 ZF=1，排序结束，返回 DOS
             INT     21H
    CSEG     ENDS
             END     START
```

4.5.5　子程序设计

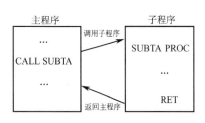

在程序设计过程中，通常把多次引用的功能相同的指令序列编写成一个独立的程序段，当需要执行这个程序段时，使用 CALL 指令调用它，这种具有独立功能的程序段称为"子程序"（subroutine）。调用子程序的程序称为"主程序"或"调用程序"。主程序调用子程序的过程称为"调用子程序"，简称"转子"；子程序执行完后，返回主程序现场继续执行的过程称为"返回主程序"，简称"返主"。主程序调用子程序示意图如图 4.18 所示。

图 4.18　主程序调用子程序示意图

1．子程序的设计方法

有两种情况适合编写成子程序形式。

① 程序需要反复使用。这类程序编写成子程序可避免重复编写程序段，并节省大量存储空间。

② 程序具有通用性。这类程序大家都要用到，如键盘管理程序、磁盘读/写程序、标准函数程序等，编写成子程序后便于用户共享。

为了使用户使用方便，子程序应当以文件形式编写。子程序文件由子程序说明和子程序本身两部分组成。

（1）子程序说明部分

子程序说明部分应提供足够的信息，使不同的用户看后就知道该子程序的功能。子程序说明部分要求言简意赅，一般由以下几部分组成。

① 子程序名：给所编写的子程序取一个能代表其功能的名字。

② 子程序功能描述：对子程序的功能、性能指标等进行简单介绍。

③ 子程序入口参数：说明子程序运行所需要的参数及存放位置。

④ 子程序出口参数：说明子程序运行后的结果及存放位置。

⑤ 子程序所使用的寄存器和占用的存储区域。

⑥ 子程序是否调用其他子程序。

下面是一个子程序说明部分的例子：

```
;子程序名:DTB（Decimal To Binary）
;功能描述:将两位十进制数（BCD 码）转换成二进制数
;入口参数:寄存器 AL 中存放待转换的十进制数
;出口参数:寄存器 CL 中存放转换后的二进制数
;所用寄存器: BX
;执行时间 0.06 ms
```

（2）子程序本身

使用伪指令 PROC 和 ENDP 定义子程序，基本格式如下：

```
    子程序名      PROC      (NEAR/FAR)
                  ...
                  RET
    子程序名      ENDP
```

子程序从 PROC 语句开始，以 ENDP 语句结束，程序中至少应当包含一条 RET 语句用以返回主程序。在定义子程序时，应当注意其距离属性，当子程序和调用程序在同一个代码段时，定义为 NEAR 属性；当子程序和调用程序不在同一个代码段时，应当定义为 FAR 属性。

下面是一个子程序文件的例子。

```
;子程序说明部分
;子程序名: CLEAR
;功能描述: 将内存中以 BUF 为首地址的存储区清 0
;入口参数: 以 BUF 为首地址的 20H 个存储单元
;出口参数: 无
;所用寄存器: 寄存器 BX 作为存储区的地址指针
;主程序
DATA      SEGMENT                          ;数据段
BUF       DB   20H   DUP(?)
DATA      ENDS
CODE      SEGMENT                          ;代码段
          ASSUME  CS: CODE, DS: DATA
          …
;子程序
CLEAR     PROC      FAR                    ;定义子程序为 FAR 属性
          PUSH      DS
          MOV       AX, 0                  ;返回 DOS
          PUSH      AX
          MOV       AX, DATA
          MOV       DS, AX
          MOV       BX, OFFSET   BUF       ;BX←BUF 偏移地址
LP:       MOV       BYTE PTR[BX], 0        ;将 BX 间址的存储单元清 0
          INC       BX                     ;BX←BX+1，指向下一个存储单元
          CMP       BX, OFFSET   BUF+20H   ;检测 BX 是否等于(BUF+20H)的偏移地址
          JNZ       LP                     ;若不相等，则 ZF=0，转标号 LP
          POP       DS                     ;相等，返回 DOS
          RET
CLEAR     ENDP                             ;子程序结束
          …
CODE      ENDS
          END
```

当由 DOS 系统进入子程序时，子程序应定义为 FAR 属性。为了使子程序执行后返回操作系统，应在子程序的前几条指令中设置返回信息。

2．子程序使用中的问题

（1）子程序的调用与返回。主程序通过 CALL 指令调用子程序，子程序执行后，通过 RET 指令返回到 CALL 指令的下一条指令继续执行主程序。一个子程序可以由主程序在不同时刻多次调用。

（2）调用子程序时寄存器及所用存储单元内容的保护。如果子程序中要用到某些寄存器或存储单元，为了不破坏原有信息，要将寄存器或存储单元的原有内容压栈保护，或存入子程序不用的寄存器或存储单元中。保护部分可以放在主程序中，也可以放在子程序中，但放在子程序中较好。例如：

```
SUBP      PROC      NEAR
          PUSH      AX                     ;执行子程序前，将 AX、BX、CX 内容压栈保护
          PUSH      BX
```

```
        PUSH    CX
        ...
        POP     CX                      ;子程序返回前，将 CX、BX、AX 内容弹出堆栈
        POP     BX
        POP     AX
        RET
SUBP    ENDP
```

用于中断服务的子程序一定要把保护指令安排在子程序中，因为中断是随机出现的，所以无法在主程序中安排保护指令。

3．子程序调用时参数的传递方法

主程序在调用子程序时需要传递一些参数给子程序（子程序运算中所需要的原始数据），子程序运行后要将处理结果返回主程序，这一过程称为参数传递。传递的原始数据和处理结果可以是数据，也可以是存储单元的地址，

参数传递必须事先约定，子程序根据约定从寄存器或存储单元取出原始数据（入口参数），子程序运行后将处理结果（出口参数）传送到约定的寄存器或存储单元中，返回主程序。参数传递一般有以下三种方法。

① 用寄存器传递：适用于参数传递较少的情况，传递速度快。

② 用堆栈传递：适用于参数传递较多的情况，存在嵌套或递归的情况。

③ 用存储单元传递：适用于参数传递较多的情况，但传递速度较慢。

4．子程序的嵌套和递归调用

（1）子程序的嵌套。子程序作为调用程序又去调用其他子程序，称为子程序嵌套。一般来说，只要堆栈空间允许，嵌套的层数不限。当嵌套层数较多时应特别注意寄存器内容的保护和恢复，以免数据发生冲突。子程序嵌套结构示意图如图 4.19 所示。

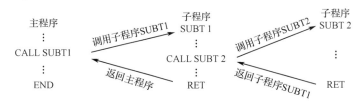

图 4.19　子程序嵌套结构示意图

（2）子程序递归调用。在子程序嵌套的情况下，如果一个子程序调用的子程序就是它本身，则称为子程序递归调用。递归子程序对应于数学上对函数的递归定义，它往往能设计出效率较高的程序，可以完成相当复杂的计算。子程序递归调用时，必须保证不破坏前面调用所用到的参数及产生的结果，否则，就不能求出最后结果。此外，被递归调用的子程序还必须具有递归结束的条件，以便在递归调用一定次数后能够退出，否则，子程序递归调用将无限嵌套下去。

5．常用子程序举例

对于一些常用的程序段，通常使用伪指令 PROC 和 ENDP 将其定义为子程序，并给出子程序说明文件，以利于其他程序调用。下面列举一些常用的子程序。

【例 4.12】　编写软件延时子程序。

```
;子程序名:DELAY
;功能描述: 实现软件延时
;入口参数:BX 的内容为外循环延时常数
;出口参数: 无
```

```
                    ;所用寄存器: CX
DELAY       PROC    FAR                 ;将延时子程序定义为 FAR 属性
            PUSH    CX
WAIT1:      MOV     CX, 2801            ;CX←2801 内循环次数
WAIT2:      LOOP    WAIT2               ;内循环延时 10ms
            DEC     BX
            JNZ     WAIT1
            POP     CX
            RET
DELAY       ENDP
```

在主程序设计中，只要适当选择外循环次数的数值，并将其作为子程序的入口参数预置在 BX 中，调用 DELAY 延时子程序时就可实现 10～655360ms 的软件延时。

【例 4.13】 编写一个子程序，将 0～FFFFH 之间的任意十六进制数转换成十进制数，并存储其对应的 ASCII 码。

解题思路：

① 将十六进制数转换为十进制数可采用"按 16 的方次展开相加法"。例如，要将十六进制数 34DH 转换为十进制数，计算过程如下。

$$34DH=(3×16^2)+(4×16^1)+(13×16^0)$$
$$=(3×256)+(4×16)+(13×1)$$
$$=768\quad+64\quad+13$$
$$=845$$

② 将十六进制数转换为十进制数也可采用"除 10（0AH）取余"法（以最后得到的余数为最高位数字，最先得到的余数为最低位数字，依次排列就是转换得到的十进制数）。例如：

34DH÷0AH=54H   余 5（最低位）

54H÷0AH=8H   余 4

8H（<0AH）   余 8（最高位）

过程结束，转换后的结果为 845。

采用第二种方法编写子程序，将十六进制数转换为十进制数。因为一个字长的十六进制数最大为 FFFFH，对应最大的十进制数为 65535，所以，结果的 ASCII 码存储区最多需要 5 个字节。

```
                ;子程序名: HTD（Hexdecimal To Decimal）
                ;功能描述: 将十六进制数转化成十进制数，并以 ASCII 码形式存储
                ;入口参数: AX 中存放待转化的十六进制数
                ;出口参数: SI 中存放转化结果所在存储单元的偏移地址
                ;所用寄存器: BX 中存放除数
HTD     PROC    NEAR            ;将 HTD 子程序定义为 NEAR 属性
        PUSHF                   ;标志寄存器内容入栈保护
        PUSH    BX
        PUSH    DX
        MOV     BX , 10         ;BX←10 除数
        ADD     SI, 4           ;SI←SI+4，指向最后一个 ASCII 码存储区
BTA:    SUB     DX, DX          ;DX←0，在字除运算中 DX 必须为零
        DIV     BX              ;用 10 除十六进制数
        OR      DL, 30H         ;将余数转换成 ASCII 码
        MOV     [SI], DL        ;保存结果
        DEC     SI              ;SI←SI+1，修改指针
        CMP     AX, 0
        JA      BTA             ;AX>0，转到标号 BTA
```

	POP	DX	;恢复寄存器内容
	POP	BX	
	POPF		;标志寄存器内容出栈
	RET		
HTD	ENDP		

【例 4.14】 编写一个子程序，将 0～65535 之间的任意十进制数（ASCII 码形式）转换成十六进制数。

解题思路：当用户通过键盘向计算机输入数字 0～9 时，键盘提供的是相应数字的 ASCII 码。例如，输入十进制数 482 时，计算机实际接收到的是'343832H'，即十进制数 482 的 ASCII 码，所以在转换前首先应去掉 ASCII 码中的'30H'，然后用每位数乘以一个相应位的权值（10 的幂，即 1, 10, 100, 1000, 10000, …），进行乘法计算时从最低位开始，之后再将各项相加，即可得到最后的结果。例如：

$$
\begin{aligned}
2\times 1 &= 2 = 2H \\
8\times 10 &= 80 = 50H \\
4\times 100 &= 400 = 190H \;(+) \\
\hline
&\quad 1E2H\;（十六进制数结果）
\end{aligned}
$$

;子程序名: DTH（Decimal To Hexdecimal）
;功能描述: 将 0～65535 之间的任意十进制数转换成十六进制数
;入口参数: SI 中存放待转化的十进制数（ASCII 码字符串）的偏移地址
;   BX 为指向 ASCII 码数据的指针，其值为 ASCII 码字符串长度减 1
;   在主程序中定义 TEN   DW   10
;出口参数: AX 中存放转化后的十六进制数结果
;所用寄存器: CX 中存放权值（10 的幂），DI 作为中间寄存器

	PROC	NEAR	;定义子程序为 NEAR 属性
DTH	PROC	NEAR	;定义子程序为 NEAR 属性
	PUSHF		;将寄存器内容压栈保护
	PUSH	DI	
	PUSH	CX	
	SUB	DI, DI	;DI 寄存器清 0
	MOV	CX, 1	;CX←十进制数的权值
ATB:	MOV	AL, [SI+BX]	;AL←十进制数的 ASCII 码
	AND	AL, 0FH	;屏蔽高 4 位，AL←十进制数
	SUB	AH, AH	;为字乘运算清除寄存器 AH
	MUL	CX	;与权值相乘
	ADD	DI, AX	;与十六进制数结果相加
	MOV	AX, CX	;改变权值
	MUL	TEN	
	MOV	CX, AX	
	DEC	BX	;改变数据指针
	JNS	ATB	;BX−1≠0，转到标号 ATB 继续执行
	MOV	AX, DI	;在 AX 中保存十六进制数结果
	POP	CX	;恢复寄存器内容
	POP	DI	
	POPF		
	RET		
DTH	ENDP		

【例 4.15】 编写一个子程序，将 16 位二进制数转换成 4 位十六进制数的 ASCII 码。

解题思路：数字 0～9 的二进制数与 ASCII 码相差 30H，而 A～F 的二进制数与 ASCII 码相差 37H，所以在转换时应首先对 4 位二进制数进行判断，如果在 0000～1001 范围内，只需加上

30H；如果在 1010～1111 范围内，则加上 37H。

```
;子程序名: BTHASC（Binary To Hex's ASCII）
;功能描述: 将 16 位二进制数转化成 4 位十六进制数的 ASCII 码
;入口参数: BX 中存放待转化的二进制数
;出口参数: DI 中存放转化结果的偏移地址
;所用寄存器: CH 中存放十六进制数的个数，CL 中存放移位次数
BTHASC  PROC    NEAR              ;定义子程序为 NEAR 属性
        PUSHF                     ;将寄存器内容压栈保护
        PUSH    AX
        PUSH    CX
        MOV     CH, 4             ;十六进制数的位数
CONV1:  MOV     CL, 4
        ROL     BX, CL            ;循环左移 4 位，将最高 4 位移至最低位
        MOV     AL, BL
        AND     AL, 0FH           ;屏蔽高 4 位
        CMP     AL, 09H           ;是 0～9 吗
        JLE     ASCI              ;AL≤9，转到标号 ASCII
        ADD     AL, 37H           ;是 A～F，AL←AL +37H，转换成 ASCII 码
        JMP     DONE
ASCII:  ADD     AL, 30H           ;是 0～9，AL←AL +30H，转换成 ASCII 码
DONE:   MOV     [DI], AL          ;将结果存入 DI 间址的存储单元
        INC     DI                ;DI←DI +1，指向下一个存储单元
        DEC     CH                ;CH←CH−1，计数值减 1
        JNZ     CONV1             ;若 CH−1≠0，则 ZF=0，转到标号 CONV1
        POP     CX
        POP     AX
        POPF
        RET
BTHASC  ENDP
```

4.5.6 应用程序设计举例

【例 4.16】 编写程序段，将下列两个多字数据进行相加，并保存结果：
DATA1=548FB9963CE7H，DATA2=3FCD4FA23B8DH

（1）使用 16 位寄存器进行编程，程序 1 如下：

```
DATA    SEGMENT                          ;数据段
DATA1   DW  3CE7H,0B996H,548FH           ;定义 DATA1 为字类型变量
DATA2   DW  3B8DH,4FA2H,3FCDH            ;定义 DATA2 为字类型变量
DATA3   DW  ?                            ;定义 DATA3 为字类型变量，预留存储单元
DATA    ENDS
CODE    SEGMENT                          ;代码段
        ASSUME  CS: CODE, DS: DATA
START:  MOV     AX, DATA
        MOV     DS, AX
        CLC                              ;CF←0，在第一次相加前清进位标志
        MOV     SI, OFFSET  DATA1        ;SI 作为操作数 DATA1 偏移地址的指针
        MOV     DI, OFFSET  DATA2        ;DI 作为操作数 DATA2 偏移地址的指针
        MOV     BX, OFFSET  DATA3        ;BX 作为相加结果 DATA3 偏移地址的指针
        MOV     CX, 03                   ;CX←03，设置循环计数的初始值
BACK:   MOV     AX, [SI]                 ;AX←DATA1
```

```
            ADC       AX, [DI]                          ;AX←AX+ DATA2
            MOV       [BX], AX                          ;保存结果
            INC       SI                                ;SI←SI+1，指向操作数 DATA1 的下一个字
            INC       SI                                ;SI←SI+1
            INC       DI                                ;DI←DI+1，指向操作数 DATA2 的下一个字
            INC       DI                                ;DI←DI+1
            INC       BX                                ;BI←BI+1，指向结果 DATA3 的下一个字
            INC       BX                                ;BI←BI+1
            LOOP      BACK                              ;若 CX-1≠0，转到标号 BACK 继续相加
            MOV       AH, 4CH                           ;退出 DOS
            INT       21H
   CODE     ENDS
            END       START
```

（2）使用 32 位寄存器进行编程

使用循环结构编写程序段，只需修改循环部分，程序 2 循环部分如下：

```
   BACK:    MOV       EAX, DWORD PTR[SI]                ;EAX←DATA1 的 32 位数据
            ADC       EAX, DWORD PTR[DI]                ;EAX←EAX+ DATA2 的 32 位数据
            MOV       DWORD PTR[BX], EAX                ;保存结果
            PUSHF                                       ;标志位入栈
            ADD       SI, 4                             ;SI←SI+4，指向 DATA1 的下一个双字
            ADD       DI, 4                             ;DI←DI+4，指向 DATA2 的下一个双字
            ADD       BX, 4                             ;BX←BX+4，指向 DATA3 的下一个双字
            POPF                                        ;标志位出栈
            LOOP      BACK                              ;若 CX-1≠0，转到标号 BACK 继续相加
```

（3）充分利用 80486 系统寄存器的特性，避免使用循环结构，程序 3 如下：

```
   DATA     SEGMENT
   DATA1    DQ  548FB9963CE7H
   DATA2    DQ  3FCD4FA23B8DH
   DATA3    DQ  ?
   DATA     ENDS
   CODE     SEGMENT
            ASSUME  CS: CODE, DS: DATA
   START:   MOV       AX, DATA
            MOV       DS, AX
            MOV       EAX, DWORD PTR DATA1              ;EAX←DATA1 的低 32 位
            ADD       EAX, DWORD PTR DATA2              ;EAX←EAX+DATA2 的低 32 位
            MOV       EBX, DWORD PTR DATA1+4            ;EBX←DATA1 的高 32 位
            ADC       EBX, DWORD PTR DATA2+4            ;EBX←EBX+DATA2 的高 32 位
            MOV       DWORD PTR DATA3, EAX              ;EAX←结果的低 32 位
            MOV       DWORD PTR DATA3+4, EBX            ;EBX←结果的高 32 位
            MOV       AH, 4CH
            INT       21H
   CODE     ENDS
            END       START
```

由上述 3 个程序可以看出，程序 3 的执行效率最高。

【例 4.17】 编写程序段，将一个双字数据与一个字数据进行相乘，并保存结果。

（1）使用 16 位寄存器进行编程

为便于说明，用字 W1 和 W2 分别代表 32 位被乘数的低 16 位和高 16 位，用字 W3 代表 16 位乘数，且它们都为十六进制数，相乘的过程如下：

```
                  W2    W1
   ×)                    W3
                  W3 × W1        ;一个 32 位结果
   +)             W3 × W2        ;一个 32 位结果还必须向左偏移一个十六进制数的位置
          X3    X2    X1         ;上述两项相加的结果为一个 48 位二进制数，X3、X2 和 X1 都是字数据
```

程序 1 如下：

```
        DATA    SEGMENT                         ;数据段
        DATA1   DD   05050505 H                 ;定义 DATA1 为双字类型变量
        DATA2   DW   0202H                      ;定义 DATA2 为字类型变量
        DATA3   DW   4DUP(?)                     ;定义 DATA3 为 4 字类型变量
        DATA    ENDS
        CODE    SEGMENT                         ;代码段
                ASSUME  CS: CODE, DS: DATA
START:          MOV     AX, DATA
                MOV     DS, AX
                MOV     AX, WORD PTR DATA1      ;AX←被乘数的低位字
                MUL     WORD PTR DATA2          ;与乘数相乘
                MOV     WORD PTR DATA3, AX      ;保存积的低位字
                MOV     WORD PTR DATA3+2, DX    ;保存积的中间字
                MOV     AX , WORD PTR DATA1+2   ;AX←被乘数的高位字
                MUL     WORD PTR DATA2          ;与乘数相乘
                ADD     WORD PTR DATA3+2, AX    ;与积的中间字相加
                ADC     DX, 0                   ;将进位加至 DX 中
                MOV     WORD PTR DATA3+4, DX    ;保存积的高位字
                MOV     AH, 4CH                 ;返回 DOS
                INT     21H
        CODE    ENDS
                END     START
```

（2）使用 32 位寄存器进行编程

32 位被乘数存放在寄存器 EAX 中，与一个 32 位乘数相乘后的 64 位结果存放在寄存器 EDX 和 EAX 中，其中，EDX 存放高 32 位结果，EAX 存放低 32 位结果。寄存器使用情况如图 4.20 所示。

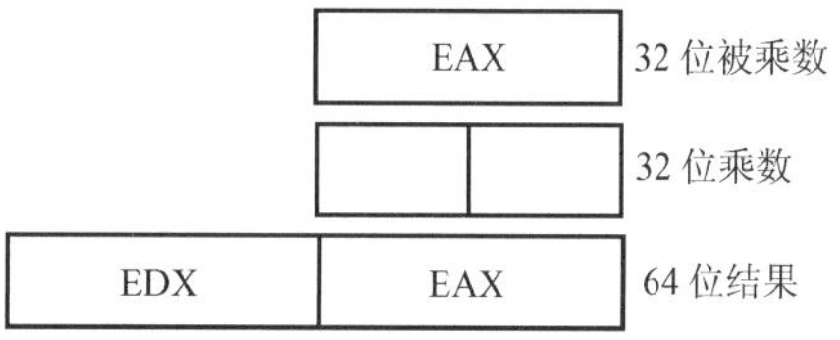

程序 2 如下：

```
        DATA    SEGMENT
        DATA1   DD   05050505H
        DATA2   DW   0202H
        DATA3   DW   4DUP(?)
        DATA    ENDS
        CODE    SEGMENT
                ASSUME  CS: CODE, DS: DATA
START:          MOV     AX, DATA
                MOV     DS, AX
                MOV     EAX, DATA1              ;EAX←32 位被乘数
                MUL     DWORD PTR DATA2         ;与 32 位乘数相乘
                MOV     DWORD PTR DATA3, EAX    ;EAX←乘积的低 32 位
                MOV     DWORD PTR DATA3+4, EDX  ;EDX←乘积的高 32 位
                MOV     AH, 4CH
```

图 4.20　寄存器使用情况

```
                INT      21H
CODE     ENDS
         END      START
```

由上述两个例题的分析可知，硬件的发展带来了程序编写方面的简化，也使得程序执行效率大大提高。

习题 4

4-1 将下列左边各项与右边的名词对应起来，找出正确答案的序号填入括号中。
① 使计算机执行某种操作的命令。　　　　　　　　　　　（　　）　　A.代码段
② 表示计算机执行某种操作的符号。　　　　　　　　　　（　　）　　B.源程序
③ 使汇编程序执行某种操作的命令。　　　　　　　　　　（　　）　　C.汇编程序
④ 用汇编语言或高级语言编写的程序。　　　　　　　　　（　　）　　D.指令
⑤ 以机器码指令组成的程序。　　　　　　　　　　　　　（　　）　　E.伪指令
⑥ 指出指令在程序中位置的符号地址。　　　　　　　　　（　　）　　F.编译程序
⑦ 指出数据存储单元的符号地址。　　　　　　　　　　　（　　）　　G.目标程序
⑧ 将用高级语言编写的程序翻译成机器码程序的实用程序。（　　）　　H.助记符
⑨ 存放指令机器码的存储器区段。　　　　　　　　　　　（　　）　　I.标号
⑩ 将用汇编语言编写程序翻译成机器码程序的实用程序。　（　　）　　J.变量

4-2 什么是变量？什么是变量的三重属性？

4-3 什么是标号？什么是标号的三重属性？

4-4 汇编语言程序设计中为什么要使用段定义伪指令和段分配伪指令？它们的格式如何？

4-5 试阐述 6 个段寄存器段基址的装入方法有何不同。

4-6 画图说明下列语句所分配的存储空间及初始的数据值。
```
    RSS1     DW      25
    RSS2     DW      4 DUP(?), 2
    CNT      EQU     10
    RSS3     DD      CNT DUP(?)
    RSS4     DB      2 DUP (?, CNT DUP(10))
    RSST     DB      'HOW   ARE   YOU? '
```

4-7 已知：
```
    ORG      0200H
    ARY      DW      −1, 2, −3, −4
    CNT      DW      $−ARY
    VAR      DW      ARY, $+4
             ...
    MOV      AX, ARY
    MOV      BX, OFFSET VAR
    MOV      CX, CNT
    MOV      DX, VAR+2
    LEA      SI, ARY
             ...
```
此段程序执行后，AX=（　　　），BX=（　　　），CX=（　　　），DX=（　　　），SI=（　　　）。

4-8 符号定义语句如下：
```
    FIRST        DB      'ABCD', 3, ?, 0FH
    SECOND       DB      ?
    Y            EQU     SECOND−FIRST
```
求 Y 的值是多少。

4-9 下面各题中有语法错误，分别用两种方法修改，使其正确。
```
① M1          DW      5060H
              ...
              MOV   BL, M1
```

② M2   EQU 10H
      ...
      MOV AX, M2
③ M3   DW 'ABCD'
④ M4   DB 1234
⑤ DATA1 SEGMENT
  DA1   DW 1234H
  DATA1 ENDS
  DATA2 SEGMENT
  DA2   DW 5678H
  DATA2 ENDS
  CODE SEGMENT
    ASSUME CS: CODE, DS: DATA1
    ...
    MOV BX, DA2
    ...
  CODE ENDS

4-10　按下面要求编写程序。

① 数据段的位置从 0E000H 开始，在数据段中定义一个有 100 个字节的数组。

② 堆栈段名为 STACK1，留 100 个字的空间。

③ 在代码段中指定段寄存器，主程序从 1000H 开始，给相关段寄存器赋值。

④ 程序结束。

4-11　分析下列程序段，指出在什么情况下该段程序的执行结果为 AH=0。

  BEGIN: IN   AL, 5FH
       TEST AL, 80H
       JZ   EXIT
       MOV AH, 0
       JMP DONE
  EXIT: MOV AH, 0FFH
  DONE: HLT

4-12　阅读程序并回答问题。

① 在（a）和（b）处填写与其左边指令等效的指令或指令序列。

② 程序的功能是（　　　　），所依据的算式是（　　　　）。

③ 程序执行后，DEDT 单元的内容是（　　　　）。

  DATA SEGMENT
  BITD DW   128H, 64H, 32H, 16H, 8H, 4H, 2H, 1H
  SOCB DB   0D2H
  DEDT DW   ?
  DATA ENDS
  CODE SEGMENT
      ASSUME CS: CODE, DS: DATA
  START: MOV AX, DATA
       MOV DS, AX
       MOV BL, SOCB
       LEA SI, BITD ___(a)___
       MOV CX, 8
       MOV AX, 0
  L1:   SHL   BL, 1
       JNC   L2
       ADD AL, [SI]
       DAA
       MOV DL, AL
       ADC AH, [SI+1]

```
         MOV      AL, AH
         DAA
         MOV      AH, AL
         MOV      AL, DL
L2:      ADD      SI, 2
         LOOP     L1              (b)
         MOV      DEDT, AX
         MOV      AH, 4CH
         INT      21H
CODE     ENDS
END      START
```

4-13 编写程序，将字节变量 ARRAY 中包含的 100 个数据分成正数组 PP 和负数组 NN，并分别统计这两个数组的数据个数，将结果存入字节单元 RS1 和 RS2。

4-14 逐条注释下列两个程序段中的每条指令，并说明它们的功能。

```
①        LEA      BX, ARRAY
         LEA      DI, RESULT
         MOV      CL, 4
AGAIN:   MOV      AL, [BX]
         TEST     AL, 80H
         JZ       NEXT
         NEG      AL
NEXT:    MOV      [DI], AL
         INC      BX
         INC      DI
         DEC      CL
         JNZ      AGAIN
②        MOV      AL, 0
         MOV      SI, -1
         MOV      CX, 100
LOP:     INC      SI
         MOV      AL, A1[SI]          ;A1、A2、SUM 为数据区中的缓冲区
         ADD      AL, A2[SI]
         MOV      SUM [SI], AL
         LOOPNZ   LOP
         JZ       NEXT
ZERO:    RET
NEXT:    INC      CX
         JMP      ZERO
```

4-15 阅读下列程序段，并指出运行结果。

```
DATA1    DB       0, 1, 2, 3, 4, 5, 6, 7, 8, 9
DATA2    DB       10 DUP(?)
         ...
         MOV      CX, 5
         MOV      BX, 5
         MOV      SI, 0
         MOV      DI,  0
NEXT:    MOV      AL, DATA1[BX+SI]
         MOV      DATA2[DI], AL
         INC      SI
         INC      DI
         LOOP     NEXT
```

问：① 该程序段完成什么功能？

② 写出该程序段执行后 DATA2 数据区的内容。

4-16　在内存首地址为 TABL 的存储区域中，存放着 100 个补码字数据，试编写程序把出现次数最多的数及其出现的次数分别存放在寄存器 AX 和 CX 中。

4-17　有一个首地址为 MEM 的 100 个字的数组，试编写程序删除数组中所有为 0 的项，并将后续项向前移位，最后将数组的剩余部分补上 0。

4-18　在 LOP1 为首地址的内存区域中，存放着 10 个字节类型的无符号数，试编写子程序，求出其中最大的数和最小的数，并分别存入 LOP2 和 LOP3 单元中。

知识拓展

重点难点

第5章 存储系统

摘要 本章讲述计算机存储系统的相关概念和存储器扩展技术。首先介绍半导体存储器的分类、结构与性能指标；然后介绍几种典型 ROM 与 RAM 芯片的引脚、操作方式及存储器的扩展设计方法；最后介绍高速缓冲存储器技术、虚拟存储器及其管理技术。

5.1 存储系统与存储器

存储系统（storage system）是指计算机中由存放程序与数据的各种存储设备、控制部件及管理信息调度的设备（硬件）和算法（软件）所组成的系统。存储系统是计算机的重要组成部分，实现信息的存储记忆功能。计算机之所以能自动、连续地工作，就是因为采用了"程序存储原理"。随着 CPU 速度的不断提高和软件规模的不断扩大，人们希望存储器能同时满足速度快、容量大、价格低的要求。但实际上，这一点很难办到。解决这一问题的较好方法是设计一个快慢搭配、具有层次结构的存储系统。

5.1.1 存储系统的层次结构

为了解决对存储器要求速度快、容量大、价格低三者之间的矛盾，目前通常采用寄存器、高速缓冲存储器（Cache）、主存储器和外部存储器多级存储层次结构，存储系统的层次结构如图 5.1 所示，其呈金字塔形，越往上，存储器的速度越快，CPU 的访问频度越高，同时，单位存储容量的价格越高，系统的拥有量越小。位于金字塔底端的存储设备，其容量最大，价格最低，但速度可能也是较慢或最慢的。

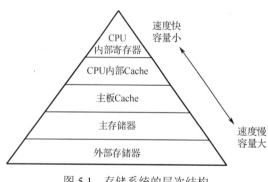

图 5.1 存储系统的层次结构

CPU 内部寄存器位于"金字塔"的顶端，具有最快的存取速度，但数量极为有限，主要用来改善主存储器与 CPU 的速度匹配问题。内部存储器（简称内存）主要存储计算机当前工作需要的程序和数据，包括高速缓冲存储器和主存储器。目前构成内存的主要是半导体存储器。外部存储器（简称外存）主要有磁性存储器、光存储器和半导体存储器，存储介质有硬磁盘、光盘、磁带和移动存储器（移动硬盘）等。

5.1.2 主存储器的分类

主存储器采用半导体存储器，有不同的分类方法。

1. 按制造工艺分类

半导体存储器可以分为双极型和 MOS 型两类。

双极型存储器由 TTL（Transistor-Transistor Logic）电路构成，其工作速度快，与 CPU 处在同一量级，但集成度低，功耗大，价格偏高，在计算机中常用作高速缓冲存储器（Cache）。

MOS 型存储器有多种制造工艺，如 NMOS、HMOS、CMOS、CHMOS 等，可用来制造多种半导体存储器，如静态 RAM、动态 RAM、可编程 ROM 等。MOS 型存储器的集成度高，功耗低，价格便宜，但速度较双极型存储器慢。计算机的内存主要由 MOS 型存储器构成。

2．按存取方式分类

存储器可分为只读存储器（Read-Only Memory，ROM）和随机存取存储器（Random Access Memory，RAM）两大类。

（1）ROM 及其分类

ROM 是一种非易失性存储器，特点是信息一旦写入就固定不变，掉电后，信息也不会丢失。在使用过程中，只能读出，一般不能修改，常用于保存无须修改、可长期使用的程序和数据，如主板上的基本输入/输出系统（BIOS）、打印机中的汉字库、外设的驱动程序等，也可作为I/O 数据缓冲存储器、堆栈等。根据不同的编程写入方式，ROM 分为以下几种。

① 掩模 ROM：存储的信息是由生产厂家根据用户的要求，在生产过程中采用掩模工艺（光刻图形技术）一次性直接写入的。掩模 ROM 一旦制成后，其内容不能改写，因此只适合存储永久性保存的程序和数据。

② PROM（Programmable ROM，可编程 ROM）：编程逻辑器件靠存储单元中熔丝的断开与接通来表示存储的信息。熔丝断开，表示信息 0；熔丝接通，表示信息 1。由于存储单元的熔丝一旦被烧断就不能恢复，因此 PROM 存储的信息只能写入一次，不能擦除和改写。

③ EPROM（Erasable Programmable ROM，可擦除可编程 ROM）：写入信息是在专用编程器上实现的，能多次改写。EPROM 芯片的上方有一个石英玻璃窗口，当需要改写时，将它放在紫外线下照射 15～20 分钟便可擦除信息，使所有的擦除单元恢复到初始状态 1 之后，又可以编程写入新的内容。由于 EPROM 在紫外线照射下信息易丢失，故使用时应在石英玻璃窗口处用不透明的纸封严，以免信息丢失。

④ EEPROM（Electrically Erasable Programmable ROM，电可擦除可编程 ROM）：它是一种在线（或称在系统，即不用拔下来）可擦除可编程只读存储器，既能像 RAM 那样随机地进行改写，又能像 ROM 那样在掉电的情况下使所保存的信息不丢失，因此 EEPROM 兼有 RAM 和ROM 的双重功能特点。又因为它不需要使用专用编程设备，只需在指定的引脚加上合适的电压（如+5V）就可进行在线擦写，使用起来更加方便灵活。

⑤ 闪存（Flash Memory，简称 Flash，闪速存储器）：它与 EEPROM 类似，也是一种电擦写型 ROM。但 EEPROM 按字节擦写，速度慢。而闪存按数据块擦写，速度快，一般为 65～170ns。闪存从结构上分为串行传输和并行传输两大类。串行闪存能节约空间和成本，但存储容量小，速度慢，而并行闪存存储容量大，速度快。

闪存是近年来发展非常快的一种新型半导体存储器。由于它具有在线电擦写、低功耗、大容量、擦写速度快的特点，同时，还具有与动态 RAM 等同的低价位优势，因此受到广大用户的青睐。目前，闪存在计算机、嵌入式系统和智能仪器仪表等领域得到了广泛的应用。

（2）RAM 及其分类

RAM 是一种易失性存储器，其特点是，在使用过程中，信息可以随机写入或读出，使用灵活，但信息不能永久保存，一旦掉电，信息就会自动丢失，常用作内存，存放正在运行的程序和数据。

① SRAM（Static RAM，静态 RAM）：它的存储电路由 MOS 管触发器构成，用触发器的导通和截止状态来表示信息 0 或 1。其特点是，速度快，工作稳定，且不需要刷新电路，使用方便灵活。但由于所用 MOS 管较多，集成度低，功耗较大，成本也高。在计算机中，SRAM 常用作小容量的高速缓冲存储器。

② DRAM（Dynamic RAM，动态 RAM）：它的存储电路利用 MOS 管的栅极分布电容的充、放电来保存信息，充电后表示 1，放电后表示 0。其特点是，集成度高，功耗低，价格便宜。但由于电容存在漏电现象，电容电荷会因为漏电而逐渐丢失，因此必须定时对 DRAM 进行

充电（称为刷新）。在计算机系统中，DRAM 常用作内存（内存条）。

③ NVRAM（Non Volatile RAM，非易失性 RAM）：它的存储电路由 SRAM 和 EEPROM 共同构成。在正常运行时，它和 SRAM 的功能相同，既可以随时写入，又可以随时读出。但在掉电或电源发生故障的瞬间，可以立即把 SRAM 中的信息保存到 EEPROM 中，自动保护信息。NVRAM 多用于掉电保护和保存存储系统中的重要信息。

（3）存储器分类小结

存储器分类如图 5.2 所示。

随着集成电路技术的不断发展，存储器也得到迅速发展，不断涌现出新型存储器

图 5.2　存储器分类

芯片。静态 RAM 有同步突发 SRAM（Synchronous Burst SRAM，SB SRAM）、管道突发 SRAM（Pipelined Burst SRAM，PB SRAM）等。动态 RAM 有快速页模式 DRAM（Fast Page Mode DRAM，FPM DRAM）、扩充数据输出 RAM（Extended Data Output RAM，EDORAM）、同步 DRAM（Synchronous DRAM，SDRAM），以及 Rambus 公司推出的 RDRAM（Rambus DRAM）、Intel 公司推出的 DRDRAM（Direct Rambus DRAM）等。专用存储器芯片有铁电体 RAM（Ferroelectric RAM，FRAM）、双口 RAM、先进先出存储器（FIFO RAM）等。

5.1.3　主存储器的性能指标

存储器是计算机系统的重要部件之一。计算机在运行过程中，大部分的总线周期都在对存储器进行读/写操作，因此存储器性能的好坏会直接影响计算机的性能。存储器的性能指标主要包括存储容量、存取时间、存储周期、可靠性和功耗。

（1）存储容量。存储容量是指存储器所能容纳的二进制位信息的总量。1 位（bit）二进制位为最小单位。8 位二进制位为 1 字节，用 B（Byte）表示，是存储器容量的基本单位。存储器容量常用的单位还有 KB、MB、GB 和 TB。

对于按字节编址的计算机，通常以字节（B）来表示容量。例如，某计算机系统的存储容量为 64KB，这就表明它所能容纳的二进制位信息为 65536B，共 524288（=64×1024×8）bit。

（2）存取时间。存取时间又称为访问时间或读/写时间，它是指从启动一次存储器操作到完成该操作所经历的时间，包括读出时间和写入时间。读出时间是指从 CPU 向存储器发出有效地址和读操作命令开始，直到将被选中存储单元的信息读出并送上数据总线为止所用的时间；写入时间是指从 CPU 向存储器发出有效地址和写操作命令开始，直到信息写入被选中存储单元为止所用的时间。显然，存取时间越短，存取速度越快。

主存储器的存取时间通常用 ns（纳秒）表示。在一般情况下，超高速存储器的存取时间约为 20ns，高速存储器的存取时间为几十 ns，中速存储器的存取时间为 100～250ns，而低速存储器的存取时间约为 300ns。例如，SRAM 的存取时间约为 60ns，DRAM 的存取时间为 120～250ns。

（3）存储周期。存储周期是指连续启动两次独立的存储器操作（如连续两次读操作）所需间隔的最小时间。通常，存储周期略大于存取时间，其单位为 ns。

（4）可靠性。可靠性是指在规定的时间内，存储器无故障读/写的概率。通常，用平均无故障时间（Mean Time Between Failures，MTBF）来衡量可靠性。MTBF 可以理解为两次故障之间的平均时间间隔，其越长说明存储器的性能越好。

（5）功耗。功耗反映存储器耗电量的多少，同时也反映了其发热的程度。功耗越小，存储器的工作稳定性越好。大多数半导体存储器的维持功耗小于工作功耗。

5.2 只读存储器

只读存储器（ROM）是一种非易失性半导体存储器件，常用来保存固定的程序和数据。本节主要介绍几种典型的 EPROM、EEPROM 和闪存芯片的特性、引脚及操作方式。

5.2.1 EPROM 芯片

EPROM 芯片有多种型号，常见的 Intel 公司的产品有 2716（2K×8bit）、2732（4K×8bit）、2764（8K×8bit）、27128（16K×8bit）、27256（32K×8bit）、27512（64K×8bit）等。下面以 Intel 公司的 2732A 和 2764 为例，介绍 EPROM 芯片的基本特点和工作方式。

1．2732A 的引脚及操作方式

（1）2732A 的特性及引脚

2732A 的存储容量为 4KB，采用 24 引脚双列直插式封装，最大读出时间为 250ns，单一+5V 电源供电。2732A 的引脚如图 5.3 所示。

$A_{11} \sim A_0$：12 位地址总线，可寻址 4KB（2^{12}B）的存储空间，输入，与系统地址总线相连。

$D_7 \sim D_0$：8 位数据总线，双向，编程时用作数据输入，读出时用作数据输出，与系统数据总线相连。

$\overline{OE}/V_{PP}$：读出允许/编程电压。当该引脚是低电平时，为读出允许，输入，与系统读引脚 $\overline{RD}$ 相连；当该引脚是高电平时，为编程电压，输入，+21V。

$\overline{CE}$：片选，输入，低电平有效，通常与地址译码器输出引脚相连。

V_{CC}：+5V 电源。

GND：信号地。

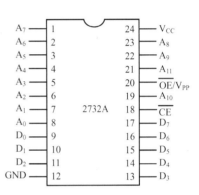

图 5.3　2732A 的引脚

（2）2732A 的操作方式

2732A 有 6 种操作方式，见表 5.1。

表 5.1　2732A 的操作方式

操作方式及说明	$\overline{CE}$	$\overline{OE}/V_{PP}$	V_{CC}	A_9	$D_7 \sim D_0$
读：将芯片内指定存储单元的内容输出	0	0	+5V	×	数据输出
输出禁止：禁止输出	0	1	+5V	×	高阻抗（High Impedance）
待用：不受 $\overline{OE}/V_{PP}$ 的影响，工作电流从 125mA 降到 35mA	1	×	+5V	×	高阻态（High Z）
编程：将数据写入芯片内指定的存储单元。此时，$\overline{OE}/V_{PP}$ 接 +21V 的编程电压，$\overline{CE}$ 输入宽度为 50ms 的低电平编程脉冲，将数据总线上的数据写入指定的存储单元。编程之后应检查程序的正确性，当 $\overline{OE}/V_{PP}$ 和 $\overline{CE}$ 都为低电平时，可对程序进行检查	0	V_{PP}	+5V	×	数据输入
编程禁止：禁止编程	1	V_{PP}	+5V	×	高阻态
Intel 标识符：可从数据总线上读出制造厂和器件类型的编码	0	0	+5V	1	编码

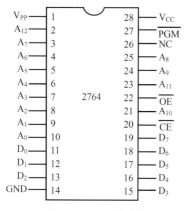

图 5.4　2764 的引脚

2．2764 的引脚及操作方式

（1）2764 的特性及引脚

2764 的存储容量为 8KB，采用 28 引脚双列直插式封装，最大读出时间为 250ns，单一+5V 电源供电。2764 的引脚如图 5.4 所示。

$A_{12} \sim A_0$：13 位地址总线，可寻址 8KB（2^{13}B）的存储空间，输入，与系统地址总线相连。

$D_7 \sim D_0$：8 位数据总线，双向，三态。编程时用作数据输入线，读出时用作数据输出线，与系统数据总线相连。

$\overline{OE}$：读出允许，输入，低电平有效，与系统读引脚 $\overline{RD}$ 相连。

$\overline{CE}$：片选，输入，低电平有效，通常与地址译码器输出引脚相连。

V_{PP}：编程电压，输入，+12.5V。

$\overline{PGM}$：编程脉冲，输入，编程脉冲是宽度为 45ms 的低电平脉冲。

V_{CC}：+5V 电源。

GND：信号地。

（2）2764 的操作方式

2764 有 5 种操作方式，见表 5.2。

表 5.2　2764 的操作方式

操作方式及说明	$\overline{CE}$	$\overline{OE}$	V_{PP}	$\overline{PGM}$	$D_7 \sim D_0$
读：将芯片内指定存储单元的内容输出	0	0	+5V	1	数据输出
保持：禁止数据传输	1	×	+5V	×	高阻态
编程：将数据写入芯片内指定的存储单元。$\overline{PGM}$ 输入宽度为 45ms 的低电平编程脉冲，将数据总线上的数据写入指定的存储单元	0	1	+12.5V	0	数据输入
编程校验：在编程过程中，对写入的数据进行校验。在写入 1 个字节内容后，$\overline{PGM}$ 为高电平，$\overline{CE}$ 和 $\overline{OE}$ 为低电平，再将同一存储单元中的内容读出，并与写入的内容进行比较，从而检验写入的内容是否正确	0	0	+12.5V	1	数据输出
编程禁止：禁止编程	1	×	+12.5V	×	高阻态

5.2.2　EEPROM 芯片

常见的 EEPROM 芯片有 Intel 公司生产的 2816A、2817A、2864A、28010 和 28040 等。这些芯片的读出时间为 120～250ns，字节擦写时间在 10ms 左右。

下面以 2817A 为例，介绍 EEPROM 芯片的基本特点和工作方式。

1．2817A 的特性及引脚

2817A 的存储容量为 2KB，采用 28 引脚双列直插式封装，最大读出时间为 250ns，单一+5V 电源供电，最大工作电流为 150mA，维持电流为 55mA。由于 2817A 片内有编程所需的高压脉冲产生电路，因而不需要外加编程电压和编程脉冲即可工作。2817A 的引脚如图 5.5 所示。

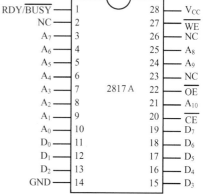

图 5.5　2817A 的引脚

A_{10}~A_0：11 位地址总线，可寻址 2KB 的存储空间，输入，与系统地址总线相连。

D_7~D_0：8 位数据总线，双向，三态，与系统数据总线相连。

$\overline{OE}$：读出允许，输入，低电平有效。

$\overline{WE}$：写允许，输入，低电平有效。

$\overline{CE}$：片选，输入，低电平有效。

$RDY/\overline{BUSY}$：忙/闲状态，输出。

2．2817A 的操作方式

2817A 有 3 种操作方式，见表 5.3。

表 5.3　2817A 的操作方式

操作方式及说明	$\overline{CE}$	$\overline{OE}$	$\overline{WE}$	RDY/$\overline{BUSY}$	D_7~D_0
读：将芯片内指定存储单元的内容输出	0	0	1	高阻态	数据输出
保持：禁止数据传输	1	×	×	高阻态	高阻态
编程：将数据写入芯片内指定的存储单元，在写入 1 个字节内容后，RDY/$\overline{BUSY}$ 为高电平	0	1	0	0	数据输入

5.2.3　闪存芯片

1．闪存的存储结构

闪存（Flash）有整体擦除（bulk erase）、自举块（boot block）和快擦写文件（flash file）三种存储结构。

① 整体擦除结构是指将整个存储阵列组织成一个块，在进行擦除操作时，将清除所有存储单元的内容。

② 自举块结构是指将整个存储器划分为几个大小不同的块，其中一部分作为自举块和参数块，用来存储系统自举代码和参数表，其余部分为主块，用来存储应用程序和数据。在系统编程时，每个块都可以进行独立的擦写。其特点是存储密度高、速度快，主要用于嵌入式微处理器。

③ 快擦写文件结构是指将整个存储器划分成若干大小相等的块，以块为单位进行擦写。与自举块结构相比，快擦写文件结构存储密度更高，可用于存储大容量信息。早期的闪存多采用整体擦除结构，而现在的闪存则采用自举块或快擦写文件结构，以块为单位进行擦写，增加了读/写的灵活性，提高了读/写速度。

2．常见闪存芯片的结构、特点及工作方式

闪存芯片种类很多，常见的有 Atmel 公司生产的 29 系列芯片 AT29C256（32K×8bit）、AT29C512（512K×8bit）、AT29C010（128K×8bit）、AT29C020（256K×8bit）、AT29C040（512K×8bit）等。下面以 AT29C010A 为例，介绍闪存芯片的结构、特点及工作方式。

（1）AT29C010A 的结构与特点

AT29C010A 是一种并行、高性能、+5V 在线擦写、单一+5V 电源供电的闪存芯片，片内有 1MB 的存储空间，分成 1024 个分区，每个分区为 128B，以分区为单位进行编程。AT29C010A 的快速读取时间为 70ns，快速分区编程周期为 10ms，低功率消耗 50mA 有效电流、100μA CMOS 维持电流。

AT29C010A 内部结构如图 5.6 所示。片内有两个 8KB 可锁定的自举块，用来存储系统的自举代码和参数表。112KB 的主块用来存放应用程序和数据。地址和数据信号都具有锁存功能。AT29C010A 的引脚如图 5.7 所示。

A_{16}~A_0：17 位地址总线，可寻址 1MB 的存储空间，由高位地址 A_{16}~A_7 提供 1024 个分区的地址，由低位地址 A_6~A_0 提供每个分区内 128B 的地址。

D_7~D_0：8 位数据总线，双向，三态，与系统数据总线相连。

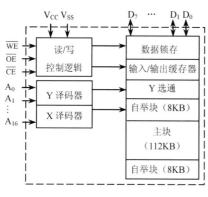

图 5.6　AT29C010A 内部结构　　　　　　图 5.7　AT29C010A 的引脚

$\overline{OE}$：读出允许，输入，低电平有效。

$\overline{WE}$：写允许，输入，低电平有效。

$\overline{CE}$：片选，输入，低电平有效。

V_{PP}: +5V 编程电压。

V_{CC}: +5V 工作电压。

V_{SS}: 信号地。

（2）AT29C010A 的操作方式

AT29C010A 的读操作与 EEPROM 的相同，按字节读出；但在写入（编程）时与 EEPROM 不同，按分区编程写入，每个分区的容量为 128B，如果需要改写某一分区中的一个数据，那么这一分区中的所有数据都必须重新装入。AT29C010A 的操作方式见表 5.4。

表 5.4　AT29C010A 的操作方式

操作方式及说明	$\overline{CE}$	$\overline{OE}$	$\overline{WE}$	$D_7 \sim D_0$
读：将芯片内指定存储单元的内容输出	0	0	1	数据输出
保持：禁止数据传输	1	1	×	高阻态
编程：实现数据的写入，并通过 $\overline{WE}$ 的上升沿将写入的数据锁存。编程周期开始时，AT29C010A 会自动擦除分区中的内容，然后在定时器的控制下对锁存的数据进行编程。一旦编程周期结束，就可以开始一个新的读或编程操作	0	1	0	数据输入

5.3　随机存取存储器

常用的随机存取存储器（RAM）有静态随机存取存储器（SRAM）和动态随机存取存储器（DRAM）。SRAM 主要用作缓存或小容量的存储系统，DRAM 主要用作内存。本节介绍典型 RAM 芯片的特性、引脚和操作方式。

5.3.1　SRAM 芯片

Intel 公司的典型 SRAM 芯片有 6116（2K×8bit）、6264（8K×8bit）、62256（32K×8bit）等，它们的引脚及操作方式基本相同，下面以 6116 和 6264 芯片为例进行讲解。

1．6116 的引脚及操作方式

（1）6116 的特性及引脚

6116 的存储容量为 2KB，采用 24 引脚双列直插式封装，6116 的引脚如图 5.8 所示。

$A_{10} \sim A_0$：11 位地址总线，可寻址 2KB 的存储空间，与系统地址总线相连。

$D_7 \sim D_0$：8 位数据总线，双向，三态，与系统数据总线相连。

$\overline{OE}$：读出允许，输入，低电平有效。

$\overline{WE}$：写允许，输入，低电平有效。

$\overline{CE}$：片选，输入，低电平有效。

V_{CC}：+5V 工作电压。

GND：信号地。

（2）6116 的操作方式

6116 的操作方式由 $\overline{WE}$、$\overline{OE}$ 和 $\overline{CE}$ 的状态决定，见表 5.5。

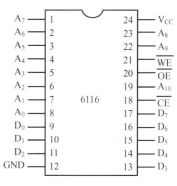

图 5.8　6116 的引脚

表 5.5　6116 的操作方式

操 作 方 式	$\overline{CE}$	$\overline{WE}$	$\overline{OE}$	$D_7 \sim D_0$
读：选通数据输出缓冲器，将被寻址存储单元的数据送上数据总线	0	1	0	数据输出
保持：芯片未被选中	1	×	×	高阻态
写：选通数据输入缓冲器，数据由数据总线写入被寻址的存储单元	0	0	×	数据输入

2．6264 的引脚及操作方式

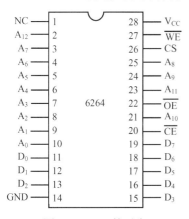

图 5.9　6264 的引脚

（1）6264 的特性及引脚

6264 的存储容量为 8KB，采用 28 引脚双列直插式封装，CMOS 工艺制造，其引脚如图 5.9 所示。

$A_{12} \sim A_0$：13 位地址总线，可寻址 8KB 的存储空间。

$D_7 \sim D_0$：8 位数据总线，双向，三态。

$\overline{OE}$：读出允许，输入，低电平有效。

$\overline{WE}$：写允许，输入，低电平有效。

$\overline{CE}$：片选，输入，在读/写方式时为低电平。

CS：片选，输入，在读/写方式时为高电平。

V_{CC}：+5V 工作电压。

GND：信号地。

（2）6264 的操作方式

6264 的操作方式由 $\overline{WE}$、$\overline{OE}$、$\overline{CE}$ 和 CS 的状态决定，见表 5.6。

表 5.6　6264 的操作方式

操 作 方 式	$\overline{CE}$	CS	$\overline{WE}$	$\overline{OE}$	$D_7 \sim D_0$
读：选通数据输出缓冲器，将被寻址存储单元的数据送上数据总线	0	1	1	0	数据输出
保持：芯片未被选中	1	×	×	×	高阻态
写：选通数据输入缓冲器，数据由数据总线写入被寻址的存储单元	0	1	0	1	数据输入

5.3.2　DRAM 芯片

典型 DRAM 芯片有 2164A（64K×1bit）、21256（256K×1bit）、21464（64K×4bit）、421000（1M×1bit）、424256（256M×4bit）、44400（1M×4bit）、416160（1M×16bit）等。下面以 2164A 芯片为例，介绍其引脚、结构及工作原理。

1．2164A 的引脚

2164A 是 16 引脚双列直插式芯片，其引脚如图 5.10 所示。

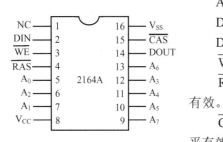

图 5.10　2164A 的引脚

V_{SS}：信号地。

$A_7 \sim A_0$：8 位地址总线。

DIN：数据输入。

DOUT：数据输出。

$\overline{WE}$：写允许，输入，低电平有效。

$\overline{RAS}$：行地址选通（row address strobe），输入，低电平有效。

$\overline{CAS}$：列地址选通（column address strobe），输入，低电平有效。

V_{CC}：+5V 电源。

2．2164A 的内部结构及工作原理

（1）2164A 的内部结构

2164A 的内部结构如图 5.11 所示。

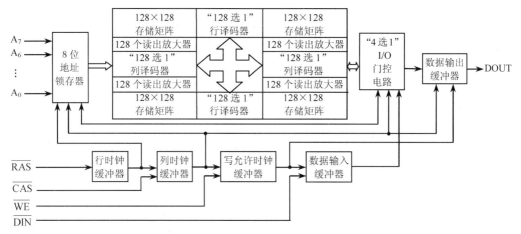

图 5.11　2164A 的内部结构

① 存储体：64K×1bit 的存储体由 4 个 128×128 存储矩阵组成。每个存储矩阵由 7 条行地址线和 7 条列地址线进行选择。其中，7 条行地址线经过"128 选 1"行译码器产生 128 条行选择线，7 条列地址线经过"128 选 1"列译码器产生 128 条列选择线，分别选择 128 行和 128 列。

② 地址锁存器：由于 2164A 采用双译码方式，故其 16 位地址要分两次送入芯片内部，但是受封装的限制，这 16 位地址必须通过同一组引脚分两次接收，因此，在芯片内部有一个地址锁存器，用来保存 8 位地址。

③ 数据输入/输出缓冲器：用于暂存输入、输出的数据。

④ "4 选 1" I/O 门控电路：由行、列地址的最高位控制，从相应的 4 个存储矩阵中选择一个进行输入/输出操作。

⑤ 行/列时钟缓冲器：用以协调行、列地址的选通。

⑥ 写允许时钟缓冲器：用以控制数据的传送方向。

⑦ 读出放大器：2164A 内部有 4×128 个读出放大器，与 4 个 128×128 存储矩阵相对应，接收由行地址选通的 4×128 个存储单元的数据，经放大后，再写回原存储单元，这是实现刷新操作的重要环节。

⑧ "128 选 1"行/列译码器：分别用来接收 7 位行、列地址，经译码后，从 128×128 个存储

单元中选择一个确定的存储单元，以便对其进行读/写操作。

（2）2164A 的工作原理

2164A 存储芯片采用行地址线和列地址线分时工作的方式。其工作原理是，利用内部地址锁存器和多路开关，先由行地址选通信号 $\overline{RAS}$ 把 8 位地址 $A_7 \sim A_0$ 送到行地址锁存器中锁存，随后出现的列地址选通信号 $\overline{CAS}$ 把后送来的 8 位地址 $A_7 \sim A_0$ 送到列地址锁存器中锁存。锁存在行地址锁存器中的 7 位行地址 $RA_6 \sim RA_0$ 同时加到 4 个存储矩阵上，在每个存储矩阵中选中 1 行；锁存在列地址锁存器中的 7 位列地址 $CA_6 \sim CA_0$ 选中 4 个存储矩阵中的 1 列，选中 4 行与 4 列交点的 4 个存储单元，再经由 RA_7 和 CA_7 控制的"4 选 1" I/O 门控电路，选中其中的一个存储单元进行读/写操作。

2164A 数据的读出和写入是分开的，由 $\overline{WE}$ 控制。当 $\overline{WE}$ 为高电平时，读出数据；当 $\overline{WE}$ 为低电平时，写入数据。芯片进行刷新操作时，只加行地址选通信号 $\overline{RAS}$，不加列地址选通信号 $\overline{CAS}$。可以把地址加到行译码器上，使指定的 4 行存储单元只刷新，而不读/写。一般 2ms 可全部刷新一次。实现 DRAM 定时刷新的方法和电路有很多种，可以由 CPU 通过控制逻辑实现，也可以采用 DMA 控制器实现，还可以采用专用 DRAM 控制器实现，这里不再赘述。

3．2164A 的操作方式

（1）读操作：在对 2164A 进行读操作过程中，接收来自 CPU 的地址，经译码后选中相应的存储单元，把其中保存的 1 位信息通过 DOUT 送至系统数据总线。

读周期由 $\overline{RAS}$ 有效开始，要求行地址先于 $\overline{RAS}$ 有效，并且必须在 $\overline{RAS}$ 有效后再维持一段时间。同样，为了保证列地址的可靠锁存，列地址先于 $\overline{CAS}$ 有效，并且列地址必须在 $\overline{CAS}$ 有效后再维持一段时间。当 $\overline{WE}$ 为高电平时，使 $\overline{RAS}$ 有效，并在其后使 $\overline{CAS}$ 也有效，则可以从寻址的存储单元中读取信息。

（2）写操作：在对 2164A 进行写操作过程中，同样接收 CPU 发来的地址，选中寻址的存储单元。当 $\overline{WE}$ 为低电平时，使 $\overline{RAS}$ 有效，并在其后使 $\overline{CAS}$ 也有效，把 CPU 发来的数据保存到寻址的存储单元中。

（3）读—修改—写操作：这种操作的性质类似于读操作与写操作的组合，但它并不是简单地由两个单独的读周期和写周期组合起来，而是在 $\overline{RAS}$ 和 $\overline{CAS}$ 同时有效的情况下，由 $\overline{WE}$ 控制，先实现读出，待修改后，再实现写入。

（4）刷新操作：2164A 内部有 4×128 个读出放大器，在进行刷新操作时，芯片只需要行地址（其中 RA_7 不起作用）。由 $RA_6 \sim RA_0$ 在 4 个存储矩阵中各选中 1 行，共 4×128 个存储单元，分别将其中所保存的信息输出到 4×128 个读出放大器中，经放大后，再写回原存储单元，即可实现 512 个存储单元的刷新操作。这样，经过 128 个刷新周期就可以完成整个存储体的刷新。

5.3.3　内存条

尽管单个 DRAM/SDRAM 芯片的存储容量较大，但相对于 32 位和 64 位计算机的主存储器空间而言并不算大，必须使用多个芯片组装成存储器模块，才能满足计算机对内存的需要，这种存储器模块称为内存条，CPU 可通过总线对内存条寻址，并进行读/写操作。内存条经历了 8 位、32 位到 64 位的发展过程。

通常不会将内存条直接焊接在主板上，而是在主板上设置安装内存条模块的插槽。内存条从外观上看就是一块焊接了多片存储器并带有引脚的小型印制电路板。这样就使得计算机主板具有配置不同容量、不同品质存储器模块的灵活性。

1．SIMM 内存条和 DIMM 内存条

早期的内存条只有 8 位数据宽度，带有 30 个单边引脚，称为单列直插式存储器模块（Single In-line Memory Modules，SIMM）。从 80486 主板开始，使用带有 72 个引脚的 SIMM 内存条，具有 32 位数据宽度，单条存储容量有 4MB（1M×32bit）、8MB（2M×32bit）、16MB（4M×32bit）、32MB（8M×32bit）、64MB（16M×32bit）等，由访问时间为 60～70ns 的 DRAM 或扩展数据输出（Extended Data Out，EDO）芯片组装而成。在 80486 计算机主板上使用单个内存条即可启动。

DIMM（Dual In-line Memory Modules）是 168 引脚双列直插式内存条，数据宽度为 64 位，单条存储容量有 16MB（2M×64bit）、32MB（4M×64bit）、64MB（8M×64bit）、128MB（16M×64bit）、256MB（32M×64bit）、512MB（64M×64bit）等。DIMM 内存条使用 3V 电源供电，访问时间一般小于 10ns，由同步动态随机存取存储器（SDRAM）组成。DIMM 内存条的工作频率有 66MHz、100MHz、133MHz、150MHz 等。多数 DIMM 内存条是由 8 个 8 位数据宽度的同型号 DRAM 芯片构成的。另外，在内存条的边角上还附有一个 EEPRPOM 芯片，用于存放生产厂家写入的内存条结构和工作模式等技术参数。主板读出这些参数后即可准确识别该内存条，并配以相应的驱动方式，使系统性能得到优化。

2．DDR SDRAM 内存条

双速率同步动态随机存取存储器（Dual Data Rate SDRAM，DDR SDRAM）是一种新型高速存储器，利用总线时钟的上升沿与下降沿，在同一个时钟周期内可以实现两次 8 位数据传送，从而达到每个时钟周期传送 2 字节数据的目的。当外部总线时钟频率为 100MHz/133MHz 时，实际操作的时钟频率可达 200MHz/266MHz。用 DDR SDRAM 芯片制作的 64 位内存条，数据传输速率可达 8B×200MHz=1600MB/s 或 8B×266.7MHz=2133MB/s。DDR SDRAM 内存条使用 2.5V 电源供电，有 184 个引脚。

目前，第三代 DDR3 SDRAM 内存条工作电压为 1.5V，时钟频率可达 2400MHz；采用 8 位预取设计，内核频率只有接口频率的 1/8；采用点对点的拓扑架构，以减轻地址/命令与控制总线的负担；采用 100nm 以下的制造工艺，增加异步重置与 ZQ（阻抗控制）校准功能。第四代 DDR4 SDRAM 提供相较于 DDR3 SDRAM 更高的运行性能与更低的供电电压（1.2V），数据传输速率由 2133MB/s 开始起跳，上限为 4266MB/s。

5.4　存储器的扩展设计

5.4.1　存储器结构

半导体存储器基本结构如图 5.12 所示，由存储体、地址锁存器、地址译码驱动电路、读/写控制逻辑、数据寄存器、读/写驱动器组成，通过数据总线、地址总线和控制总线与 CPU 相连。

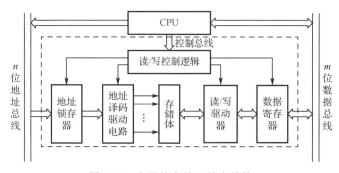

图 5.12　半导体存储器基本结构

1．存储体

存储体（memory bank）是存储器的核心，是存储单元的集合体，每个存储单元又由若干基本存储单元电路组成，每个基本存储单元电路可存放 1 位二进制数。通常，一个存储单元为 1 字节，存放 8 位二进制数，即以字节形式来组织。为了区分不同的存储单元和便于读/写，每个存储单元都有一个地址，称为存储单元地址。CPU 按地址访问这些存储单元。为了减少存储器芯片的封装引脚数和简化译码器结构，存储体按照二维矩阵的形式来排列基本存储单元电路。存储体内基本存储单元电路的排列结构通常有两种方式。一种是"多字一位"结构（简称位结构），即将多个存储单元的同一位排在一起，其容量表示成 $N×1bit$，例如，$1K×1bit$、$4K×1bit$ 等。另一种排列是"多字多位"结构（简称字结构），即将一个存储单元的若干位（如 4 位、8 位）连在一起，其容量表示为 $N×4bit$ 或 $N×8bit$，如 SRAM 的 6116 为 $2K×8bit$，6264 为 $8K×8bit$ 等。

存储器的最大存储容量取决于 CPU 本身提供的地址总线位数，地址总线的每位编码对应一个存储单元的地址。因此，当 CPU 的地址总线为 n 位时，可生成的编码状态有 2^n 个，也就是说，CPU 可寻址的存储单元个数为 2^n。若采用字节编址，那么存储器的最大容量为 $2^n×8bit$。例如，80486 CPU 的地址总线为 32 位，可寻址的最大存储空间为 $2^{32}B=4GB$。

2．地址锁存器

地址锁存器（address latch）是一个暂存器，它根据控制信号的状态将地址总线上的地址代码暂存起来，如 74LS373 就是一个带三态输出的 8 位地址锁存器。地址锁存器用于存放 CPU 访问存储单元的地址，经译码驱动后指向寻址的存储单元。通常，在计算机中，存储单元的地址由地址锁存器提供，经地址总线送到存储器芯片直接译码。

3．地址译码驱动电路

地址译码驱动电路包含译码器（decoder）和驱动器（driver）两部分。译码器将地址总线输入的地址转换成高电平或低电平信号，以选中某个存储单元，并由驱动器提供驱动电流去驱动相应的读/写电路，完成对被选中存储单元的读/写操作。

4．读/写驱动器

读/写驱动器用以完成对被选中存储单元中各位的读/写操作，包括读出放大器、写入电路和读/写控制电路。存储器的读/写操作在 CPU 的控制下进行，只有接收到来自 CPU 的读/写信号 $\overline{RD}$ 或 $\overline{WR}$ 后，才能实现正确的读/写操作。

5．数据寄存器

数据寄存器用于暂时存放从存储单元中读出的数据，或 CPU 输出的要写入存储器的数据，协调 CPU 与存储器之间在速度上的差异。

6．读/写控制逻辑

读/写控制逻辑接收来自 CPU 的启动、片选、读/写及清除命令，经过控制电路的综合处理，发出一组时序信号来控制存储器的读/写操作。

虽然现代计算机中的存储器多由芯片构成，但所有存储器的结构都保留着这 6 个基本组成部分，只是在组成各种存储器时根据需要做一些相应的调整。

5.4.2 存储器的扩展

在实际应用中，由于单个存储芯片的容量总是有限的，很难满足实际存储容量的要求，因此需要将若干存储芯片连接在一起，构成一个大容量的存储器。存储器的扩展通常有位扩展、字扩展以及字和位同时扩展三种方式。

1．位扩展

位扩展是指增加存储字长。位扩展可利用芯片地址并联的方式实现，即将各芯片的数据线分别对应接到系统数据总线的各位，地址线、读/写信号和片选信号对应地并联在一起。

【例 5.1】 使用两片 1K×4bit 的 SRAM 芯片 2114，构成一个 1K×8bit 的存储器。

Intel 公司的 2114（NMOS SRAM）芯片是 18 引脚双列直插式芯片，单一+5V 电源供电，输入/输出引脚与 TTL 电平兼容。2114 的引脚如图 5.13 所示，2114 的操作方式见表 5.7。

存储器位扩展设计如图 5.14 所示。两片 2114 的地址总线和各控制总线分别并联在一起，再与系统总线相连。1#芯片的数据总线 $D_3 \sim D_0$ 连接系统数据总线的低 4 位 $D_3 \sim D_0$，2#芯片的数据总线 $D_3 \sim D_0$ 连接系统数据总线的高 4 位 $D_7 \sim D_4$。系统地址总线的 A_{10} 作为片选信号，分别与 1#和 2#芯片的片选信号 $\overline{CE}$ 相连，同时选中 1#和 2#芯片。$A_{10} \sim A_0$ 的编码状态 000H～3FFH 就是 1KB 存储单元的地址。例 5.1 存储器地址分配见表 5.8。

表 5.7 2114 的操作方式

操 作 方 式	$\overline{CE}$	$\overline{WE}$	$D_3 \sim D_0$
读出	0	1	数据输出
保持	1	×	高阻态
写入	0	0	数据输入

表 5.8 例 5.1 存储器地址分配

A_{10}	$A_9 \sim A_0$	地址范围
0	00 0000 0000	000H
0	00 0000 0001	001H
⋮	⋮	⋮
0	11 1111 1110	3FEH
0	11 1111 1111	3FFH

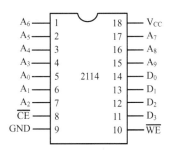

图 5.13 2114 的引脚

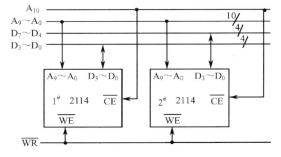

图 5.14 存储器位扩展设计

2．字扩展

字扩展是指增加存储器字的数量，字扩展可以利用芯片地址串联的方式实现。

【例 5.2】 使用两片 2K×8bit 的 SRAM 芯片 6116，构成一个 4K×8bit 的存储器。

存储器字扩展设计如图 5.15 所示。两片 6116 的 $A_{10} \sim A_0$、$D_7 \sim D_0$、$\overline{OE}$、$\overline{WE}$ 分别与系统的地址总线 $A_{10} \sim A_0$、数据总线 $D_7 \sim D_0$、读信号 $\overline{RD}$、写信号 $\overline{WR}$ 连接。1#芯片的片选信号 $\overline{CE}$ 与 A_{11} 连接，2#芯片的片选信号 $\overline{CE}$ 与 A_{11} 反相之后连接。当 A_{11} 为低电平时，选择 1#芯片；当 A_{11} 为高电平时，选择 2#芯片。1#芯片的地址范围是 000H～7FFH，2#芯片的地址范围是 800H～FFFH。例 5.2 的存储器地址分配见表 5.9。

3．字和位同时扩展

字和位同时扩展是字扩展和位扩展的组合。

【例 5.3】 使用 4 片 1K×4bit 的 SRAM 芯片 2114，构成一个 2K×8bit 的存储器。

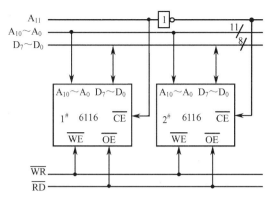

表 5.9 例 5.2 的存储器地址分配

芯片号	A_{11}	$A_{10}\sim A_0$	地址范围
1#	0	000 0000 0000	000H
	0	000 0000 0001	001H
	⋮	⋮	⋮
	0	111 1111 1110	7FEH
	0	111 1111 1111	7FFH
2#	1	000 0000 0000	800H
	1	000 0000 0001	801H
	⋮	⋮	⋮
	1	111 1111 1110	FFEH
	1	111 1111 1111	FFFH

图 5.15 存储器字扩展设计

使用两片 2114 为一组,进行位扩展,构成 1K×8bit 的存储器,然后再使用两片 2114 进行字扩展,构成 2K×8bit 的存储器。

存储器字和位同时扩展设计如图 5.16 所示。1# 和 2# 芯片为第一组,3# 和 4# 芯片为第二组,2114 的 $A_9\sim A_0$、$\overline{WE}$ 与系统的地址总线 $A_9\sim A_0$、$\overline{WR}$ 对应连接。1# 和 3# 芯片的数据总线 $D_3\sim D_0$ 作为低 4 位,与系统的数据总线 $D_3\sim D_0$ 连接;2# 和 4# 芯片的数据总线 $D_3\sim D_0$ 作为高 4 位,与系统的数据总线 $D_7\sim D_4$ 连接;1# 和 2# 芯片的 $\overline{CE}$ 连在一起,与 2-4 译码器输出 $\overline{Y}_0$ 连接;3# 和 4# 芯片的 $\overline{CE}$ 连在一起,与 2-4 译码器输出 $\overline{Y}_1$ 连接;系统的高位地址总线 A_{11} 和 A_{10} 作为 2-4 译码器的输入。当 $A_{11}A_{10}=00$ 时,选择 1# 和 2# 芯片进行读/写操作;当 $A_{11}A_{10}=01$ 时,选择 3# 和 4# 芯片进行读/写操作。例 5.3 的存储器地址分配见表 5.10。

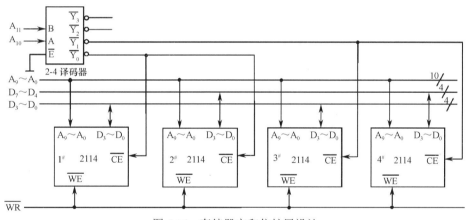

图 5.16 存储器字和位扩展设计

可见,无论需要多大容量的存储系统,都可以使用容量有限的存储器芯片,通过字和位的扩展来构成。

5.4.3 存储器的地址译码

1. 存储器与 CPU 接口电路的设计

存储器与 CPU 相连接时,通常按以下思路进行接口电路的设计。

① 数据总线的连接。存储器的数据总线与 CPU 的数据总线相连,如果 CPU 的数据宽度大于芯片的数据宽度,则要考虑使用多片并联。

表 5.10 例 5.3 的存储器地址分配

芯片号	$A_{11}A_{10}$	$A_9\sim A_0$	地址范围
1# 和 2#	00	00 0000 0000	000H
	00	00 0000 0001	001H
	⋮	⋮	⋮
	00	11 1111 1110	3FEH
	00	11 1111 1111	3FFH
3# 和 4#	01	00 0000 0000	400H
	01	00 0000 0001	401H
	⋮	⋮	⋮
	01	11 1111 1110	7FEH
	01	11 1111 1111	7FFH

② 地址总线的连接。存储器的地址总线与 CPU 的地址总线相连，例如，8K×8bit 存储器的地址总线 $A_{12}\sim A_0$ 有 13 位，将两者同名的地址引脚对应相连，可实现片内 8KB 单元的寻址。地址总线上多余的高位地址线都要参与译码，译码器可以选用 2-4 译码器、3-8 译码器、各类门电路或两者的结合。当地址总线位数较多时，译码电路会变得很复杂，此时最好选用 PLD（可编程逻辑器件）制作可编程译码器。

在计算机中，常采用集成电路芯片 74LS138（3-8 译码器）作为地址译码器，74LS138 的引脚如图 5.17 所示，74LS138 的真值表见表 5.11。

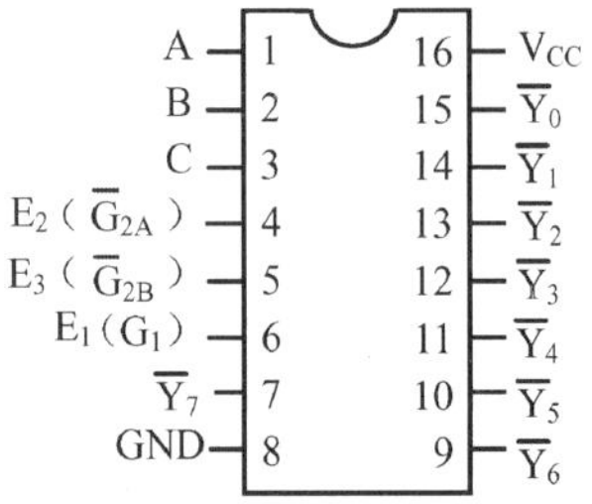

图 5.17　74LS138 的引脚

表 5.11　74LS138 的真值表

使能信号输入			译码信号输入			译码信号输出							
G_1	$\overline{G_{2A}}$	$\overline{G_{2B}}$	C	B	A	$\overline{Y_7}$	$\overline{Y_6}$	$\overline{Y_5}$	$\overline{Y_4}$	$\overline{Y_3}$	$\overline{Y_2}$	$\overline{Y_1}$	$\overline{Y_0}$
0	x	x	x	x	x	1	1	1	1	1	1	1	1
x	1	x	x	x	x	1	1	1	1	1	1	1	1
x	x	1	x	x	x	1	1	1	1	1	1	1	1
1	0	0	0	0	0	1	1	1	1	1	1	1	0
1	0	0	0	0	1	1	1	1	1	1	1	0	1
1	0	0	0	1	0	1	1	1	1	1	0	1	1
1	0	0	0	1	1	1	1	1	1	0	1	1	1
1	0	0	1	0	0	1	1	1	0	1	1	1	1
1	0	0	1	0	1	1	1	0	1	1	1	1	1
1	0	0	1	1	0	1	0	1	1	1	1	1	1
1	0	0	1	1	1	0	1	1	1	1	1	1	1

③ 控制信号线的连接。同名的控制信号线互连，否则应进行逻辑转换或组合处理后再连接。对于 32 位或 64 位数据宽度的外部数据总线，存储器接口的附加控制信号较多，电路趋于复杂化。

当遇到存储器扩展需要设计存储器接口电路时，关键问题是地址译码电路的设计。通常，考虑地址译码电路时应该顾及总线上的全部地址线。如果忽略高位的地址线，那么实际效果等于没有这些地址线，结果是 CPU 的有效存储器空间被压缩。当然，如果系统只需要一个较小的存储器空间，那么丢弃高位地址线反而是一个经济实用的设计方案。

2．存储器片选信号的产生方法

一个存储器通常由多个存储器芯片组成，CPU 要实现对存储单元的访问，首先要选择存储器芯片，然后从选中的芯片中依照地址选择相应的存储单元，再进行读/写操作。通常，芯片内部存储单元的地址由 CPU 输出的 n（n 由片内存储容量 2^nB 决定）位低位地址线选择，而片选信号则通过 CPU 高位地址线经译码后获得。由此可见，存储单元的地址由片内地址线和片选信号线的状态共同决定。下面介绍 3 种片选信号的产生方法。

（1）线选法。线选法是指用存储器芯片片内地址线以外的系统高位地址线作为存储器芯片的片选信号线。当采用线选法时，用于片选的地址线分别连至各芯片（或芯片组）的片选端 $\overline{CE}$，当某个芯片的 $\overline{CE}$ 为低电平时，则该芯片被选中。例 5.1 和例 5.2 就采用了线选法。需要注意的是，用于片选的地址线每次寻址时只能有 1 位有效，不允许同时有多位有效，这样才能保证每次只选中一个芯片或芯片组。线选法的优点是不需要外加逻辑电路，线路简单。缺点是把地址空间分成了相互隔离的区域，不能充分利用系统的存储空间。所以，这种方法只适用于扩展容量较小的存储系统。

（2）部分译码法。部分译码法是指用存储器芯片片内地址线以外的系统高位地址线的一部分，经过译码器产生片选信号。例如，在例 5.3 中，假设系统地址总线为 $A_{15}\sim A_0$，可扩展最大存储容量为 64KB，地址范围为 0000H～FFFFH。而在本例中只扩展了 2K×8bit 的存储器，2114（1K×4bit）片内地址线 $A_9\sim A_0$ 与系统低位地址线 $A_9\sim A_0$ 对应连接，剩余的系统高位地址线中的 A_{11} 和 A_{10} 作为 2-4 译码器的输入，译码器输出 $\overline{Y_0}$ 接至第一组芯片的片选端 $\overline{CE}$，$\overline{Y_1}$ 接至第二组

芯片的片选端 $\overline{CE}$ 。在确定芯片地址时，未连接的高位地址线 $A_{15}\sim A_{12}$ 的状态原则上可以任意选择 0 或 1，不会影响芯片内部的地址编码。由于未连接的高位地址线 $A_{15}\sim A_{12}$ 的状态既可以设为 0 也可以设为 1，因而使得每组芯片的地址不唯一，可以确定出多组地址，存在地址重叠现象。通常，把 $A_{15}\sim A_{12}$ 设为"全 0"所确定的一组地址称为基本地址。因此，图 5.16 所示第一组 2114 芯片的基本地址为 0000H～03FFH，第二组 2114 芯片的基本地址为 0400H～07FFH。

（3）全译码法。全译码法是指使存储器芯片片内地址线以外的系统的所有高位地址线全部参与地址译码，经译码器全译码输出，作为各存储器芯片的片选信号，以实现对存储器芯片的读/写操作。全译码法的优点是可以使每个（或组）芯片的地址范围不仅唯一确定，而且也是连续的，不会产生地址重叠现象，但对译码电路要求较高。

以上三种译码法的选择原则：系统如果不要求提供 CPU 可直接寻址的全部存储单元，则采用线选法或部分译码法，否则采用全译码法。

5.4.4 存储器的扩展设计举例

进行存储器扩展设计时，通常按下列步骤进行。

① 根据系统实际装机存储容量，确定存储器在整个存储空间中的位置。

② 选择合适的存储器芯片，列出地址分配表。

③ 按照地址分配表选用译码器件，画出相应的地址位图，依次确定片选信号和片内存储单元对应的地址线，进而画出片选译码电路。

④ 画出存储器与 CPU 系统总线的连接图。

【例 5.4】 为 8086 CPU（20 位地址总线 $A_{19}\sim A_0$，16 位数据总线 $D_{15}\sim D_0$）设计一个 32KB 的存储器。要求采用 4 片 6264 构成 32KB 存储器，地址从 10000H 开始。采用全译码法产生片选信号，画出电路，并编写程序段向存储器写入数据。

第一步，确定实现 32KB 存储器所需要芯片的数量。因为每片 6264 提供 $2^{13}\times8bit=8K\times8bit$ 的存储容量，所以实现 32KB 存储容量所需要的芯片数量为

$$芯片数量 = \frac{32K\times8bit}{8K\times8bit}=4片$$

第二步，存储器片选信号的产生及电路设计。由于 8086 CPU 为 16 位微处理器，有 16 位数据总线，而 6264 为 8 位芯片，因此，需要将两片 6264（1#和 2#为一组，3#和 4#为一组）的数据总线并联后与 8086 CPU 的 16 位数据总线相连。采用 74LS138 译码器产生片选信号，存储器地址分配见表 5.12。$A_0/\overline{BHE}$ 作为芯片组选择信号与两组 6264 的片选信号 CS 分别相连，$A_0=0$ 时，选择 1#和 3#芯片，$\overline{BHE}=0$ 时，选择 2#和 4#芯片。$A_{13}\sim A_1$ 与 6264 的 $A_{12}\sim A_0$ 相连作为片内地址信号，$A_{19}\sim A_{14}$ 作为 3-8 译码器 74LS138 的输入信号，产生的译码输出 $\overline{Y_4}$（100B）和 $\overline{Y_5}$（101B）分别与两组 6264 的片选信号 $\overline{CE}$ 相连。存储器扩展电路如图 5.18 所示。

程序段如下：

START:	MOV	AX, 1000H	;AX←1000H
	MOV	DS, AX	;指向 1000H 段基址
	MOV	DS: [0], AX	
	MOV	AX, 5599H	;AX←5599H
	MOV	CX, 4000H	;CX←4000H 计数值
	MOV	SI, 0000H	;SI←0000H 起始地址
AA:	MOV	[SI], AX	;[SI] ← 99H，将 99H 写入 SI 指向的偶地址单元
			;[SI+1] ← 55H，将 55H 写入 SI 指向的奇地址单元
	INC	SI	;SI← SI+1，指向下一个奇地址单元
	INC	SI	;SI← SI+1，指向下一个偶地址单元
	LOOP	AA	;CX← CX-1，CX≠0，转到标号 AA 继续执行

```
JMP      $
END      START
```

表 5.12   例 5.4 的存储器地址分配

芯片	74LS138 输入信号		6264 片内地址信号	芯片组选择信号	地 址 范 围
8086 CPU	$A_{19} \sim A_{17}$	$A_{16} \sim A_{14}$	$A_{13} \sim A_1$	$A_0 / \overline{BHE}$	
1# 芯片	000	100	0 0000 0000 0000	$A_0 = 0$	10000H～13FFFH 地址范围内的偶地址
2# 芯片	000	100	0 0000 0000 0001	$\overline{BHE} = 0$	10000H～13FFFH 地址范围内的奇地址
3# 芯片	000	101	…	$A_0 = 0$	14000H～17FFFH 地址范围内的偶地址
4# 芯片	000	101	1 1111 1111 1110 1 1111 1111 1111	$\overline{BHE} = 0$	14000H～17FFFH 地址范围内的奇地址

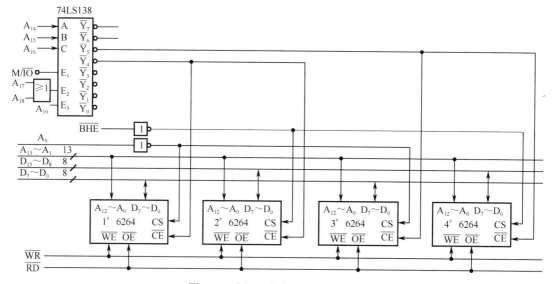

图 5.18   例 5.4 的存储器扩展电路

5.5 高速缓冲存储器（Cache）

5.5.1 Cache 的作用

在计算机技术发展过程中，CPU 的速度不断提高，而主存储器（简称主存）的存取速度一直比 CPU 的速度慢得多。当 CPU 访问存储器时，不得不插入等待周期，使 CPU 的高速处理能力不能充分发挥，整个计算机的工作效率受到影响。为了与 CPU 的速度相匹配，现代计算机都采用高速缓冲存储器（Cache，简称缓存）。Cache 在计算机中的位置如图 5.19 所示。

在计算机存储系统的层次结构中，Cache 是介于 CPU 和主存之间的一级高速小容量缓冲存储器。Cache 由 SRAM 芯片构成，容量较小，但速度比主存快得多，接近于 CPU 的速度。

Cache 通常采用半导体材料制成，速度一般比主存高 5 倍左右，但是容量通常较小，为几千字节到几十千字节，因此仅用来保存主存中最经常用到的一部分内容的副本。统计表明，利用一级缓存（L1 Cache），可使存储器的存取速度提高 4～10 倍。目前，大多数计算机中的缓存都分为三级。一级缓存集成在 CPU 芯片内，时钟周期与 CPU 相同，容量从 8KB 到 64KB 不等。多核微处理器通常会为每个核提供一个单独的一级缓存。二级缓存（L2 Cache）通常封装在 CPU 芯片之外，时钟周期比 CPU 慢一半或更低。就容量而言，二级缓存的容量通常比一级缓存大一个数量级以上，从几百千字节到几千千字节不等。80486 CPU 芯片内有 8KB 的 Cache，存放程序和数据，并支持二级缓存。三级缓存是在更高执行效率下，给一级和二级缓存进行计算前准备的缓存库。当 CPU 要读取数据时，首先从一级缓存中查找，如果没有找到，再从二级缓存中查找，如果还是没有，就从三级缓存或内存中查找。

在 CPU 的所有操作中，访问主存是最频繁的操作。主存在逻辑上划分为若干行，每行划分为若干存储单元组，每组包含几个字或几十个字。Cache 也相应地划分为行和列的存储单元组。二者的列数相同，组的大小也相同，但 Cache 的行数却比主存的行数少得多。Cache 的设计目标是使 CPU 访问操作尽可能在 Cache 中进行。Cache 工作原理如图 5.20 所示。

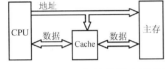

图 5.19　Cache 在计算机中的位置

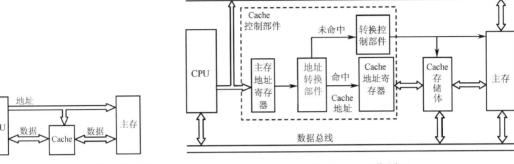

图 5.20　Cache 工作原理

当 CPU 访问主存时，通过地址转换部件对主存地址寄存器中的地址进行转换，并与 Cache 地址寄存器中的地址进行比较，如果有相同的地址，则表明要访问的主存单元已在 Cache 存储体中，称为命中。系统将要访问的主存地址映射为 Cache 地址并执行存取操作。如果地址都不相同，则表明要访问的主存单元不在 Cache 存储体中，称为未命中，也称为脱靶。经过转换控制部件后，系统将执行主存操作，并自动将要寻址的主存单元组调入 Cache 存储体相同列中空着的存储单元组，同时，将该组在主存中的地址存入 Cache 地址寄存器。

命中率是 Cache 操作有效性的一种测度，它被定义为 Cache 命中次数与存储器访问总次数之比，用百分数来表示：

$$命中率 = \frac{Cache命中次数}{存储器访问总次数} \times 100\%$$

例如，如果 Cache 命中率为 92%，则意味着 CPU 可用 92%的总线周期从 Cache 中读取数据。换句话说，仅有 8%的数据需要从主存中调用。在拥有二级缓存的 CPU 中，只有约 5%的数据需要从主存中调用，这大大提高了 CPU 的效率。

5.5.2　Cache 的读/写策略

Cache 的读/写策略就是 CPU 对存储器的读/写策略。Cache 读操作是指 CPU 读存储器，Cache 写操作是指 CPU 写存储器。在 Cache 中应尽量存放 CPU 最近一直在使用的数据。当 Cache 装满后，可将长期不用的数据删除，以提高 Cache 的使用效率。为保持 Cache 数据与主存数据的一致性，同时避免 CPU 在读/写过程中遗失新数据，确保 Cache 更新过的数据不会因覆盖而消失，必须及时更新 Cache 数据。这里涉及 CPU、Cache 与主存三者之间的协调工作。

1．读策略

读策略可分为贯穿读出式和旁路读出式两种。

（1）贯穿（look through）读出式。贯穿读出式原理如图 5.21 所示。Cache 位于 CPU 与主存之间，CPU 对主存的所有数据请求都首先送入 Cache 中，由 Cache 在自身中查找。如果命中，则切断 CPU 对主存的请求，并将数据直接传送给 CPU；如果未命中，则向主存发

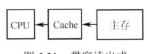

图 5.21　贯穿读出式

出数据请求，将数据从主存调入 Cache，再传送给 CPU。贯穿读出式的优点是降低了 CPU 对主

存的请求次数，缺点是延迟了 CPU 对主存的访问时间。

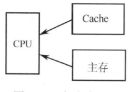

图 5.22　旁路读出式

（2）旁路（look aside）读出式。旁路读出式原理如图 5.22 所示。CPU 发出数据请求时，并不是单通道地穿过 Cache，而是向 Cache 和主存同时发出数据请求。由于 Cache 速度更快，如果命中，则 Cache 在将数据传送给 CPU 的同时，还可以及时中断 CPU 对主存的请求；若未命中，则 Cache 不做任何动作，由 CPU 直接访问主存，调入数据。旁路读出式的优点是没有时间延迟，缺点是每次 CPU 都要向主存发出数据请求，这样就占用了部分总线时间。

2．替换策略

当 Cache 已经装满后，主存中新的数据要不断地替换掉 Cache 中过时的数据，这就产生了 Cache 数据的替换策略。那么应替换哪些 Cache 块才能提高命中率呢？理想的替换策略应该使得 Cache 中总是保存着 CPU 最近将要使用的数据，不用的数据则被替换掉，这样才能保证较高的命中率。目前，使用较多的是随机替换、先入先出替换与近期最少使用替换三种策略。

（1）随机（random）替换策略。这是指不管 Cache 块过去、现在及将来使用的情况而随机地选择某块进行替换，这是一种最简单的替换策略。

（2）先入先出（FIFO）替换策略。这是指根据数据进入 Cache 的先后次序进行替换，先调入的 Cache 块首先被替换掉。这种策略不需要随时记录各个块的使用情况，容易实现，且系统开销较小。缺点是一些需要经常使用的块可能会被新调入的块替换掉。

（3）近期最少使用（LRU）替换策略。这是指把 CPU 近期最少使用的 Cache 块作为被替换的块。这种策略相对合理，命中率最高，是目前最常采用的方法。LRU 替换策略需要随时记录各 Cache 块的使用情况，以便确定哪个块是近期最少使用的块，实现起来比较复杂，系统开销较大。

3．写策略

当 CPU 向主存写数据时，Cache 控制部件同样会判断其地址是否定位在 Cache 中。如果在 Cache 中，CPU 的数据就被写入 Cache。对于进一步的主存操作，Cache 控制部件有以下两种主要的写策略。

（1）通写（write through）方式。原理如图 5.23 所示。CPU 发出的写信号送入 Cache 的同时，也送入主存，以保证主存中的数据能同步更新。通写方式的优点是操作简单，但由于主存的速度相对较慢，降低了系统的写速度并占用了部分总线时间。

（2）回写（write back）方式。原理如图 5.24 所示。为了尽量减少对主存的访问次数，避免通写方式中每次数据写入都要访问主存，从而导致系统写速度降低并占用总线时间的弊病，提出了回写方式。在回写方式中，数据一般只写入 Cache，而不写入主存，从而使写入速度加快。但这样有可能出现 Cache 中的数据已更新而主存中的对应数据却没有更新（数据不同步）的情况。此时可以在 Cache 中设置一个标志地址及数据陈旧信息，以确保 Cache 和主存中的数据不产生冲突。

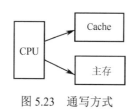

图 5.23　通写方式

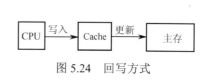

图 5.24　回写方式

（3）失效（invalidation）。当系统中存在其他微处理器或执行 DMA 操作的系统部件时，主存成为共享存储器。它们之中的任何一方都有可能对主存进行覆盖写入。此时 Cache 控制部件必须通报有关的 Cache 块，它们的数据由于主存已被修改而变为无效，这种操作称为 Cache 失效。

5.5.3 Cache 的地址映射

为了把数据从主存调入 Cache，必须使用某种地址转换机制把主存地址映射到 Cache 中定位，称为地址映射。实现方法：将主存和 Cache 都分为大小相等的若干块（或称页），每块的大小为 2^nB，通常为 2^9B（512B）、2^{10}B（1024B）或 2^{11}B（2048B）等，以块为单位进行映射。假设某计算机存储系统的 Cache 容量为 1MB，每块容量为 1KB，则被分为 1024 块；若 Cache 容量为 8KB，每块容量也是 1KB，则被分为 8 块。下面介绍三种 Cache 的地址映射方法。

（1）直接地址映射。这是指主存中每块只能映射到 Cache 中固定的一块，如图 5.25 所示。把主存按 Cache 容量分为若干组，每组按对应的块号进行映射。例如，主存的第 0 块、第 8 块、……、第 1016 块，只能映射到 Cache 的第 0 块；而主存的第 1 块、第 9 块、…、第 1017 块只能映射到 Cache 的第 1 块；其余类推。这种映射方法简单，且地址转换速度快，但不够灵活，Cache 的存储空间得不到充分利用。

（2）全相联地址映射。这是指主存中的每块都可以映射到 Cache 中任何一块，如图 5.26 所示。这种映射方法比较灵活，Cache 的利用率高，但地址转换速度慢，且需要采用某种置换算法将 Cache 中的内容调入、调出，实现起来系统开销大。

（3）组相联地址映射。这是指直接地址映射和全相联地址映射的折中方案，如图5.27所示。将主存和Cache分组，主存中一组内的块数与Cache中的组数相同。组间采用直接地址映射，组内采用全相联地址映射。主存中的各块与Cache组号间有固定的映射关系，但可以自由映射到对应的Cache组中的任何一块上。例如，主存的第0块可映射到Cache第0组的第0块或第1块，主存的第1块可映射到Cache第1组的第2块或第3块等。这种映射方法比直接地址映射灵活，比全相联地址映射速度快。实际上，当组的大小为1时，它就变成了直接地址映射；当组的大小为整个Cache的大小时，它就变成了全相联地址映射。

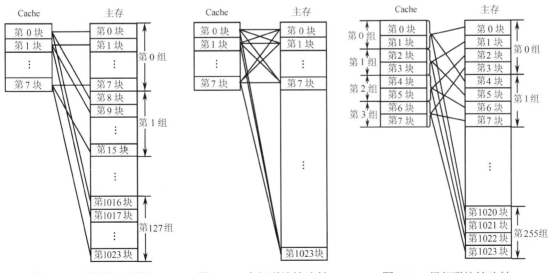

图 5.25　直接地址映射　　图 5.26　全相联地址映射　　图 5.27　组相联地址映射

习题 5

5-1 半导体存储器分为哪些类型？简述它们各自的特点。

5-2 半导体存储器的性能指标有哪些？

5-3 存储器扩展设计的三种基本方法是什么？

5-4 存储芯片中片选信号的产生方法有哪几种？各有什么特点？

5-5 一个 1K×8bit 的存储芯片需要多少条地址线？多少条数据线？

5-6 若用 1024×1bit 的 RAM 芯片组成 16K×8bit 的存储器，需要多少片芯片？若设系统地址总线为 16 位，则在地址总线中有多少位参与片内寻址？有多少位用作芯片组选择信号？

5-7 下列 RAM 各需要多少条地址线？多少条数据线？

512×4bit，1K×8bit，1K×8bit，1K×4bit，2K×1bit，4K×1bit，16K×8bit，256×8bit

5-8 用下列 RAM 组成存储器，各需要多少个 RAM 芯片？多少个芯片组？多少条片内地址线？多少条芯片组选择地址线？

① 512×1bit RAM 组成 16K×8bit 存储器；

② 1024×1bit RAM 组成 64K×8bit 存储器；

③ 2K×4bit RAM 组成 64K×8bit 存储器；

④ 8K×8bit RAM 组成 64K×8bit 存储器。

5-9 现有 2K×1bit 的 ROM 芯片和 4K×1bit 的 RAM 芯片，若用它们组成容量为 16KB 的存储器，前 4KB 为 ROM，后 12KB 为 RAM，问 ROM 和 RAM 芯片各需多少？

5-10 什么是高速缓冲存储器？它与主存是什么关系？请阐述其工作原理。

5-11 什么是虚拟存储器？采用虚拟存储技术能解决什么问题？

5-12 虚拟存储器的管理方式有哪几种？简述它们的特点。

5-13 试以 80486 系统为例，说明高档计算机系统中通常有哪几级存储？它们各起什么作用？在性能上有什么特点？

5-14 80486 存储器的工作模式有几种？它们各有什么特点？

5-15 80486 虚拟存储器的空间有多大？虚拟地址、线性地址和物理地址之间有什么关系？

5-16 选择题

① 高速缓冲存储器（Cache）的存取速度（   ）。

A. 比内存慢，比外存快   B. 比内存慢，比内部寄存器快

C. 比内存快，比内部寄存器慢

② 某计算机的主存为 3KB，则内存地址寄存器需要（   ）位就足够了。

A. 10   B. 11   C. 12   D. 13

③ 在计算机中，CPU 访问各类存储器的频率由高到低的次序为（   ）。

A. 高速缓存、内存、磁盘、磁带   B. 内存、磁盘、磁带、高速缓存

C. 磁盘、内存、磁带、高速缓存   D. 磁盘、高速缓存、内存、磁带

④ 常用的虚拟存储器寻址系统由（   ）两级存储器组成。

A. 主存-辅存   B. Cache-主存   C. Cache-辅存   D. Cache-Cache

⑤ 下面说法中，正确的是（   ）。

A. EPROM 是不能改写的

B. EPROM 是可改写的，所以也是一种读/写存储器

C. EPROM 只能改写一次

D. EPROM 是可改写的，但它不能作为读/写存储器

⑥ 在一个具有 24 条地址线的计算机系统中，装有 16KB 的 ROM、480KB 的 RAM 和 100MB 的硬盘，说明其内存容量为（   ）。

A. 496KB   B. 16MB   C. 100.496MB

⑦ 对于地址总线为 32 位的微处理器来说，其直接寻址的范围可达（   ）。

A. 1MB   B. 16MB   C. 64MB   D. 4GB

⑧ 在测控系统中，为了保存现场高速采集的数据，最佳选择的存储器是（   ）。

A. ROM   B. EPROM   C. RAM   D. NOVRAM

5-17 判断对错

① 无论页式、段式或段页式虚拟存储器，都是使用驻留在内存储器中的转换函数表来完成逻辑地址向物理地址的转换的。（   ）

② 虚拟存储器技术的引入，使 CPU 可寻址的存储空间范围几乎扩展到无穷大。（   ）

③ 80486 片内 Cache 写内存采用的是通写法，所以只要有写内存操作就会同时产生写 Cache 和写内存两个写操作。（　　）

④ 主存储器和 CPU 之间增加高速缓冲存储器的目的是扩大主存储器的容量。（　　）

⑤ ROM 可用作输入/输出缓冲区。（　　）

⑥ RAM 是非易失性的存储器，即使切断电源，其内容也不会丢失。（　　）

⑦ 对只读存储器只能进行读取操作，不能执行写操作。（　　）

⑧ 在设计随机存取存储器时，若存储容量较小，一般使用静态存储器；若存储容量较大，则多使用动态存储器。（　　）

5-18　试用 4K×8bit 的 EPROM 芯片 2732、8K×8bit 的 SRAM 芯片 6264 及 74LS138 译码器构成一个有 8KB 的 ROM 和 32KB 的 RAM 的存储器系统。要求设计存储器扩展电路，并指出每个存储芯片的地址范围。

5-19　试用 EPROM 芯片 2764 和 SRAM 芯片 6264 各一片组成存储器，其地址范围为 FC000H～FFFFFH，试画出存储器与 CPU 的连接图和片选译码电路（CPU 地址总线为 20 位，数据总线为 8 位）。

知识拓展　　　　重点难点

第6章 中断技术

摘要　本章介绍中断的基本概念、中断系统的功能、中断的分类和中断的处理过程，并详细讲述 Intel 80486 微处理器的中断系统结构，实地址模式下和保护模式下中断与异常的处理，以及可编程中断控制器 8259A 的结构、引脚、工作方式及应用。

6.1　中断概述

中断技术是现代计算机系统中十分重要的功能。最初，中断技术引入计算机系统，只是为了解决快速的 CPU（微处理器）与慢速的外设之间传送数据的矛盾。随着计算机技术的发展，中断技术不断被赋予新的功能，如计算机故障检测与自动处理、实时信息处理、多道程序分时操作和人机交互等。中断技术在计算机系统中的应用，不仅可以实现 CPU 与外设并行工作，而且可以及时处理系统内部和外部的随机事件，使系统能够更好地发挥效能。

6.1.1　中断与中断管理

1．中断的基本概念

所谓中断（interrupt），是指 CPU 在执行程序的过程中，由于某种外部或内部事件的作用（如外设请求与 CPU 传送数据或 CPU 在执行程序的过程中出现的异常），强迫 CPU 停止当前正在执行的程序而转去为该事件服务，待事件服务结束后，又能自动返回被中断的程序中继续执行。相对于被中断的原程序来说，中断处理程序是临时嵌入的一段程序。一般将被中断的原程序称为主程序，而将中断处理程序称为中断服务子程序。能够引起计算机中断的事件，称为中断源。主程序被中止的地方，称为断点，也就是下一条指令所在内存单元的地址。中断服务子程序一般存放在内存中一个固定的区域，它的起始地址称为中断服务子程序的入口地址。

中断过程示意图如图 6.1 所示。当 CPU 正在执行现行主程序时，有一个外部或内部事件请求 CPU 处理（中断请求），CPU 响应中断请求后，就暂时中断正在执行的主程序而去为该事件服务，执行一段事先编写好的中断服务子程序。当中断服务子程序执行结束后，自动返回被中断的主程序继续执行。能实现这一中断处理过程的技术，称为中断技术。

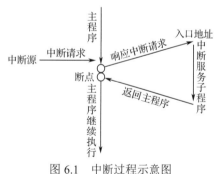

图 6.1　中断过程示意图

2．中断系统的作用

中断系统是现代计算机的重要组成部分，作用如下。

① 故障检测与自动处理。计算机系统出现故障和程序执行错误都是随机事件，事先无法预料，如电源掉电、存储器出错、运算溢出等。采用中断技术可以有效地进行系统的故障检测与自动处理。

② 实时信息处理。在计算机实时信息处理系统中，需要对采集的信息立即做出响应，以避免丢失信息。采用中断技术可以进行信息的实时处理。

③ 并行操作。当外设与 CPU 以中断方式传送数据时，可以实现 CPU 与外设之间的并行操作，使系统更好地发挥效能，提高效率。

④ 分时处理。现代计算机操作系统具有多任务处理功能，一个 CPU 可以同时运行多道程序，通过定时和中断方式，将 CPU 按时间分配给每个程序，从而实现多任务之间的定时切换与处理。

3．中断类型

在计算机系统中，根据中断源的不同，中断常分为两大类。

① 外部中断（硬件中断）。外部中断是指由外设通过硬件请求方式产生的中断，也称为硬件中断。外部中断又分为非屏蔽中断和可屏蔽中断。

非屏蔽中断（non-maskable interrupt）：当外设通过非屏蔽中断请求引脚 NMI 向 CPU 发出中断请求信号时，CPU 在当前指令执行结束后，就立即无条件地予以响应，这样的中断就是非屏蔽中断。非屏蔽中断在外部中断源中优先级最高，主要用于处理系统的意外或故障，如电源掉电、存储器读/写错误、扩展槽中输入/输出通道错误等。

可屏蔽中断（maskable interrupt）：CPU 对可屏蔽中断请求的响应是有条件的，它受中断允许标志（IF）的控制。当 IF=1 时，允许 CPU 响应中断请求；当 IF=0 时，禁止 CPU 响应中断请求。可屏蔽中断用于 CPU 与外设间的数据交换。

② 内部中断（软件中断）。内部中断是指由 CPU 运行程序错误或执行内部程序调用引起的一种中断，也称为软件中断。内部中断分为异常和 INT n 指令中断两类。

异常（exception）：在指令执行过程中由于 CPU 内部操作发生异常引起的中断，如硬件失效或非法的系统调用，以及程序员预先设置断点等。

INT n 指令中断：系统执行 INT n 指令所引起的中断。例如，DOS 中的 INT 21H 中断调用指令，可以实现磁盘读/写控制、内存管理、基本输入/输出控制。

4．中断优先级判优

在计算机系统中有多个中断源，它们功能各异，在系统中的重要性不同，要求 CPU 为其服务的响应速度也不同，因此，系统按中断任务的轻重缓急和紧迫程度为每个中断源进行排队，并给出顺序编号，来确定每个中断源接受 CPU 服务时的优先等级，称为中断优先级（interrupt priority）。当有两个或多个中断源同时向 CPU 请求中断时，中断控制逻辑能够自动地按照中断优先级进行排队（中断优先级判优），并选中当前优先级最高的中断进行处理。在一般情况下，内部中断优先于外部中断，非屏蔽中断优先于可屏蔽中断。

中断源的优先级判优，可以通过软件查询方式和硬件电路两种方法实现。

软件查询方式的基本原理：当 CPU 接收到中断请求后，执行中断优先级判优的查询程序，逐个检测外设中断请求标志位的状态，检测的顺序是按中断优先级的高低来进行的，最先被检测的中断源具有最高的优先级，最后被检测的中断源具有最低的优先级。CPU 首先响应优先级最高的中断请求，在处理完优先级最高的中断请求后，再转去响应并处理优先级较低的中断请求。

硬件优先级判优采用硬件电路来实现，可节省 CPU 时间，而且速度较快，但是成本较高。

5．中断嵌套

在中断优先级已经确定的情况下，低优先级的中断源向 CPU 发出中断请求，且得到了 CPU 的响应，CPU 正在对其进行服务时，若有优先级更高的中断源向 CPU 发出中断请求，则中断控制逻辑能控制 CPU 暂时搁置现行的中断服务（中断正在执行的中断服务子程序），转而响应高优先级的中断请求，执行中断服务子程序，待高优先级的中断请求处理完毕后，再返回先前被搁置的中断服务子程序继续执行。若此时是低优先级或同级中断源发出的中断请求，则 CPU 均不响应。这种高优先级中断源中断低优先级中断源的服务，使中断服务子程序可以嵌套进行的过程，称为中断嵌套（interrupt nesting），中断嵌套过程示意图如图 6.2 所示。

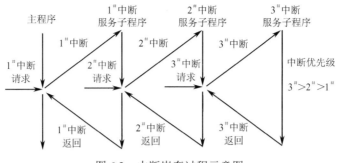

图 6.2　中断嵌套过程示意图

6. 中断允许与屏蔽

在计算机系统中，中断允许与屏蔽通常分为两级来考虑。

一级针对 CPU 的可屏蔽中断请求（INTR）是否被允许进入系统，处理的方法是在 CPU 内部设置一个中断允许触发器（IF），用来开放或关闭 CPU 中断，中断允许触发器可以用指令置 1 或清 0。当中断允许触发器置 1 时，称为开中断，允许 CPU 响应 INTR；当中断允许触发器清 0 时，称为关中断，禁止 CPU 响应 INTR。

另一级在外设接口中，为每个中断源设置一个中断允许触发器和一个中断屏蔽触发器，用来开放或关闭中断源的请求。

6.1.2　中断处理过程

在计算机系统中，对于外部中断，中断请求信号由外设产生，并施加到 CPU 的 NMI 或 INTR 引脚上，CPU 通过不断地检测 NMI 和 INTR 引脚来识别是否有中断请求发生。对于内部中断，中断请求信号不需要外部施加信号激发，而是通过内部中断控制逻辑去调用。无论外部中断还是内部中断，中断处理过程都要经历以下步骤。

① 请求中断（interrupt request）。当某个中断源希望 CPU 为其进行中断服务时，就向 CPU 发出中断请求信号，置位中断请求触发器，向 CPU 请求中断。系统要求中断请求信号一直保持到 CPU 响应中断为止。每个中断源向 CPU 发出的中断请求信号都是随机的，而 CPU 只在现行指令执行结束后才检测有无中断请求信号，故在 CPU 现行指令执行期间，必须把随机输入的中断请求信号锁存起来，并保持到 CPU 响应这个中断请求后才可以清除。因此，每个中断源都设置了一个中断请求触发器，记录中断源的请求标志。当有中断请求时，触发器被置位；当 CPU 响应中断请求后，触发器被清除。

② 响应中断（interrupt acknowledge）。CPU 对系统内部中断源提出的非屏蔽中断请求（NMI）必须响应，而且能够自动取得中断服务子程序的入口地址，执行中断服务子程序。对于外部中断，CPU 在执行当前指令的最后一个时钟周期去查询 INTR 引脚，若查询到中断请求信号有效，同时在系统开中断（IF=1）的情况下，CPU 向发出中断请求的外设回送一个低电平有效的中断响应信号 $\overline{\text{INTA}}$，作为对 INTR 的响应，系统自动进入中断响应周期。

③ 关闭中断（interrupt disable）。CPU 响应中断后，输出中断响应信号 $\overline{\text{INTA}}$，自动将标志寄存器 FR 或 EFR 的内容压入堆栈保存，然后将 FR 或 EFR 中的中断允许标志（IF）与陷阱标志（TF）清 0，从而自动关闭外部硬件中断。因为 CPU 刚进入中断时要保护断点和现场，主要涉及堆栈操作，所以此时不能再响应中断，否则将造成系统混乱。

④ 保护断点。保护断点就是将 CS 和 IP/EIP 的值以及标志寄存器 FR 或 EFR 的内容压入堆栈保存，以便中断处理完毕后能正确返回被中断的原程序（主程序）继续执行，这一过程由 CPU 自动完成。

⑤ 识别中断源。在计算机系统中，不同的中断源对应着不同的中断服务子程序，并且存放在不同的存储区域。当系统中有多个中断源时，一旦有中断请求，CPU 必须确定是哪一个中断源发出的中断请求，即识别中断源，以便获取相应的中断服务子程序的入口地址，装入 CS 和 IP/EIP 寄存器，转入中断处理。

⑥ 保护现场。主程序和中断服务子程序都要使用 CPU 内部寄存器，为使中断服务子程序不破坏主程序中寄存器的内容，应先将断点处各寄存器的内容压入堆栈保存，称为保护现场，而后再进入中断处理。保护现场由用户使用 PUSH 指令来实现。

⑦ 中断服务。中断服务是中断处理的主体部分。不同的中断请求，有不同的中断服务内容，需要根据中断源所要完成的功能事先编写相应的中断服务子程序并存入内存，等待中断请求响应后调用执行。

⑧ 恢复现场。当中断处理完毕后，用户通过 POP 指令将保存在堆栈中的各个寄存器的内容弹出，即恢复主程序断点处寄存器的原值。

⑨ 中断返回。在中断服务子程序的最后必须安排一条中断返回指令 IRET，执行 IRET 指令，系统自动将堆栈内保存的 CS 和 IP/EIP 值弹出，恢复主程序断点处的地址值，同时还自动恢复标志寄存器 FR 或 EFR 的内容，使 CPU 转到被中断的主程序继续执行。

中断处理过程示意图如图 6.3 所示。

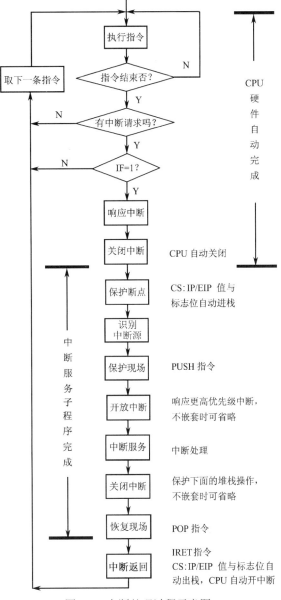

图 6.3 中断处理过程示意图

6.2 80486 微处理器中断系统

从 Intel 8086/8088、80286、80386、80486 直到 Pentium 系列微处理器（CPU），其中断系统的结构基本相同，不同之处主要有两点：第一，因为 CPU 的工作模式不同，所以获取中断向量的方式有所不同；第二，因为系统的配置不同，所以处理的中断类型有所差异。

6.2.1 结构及类型

80486 中断系统结构如图 6.4 所示。根据中断源与 CPU 的相对位置关系，80486 中断系统分为中断（外部中断）和异常（内部中断）两大类。

1. 中断

80486 的硬件中断有两种。① 由 NMI 引脚引入的非屏蔽中断，请求触发方式为上升沿（从低电平到高电平的跳变）有效。② 由 INTR 引脚引入的可屏蔽中断，请求触发方式为高电平有效。但由于多数外设的中断请求都是通过可屏蔽中断引入的，而 CPU 的 INTR 引脚只有一个，不能满足外设的需要，因此在系统中扩展了一片或多片可编程中断控制器 8259A 协助 CPU 管理中断，单片 8259A 可以管理 8 级外部中断请求 IR$_7$～IR$_0$。在多片级联的方式下，最多可以管理 64 级外部中断请求。

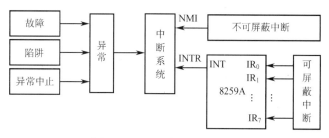

图 6.4　80486 中断系统结构

2．异常

异常是指在 CPU 执行程序过程中，因各种错误引起的中断，如地址非法、校验出错、存取访问控制错误、结果溢出、除数为 0、非法指令等。根据系统对异常的处理方法不同，通常分为下列三类。

（1）故障（faults）

这是指某条指令在启动之后、真正执行之前，由于被检测到异常而产生的一种中断。CPU 将产生这种异常操作的指令所在内存中的地址保存到堆栈中，然后执行中断服务子程序进行排除故障的中断处理，返回后再执行曾经产生异常的指令，如果不再出现异常，则程序可以正常地继续执行下去。例如，启动某条指令时，要访问的数据未找到，在这种情况下，当前指令被挂起，中断处理之后，重新启动这条指令。

（2）陷阱（traps）

这是指在中断指令执行过程中引起的中断，主要由执行断点指令或中断调用（INT n）指令引起。在中断处理前，要保护设置陷阱的下一条指令的地址（断点），中断处理完毕后，返回到该断点处继续执行。例如，由程序员预先设定的单步调试或断点调试，CPU 执行到当前的异常指令后，将下一条指令的地址保存到堆栈中，然后进入中断服务子程序处理异常事件，中断处理完毕后，返回断点继续执行程序。这个过程同普通中断类似，一般不会导致系统瘫痪。

（3）异常中止（aborts）

这通常是由硬件错误或非法的系统调用引起的。异常中止发生后，一般无法确定造成异常指令的准确位置，程序无法继续执行，系统也无法恢复原操作，中断处理必须重新启动系统。

以上三类异常的差别主要表现在两个方面：① 发生异常的报告方式；② 异常处理程序的返回方式。故障这类异常的报告是在引起异常的指令执行之前发生的，待异常处理完毕，返回该指令继续执行；陷阱这类异常的报告是在引起异常的指令执行之后发生的，待异常处理完毕，返回该指令的下一条指令继续执行；异常中止这类异常的情况比较严重，它是因为系统硬件或参数出现了错误而引起的，引起异常的程序无法恢复，必须重新启动系统。

80486 最多可以管理 256 种类型的中断和异常，见表 6.1。每种类型的中断都被赋予一个中断类型号，其中，中断类型号 0～17 分配给内部中断（中断类型 2 除外）；中断类型号 18～31 为备用，供生产厂家开发软/硬件使用；中断类型号 32～255 留给用户，作为外设进行输入/输出数据时的可屏蔽中断请求（INTR）使用。

表 6.1 80486 中断和异常类型及功能

中断类型号	异常名称	异常类别	引起异常的指令
0	除法出错	故障	DIV，IDIV
1	单步调试	陷阱	任何指令
2	非屏蔽中断（NMI）	NMI	
3	断点	陷阱	INT 3
4	溢出错误	陷阱	INTO
5	越界（超出了 BOUND 范围）	故障	BOUND
6	非法操作码	故障	一条无效的指令编码或操作数
7	协处理器不可用	故障	浮点指令或 WAIT
8	双重故障	异常中止	任何指令
9	协处理器越段运行	异常中止	引用存储器的浮点指令
10	无效任务状态段	故障	JMP，CALL，RET
11	段不存在	故障	装载段寄存器的任何指令
12	堆栈段异常	故障	任何加载 SS 的指令或任何引用由 SS 寻址的存储单元
13	通用保护故障	故障	任何特权指令或任何引用存储器的指令
14	页异常	故障	任何引用存储器的指令
15	保留，未使用		
16	浮点错	故障	浮点指令或 WAIT
17	对准检测	故障	
18～31	生产厂家开发软/硬件使用		
32～255	用户可使用的中断	可屏蔽中断	INTR

注意：中断类型 0～4，即除法出错、单步调试、NMI、断点、溢出错误，从 8086 到 Pentium 都是相同的，其他中断类型适用于 80286 及向上兼容的 80386、80486 和 Pentium。

6.2.2 实地址模式下中断与异常的处理

在中断和异常的处理过程中，很重要的一件事是如何识别中断源，获取中断服务子程序的入口地址。在 80486 系统中，因为 CPU 的工作模式不同，获取中断向量的方式也有所不同。本节讨论 CPU 在实地址模式下如何获取中断向量而转入中断处理。

1. 中断向量表

在实地址模式下，80486 的中断响应方式是根据中断源提供的中断类型号查找中断向量表，获取中断向量，继而转去执行中断服务子程序。

中断向量表位于内存第 0 段的 1KB RAM 区，地址范围为 0000H～03FFH。80486 的中断向量表如图 6.5 所示。256 种中断类型用中断类型号 0～255（00H～FFH）表示。中断类型号 n 与其对应中断向量表的地址 V 的关系是 $V=4n$。约定 $4n+0$ 和 $4n+1$ 单元中存放中断服务子程序的偏移地址 IP 的值，$4n+2$ 和 $4n+3$ 单元中存放中断服务子程序的段基址 CS 的值。CPU 响应中断请求后，由中断源自动给出中断类型号 n，并送入 CPU，由 CPU 自动完成中断向量表地址 $4n$ 的运算，从中断向量表中取出中断服务子程序的入口地址送入 CS 和 IP，执行中断服务子程序。内部中断的向量地址由系统负责装入，用户不能随意修改。用户中断的向量地址在初始化编程时装入。

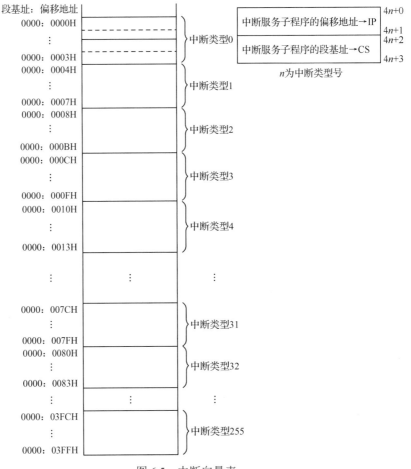

图 6.5　中断向量表

2．设置中断向量

用户在应用系统中使用中断时，需要在初始化程序中将中断服务子程序的入口地址装入中断向量表指定的存储单元，以便在 CPU 响应中断请求后，由中断向量自动引导到中断服务子程序。中断向量的设置方法：既可以使用传送指令直接装入指定的存储单元，也可以使用 DOS 中断调用指令 INT 21H 中的 25H 号功能装入。

（1）用传送指令直接装入中断向量

采用这种方法设置中断向量，就是将中断服务子程序的入口地址通过数据传送指令直接送入中断向量表指定的存储单元。例如，设某中断源的中断类型号 n 为 40H，中断服务子程序的入口地址为 INT-P，设置中断向量的程序段如下：

```
        CLI                          ;IF=0，关中断
        MOV    AX, 0                 ;AX←0
        MOV    ES, AX                ;ES 指向 0 段
        MOV    BX, 40H×4             ;BX←中断向量表地址
        MOV    AX, OFFSET INT-P      ;AX←中断服务子程序的偏移地址
        MOV    ES:WORD PTR[BX], AX   ;中断服务子程序的偏移地址写入中断向量表
        MOV    AX, SEG INT-P         ;AX←中断服务子程序的段基址
        MOV    ES:WORD PTR[BX+2],AX  ;中断服务子程序的段基址写入中断向量表
        STI                          ;IF=1，开中断
        …
INT-P:  …                            ;中断服务子程序
```

```
                    ...
                    IRET                            ;中断返回
```

（2）用 DOS 系统功能调用装入中断向量

在 DOS 中断调用指令 INT 21H 中，用 25H 号功能可设置中断向量，用 35H 号功能可获取中断向量。

25H 号功能调用的入口参数：

(AH) = 25H

(AL) = 中断类型号

(DS:DX) = 中断服务子程序的入口地址

例如，设某中断的中断类型号 n 为 40H，中断服务子程序的入口地址为 INT-P，调用 25H 号功能装入中断向量的程序段如下：

```
            CLI                              ;IF=0，关中断
            MOV    AL, 40H                   ;AL←40H，中断类型号
            MOV    DX, SEG INT-P             ;DX←中断服务子程序的段基址
            MOV    DS, DX                    ;DS←中断服务子程序的段基址
            MOV    DX, OFFSET INT-P          ;DX←中断服务子程序的偏移地址
            MOV    AH, 25H                   ;AH←25H
            INT    21H                       ;21H 中断调用指令
            STI                              ;IF=1，开中断
            ...
    INT-P:  ...                              ;中断服务子程序
            ...
            IRET                             ;中断返回
```

35H 号功能调用的入口参数：

(AH) = 35H

(AL) = 中断类型号

出口参数：

(ES:BX) = 中断服务子程序的入口地址

例如，从中断类型号 40H 对应的中断向量表中取出中断向量，程序段如下：

```
    MOV    AH, 35H                           ;AH←35H
    MOV    AL, 40H                           ;AL←40H
    INT    21H                               ;21H 中断调用指令
```

该程序段执行之后，将从中断向量表中获取的中断向量存放在 ES 和 BX 中，ES 中存放段基址，BX 中存放偏移地址。

在实际应用中，为了不破坏中断向量表中的原始设置，通常在装入新的中断向量之前，先将原有的中断向量取出保存，待中断处理完毕，再将原中断向量恢复。

3．中断处理

当 CPU 工作于实地址模式时，可以响应和处理外部中断 NMI 与 INTR，以及内部中断类型 0、1、3、4、5、6、7、8、9、12、13 和 16，共 14 种异常和故障。按任务的轻重缓急，系统规定了中断处理的优先顺序：内部中断（优先级最高，中断类型 1 除外）→NMI→INTR→单步调试（优先级最低）。实地址模式下的中断处理流程如图 6.6 所示。

CPU 在当前指令执行完毕后，按中断源的优先级顺序去检测和查询是否有中断请求，当查询到有内部中断发生时，中断类型号 n 由 CPU 内部形成或由指令本身（INT n）提供；当查询到有 NMI 请求时，自动转入中断类型 2 进行处理；当查询到有 INTR 请求时，中断响应条件是 IF=1，其中断类型号 n 由请求设备在中断响应周期自动给出；当查询到单步调试请求（TF=1）时，自动转入中断类型 1 进行处理。对于 INTR 请求引起的中断，CPU 要连续产生两个低电平有效的中断响应周期的 $\overline{INTA}$，进行中断处理。

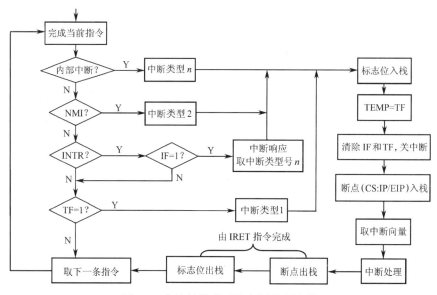

图 6.6 实地址模式下的中断处理流程

为了实现中断服务子程序与主程序之间的跳转与返回，CPU 在响应中断请求后、执行中断处理前，由硬件自动地完成如下操作：① 获取中断类型号 n，生成中断向量表地址 $4n$；② 将标志寄存器 FR 或 EFR 的内容压入堆栈保存；③ 先将 TF 的值保存在 TEMP 中，然后清除 TF 和 IF，在中断响应过程中，禁止单步调试和再次响应新的 INTR；④ 断点 CS:IP/EIP 压入堆栈保存；⑤ 从中断向量表地址为 $4n$ 的存储单元中取出中断向量送入 CS 和 IP/EIP，继而转去执行中断服务子程序。断点和标志位的出栈是在中断服务子程序结束后由中断返回指令 IRET 来完成的。

6.2.3 保护模式下中断与异常的处理

为了支持多任务操作和虚拟存储管理，80486 可以工作于保护模式。在保护模式下，为每个中断和异常定义了一个中断描述符，用来说明中断和异常服务子程序入口地址的属性。所有的中断描述符都集中存放在中断描述符表（Interrupt Descriptor Table，IDT）中，由其取代实地址模式下的中断向量表。

1. 中断描述符与中断描述符表

中断描述符用于描述中断和异常处理程序的属性。与实地址模式下的中断向量一样，保护模式下的中断描述符充当引导程序到中断服务子程序入口地址处执行的指针。不同之处在于，在保护模式下，中断描述符要占据连续的 8 个字节。中断描述符如图 6.7 所示。

图 6.7 中断描述符

图 6.7 中低地址的字节 0 和 1 是中断服务子程序的偏移量 $A_{15} \sim A_0$；高地址的字节 6 和 7 是中断服务子程序的偏移量 $A_{31} \sim A_{16}$；字节 2 和 3 是段选择符。段选择符和偏移量用来形成中断服务子程序的入口地址。字节 4 和 5 为访问权限字节，用于标识该中断描述符是否有效、中断服务子程序的特权级和中断描述符的类型等信息。

P：表示中断描述符是否有效。P=1，中断描述符有效；P=0，中断描述符无效。

DPL：表示中断优先级。DPL 占 2 位，有 4 种编码：00、01、10 和 11，共 4 级优先级，0 级优先级最高。

TYPE：表示中断描述符的类型。TYPE 占 4 位，有 3 种类型的中断描述符：任务门、中断门和自陷门。

IDT 中最多可以包含 256 个中断描述符，每个中断描述符占用连续的 8 个字节，因此 IDT 共占用 2KB 的存储空间，可以置于 CPU 物理地址空间的任何地方。IDT 的位置和大小由中断描述符表寄存器（IDTR）的值确定。IDTR 包含 32 位的基址和 16 位段限，基址定义了 IDT 在存储器中的起始地址，段限定义了 IDT 所占的字节个数。

2．中断调用

保护模式下的中断调用过程如图 6.8 所示。当 CPU 响应外部中断请求或执行某条指令产生异常时，根据中断类型号 n，从 IDT 中找到相应的中断描述符，由中断描述符中的段选择符指向全局描述符表（GDT）或局部描述符表（LDT）中的段描述符，此目标段描述符内的基址指向中断服务子程序的基址，再由该基址与中断描述符中的偏移量之和形成中断服务子程序的入口地址。具体实现方法如下。

① 根据中断类型号 n，得到中断描述符在 IDT 中的起始地址：

$$起始地址=IDT 的基址+n×8$$

② 根据中断描述符中的段选择符，从 GDT 或 LDT 中取出段描述符。

③ 根据段描述符中提供的基址和中断描述符中提供的偏移量，合成中断服务子程序的入口地址。

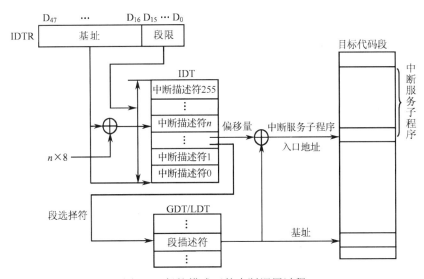

图 6.8　保护模式下的中断调用过程

6.3　可编程中断控制器 8259A

可编程中断控制器 8259A 是 Intel 公司专为 80x86 控制外部中断而设计开发的芯片。8259A 将中断源优先级判优、中断源识别和中断屏蔽电路集于一体，不需要附加任何电路就可以对外部中断进行管理，单片可以管理 8 级外部中断，在多片级联方式下，可以管理多达 64 级的外部中断。

6.3.1 8259A 内部结构及其引脚功能

8259A 是 28 引脚双列直插式芯片，单一+5V 电源供电，8259A 内部结构如图 6.9 所示。

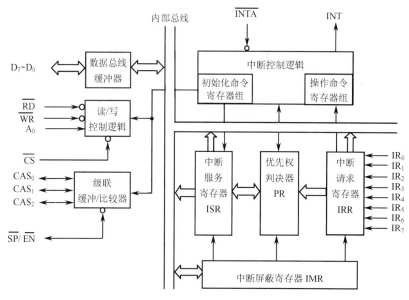

图 6.9 8259A 内部结构

1．内部结构

（1）数据总线缓冲器。三态、双向、8 位寄存器，数据总线 $D_7 \sim D_0$ 与 CPU 系统数据总线连接，构成 CPU 与 8259A 之间信息传输的通道。

（2）读/写控制逻辑。接收 CPU 的读/写控制信号 $\overline{RD}$ 与 $\overline{WR}$ 和地址选择信号 A_0，用于控制 8259A 内部寄存器的读/写操作。

（3）级联缓冲/比较器（cascade buffer/comparator）。8259A 既可以工作于单片方式，也可以工作于多片级联方式。级联缓冲/比较器提供多片 8259A 的管理和选择功能，一片 8259A 为主片，其余的 8259A 为从片。多片 8259A 级联方式硬件电路如图 6.10 所示。

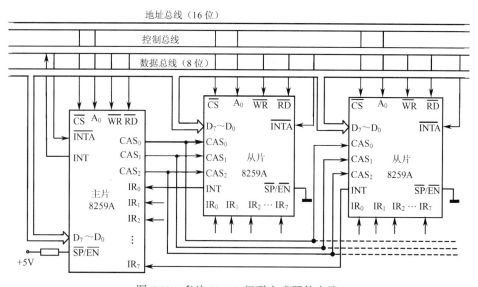

图 6.10 多片 8259A 级联方式硬件电路

（4）中断控制逻辑。按照初始化编程设定的工作方式管理中断，负责向片内各部件发送控制信号，向 CPU 发送中断请求信号 INT 和接收 CPU 回送的中断响应信号。

（5）中断请求寄存器（Interrupt Request Register，IRR）。8 位寄存器，用于记录外部中断请求。其中，$D_7 \sim D_0$ 分别与外部中断请求 $IR_7 \sim IR_0$ 相对应，当 IR_i（$i=0 \sim 7$）有请求（电平或边沿触发）时，IRR 中的相应位 D_i（$i=0 \sim 7$）置 1；在中断响应信号 $\overline{INTA}$ 有效时，D_i 清 0。

（6）中断服务寄存器（Interrupt Service Register，ISR）。8 位寄存器，用于记录 CPU 当前正在服务的中断请求，即中断服务标志。当 IR_i 的请求得到 CPU 响应进入中断服务时，由 CPU 发送的第一个中断响应信号 $\overline{INTA}$ 将 ISR 中的相应位 D_i 置 1，而 ISR 的复位则由 8259A 中断结束方式决定。若定义为自动中断结束方式，则由 CPU 发送的第二个中断响应信号 $\overline{INTA}$ 的后沿将 D_i 清 0；若定义为非自动中断结束方式，则由 CPU 发送中断结束命令将其清 0。

（7）中断屏蔽寄存器（Interrupt Mask Register，IMR）。8 位寄存器，用来存放 $IR_7 \sim IR_0$ 的中断屏蔽标志。$D_7 \sim D_0$ 与 $IR_7 \sim IR_0$ 相对应，用于控制 IR_i 的请求是否被允许进入。当 IMR 中的 $D_i=1$ 时，对应的 IR_i 请求被禁止；当 $D_i=0$ 时，允许对应的 IR_i 请求进入。它可以由软件设置或清除，通过编程设定屏蔽字可以改变中断源的优先级。

（8）优先级判决器（Priority Resolver，PR）。将 IRR 中的内容与当前 ISR 中的内容进行比较，并对它们进行排队判优，以便选出当前优先级最高的中断请求。如果 IRR 中的中断请求的优先级高于 ISR 中的中断请求的优先级，则由中断控制逻辑向 CPU 发出中断请求信号 INT，中止当前的中断服务子程序，进行中断嵌套；反之，CPU 继续执行当前的中断服务子程序。

2．引脚及功能

8259A 的引脚如图 6.11 所示。

$D_7 \sim D_0$：双向、三态数据线，与系统数据总线连接。

$\overline{RD}$：读，输入，低电平有效。当 $\overline{RD}=0$ 且 $\overline{CS}=0$ 时，CPU 对 8259A 进行读操作。

$\overline{WR}$：写，输入，低电平有效。当 $\overline{WR}=0$ 且 $\overline{CS}=0$ 时，CPU 对 8259A 进行写操作。

A_0：端口地址，输入，由 8259A 片内译码，用于选择内部寄存器。

$\overline{CS}$：片选，输入，低电平有效。当 $\overline{CS}=0$ 时，8259A 被选中。

$\overline{SP}/\overline{EN}$：双向信号线，用于从片 8259A 的选择或总线驱动器（slave programm/enable buffer）的控制。当 8259A 工作于非缓冲方式时，$\overline{SP}/\overline{EN}$ 作为输入信号线，用于从片 8259A 的选择。多片级联中的从片 $\overline{SP}/\overline{EN}$ 接低电平，主片 $\overline{SP}/\overline{EN}$ 接高电平。当 8259A 工作于缓冲方式时，$\overline{SP}/\overline{EN}$ 作为输出信号线，用于 8259A 与总线驱动器的控制。

INT：中断请求，与 CPU 的中断请求引脚 INTR 相连。

$\overline{INTA}$：中断响应，与 8086 的中断响应引脚 $\overline{INTA}$ 相连。

$CAS_2 \sim CAS_0$：级联信号线（cascade lines），作为主片 8259A 与从片 8259A 的连接信号线，主片 8259A 为输出，从片 8259A 为输入，主片 8259A 通过 $CAS_2 \sim CAS_0$ 编码选择和管理从片 8259A，最多可以扩展并管理 8 个从片 8259A。

$IR_7 \sim IR_0$：外部中断请求，由外设输入。

V_{CC}：+5V 电源。

GND：电源地。

8259A 寄存器地址分配及读/写操作功能见表 6.2。

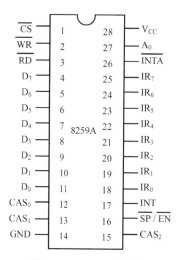

图 6.11　8259A 的引脚

表 6.2　8259A 寄存器地址分配及读/写操作功能

$\overline{CS}$	$\overline{WR}$	$\overline{RD}$	A_0	D_4	D_3	功　　能
0	0	1	0	1	×	写 ICW_1
0	0	1	1	×	×	写 ICW_2
0	0	1	1	×	×	写 ICW_3
0	0	1	1	×	×	写 ICW_4
0	0	1	1	×	×	写 OCW_1
0	0	1	0	0	0	写 OCW_2
0	0	1	0	0	1	写 OCW_3
0	1	0	0	×	×	读 IRR
0	1	0	0	×	×	读 ISR
0	1	0	1	×	×	读 IMR
0	1	0	1	×	×	读状态寄存器

注：D_4、D_3 为对应寄存器中的标志位。

6.3.2　8259A 工作方式

8259A 中断管理功能很强，单片 8259A 可以管理 8 级外部中断，在多片 8259A 级联方式下最多可以管理 64 级外部中断，并且具有中断优先级判优、中断嵌套、中断屏蔽和中断结束等多种中断管理方式。

1．中断优先级的管理方式

8259A 中断优先级的管理方式有固定优先级方式和自动循环优先级方式两种。

（1）固定优先级方式（Fixed Priority Mode，FPM）。在固定优先级方式中，$IR_7 \sim IR_0$ 的中断优先级由系统确定，从低到高为 $IR_7 \rightarrow IR_6 \rightarrow \cdots \rightarrow IR_2 \rightarrow IR_1 \rightarrow IR_0$，$IR_0$ 的优先级最高，IR_7 的最低。当有多个 IR_i 请求中断时，优先级判决器（PR）将它们与当前正在处理的中断源的优先级进行比较，选出当前优先级最高的 IR_i，向 CPU 发出中断请求信号 INT，请求为其服务。

（2）自动循环优先级方式（Rotating Priority Mode，RPM）。在自动循环优先级方式中，$IR_7 \sim IR_0$ 的优先级可以改变，当某个 IR_i 的服务结束后，其优先级自动降为最低，而紧跟其后的 IR_{i+1} 的优先级自动升为最高。$IR_7 \sim IR_0$ 的优先级按如下所示的右循环方式改变：

$$\rightarrow IR_7 \longrightarrow IR_6 \cdots IR_2 \longrightarrow IR_1 \longrightarrow IR_0 \rightarrow$$

假设在初始状态时，IR_0 有请求，CPU 为其服务完毕，IR_0 的优先级将自动降为最低，排在 IR_7 之后，而其后的 IR_1 的优先级升为最高，其余类推。这种优先级管理方式，可以使 8 个中断请求拥有享受同等优先服务的权利。

2．中断嵌套方式

8259A 的中断嵌套方式分为完全嵌套方式和特殊完全嵌套方式两种。

（1）完全嵌套方式（Fully Nested Mode，FNM）。完全嵌套方式是 8259A 在初始化时自动进入的一种最基本的优先级管理方式。中断优先级管理采用固定优先级方式，即 IR_0 的优先级最高，IR_7 的最低。在 CPU 中断服务期间（执行中断服务子程序过程中），有新的中断请求到来时，只允许比当前服务的中断请求优先级（"高级"）的中断请求进入，对于"同级"或"低级"的中断请求禁止响应。

（2）特殊完全嵌套方式（Special Fully Nested Mode，SFNM）。特殊完全嵌套方式是 8259A 在多片的级联方式下使用的一种最基本的优先级管理方式。中断优先级管理采用固定优先级方式，$IR_7 \sim IR_0$ 的优先级与完全嵌套方式的规定相同。不同之处是，在 CPU 中断服务期间，除了允许"高级"中断请求进入，还允许"同级"中断请求进入，从而实现了对"同级"中断请求的特殊嵌套。

在多片级联方式下，主片 8259A 通常设置为特殊完全嵌套方式，从片 8259A 设置为完全嵌套方式。当主片 8259A 为某个从片 8259A 的中断请求服务时，其 $IR_7 \sim IR_0$ 的请求都是通过主片 8259A 中的某个 IR_i 请求引入的。因此，从片 8259A 的 $IR_7 \sim IR_0$ 对于主片 8259A 的 IR_i 来说，它们属于同级，只有主片 8259A 工作于特殊完全嵌套方式时，从片 8259A 才能实现完全嵌套。

3．中断屏蔽方式

中断屏蔽方式是对 8259A 的外部中断源 $IR_7 \sim IR_0$ 实现屏蔽的一种中断管理方式，分为普通屏蔽方式和特殊屏蔽方式两种。

（1）普通屏蔽方式（Common Mask Mode，CMM）。普通屏蔽方式通过 8259A 的中断屏蔽寄存器（IMR）来实现对中断请求 IR_i 的屏蔽。通过编程写入操作命令字 OCW_1，将 IMR 中的 D_i 置 1，以达到对 IR_i 的屏蔽。

（2）特殊屏蔽方式（Special Mask Mode，SMM）。特殊屏蔽方式允许"低级"中断请求中断正在服务的"高级"中断请求。这种屏蔽方式通常用于级联方式中的主片。对于同一个 IR_i 上连接有多个中断源的情况，可以通过编程写入操作命令字 OCW_3 来设置或取消它。

4．中断结束方式

中断结束方式是指 CPU 为某个中断请求服务结束后，应及时清除其中断服务标志，否则就意味着中断服务还在继续，致使比它优先级低的中断请求无法得到响应。中断服务标志存放在中断服务寄存器（ISR）中。8259A 提供了以下三种中断结束（End Of Interrupt，EOI）方式。

（1）自动 EOI 方式（Automatic End Of Interrupt，AEOI）。自动 EOI 方式由硬件自动完成，利用第二个中断响应信号 $\overline{INTA}$ 的后沿，将 ISR 中的中断服务标志清除。需要注意的是，ISR 中 D_i 的清除是在中断响应过程中完成的，并非中断服务子程序的真正结束。在中断服务子程序的执行过程中，若有另外一个比当前中断优先级低的中断请求信号到来，因为 8259A 并没有保存任何标志来表示当前服务尚未结束，致使"低级"中断请求可以进入，这样就打乱了正在执行的中断服务子程序，所以，自动 EOI 方式只适合用在没有中断嵌套的场合。

（2）普通 EOI 方式（Non-Specific End Of Interrupt，NSEOI）。普通 EOI 方式通过在中断服务子程序中编程写入操作命令字 OCW_2，向 8259A 传送一个普通 EOI 命令（不指定被复位的中断请求的优先级）来清除 ISR 中当前优先级最高的位。由于这种方式清除的是 ISR 中优先级最高的那一位，因此适合完全嵌套方式下的中断结束。因为在完全嵌套方式下，中断优先级是固定的，8259A 总是响应优先级最高的中断请求，所以保存在 ISR 中的优先级最高的位一定对应于正在执行的中断服务子程序。

（3）特殊 EOI 方式（Special End Of Interrupt，SEOI）。特殊 EOI 方式通过在中断服务子程序中编程写入操作命令字 OCW_2，向 8259A 传送一个特殊 EOI 命令（指定被复位的中断请求的优先级）来清除 ISR 中的指定位。由于在特殊 EOI 命令中明确指出了复位 ISR 中的哪一位，不会因嵌套结构出现错误，因此，特殊 EOI 方式可以用于完全嵌套方式下的中断结束，更适用于嵌套结构有可能遭到破坏的中断结束。

5．中断触发方式

8259A 的外部中断请求引脚 $IR_7 \sim IR_0$ 的触发方式有电平触发和边沿触发两种，由初始化命令字 ICW_1 中的 LTIM 来设定。

如果 LTIM 设置为 1，为电平触发方式（level triggered mode），在 8259A 检测到引脚 IR_i 有

高电平时产生中断。在这种触发方式中，要求触发电平必须保持到 $\overline{\text{INTA}}$ 有效为止，并且在 CPU 响应中断请求后，应及时撤销该请求信号，以防止 CPU 再次响应，出现重复中断现象。如果 LTIM 设置为 0，为边沿触发方式（edge triggered mode），在 8259A 检测到引脚 IR_i 有由低到高的跳变信号时产生中断。

6. 总线连接方式

8259A 数据总线与系统数据总线的连接方式有缓冲方式和非缓冲方式两种。

（1）缓冲方式（Buffered Mode，BM）。如果 8259A 数据总线通过总线驱动器与系统数据总线连接，那么，8259A 应选择缓冲方式。当定义为缓冲方式后，$\overline{\text{SP/EN}}$ 为输出引脚。在 8259A 输出中断类型号的时候，$\overline{\text{SP/EN}}$ 输出一个低电平，作为总线驱动器的启动信号。

（2）非缓冲方式（Non-Buffered Mode，NBM）。如果 8259A 数据总线与系统数据总线直接相连，那么，8259A 工作于非缓冲方式。

6.3.3　8259A 初始化编程

在 8259A 内部有两组寄存器，一组为初始化命令寄存器，用于存放 CPU 写入的初始化命令字（Initialization Command Words，ICW）；另一组为操作命令寄存器，用于存放 CPU 写入的操作命令字（Operation Command Words，OCW）。

1. 初始化命令字（ICW）的格式

8259A 提供了 4 个初始化命令字（$\text{ICW}_1 \sim \text{ICW}_4$），并规定了严格的初始化步骤。8259A 是中断系统的核心器件，对它的初始化编程涉及中断系统的软件和硬件，而且一旦完成初始化，所有硬件中断源和中断服务子程序都必须受其制约。

（1）初始化命令字 ICW_1

ICW_1 如图 6.12 所示。

IC_4：指示在初始化时是否需要写 ICW_4。

SNGL：指示在系统中使用单片方式还是多片的级联方式。

ADI：设置调用时间间隔。

LTIM：定义外部中断请求信号 IR_i 的触发方式。LTIM=1 为电平触发方式，LTIM=0 为边沿触发方式。

D_4：ICW_1 的标志位，恒为 1。

$\text{D}_7 \sim \text{D}_5$：未用，通常设置为 0。

（2）初始化命令字 ICW_2

ICW_2 用于设置中断类型号，如图 6.13 所示。

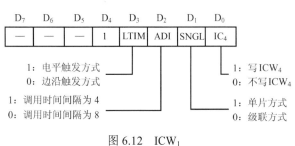

图 6.12　ICW_1

图 6.13　ICW_2

ICW_2 中的低 3 位 $ID_2 \sim ID_0$ 由外部中断请求引脚 IR_i 的编码自动引入，高 5 位 $T_7 \sim T_3$ 由用户编程写入。若 ICW_2 写入 40H，则 $IR_0 \sim IR_7$ 对应的中断类型号为 40H～47H。

（3）初始化命令字 ICW_3

ICW_3 是级联命令字，只在级联方式下才需要写入。主片 8259A 和从片 8259A 的 ICW_3 格式不同。主片的 ICW_3 如图 6.14 所示，从片的 ICW_3 如图 6.15 所示。

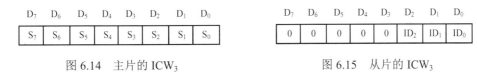

D_7	D_6	D_5	D_4	D_3	D_2	D_1	D_0
S_7	S_6	S_5	S_4	S_3	S_2	S_1	S_0

图 6.14 主片的 ICW_3

D_7	D_6	D_5	D_4	D_3	D_2	D_1	D_0
0	0	0	0	0	ID_2	ID_1	ID_0

图 6.15 从片的 ICW_3

$S_7 \sim S_0$ 与 $IR_7 \sim IR_0$ 相对应，若主片 8259A 的 IR_i 上连接有从片 8259A，则 $S_i=1$，否则 $S_i=0$。

$ID_2 \sim ID_0$ 是从片 8259A 接到主片 8259A 的 IR_i 上的标识码。例如，当从片 8259A 的中断请求引脚 INT 与主片 8259A 的 IR_2 连接时，$ID_2 \sim ID_0$ 的取值组合应设置为 010。$D_7 \sim D_3$ 未用，通常设置为 0。

在中断响应时，主片 8259A 通过级联信号线 $CAS_2 \sim CAS_0$ 送出被允许中断的从片 8259A 的标识码，各从片 8259A 用自己的 ICW_3 与 $CAS_2 \sim CAS_0$ 进行比较，二者一致的从片 8259A 被确定为当前中断源，可以发送该从片 8259A 的中断类型号。

（4）初始化命令字 ICW_4

ICW_4 用于设定 8259A 的工作方式，如图 6.16 所示。

μP：设置 CPU 模式。μP=1 为 80x86 模式，μP=0 为 8080/8085 模式。

AEOI：设置 8259A 的中断结束方式。AEOI=1 为自动中断结束方式，AEOI=0 为非自动中断结束方式。

D_7	D_6	D_5	D_4	D_3	D_2	D_1	D_0
0	0	0	SFNM	BUF	$M/\overline{S}$	AEOI	μP

图 6.16 ICW_4

$M/\overline{S}$：设置缓冲级联方式下的主片 8259A 或从片 8259A。$M/\overline{S}$=1 为主片，$M/\overline{S}$=0 为从片。

BUF：设置缓冲方式。BUF=1 为缓冲方式，BUF=0 为非缓冲方式。

SFNM：设置特殊完全嵌套方式。SFNM=1 为特殊完全嵌套方式，SFNM=0 为非特殊完全嵌套方式。

$D_7 \sim D_5$：未定义，通常设置为 0。

注意：当多片 8259A 级联时，若在 8259A 的数据总线与系统数据总线之间加入总线驱动器，将 $\overline{SP}/\overline{EN}$ 作为总线驱动器的控制信号，则 BUF 应设置为 1，此时主片和从片的区分不能依靠 $\overline{SP}/\overline{EN}$，而是由 $M/\overline{S}$ 来选择：当 $M/\overline{S}$=0 时为从片；当 $M/\overline{S}$=1 时为主片。如果 BUF=0，则 $M/\overline{S}$ 无意义。

2．操作命令字 OCW 的格式

操作命令字有 OCW_1、OCW_2 和 OCW_3。

（1）操作命令字 OCW_1

D_7	D_6	D_5	D_4	D_3	D_2	D_1	D_0
M_7	M_6	M_5	M_4	M_3	M_2	M_1	M_0

图 6.17 OCW_1

OCW_1 为中断屏蔽字，利用中断屏蔽寄存器（IMR）对外部中断请求引脚 IR_i 实行屏蔽。OCW_1 如图 6.17 所示。当 M_i 为 1 时，对应的 IR_i 请求被禁止；当 M_i 为 0 时，对应的 IR_i 请求被允许。在工作期间，可根据需要随时写入或读出。

（2）操作命令字 OCW_2

OCW_2 用于设置中断优先级方式和中断结束方式，如图 6.18 所示。

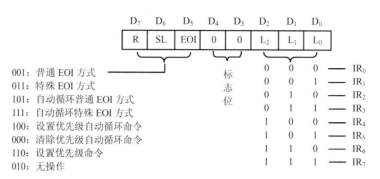

図 6.18　OCW$_2$

$L_2 \sim L_0$：8 个外部中断请求引脚 IR$_7 \sim$ IR$_0$ 的标志，用来指定中断优先级。$L_2 \sim L_0$ 指定的中断优先级是否有效，由 SL（Specific Level）控制。当 SL=1 时，$L_2 \sim L_0$ 定义有效；当 SL=0 时，$L_2 \sim L_0$ 定义无效。

EOI：中断结束。当 EOI=1 时，在中断服务子程序结束时向 8259A 回送 EOI，使中断服务寄存器（ISR）中的当前最高优先级复位（普通 EOI 方式），或由 $L_2 \sim L_0$ 表示的优先级未复位（特殊 EOI 方式）。

R（Rotation）：设置优先级循环方式。R=1 为自动循环优先级方式，R=0 为固定优先级方式。

D$_4$ 和 D$_3$ 为 OCW$_2$ 标志。

（3）操作命令字 OCW$_3$

OCW$_3$ 用于设置或清除特殊屏蔽方式，以及读取各寄存器的状态，如图 6.19 所示。

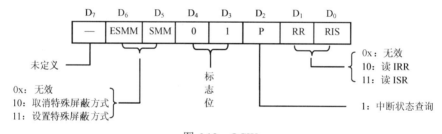

图 6.19　OCW$_3$

RR：读 ISR 或 IRR。

RIS：读寄存器选择。

当 RR=1，RIS=0 时，读 IRR 内容；当 RR=1，RIS=1 时，读 ISR 内容。在进行读 ISR 或 IRR 操作时，先写入 OCW$_3$，然后紧接着执行读 ISR 或 IRR 内容的指令。

例如，设 8259A 的两个端口地址分别为 20H 和 21H，OCW$_3$、ISR 和 IRR 公用一个地址 20H。

读取 ISR 内容的程序段：

```
MOV     AL, 00001011B      ;AL← 00001011B
OUT     20H, AL            ;读 ISR，写入 OCW3
IN      AL, 20H            ;AL←ISR 内容
```

读取 IRR 内容的程序段：

```
MOV     AL, 00001010B      ;AL← 00001011B
OUT     20H, AL            ;读 IRR，写入 OCW3
IN      AL, 20H            ;AL←IRR 内容
```

P：中断状态查询。当 P=1 时，可通过读入中断状态寄存器的内容查询是否有中断请求，若有，则给出中断请求的最高优先级。中断状态寄存器如图 6.20 所示。

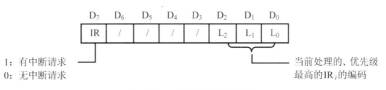

1：有中断请求
0：无中断请求

当前处理的、优先级
最高的IR_i的编码

图 6.20 中断状态寄存器

在读取中断状态字时，先写入中断状态查询指令，然后读取中断状态字，程序段如下：

```
MOV     AL, 00001111B
OUT     20H, AL          ;读中断状态查询指令写入 OCW3 中
IN      AL, 20H          ;读中断状态字
```

ESMM（Enable Special Mask Mode）与 SMM（Special Mask Mode）：二者组合可用来设置或取消特殊屏蔽方式。当 ESMM=1，SMM=1 时，设置特殊屏蔽方式；当 ESMM=1，SMM=0 时，取消特殊屏蔽方式。

3．8259A 的初始化编程

8259A 的初始化编程需要写入初始化命令字 $ICW_1 \sim ICW_4$，对连接方式、中断触发方式和中断结束方式进行设置。但由于只使用了两个端口地址，即 ICW_1 用 $A_0=0$ 的端口，$ICW_2 \sim ICW_4$ 用 $A_0=1$ 的端口，因此初始化程序应严格按照系统规定的顺序写入，即先写入 ICW_1，接着写 ICW_2、ICW_3、ICW_4。8259A 初始化流程如图 6.21 所示。

操作命令字 $OCW_1 \sim OCW_3$ 的写入比较灵活，没有固定的格式，可以在主程序中写入，也可以在中断服务子程序中写入，视需要而定。下面通过例子来说明如何编写 8259A 的初始化程序。

【例 6.1】 某系统使用主、从两片 8259A 管理中断，从片中断请求 INT 与主片的 IR_2 连接。设主片 8259A 工作于特殊完全嵌套、非缓冲和非自动 EOI 方式，中断类型号为 40H，端口地址为 20H 和 21H。从片 8259A 工作于完全嵌套、非缓冲和非自动 EOI 方式，中断类型号为 70H，端口地址为 80H 和 81H。编写主片 8259A 和从片 8259A 的初始化程序段。

根据题意，设置 ICW_1、ICW_2、ICW_3 和 ICW_4 并按图 6.21 中的顺序写入。编写初始化程序段如下。

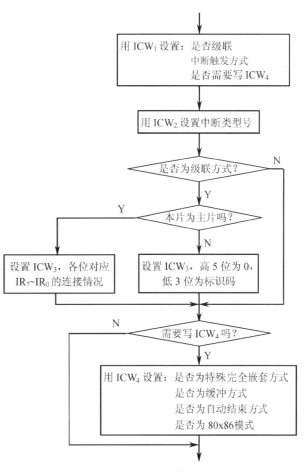

图 6.21 8259A 初始化流程

主片 8259A 的初始化程序段：

```
MOV     AL, 00010001B     ;AL← 00010001B，级联，边沿触发，需要写 ICW4
OUT     20H, AL           ;向 20H 端口写 ICW1
```

```
        MOV       AL, 01000000B           ;AL← 01000000B，中断类型号 40H
        OUT       21H, AL                 ;向 21H 端口写 ICW2
        MOV       AL, 00000100B           ;AL← 00000100B，主片的引脚 IR2 接从片
        OUT       21H, AL                 ;向 21H 端口写 ICW3
        MOV       AL, 00010001B           ;AL← 00010001B，特殊完全嵌套，非缓冲，非自动结束
        OUT       21H, AL                 ;向 21H 端口写 ICW4
```
从片 8259A 初始化程序段：
```
        MOV       AL, 00010001B           ;AL← 00010001B，级联，边沿触发，需要写 ICW4
        OUT       80H, AL                 ;向 80H 端口写 ICW1
        MOV       AL, 01110000B           ;AL← 01110000B，中断类型号 70H
        OUT       81H, AL                 ;向 81H 端口写 ICW2
        MOV       AL, 00000010B           ;AL← 00000010B，接主片的引脚 IR2
        OUT       81H, AL                 ;向 81H 端口写 ICW3
        MOV       AL, 00000001B           ;AL← 00000001B，完全嵌套，非缓冲，非自动结束
        OUT       81H, AL                 ;向 81H 端口写 ICW4
```

6.3.4 8259A 应用举例

【例 6.2】 编写中断处理程序，要求：中断请求信号以边沿触发方式由 IR_2 引入（可为任意一个定时脉冲），当 CPU 响应 IR_2 请求时，输出字符串"8259A INTERRUPT!"，中断 10 次，程序退出（设 8259A 的端口地址为 FF80H 和 FF82H，中断向量号为 62H）。

程序如下：
```
        DATA      SEGMENT                 ;数据段
        INR8259   EQU 0FF80H              ;8259A 的端口 1 地址
        INR82591  EQU 0FF82H              ;8259A 的端口 2 地址
        MESS      DB '8259A INTERRUPT!', 0AH, 0DH, '$'   ;定义输出字符
        COUNT     DB  10                  ;计数值为 10
        DATA      ENDS
        STACK     SEGMENT   STACK         ;堆栈段
        STA       DW  50H DUP(?)          ;预留 50H 个堆栈存储单元
        TOP       EQU  LENGTH  STA        ;TOP=50H，变量 STA 的单元数
        STACK     ENDS
        CODE      SEGMENT                 ;代码段
                  ASSUME  CS:CODE, DS:DATA, SS:STACK
START:  MOV       AX,DATA
        NOV       DS, AX
        MOV       AX, STACK
        MOV       SS, AX
        MOV       SP, TOP                 ;SP 指向栈顶
        CLI                               ;IF=0，清除中断允许标志，关中断
        MOV       AX,0
        MOV       DS,AX                   ;DS 段基址=0
        MOV       SI, 62H×4               ;设置中断向量，向量号为 62H
        MOV       AX, OFFSET   INT_P      ;取中断服务子程序入口的偏移地址
        MOV       [SI],AX                 ;存偏移地址
        MOV       AX, SEG  INT_P          ;取中断服务子程序入口的段基址
        MOV       [SI+2], AX              ;存段基址
        MOV       AL, 13H                 ;8259A 初始化
        MOV       DX, INR8259             ;DX←端口 1 地址
        OUT       DX, AL                  ;ICW1=00010011B，单片，边沿触发
        MOV       AL, 60H
```

```
            MOV     DX, INR82591        ;DX←端口 2 地址
            OUT     DX, AL              ;ICW2=01100000B
            MOV     AL, 03H             ;ICW4=00000011B，8086，自动结束
            OUT     DX, AL
            MOV     AL, 00H             ;OCW1=00H，开放全部中断
            OUT     DX, AL              ;完成 8259A 初始化
            STI
L1:         JMP     L1
INT-P       PROC                        ;中断服务子程序
            CALL    DIS_MESS            ;调字符串显示子程序
            DEC     COUNT               ;10 次中断
            JNZ     NEXT                ;判断是否已中断 10 次
            MOV     DX, INR82591        ;DX←端口 2 地址
            IN      AL, DX              ;读 IMR
            OR      AL, 04H             ;屏蔽 IR2 请求
            OUT     DX,AL
NEXT:       IRET                        ;退出中断
INT_P       ENDP
CODE        ENDS
END         MAIN
```

习题 6

6-1 80486 微处理器支持的五类中断是什么？

6-2 在实地址模式下，中断地址表称为什么？在保护模式下，情况如何？

6-3 在实地址模式下，一个中断向量占几个字节？在保护模式下，情况如何？

6-4 如果 8259A 产生的中断类型号在 70H～77H 之间，则 ICW_2 的值为多少？

6-5 非屏蔽中断 NMI 有何特点？可屏蔽中断 INTR 有何特点？

6-6 中断向量表用来存放什么内容？它占多大存储空间？存放在内存的哪个区域？

6-7 中断描述符表（IDT）存放的是什么内容？它占多大存储空间？在内存中存放的位置由什么来确定？

6-8 某系统使用一片 8259A 管理中断，中断请求由 IR_2 引入，采用电平触发、完全嵌套、普通 EOI 方式，中断类型号为 42H，端口地址为 80H 和 81H，试画出 8259A 与 CPU 的硬件连接图，并编写初始化程序段。

6-9 某系统使用两片 8259A 管理中断，从片的 INT 连接主片的 IR_2。设主片工作于边沿触发、特殊完全嵌套、非自动 EOI 和非缓冲方式，中断类型号为 70H，端口地址为 80H 和 81H；从片工作于边沿触发、完全嵌套、非自动结束和非缓冲方式，中断类型号为 40H，端口地址为 20H 和 21H。要求：

① 画出主、从片级联图；

② 编写主、从片初始化程序段。

重点难点

第 7 章　I/O 接口技术

摘要　I/O 接口技术在计算机系统中占有重要地位，本章首先从应用角度出发，介绍 I/O 接口的相关知识，然后重点讲述可编程并行接口芯片 8255A、定时/计数器接口芯片 8254、串行接口芯片 8250、D/A 转换器芯片 DAC0832 和 A/D 转换器芯片 ADC0809 的功能、内部结构、工作方式、初始化编程及其应用举例。

7.1　概述

7.1.1　基本知识

1．I/O 接口的基本概念

从外部到微处理器或从微处理器到外部传送信息的过程，称作输入/输出（Input/Output，I/O），完成外部与微处理器之间信息传送的设备，称为 I/O 设备或外设（简称外设）。外设是计算机系统的重要组成部分，包括输入设备和输出设备。常见的输入设备有键盘、鼠标、图形扫描仪、条形码读入器、光笔和触摸屏等。输出设备有显示器、打印机、绘图仪和影像输出设备等。在计算机测控系统中，还会用到模数转换器、数模转换器、发光二极管（LED）、按钮、开关等。此外，还有许多专用外设，它们不仅结构、特性、工作原理和驱动方式不同，而且传送的电平、数据格式和速度差异也很大，另外，在进行数据处理时，外设的速度比 CPU 慢得多。因此，大多数外设不能与 CPU（或系统总线）直接相连，必须借助中间电路、设备或电气规范将微处理器与外设连接起来，这部分电路、设备或电气规范统称为 I/O 接口电路，简称 I/O 接口（I/O Interface）。

I/O 接口技术是实现计算机与外设之间信息交换的一种技术，在微机系统设计和应用过程中占有极其重要的地位。I/O 接口介于主机与外设之间，是微处理器与外设信息交换的桥梁。外设通过 I/O 接口把信息传送给微处理器进行处理，而微处理器将处理结果通过 I/O 接口传送给外设。由此可见，如果没有 I/O 接口，微处理器就不可能发挥其应有的作用，人们也就无法使用计算机。

2．I/O 接口的主要功能

I/O 接口的种类繁多，在测控系统中常用的 I/O 接口包括并行接口（8155 和 8255 接口芯片）、串行接口（8251 和 8250 芯片）、直接数据处理接口（DMA8237 芯片）、中断管理与控制接口（8259 芯片）、定时/计数器接口（8253 和 8254 芯片）、数模和模数转换接口（DAC0832 和 ADC0809 芯片）等。这些 I/O 接口适用的场合不同，有的用于数据通信，有的用于数据格式转换，有的用于电平转换，也有的用于系统定时/计数和 DMA 传送等。I/O 接口的功能归纳如下。

（1）对传送数据提供缓冲、隔离和寄存。由于外设与 CPU 的定时标准不同，数据处理速度也不同，因此需要对传送数据提供缓冲、隔离和寄存（或锁存），进行速度匹配。在输出接口中，一般都设计有寄存器或锁存器。在输入接口中，一般设计有寄存器和缓冲隔离环节（如三态门），用来存放输入的数据，并起到隔离作用。只有被 CPU 选中的设备才能将数据送到系统总线上，供 CPU 读取。

（2）对信号形式和数据格式进行转换。当计算机与外设所用的信号形式、数据格式不同时，I/O 接口能进行相互之间的转换，如数字量与模拟量的转换、串行数据与并行数据的格式转换，以及 TTL 与 CMOS 之间的电平转换等。

（3）对 I/O 端口进行寻址。在实际应用中，I/O 接口包含若干个寄存器或功能电路，称为 I/O 端口（I/O Port）。每个 I/O 端口都有一个编号，称为端口地址。与访问存储单元类似，CPU 与 I/O 端口交换信息时，总要先给出端口地址，被选中的 I/O 端口才可以与 CPU 进行信息交换。

（4）与 CPU 和外设进行联络。I/O 接口处于 CPU 和外设之间，在传送数据时，I/O 接口一方面与 CPU 进行联络，另一方面与外设进行联络。联络信号有状态信号（如设备准备就绪）、请求信号（如中断请求）和控制信号（如中断响应）等。

3. I/O 接口的基本结构

典型 I/O 接口的基本结构如图 7.1 所示，I/O 接口通常包括数据寄存器、控制寄存器、状态寄存器、数据缓冲器和读/写控制逻辑单元。

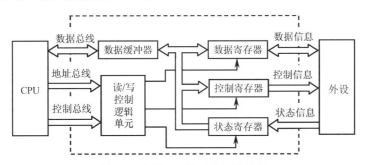

图 7.1　典型 I/O 接口的基本结构

数据寄存器是可读可写的寄存器，用来存放 CPU 与外设交换的数据信息。控制寄存器只能写不能读，用来存放 CPU 向外设发送的控制命令和工作方式命令字等。状态寄存器只能读不能写，用来存放外设当前的工作状态信息，供 CPU 查询。数据缓冲器是 CPU 与外设进行数据信息交换的通道，与 CPU 的数据总线（DB）连接。读/写控制逻辑单元与 CPU 的地址总线（AB）、控制总线（CB）连接，接收 CPU 发送给 I/O 接口的读/写控制信号和端口选择信号，选择接口内部的寄存器进行读/写操作。

目前，I/O 接口可分为中小规模集成电路芯片、可编程接口芯片和多功能接口芯片组三大类。前两种在微机出现时就已经被采用，后一种出现得较晚，从 80386 微机开始批量应用，现在的高档微机广泛采用多功能接口芯片组。

7.1.2　I/O 端口的编址方式

在不同的微机系统中，I/O 端口的地址编排有两种方式：与存储器统一编址和独立编址。

1. I/O 端口与存储器统一编址（存储器映像编址）

统一编址方式将存储器地址空间的一部分作为 I/O 端口空间，也就是说，把 I/O 接口中可以访问的 I/O 端口作为存储器的一个存储单元，统一纳入存储器地址空间，为每一个 I/O 端口分配一个地址，CPU 可以用访问存储器的方式来访问 I/O 端口。

统一编址方式的优点是，不用专门设置访问 I/O 端口的指令，访问存储器的指令都可以用来访问 I/O 端口。缺点是，由于 I/O 端口占用了存储器的一部分存储空间，使存储器的实际存储空间减少；程序中 I/O 操作不清晰，难以区分程序中的 I/O 操作和存储器操作。51 内核单片机的 I/O 端口采用与存储器统一编址方式。

2. I/O 端口与存储器独立编址

为了提高存储空间的利用率，将存储器与 I/O 端口分为两个独立的地址空间进行编址，并设置专用的输入/输出指令对 I/O 端口进行访问，例如，80x86 微处理器采用独立编址方式，对

I/O 端口的操作使用输入/输出指令（IN 和 OUT）。

独立编址方式的优点是，不占用内存空间；使用 I/O 指令，程序清晰，很容易区分是存储器操作还是 I/O 操作。缺点是，只能用专门的 I/O 指令，访问端口的方法不如访问存储器的方法多。

7.1.3　输入/输出的控制方式

计算机与外设之间进行数据传送有三种基本控制方式：查询方式、中断方式和 DMA 方式。

1．查询方式

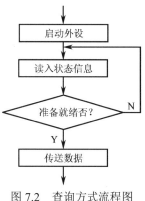

图 7.2　查询方式流程图

查询方式通过执行输入/输出查询程序来完成数据传送，查询方式流程图如图 7.2 所示。

工作原理：CPU 启动外设工作后，不断地读取外设的状态信息并进行测试，查询外设是否准备就绪，如外设准备好，则可以进行数据传送；否则，CPU 继续读取外设的状态信息，进行查询等待，直到外设准备好。

采用程序查询方式进行数据传送时，实际上在外设准备就绪之前，CPU 一直处于等待状态，致使 CPU 的利用率较低。倘若 CPU 按这种方式与多个外设传送数据，就需要周期性地依次查询每个外设的状态，浪费的时间更多，CPU 的利用率更低。因此，查询方式适合于工作不太繁忙的系统。

2．中断方式

中断方式是一种硬件和软件相结合的技术，中断请求和处理依赖于中断控制逻辑，而数据传送则是通过执行中断服务子程序来实现。

中断方式的特点：在外设工作期间，CPU 无须等待，可以处理其他任务，CPU 与外设可以并行工作。只有当外设向 CPU 发出中断请求时，CPU 才为外设服务，这样不仅可以提高计算机的工作效率，同时又能满足实时信息处理的需要。但在进行数据传送时，仍需要通过执行中断服务子程序来完成。

3．DMA 方式

采用中断方式可以提高 CPU 的利用率，但有些外设（如磁盘、光盘等）需要高速而又频繁地与存储器进行批量的数据交换，此时中断方式已不能满足速度上的要求。而直接存储器处理（Direct Memory Access，DMA）方式，可以在存储器与外设之间开辟一条高速数据通道，使外设与存储器之间可以直接进行批量数据传送。实现 DMA 传送，要求 CPU 让出系统总线的控制权，然后由专用硬件设备（DMA 控制器）来控制外设与存储器之间的数据传送。DMA 方式的工作原理如图 7.3 所示。

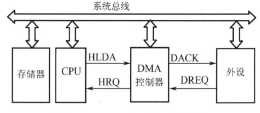

图 7.3　DMA 方式的工作原理

DMA 控制器一端与外设连接，另一端与 CPU 连接，控制存储器与高速外设之间直接进行数据传送。当外设与存储器需要传送数据时，先由外设向 DMA 控制器发送请求信号 DREQ，再由 DMA 控制器向 CPU 发送请求占用总线的信号 HRQ，CPU 响应 HRQ 后向 DMA 控制器回送一个总线响应信号 HLDA，随后 CPU 让出总线控制权并交给 DMA 控制器，再由 DMA 控制器回送请求设备应答信号 DACK。此时，DMA 控制器接管总线控制权，控制存储器与外设之间直接传送数据。当一批数据传送完毕后，DMA 控制器再把总线控制权交还给 CPU。

8237A 是高性能可编程 DMA 控制器，内部有 4 个独立的 DMA 通道，每个通道都有 64KB 的寻址和计数能力。多片 8237A 芯片可以级联，任意扩展通道数。在 5MHz 时钟频率下，数据传输速率最高可达 1.6MB/s。

DMA 方式的特点：在数据传送过程中，由 DMA 控制器参与工作，不需要 CPU 的干预，批量数据传送效率很高，通常用于高速外设与内存之间的数据传送。

7.2 可编程并行接口芯片 8255A 及其应用

8255A 是 Intel 公司采用 CHMOS 工艺生产的一种高性能通用可编程并行接口芯片，有 40 引脚 DIP 和 PLLC 两种封装形式，可以方便地应用在多种系列微处理器系统中。

7.2.1 8255A 内部结构及其引脚功能

8255A 片内有 A、B、C 这 3 个 8 位 I/O 端口，可提供 24 条可编程的 I/O 端口线。

1．内部结构

8255A 内部结构如图 7.4 所示，由三部分电路组成：与 CPU 的接口电路、内部控制逻辑电路、与外设连接的输入/输出接口电路。

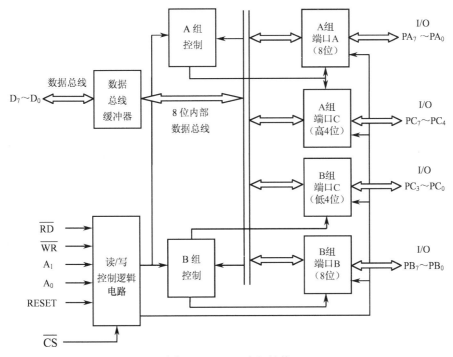

图 7.4 8255A 内部结构

（1）与 CPU 的接口电路

与 CPU 的接口电路由数据总线缓冲器和读/写控制逻辑电路组成。

数据总线缓冲器是一个三态、双向、8 位寄存器，8 位数据总线 $D_7 \sim D_0$ 与系统数据总线连接，构成 CPU 与 8255A 之间信息传送的通道。CPU 通过执行输出指令向 8255A 写入控制命令或向外设传送数据，通过执行输入指令读取外设输入的数据。

读/写控制逻辑电路用来接收 CPU 系统总线的读信号 $\overline{RD}$、写信号 $\overline{WR}$、片选信号 $\overline{CS}$，以及用于端口选择的地址信号 A_1、A_0 和复位信号 RESET，用于控制 8255A 内部寄存器的读/写操作和复位操作。

（2）内部控制逻辑电路

内部控制逻辑电路包括 A 组控制与 B 组控制两部分。A 组控制用来控制端口 A 的 $PA_7 \sim PA_0$ 和端口 C 的高 4 位 $PC_7 \sim PC_4$；B 组控制用来控制端口 B 的 $PB_7 \sim PB_0$ 和端口 C 的低 4 位 $PC_3 \sim PC_0$。内部控制逻辑电路接收 CPU 发送来的控制命令，写入控制寄存器，对 A、B、C 这 3 个端口的输入/输出方式进行控制。

（3）输入/输出接口电路

8255A 片内有 A、B、C 这 3 个 8 位并行数据端口，端口 A 和端口 B 分别有一个 8 位的数据输出锁存/缓冲器和一个 8 位数据输入锁存器，端口 C 有一个 8 位数据输出锁存/缓冲器和一个 8 位数据输入缓冲器，用于存放 CPU 与外设交换的数据。8255A 的 3 个数据端口既可以写入数据又可以读出数据。

8255A 片内有一个控制端口，只能写入命令而不能读出。读/写信号（$\overline{RD}$、$\overline{WR}$）和端口选择信号（$\overline{CS}$、A_1 和 A_0）的状态组合可以实现 A、B、C 这 3 个端口和控制端口的读/写操作。8255A 地址分配及读/写操作功能见表 7.1。

表 7.1 8255A 地址分配及读/写操作功能

$\overline{CS}$	$\overline{WR}$	$\overline{RD}$	A_1	A_0	功　　能
0	0	1	0	0	数据总线→端口 A（写端口 A）
0	0	1	0	1	数据总线→端口 B（写端口 B）
0	0	1	1	0	数据总线→端口 C（写端口 C）
0	0	1	1	1	数据总线→控制端口（向控制端口写入控制字）
0	1	0	0	0	数据总线←端口 A（读端口 A）
0	1	0	0	1	数据总线←端口 B（读端口 B）
0	1	0	1	0	数据总线←端口 C（读端口 C）
1	×	×	×	×	数据总线为高阻状态
0	1	1	×	×	数据总线为高阻状态

2. 引脚

8255A 的引脚如图 7.5 所示。

$D_7 \sim D_0$：三态，双向数据总线，与 CPU 数据总线连接，用来传送数据。

$\overline{CS}$：片选，低电平有效。$\overline{CS}=0$ 时，芯片被选中。

A_1 和 A_0：地址，用来选择内部端口。

$\overline{RD}$：读，低电平有效。$\overline{RD}=0$ 时，读操作。

$\overline{WR}$：写，低电平有效。$\overline{WR}=0$ 时，写操作。

RESET：复位，高电平有效时，将所有内部寄存器（包括控制寄存器）清 0。

$PA_7 \sim PA_0$：端口 A 输入/输出。

$PB_7 \sim PB_0$：端口 B 输入/输出。

$PC_7 \sim PC_0$：端口 C 输入/输出。

V_{CC}：+5V 电源。

GND：电源地。

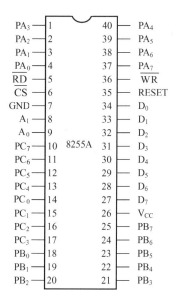

图 7.5 8255A 的引脚

7.2.2 8255A 工作方式及其初始化编程

8255A 有 3 种工作方式：基本输入/输出方式、单向选通输入/输出方式和双向选通输入/输出方式，可以通过软件编程向控制端口写入控制字来选择工作方式。

1. 8255A 工作方式

（1）方式 0：基本输入/输出方式

方式 0 是 8255A 的基本输入/输出方式。其特点是，与外设传送数据时，不需要设置专用的联络（应答）信号，可以无条件地直接进行 I/O 数据传送。A、B、C 三个端口都可以工作于方式 0。端口 A 和端口 B 工作于方式 0 时，只能设置为以 8 位数据格式输入/输出。端口 C 工作于方式 0 时，可以分别设置高 4 位和低 4 位，作为数据输入或数据输出。

（2）方式 1：单向选通输入/输出方式

方式 1 是一种带选通信号的单方向输入/输出工作方式。其特点是，与外设传送数据时，需要联络信号进行协调，允许用查询或中断方式传送数据。由于端口 C 的 PC_0、PC_1 和 PC_2 定义为端口 B 工作于方式 1 的联络信号线，PC_3、PC_4 和 PC_5 定义为端口 A 工作于方式 1 的联络信号线，因此只允许端口 A 和端口 B 工作于方式 1。

① 当端口 A 和端口 B 工作于方式 1 输入数据时，端口 C 的引脚定义如图 7.6 所示。

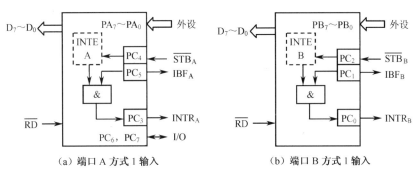

（a）端口 A 方式 1 输入　　　（b）端口 B 方式 1 输入

图 7.6　方式 1 输入数据时，端口 C 的引脚定义

PC_3、PC_4 和 PC_5 定义为端口 A 的联络信号线 $INTR_A$、$\overline{STB}_A$ 和 IBF_A，PC_0、PC_1 和 PC_2 定义为端口 B 的联络信号线 $INTR_B$、IBF_B 和 $\overline{STB}_B$，剩余的 PC_6 和 PC_7 仍可以作为基本 I/O 线，工作于方式 0。

方式 1 输入联络信号的功能如下。

$\overline{STB}$：选通，输入，低电平有效，由外设产生。当 $\overline{STB}=0$ 时，选通端口 A 或端口 B 的输入数据锁存器，锁存由外设输入的数据，供 CPU 读取。

IBF：输入缓冲器满，输出，高电平有效。当端口 A 或端口 B 的输入数据锁存器接收到外设输入的数据时，IBF 变为高电平，作为对外设 $\overline{STB}$ 的响应信号，CPU 读取数据后 IBF 被清除。

INTR：中断请求，输出，高电平有效，用于向 CPU 请求以中断方式传送数据。为了实现用中断方式传送数据，在 8255A 内部设有一个中断允许触发器 INTE，当触发器为 1 时允许中断，为 0 时禁止中断。端口 A 的触发器由 PC_4 置位或复位，端口 B 的触发器由 PC_2 置位或复位。

② 当端口 A 和端口 B 工作于方式 1 输出数据时，端口 C 的引脚定义如图 7.7 所示。

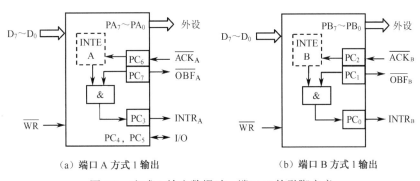

（a）端口 A 方式 1 输出　　　（b）端口 B 方式 1 输出

图 7.7　方式 1 输出数据时，端口 C 的引脚定义

PC_3、PC_6 和 PC_7 定义为端口 A 联络信号线 $INTR_A$、$\overline{ACK_A}$ 和 $\overline{OBF_A}$，PC_0、PC_1 和 PC_2 定义为端口 B 联络信号线 $INTR_B$、$\overline{OBF_B}$ 和 $\overline{ACK_B}$，剩余的 PC_4 和 PC_5 仍可以作为基本 I/O 线，工作于方式 0。

方式 1 输出联络信号的功能如下。

$\overline{OBF}$：输出缓冲器满，输出，低电平有效。$\overline{OBF}$ 由 8255A 发送给外设，当 CPU 将数据写入数据端口时，$\overline{OBF}$ 变为低电平，用于通知外设读取数据端口中的数据。

$\overline{ACK}$：应答，输入，低电平有效。$\overline{ACK}$ 信号由外设发送给 8255A，作为对 $\overline{OBF}$ 信号的响应信号，表示输出的数据已经被外设接收，同时清除 $\overline{OBF}$。

INTR：中断请求，输出，高电平有效。用于向 CPU 请求以中断方式传送数据。

（3）方式 2：双向选通输入/输出方式

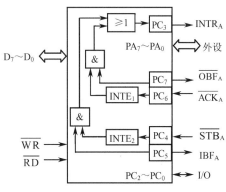

图 7.8　方式 2，端口 C 的引脚定义

方式 2 为双向选通输入/输出方式，是方式 1 输入和输出的组合，即同一端口的数据线既可以用于输入又可以用于输出。由于端口 C 的 $PC_7 \sim PC_3$ 定义为端口 A 工作于方式 2 时的联络信号线，因此只允许端口 A 工作于方式 2，端口 C 的引脚定义如图 7.8 所示。

$PA_7 \sim PA_0$ 为双向数据端口，既可以输入数据又可以输出数据。PC_4 和 PC_5 作为数据输入时的联络信号线，PC_4 定义为输入选通信号 $\overline{STB_A}$，PC_5 定义为输入缓冲器满指示信号 IBF_A；PC_6 和 PC_7 作为数据输出时的联络信号线，PC_7 定义为输出缓冲器满指示信号 $\overline{OBF_A}$，PC_6 定义为输出应答信号 $\overline{ACK_A}$；PC_3 定义为中断请求信号 $INTR_A$（注意，输入和输出公用一个中断请求线 PC_3，但中断允许触发器有两个，即输入中断允许触发器 $INTE_2$，由 PC_4 写入设置；输出中断允许触发器 $INTE_1$，由 PC_6 写入设置）；剩余的 $PC_2 \sim PC_0$ 仍可以作为基本 I/O 线，工作于方式 0。

2．8255A 初始化编程

8255A 的 A、B、C 三个端口的工作方式是，在初始化编程时，通过向控制端口写入控制字来设定。8255A 的控制字有两个：方式控制字和置位/复位控制字。方式控制字用于设置端口 A、B、C 的工作方式和数据传送方向；置位/复位控制用于设置端口 C 的 $PC_7 \sim PC_0$ 中某一根口线 PC_i（$i=0 \sim 7$）的电平。两个控制字公用一个端口地址，由控制字的最高位作为区分这两个控制字的标志位。

（1）方式控制字

8255A 工作方式控制字如图 7.9 所示。

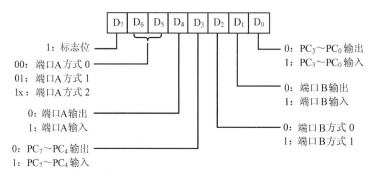

图 7.9　8255A 工作方式控制字

D_0：设置 $PC_3 \sim PC_0$ 的数据传送方向。$D_0=1$ 为输入；$D_0=0$ 为输出。

D_1：设置端口 B 的数据传送方向。$D_1=1$ 为输入；$D_1=0$ 为输出。

D_2：设置端口 B 的工作方式。$D_2=1$ 为方式 1；$D_2=0$ 为方式 0。

D_3：设置 $PC_7 \sim PC_4$ 的数据传送方向。$D_3=1$ 为输入；$D_3=0$ 为输出。

D_4：设置端口 A 的数据传送方向。$D_4=1$ 为输入；$D_4=0$ 为输出。

D_6D_5：设置端口 A 的工作方式。$D_6D_5=00$ 为方式 0，$D_6D_5=01$ 为方式 1，$D_6D_5=10$ 或 11 为方式 2。

D_7：方式控制字的标志位，恒为 1。

例如，将 8255A 的端口 A 设定为工作方式 0 输入，端口 B 设定为工作方式 1 输出，端口 C 没有定义，工作方式控制字为 10010100B。

（2）端口 C 置位/复位控制字

8255A 的端口 C 置位/复位控制字如图 7.10 所示。

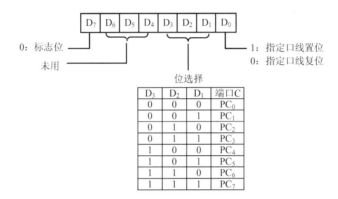

图 7.10　8255A 的端口 C 置位/复位控制字

8255A 的端口 C 置位/复位控制字用于设置端口 C 某一根口线 PC_i（$i=0 \sim 7$）输出为高电平（置位）或低电平（复位），对各端口的工作方式没有影响。

$D_3 \sim D_1$：8 种状态组合 000～111 对应表示 $PC_0 \sim PC_7$。

D_0：用来设定指定口线 PC_i 为高电平还是低电平。当 $D_0=1$ 时，指定口线 PC_i 输出高电平；当 $D_0=0$ 时，指定口线 PC_i 输出低电平。

$D_6 \sim D_4$ 没有定义，状态可以任意，通常设置为 0。D_7 位作为标志位，恒为 0。例如，若把 PC_2 口线输出状态设置为高电平，则置位/复位控制字为 00000101B。

（3）8255A 初始化编程

8255A 初始化编程比较简单，只需要将工作方式控制字写入控制端口即可。另外，端口 C 置位/复位控制字的写入只对端口 C 指定位的输出状态起作用，对端口 A 和端口 B 的工作方式没有影响，因此只有需要在初始化时指定端口 C 某一位的输出电平时，才写入端口 C 置位/复位控制字。

【例 7.1】　设 8255A 的端口 A 工作于方式 0，输出数据，端口 B 工作于方式 1，输入数据。请编写初始化程序段（设 8255A 的端口地址为 FF80H～FF83H）。

根据题意可知，端口 A、端口 B、端口 C 及控制端口的地址分别为 FF80H、FF81H、FF82H 和 FF83H。

初始化程序段如下：

```
MOV    DX, 0FF83H        ;DX←0FF83H 控制端口地址
MOV    AL, 10000110B     ;AL←10000110B，端口 A 方式 0 输出，端口 B 方式 1 输入
OUT    DX, AL            ;将控制字写入控制端口
```

【例 7.2】 将 8255A 端口 C 中 PC_0 设置为高电平，PC_5 设置为低电平。请编写初始化程序段（设 8255A 的端口地址为 FF80H～FF83H）。

初始化程序段如下：

```
MOV    DX, 0FF83H         ;DX←0FF83H 控制端口地址
MOV    AL, 00000001B      ;AL←00000001B，将 PC0 设置为高电平
OUT    DX, AL             ;将控制字写入控制端口
MOV    AL, 00001010B      ;AL←00001010B，将 PC5 设置为低电平
OUT    DX, AL             ;将控制字写入控制端口
```

7.2.3　8255A 应用举例

8255A 作为通用可编程 8 位并行接口芯片，用途非常广泛，可以与 8 位、16 位和 32 位 CPU 相连接。下面通过几个例子来讨论 8255A 在应用系统中的接口设计方法及编程技巧。

【例 7.3】 8086 CPU 通过译码法扩展 8255A，使用开关控制发光二极管接口电路设计。

要求：8255A 的端口 A 连接两个开关 S_1 和 S_0，设置为方式 0 输入，端口 B 连接 4 个共阴极发光二极管，设置为方式 0 输出。根据端口 A 两个开关输入的 4 种状态 00H、01H、02H 和 03H，分别点亮发光二极管 L_0、L_1、L_2 和 L_3。设计接口电路，并编制汇编语言源程序实现上述功能。

分析：本题是 8255A 方式 0 应用的一个实例。根据题意，接口电路原理图如图 7.11 所示。8255A 的 D_7～D_0 与 8086 CPU 的 D_7～D_0 连接。由于 CPU 采用的是奇偶存储体的结构，如果通过低 8 位的数据线进行数据传输，必须保证端口地址是偶地址，因此使用 A_0 与 $\overline{WR}$、$\overline{RD}$ 通过"或"门连接 8255A 的 $\overline{WR}$、$\overline{RD}$，CPU 的 A_1 和 A_2 与 8255A 的 A_0 和 A_1 连接，$\overline{CS}$ 与译码器输出端连接，端口 A 的 PA_1、PA_0 连接开关 S_1、S_0，其输入有 4 种组合状态，即 00H、01H、02H 和 03H，端口 B 与 4 个发光二极管连接。

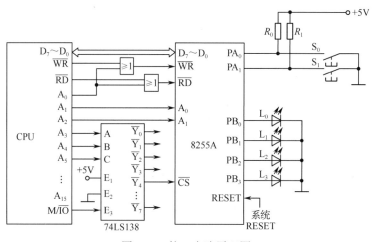

图 7.11　接口电路原理图

8255A 的端口地址由 A_0、A_1 和 $\overline{CS}$ 的逻辑组合确定，若 CPU 的 A_3、A_4、A_5 连接 3-8 译码器的输入 A、B、C，译码器的输出 $\overline{Y_4}$ 接至 $\overline{CS}$，把 CPU 未连接的 A_{15}～A_6 状态设定为 1，则可确定 8255A 的 4 个端口地址。8255A 端口地址见表 7.2。发光二极管 L_0、L_1、L_2 和 L_3 点亮的显示代码分别为 01H、02H、04H 和 08H。

表 7.2 8255A 的端口地址

		8086 CPU																端口地址
		A_{15}	A_{14}	A_{13}	A_{12}	A_{11}	A_{10}	A_9	A_8	A_7	A_6	A_5 A_4 A_3		A_2 A_1		A_0	
8255A	PA	1	1	1	1	1	1	1	1	1	1	1 0 0		0 0		0	FFE0H
	PB	1	1	1	1	1	1	1	1	1	1	1 0 0		0 1		0	FFE2H
	PC	1	1	1	1	1	1	1	1	1	1	1 0 0		1 0		0	FFE4H
	控制端口	1	1	1	1	1	1	1	1	1	1	1 0 0		1 1		0	FFE6H

程序如下：

```
DATA        SEGMENT                  ;数据段
IO8255A     EQU         0FFE0H       ;端口 A 地址
IO8255B     EQU         0FFE2H       ;端口 B 地址
IO8255C     EQU         0FFE4H       ;端口 C 地址
IO8255T     EQU         0FFE6H       ;控制端口地址
LIST        DB          01H,02H,04H,08H  ;发光二极管显示代码
DATA        ENDS
STACK       SEGMENT STACK            ;堆栈段
STA         DW          50 DUP(?)
TOP         EQU         LENGTH STA
STACK       ENDS
CODE        SEGMENT                  ;代码段
ASSUME  CS:CODE, DS:DATA, SS:STACK
START:      MOV         AX, DATA     ;初始化，取段基址
            MOV         DS, AX
            MOV         ES, AX
            MOV         DX, IO8255T  ;DX←控制端口地址
            MOV         AL, 90H      ;AL←控制字，端口 A 方式 0 输入，端口 B 方式 0 输出
            OUT         DX, AL       ;将控制字写入控制端口
DISP:       MOV         DX, IO8255A  ;DX←端口 A 地址
            IN          AL,DX        ;AL←端口 A 开关状态
            MOV         BX,OFFSRET LIST  ;BX←发光二极管显示代码首地址
            AND         AX,0003H     ;屏蔽 AX 的高位，保留端口 A 的开关状态
            ADD         BX, AX       ;BX←形成显示代码的地址
            MOV         AL, [BX]     ;AL←取出显示代码
            MOV         DX, IO8255B  ;DX←端口 B 地址
            OUT         DX,AL        ;端口 B←显示代码
            CALL        DELAY        ;调显示延时子程序
            JMP         DISP         ;循环显示
DELAY       PROC        NEAR         ;延时子程序
            PUSH        AX
            PUSH        CX
            MOV         CX, 0010H
T1:         MOV         AX，0010H
T2:         DEC         AX
            JNZ         T2
            LOOP        T1
            POP         CX
            POP         AX
            RET                      ;子程序返回
CODE        ENDS
            END         START        ;结束
```

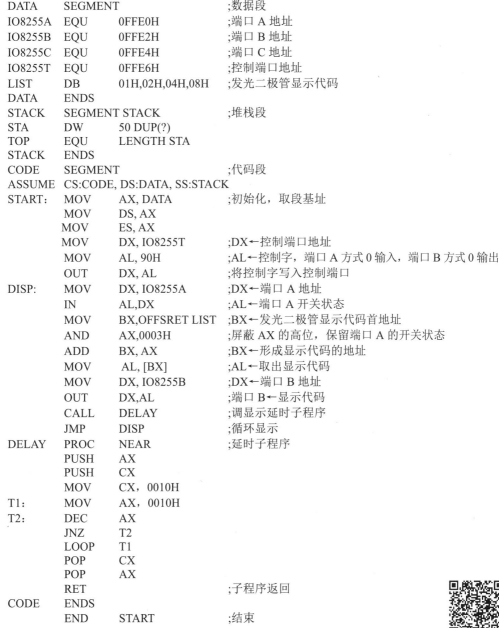

【例 7.4】 利用 8255A 控制多位数码管显示器。

要求：要显示的 8 个字符已存放在以 BUF 开始的存储单元中（称为显示缓冲区），依次送

到数码管显示器中显示。

分析：多位数码管显示接口电路如图 7.12 所示。CPU 通过 8255A 控制 8 位数码管显示器（共阴极）。将 8255A 端口 A 的 $PA_7 \sim PA_0$ 引脚通过 74LS07 同相驱动器与数码管的段选线相连，用来输出字符的七段显示代码，即端口 A 为数码管的段控制端口。用 8255A 端口 B 的 $PB_7 \sim PB_0$ 通过反相驱动器 74LS06 与数码管的位选线相连，控制数码管的显示位，即端口 B 为数码管显示器的位控制端口。当端口 B 某一位输出为 1 时，经反相驱动，在相应数码管的阴极加上了低电平，这个数码管就可以显示数字。但具体显示什么数字，则由端口 A 决定。端口 A 由 8 个数码管公用，因此，当 CPU 送出一个显示代码时，各位数码管的阳极都收到了此显示代码。但是，只有位控制端口选中的数码管才会显示数字，其他数码管并不发光。

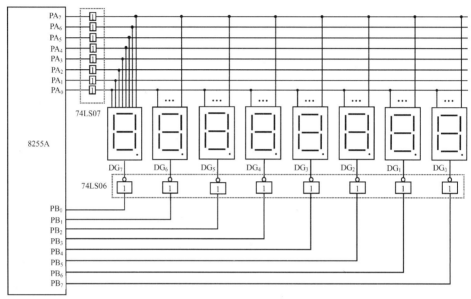

图 7.12　多位数码管显示接口电路

通常，把字符的显示代码组成一个显示代码表，存放在存储器中。若显示代码存储在以 TABLE 开始的存储单元中，则要显示字符的显示代码在内存中的地址等于起始地址与数值之和。例如，要显示字母 A，则字母 A 所对应的显示代码就在起始地址加 0AH 为地址的单元中。利用字节代码转换指令 XLAT，可方便地实现数字到显示代码的转换。

本例采用动态扫描法控制显示。所谓动态扫描，就是逐个接通 8 位数码管，把端口 A 送出的显示代码送到相应的位上去显示。此时，8255A 的端口 A 送出一个七段显示代码，虽然各位数码管都能接收到，但由于端口 B 只有一位输出高电平，所以只有一个数码管的相应段导通后显示数字，其他数码管不亮。这样，端口 A 依次输出七段显示代码，端口 B 依次选中一位数码管，便可以在各位上显示不同的数据。每个数码管显示数字，并不断地重复显示。由于人的视觉惯性作用，当重复频率达到一定程度，不断地向 8 位数码管输送显示代码和扫描各位时，就可以实现相当稳定的数字显示。显而易见，重复频率越高，每位数码管延时显示的时间越长，数字显示就越稳定，显示亮度也就越高。

数码管显示器由 8 个发光二极管组成，如图 7.13 所示，其中，7 个发光二极管分别对应 a、b、c、d、e、f、g 段，另外一个发光二极管为小数点 dp。数码管有共阳极和共阴极两种结构，共阳极数码管的发光二极管阳极均接+5V，当输入端为低电平时，发光二极管导通点亮；共阴极数码管的发光二极管阴极均接地，当输入端为高电平时，发光二极管导通点亮。通过组合可以显示 0～9 和 A～F 共 16 个字符，数码管显示器七段显示代码见表 7.3。

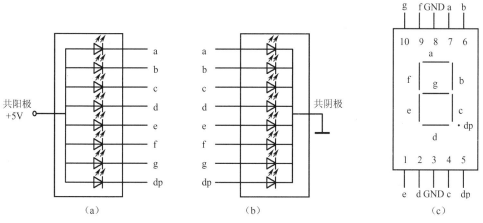

（a） （b） （c）

图 7.13 数码管显示器

表 7.3 数码管显示器七段显示代码

显示字符	0	1	2	3	4	5	6	7	8	9	A	B	C	D	E	F
共阴极七段显示代码	3FH	06H	5BH	4FH	66H	6DH	7DH	07H	7FH	6FH	77H	7CH	39H	5EH	79H	71H
共阳极七段显示代码	C0H	F9H	A4H	B0H	99H	92H	82H	F8H	80H	90H	88H	83H	C6H	A1H	86H	8EH

字符显示流程如图 7.14 所示。编写程序时，需要在内存中开辟一个缓冲区，本例缓冲区首地址为 BUF，用来存放将要在 8 个数码管上显示的字符。假定要显示的字符为 0、1、2、3、4、5、6 和 7，则必须事先把待显示的字符存放在显示缓冲区内，字符显示缓冲区如图 7.15 所示。第一个字符送 DG_7，下一个字符送 DG_6，依次类推，直到最后一个字符送 DG_0。本例字符显示代码表存放于首地址为 TABLE 的内存区中，设 8255A 端口 A 地址为 PORTA，端口 B 地址为 PORTB。

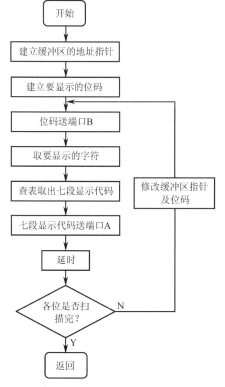

图 7.14 字符显示流程

00	DG_7
01	DG_6
02	DG_5
03	DG_4
04	DG_3
05	DG_2
06	DG_1
07	DG_0

图 7.15 字符显示缓冲区

程序如下：

```
        DATA    SEGMENT                              ;数据段
        IO8255A EQU     0FFE8H                       ;端口 A 地址
        IO8255B EQU     0FFEAH                       ;端口 B 地址
        IO8255C EQU     0FFECH                       ;端口 C 地址
        IO8255T EQU     0FFEEH                       ;控制端口地址
        TABLE   DB 3FH, 06H, 5BH, 4FH, 66H, 6DH, 7DH, 07H   ;显示代码表
        BUF     DB 0,1,2,3,4,5,6,7                   ;待显示的字符
        TIMER   EQU     1                            ;延时常量（可根据实际情况确定具体数值）
        DATA    ENDS

        STACK   SEGMENT     STACK                    ;堆栈段
        STA     DW      50 DUP(?)
        TOP     EQU     LENGTH STA
        STACK   ENDS

        CODE    SEGMENT                              ;代码段
                ASSUME  CS:CODE, DS:DATA, ES:DATA, SS:STACK
        START:  MOV     AX, DATA
                MOV     DS, AX
                MOV     DX, IO8255T                  ;DX←控制端口地址
                MOV     AL, 80H                      ;AL←控制字，设置 PA 和 PB 口为方式 0 输出
                OUT     DX, AL
        AGAIN:  CALL    DISP                         ;调显示子程序
                JMP     AGAIN                        ;循环显示
        DISP    PROC    PROC NEAR                    ;显示子程序
                MOV     CL, 80H                      ;CL←位码
                MOV     SI, OFFSET BUF               ;SI 指向字符显示缓冲区首地址
        DISI:   MOV     DX, IO8255B                  ;DX←端口 B 地址
                MOV     AL, CL                       ;AL←位码
                OUT     DX, AL                       ;输出位码
                MOV     AL, [SI]                     ;AL←要显示的字符
                MOV     BX, OFFSET TABLE             ;BX←显示代码表首地址
                MOV     DX, IO8255A                  ;DX←端口 A 地址
                XLAT                                 ;AL←DS:[BX+AL]，得到显示代码
                OUT     DX, AL                       ;从端口 A 输出段码
                CALL    DELAY                        ;调延时子程序
                CMP     CL, 01H                      ;是否指向最右边的一个数码管
                JZ      QUIT                         ;是，8 个数码管已显示一遍，转到 QUIT 退出
                SHR     CL, 1                        ;否，位码右移一位，指向下一个数码管
                INC     SI                           ;指向下一个字符
                JMP     DISI
        QUIT:   RET
        DISP    ENDP
```

延时子程序：

```
        DELAY   PROC                                 ;延时子程序
                PUSH    BX
                PUSH    CX
                MOV     BX, TIMER                    ;BX←外循环次数
        DELAY1: MOV     CX, 469                      ;CX←内循环次数
        DELAY2: LOOP    DELAY2                       ;内循环
                DEC     BX
                JNZ     DELAY1
                POP     CX
                POP     BX
                RET
```

```
DELAY    ENDP
CODE     ENDS
         END    START
```

软件延时子程序仅是一个示例。内循环执行了 469 次 LOOP 指令，外循环次数是 TIMER。因为不同的微处理器执行 LOOP 指令需要的时间不同，所以产生的延时也不相同。

$$延时 = \frac{TIMER \times 469 \times (LOOP指令的时钟周期数)}{微处理器的工作频率}$$

通过在内循环中加入其他指令（如空操作指令 NOP）及改变外循环次数，可以调整这段程序的延时。为了得到较准确的延时，还可以采用硬件延时。

【例 7.5】 采用 8255A 驱动简易键盘（矩阵式键盘）。

要求：利用 8255A 的端口 A 和 B，驱动 8 行 3 列 24 键的小键盘。

8255A 与矩阵式键盘的接口电路如图 7.16 所示，键盘 8 行 3 列共 24 键。端口 A 的 $PA_7 \sim PA_0$ 分别接键盘的行线 7~0，端口 B 的 $PB_2 \sim PB_0$ 接键盘的列线 2~0。采用行反转法进行键盘扫描，其工作原理如下。

① 设置端口 A 为方式 0 输出，端口 B 为方式 0 输入。

② 使行线全部输出为 0，然后读入列线值（列值），如果此时有某个按键闭合，必定会使某一列线为 0，则列值的某一位为 0。

③ 设置端口 A 为方式 0 输入，端口 B 为方式 0 输出。

④ 使列线全部输出为 0，读入行线值（行值）。行值中闭合按键所对应的位必然为低电平 0。

⑤ 将列值和行值分别取反，作为一个 16 位数的高 8 位和低 8 位，形成一个按键的扫描码。每个按键的扫描码都是唯一的，这样就可以根据得到的扫描码判断当前哪个按键闭合。

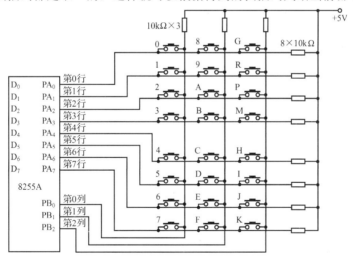

图 7.16   8255A 与矩阵式键盘的接口电路

由图 7.16 可知，第 0 列为字符 0, 1, 2, 3, 4, 5, 6, 7；第 1 列为字符 8, 9, A, B, C, D, E, F；第 2 列为字符 G, R, P, M, H, I, J, K。矩阵式键盘按键的行值、列值及扫描码见表 7.4。

表 7.4   矩阵式键盘按键的行值、列值及扫描码

列号	行号	键名	列值	列值取反	行值	行值取反	扫描码
0	0	0	11111110B	00000001B	11111110B	00000001B	0101H
0	1	1	11111110B	00000001B	11111101B	00000010B	0102H
0	2	2	11111110B	00000001B	11111011B	00000100B	0104H
0	3	3	11111110B	00000001B	11110111B	00001000B	0108H
0	4	4	11111110B	00000001B	11101111B	00010000B	0110H
0	5	5	11111110B	00000001B	11011111B	00100000B	0120H

列号	行号	键名	列值	列值取反	行值	行值取反	扫描码
0	6	6	11111110B	00000001B	10111111B	01000000B	0140H
0	7	7	11111110B	00000001B	01111111B	10000000B	0180H
1	0	8	11111101B	00000010B	11111110B	00000001B	0201H
1	1	9	11111101B	00000010B	11111101B	00000010B	0202H
1	2	A	11111101B	00000010B	11111011B	00000100B	0204H
1	3	B	11111101B	00000010B	11110111B	00001000B	0208H
1	4	C	11111101B	00000010B	11101111B	00010000B	0210H
1	5	D	11111101B	00000010B	11011111B	00100000B	0220H
1	6	E	11111101B	00000010B	10111111B	01000000B	0240H
1	7	F	11111101B	00000010B	01111111B	10000000B	0280H
2	0	G	11111011B	00000100B	11111110B	00000001B	0401H
2	1	R	11111011B	00000100B	11111101B	00000010B	0402H
2	2	P	11111011B	00000100B	11111011B	00000100B	0404H
2	3	M	11111011B	00000100B	11110111B	00001000B	0408H
2	4	H	11111011B	00000100B	11101111B	00010000B	0410H
2	5	I	11111011B	00000100B	11011111B	00100000B	0420H
2	6	J	11111011B	00000100B	10111111B	01000000B	0440H
2	7	K	11111011B	00000100B	01111111B	10000000B	0480H

设 8255A 的端口地址分别为 0600H、0602H、0604H 和 0606H。依据电路图编写程序段，进行键盘扫描，判断有无按键闭合，若有，则把该按键对应的键号在屏幕上显示出来。当按下 R 键时，返回 DOS 操作系统。在程序中定义了数据段，预先把键号对应的 ASCII 码按顺序存放在变量 CHAR 开始的单元中，把每个按键对应的扫描码按顺序放入从变量 TABLE 开始的存储区域内。程序流程图如图 7.17 所示。

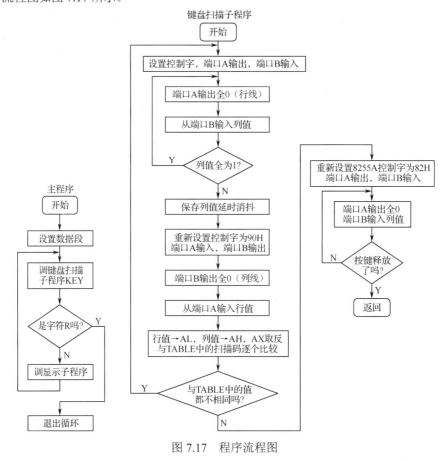

图 7.17　程序流程图

程序如下：

```
    DATA      SEGMENT                          ;数据段
    IO8255A   EQU       0600H                  ;端口 A 地址
    IO8255B   EQU       0602H                  ;端口 B 地址
    IO8255C   EQU       0604H                  ;端口 C 地址
    IO8255T   EQU       0606H                  ;控制端口地址
    TABLE     DW  0101H,0102H,0104H,0108H,0110H,0120H,0140H,0180H    ;定义按键扫描码
              DW  0201H,0202H,0204H,0208H,0210H,0220H,0240H,0280H
              DW  0401H,0402H,0404H,0408H,0410H,0420H,0440H,0480H
    CHAR      DB   '0123456789ABCDEFGRPMHIJK', 0AH, 0DH              ;定义字符
              LEN = $－CHAR
    DATA      ENDS
    CODE      SEGMENT                          ;代码段
              ASSUME CS:CODE, DS:DATA
START:    MOV       AX, DATA
          MOV       DS, AX                     ;DS←数据段段基址
KY:       CALL      KEY                        ;调键盘扫描子程序 KEY
          CMP       DL, 'R'
          JZ        LOP2                       ;若输入字符为 R，则转至 LOP2 标号
          CALL      SHOW                       ;若输入字符不是 R，调显示子程序
          JMP       KY
LOP2:     JMP       $
KEY       PROC      NEAR                       ;键盘扫描子程序，输入字符的 ASCII 码放在 DL 中
KST:      MOV       AL, 82H                    ;控制字，端口 A 为方式 0 输出，端口 B 为方式 0 输入
          MOV       DX, IO8255T                ;DX←控制端口地址
          OUT       DX, AL                     ;输出控制字
WAIT:     MOV       AL, 00H                    ;端口 A 输出全 0，全扫描，判断有无键按下
          MOV       DX, IO8255A                ;DX←端口 A 地址
          OUT       DX, AL
          MOV       DX, IO8255B                ;DX←端口 B 地址
          IN        AL, DX                     ;读端口 B，AL←列值
          MOV       BL, AL                     ;BL←列值
          CMP       AL, 0FFH
          JZ        WAIT                       ;无键按下，转到 WAIT 标号，继续扫描
          MOV       CX, 200H                   ;延时初始值
DLY:      LOOP      DLY                        ;延时 20ms，消抖
          MOV       DX, IO8255B
          IN        AL, DX
          CMP       AL, 0FFH
          JZ        WAIT
          PUSH      AX                         ;保存列值
          MOV       DX, IO8255T                ;DX←控制端口地址
          MOV       AL, 90H                    ;重新设置控制字，端口 A 为输入，端口 B 为输出
          OUT       DX, AL                     ;输出控制字
          MOV       DX, IO8255B                ;DX←端口 B 地址
          MOV       AL, 00H
          OUT       DX, AL                     ;列线输出 00H
          MOV       DX, IO8255A                ;DX←端口 A 地址
          IN        AL, DX                     ;读端口 A，AL←行值
          POP       BX                         ;BL←取原来得到的列值
          MOV       AH, BL                     ;AH←列值
          NOT       AX                         ;列值、行值取反，AX←按键扫描码
```

```
              MOV     SI, OFFSET TABLE    ;取按键扫描码表首地址
              MOV     DI, OFFSET CHAR     ;取字符表首地址
              MOV     CX, 24              ;CX←24（共 24 个按键）
      TT:     CMP     AX, [SI]            ;与扫描码比较，寻找对应的扫描码
              JZ      NN                  ;相等，搜索到扫描码，转到 NN 标号
              ADD     SI, 2               ;与扫描码不相同，SI←SI+2，指向下一个扫描码
              INC     DI                  ;DI←DI+1，指向下一个字符
              DEC     CX                  ;CX←CX－1
              JZ      KST                 ;CX=0，未找到，转到 KST 标号重新扫描键盘
              JMP     TT                  ;CX−1≠0，转到 TT 标号
      NN:     MOV     DL, [DI]            ;DL←字符对应的 ASCII 码
              PUSH    DX                  ;保护 DL 值
              MOV     AL, 82H             ;重新设置控制字，端口 A 为输出，端口 B 为输入
              MOV     DX, IO8255T         ;DX←控制端口地址
              OUT     DX, AL
      ;以下判断按键是否释放，未释放等待
              MOV     DX, IO8255A         ;DX←端口 A 地址
              MOV     AL, 00H
              OUT     DX, AL              ;行线输出 00H
              MOV     DX, IO8255B         ;DX←端口 B 地址
      WAIT1:  IN      AL, DX              ;读端口 B，AL←列值
              CMP     AL, 0FFH
              JNZ     WAIT1               ;列值不等于 0FFH，说明按键还未释放，等待
              POP     DX                  ;恢复 DL 值，DL 存放该字符的 ASCII 码
              RET
      KEY     ENDP
      CODE    ENDS
              END     START
```

7.3　可编程定时/计数器接口芯片 8254 及其应用

8254 是 Intel 公司生产的可编程定时/计数器接口芯片，片内有 3 个独立的 16 位计数器，每个计数器都可编程设定 6 种不同的工作方式，可作为频率发生器、实时时钟、外部事件计数器和单脉冲发生器等，最高计数频率可达 10MHz。

7.3.1　8254 内部结构及其引脚功能

1．8254 内部结构

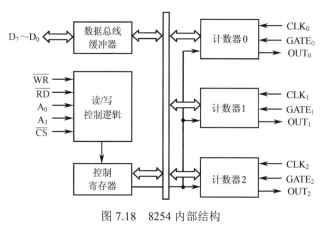

图 7.18　8254 内部结构

8254 内部结构如图 7.18 所示，包括数据总线缓冲器、读/写控制逻辑、控制寄存器和 3 个计数器。

（1）数据总线缓冲器。三态、双向的 8 位寄存器，8 位数据总线 $D_7 \sim D_0$ 与系统数据总线连接，构成 CPU 与 8254 之间信息传输的通道。CPU 通过数据总线缓冲器向 8254 写入控制命令、计数初始值或读取计数值。

（2）读/写控制逻辑。用来接收 CPU 发送的读/写信号和端口选择信号，控制 8254 内部寄存器的读/写操作。

（3）控制寄存器。只能写不能读的 8 位寄存器，CPU 通过指令将控制字写入控制寄存器，设定 8254 的不同工作方式。

（4）计数器。8254 内部有 3 个结构完全相同而又相互独立的 16 位减 1 计数器，每个计数器有 6 种工作方式，各自可按照编程设定的方式工作。

8254 中计数器的内部结构如图 7.19 所示，包括一个 16 位初始值寄存器（Count Register，CR）、一个减 1 计数执行部件（Counting Element，CE）和一个 16 位输出锁存器（Output Latch，OL）。另外，还配有控制逻辑电路、控制寄存器和状态寄存器。CPU 访问 8254 时，这 3 个计数器公用一个控制寄存器和状态寄存器地址。计数器工作时，可以设定为 16 位，也可以设定为 8 位。设置初始值时，16 位计数初始值需要分两次写入。初始值一旦写入 CR，则自动送入 CE。当门控信号 GATE 有效时，CE 按 CLK 减 1 计数。减为 0 时，由 OUT 输出计数回零信号。在计数过程中，输出锁存器 OL 跟随 CE 的变化而改变。当 CPU 向某一计数器写入锁存命令时，OL 锁存当前计数值，直至 CPU 读取计数值之后，OL 再继续跟随 CE 的值。

2．8254 的引脚

8254 为 24 引脚双列直插式芯片，8254 的引脚如图 7.20 所示。

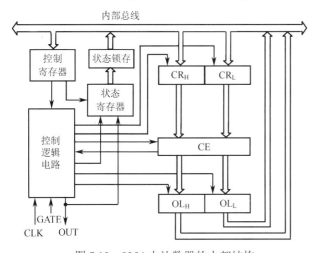

图 7.19　8254 中计数器的内部结构

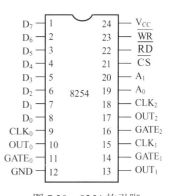

图 7.20　8254 的引脚

$D_7 \sim D_0$：8 位双向数据总线，与系统数据总线连接。

$\overline{WR}$：写，输入，低电平有效。$\overline{WR}$=0 时，CPU 对 8254 执行写操作。

$\overline{RD}$：读，输入，低电平有效。$\overline{RD}$=0 时，CPU 对 8254 执行读操作。

$\overline{CS}$：片选，输入，低电平有效。$\overline{CS}$=0 时，8254 芯片被选中。

A_1 和 A_0：端口选择地址总线，由 8254 片内译码选择内部 3 个计数器和控制寄存器。

8254 的端口地址分配及读/写操作功能见表 7.5。8254 共有 4 个端口地址，对应分配给计数器 0、计数器 1、计数器 2 和控制寄存器，通过端口地址可以写入或读出计数值。

$CLK_0 \sim CLK_2$：3 个计数脉冲，输入，用来输入定时基准脉冲或计数脉冲。

表 7.5　8254 的端口地址分配及读/写操作功能

$\overline{CS}$	$\overline{WR}$	$\overline{RD}$	A_1	A_0	功能
0	0	1	0	0	计数值写入计数器 0
0	0	1	0	1	计数值写入计数器 1
0	0	1	1	0	计数值写入计数器 2
0	0	1	1	1	控制字写入控制寄存器
0	1	0	0	0	读计数器 0
0	1	0	0	1	读计数器 1
0	1	0	1	0	读计数器 2
0	1	0	1	1	无操作
0	1	1	×	×	无操作
1	×	×	×	×	无操作

GATE_0~GATE_2：3 个门控信号，输入，用来控制计数器的启动或停止。

OUT_0~OUT_2：3 个计数器的输出，对于 6 种不同的工作方式，输出的波形也不同。

V_{CC}：+5V 供电电源。

GND：电源地。

7.3.2 8254 工作方式及其初始化编程

1．8254 工作方式

8254 的每个计数器都有 6 种工作方式，可以通过初始化编程分别设定为不同的工作方式，但是不论哪种工作方式都应遵循以下规则。

① 控制字写入控制寄存器后，控制逻辑电路复位，输出信号 OUT 进入初始状态（高电平或低电平）。

② 计数初始值写入初始值寄存器（CR）后，经过一个时钟周期，送入减 1 计数执行部件（CE）。

③ 通常在计数脉冲 CLK 的上升沿对门控信号 GATE 采样。在不同的工作方式下，对 GATE 的触发方式有不同的要求。

④ 在 CLK 的下降沿，计数器减 1 计数。

（1）方式 0：计数结束产生中断

8254 方式 0 时序如图 7.21 所示。在写入控制字 CW（Control Word）后，OUT 初始状态为低电平，写入计数初始值 N 之后，在第一个 CLK 的下降沿将 N 装入 CE，待下一个 CLK 的下降沿到来且 GATE 为高电平时，启动减 1 计数。随后，在每个 CLK 的下降沿，计数器减 1。在计数过程中，OUT 一直保持低电平，直到计数为 0 时，OUT 输出由低电平变为高电平，并且保持高电平。

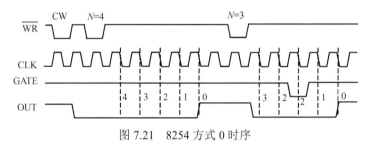

图 7.21　8254 方式 0 时序

方式 0 的特点如下。

① 计数初始值无自动装载功能，若要继续计数，则需要重新写入计数初始值。

② GATE 用来控制 CE，当 GATE 为高电平时，允许计数；当 GATE 为低电平时，禁止计数；当 GATE 重新为高电平时，计数器接着当前的计数值继续计数。

③ 由于方式 0 在计数结束后，OUT 会输出一个由低电平到高电平的跳变信号，因此可以用它作为计数结束的中断请求信号。

（2）方式 1：可重复触发的单稳态触发器

8254 方式 1 时序如图 7.22 所示，在写入控制字 CW 后，OUT 初始状态为高电平，写入计数值 N 后，计数器并不开始计数，直到 GATE 上升沿触发之后，在第一个 CLK 的下降沿将 N 装入 CE，OUT 由高电平变为低电平，待下一个 CLK 的下降沿到来，开始计数。在整个计数过程中，OUT 都保持低电平，直到计数为 0 时变为高电平。一个计数过程结束后，OUT 输出宽度为 N 个时钟周期的负脉冲，可作为单稳态触发器的输入信号。

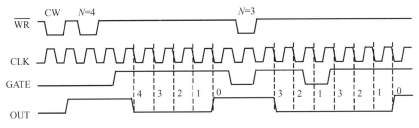

图 7.22 8254 方式 1 时序

方式 1 的特点如下。

① 硬件启动计数，即由 GATE 的上升沿触发计数，输出单脉冲的宽度为 N 个时钟周期。

② 在计数过程中，若 GATE 再次触发，则计数器将重新开始计数。

③ 计数为 0 时，OUT 输出高电平。若再次触发，则计数器将按新输入的计数初始值进行计数。

（3）方式 2：分频器（rate generator）

8254 方式 2 时序如图 7.23 所示，控制字 CW 写入之后，OUT 初始状态为高电平，写入计数初始值 N 之后，在第一个 CLK 的下降沿将 N 装入 CE，待下一个 CLK 的下降沿到来且 GATE 为高电平时，启动计数。在计数过程中，OUT 始终保持高电平，直到 CE 减到 1 时，OUT 变为低电平，维持一个时钟周期后，又恢复为高电平，同时自动将计数值 N 再次装入 CE，重新启动计数，这样，OUT 连续输出负脉冲。

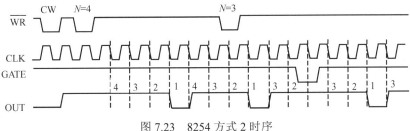

图 7.23 8254 方式 2 时序

方式 2 的特点如下。

① 有自动装载计数初始值的功能，不用重新写入计数初始值便可以自动重复计数，输出固定频率的负脉冲。

② 计数过程可由 GATE 控制。当 GATE 为低电平时，暂停计数；在 GATE 变为高电平后的下一个 CLK 下降沿到来时恢复计数初始值，重新开始计数。

（4）方式 3：方波发生器

8254 方式 3 时序如图 7.24 所示，其工作原理与方式 2 类似，有自动重复计数功能，但 OUT 输出的波形不同。

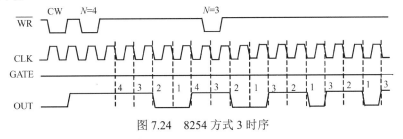

图 7.24 8254 方式 3 时序

方式 3 的特点如下。

① 当计数初始值 N 为偶数时，OUT 输出对称的方波，正、负脉冲的宽度均为 $\dfrac{N}{2}$ 个时钟周

期；当计数初始值 N 为奇数时，OUT 输出不对称的方波，正脉冲宽度为 $\dfrac{N+1}{2}$ 个时钟周期，负脉冲宽度为 $\dfrac{N-1}{2}$ 个时钟周期。

② 若在计数期间写入新的计数值，并不影响现行的计数过程，只有当现行的计数过程结束后，才按新的计数值开始计数过程。

（5）方式 4：软件触发计数

8254 方式 4 时序如图 7.25 所示，写入控制字 CW 后，OUT 初始状态为高电平，在写入计数初始值 N 之后的第一个 CLK 的下降沿将 N 装入 CE，待下一个 CLK 的下降沿到来且 GATE 为高电平时（软件启动），开始计数。当计数为 0 时，OUT 由高电平变为低电平，维持一个时钟周期后，OUT 由低电平变为高电平。一次计数过程结束后，OUT 输出宽度为一个时钟周期的负脉冲。

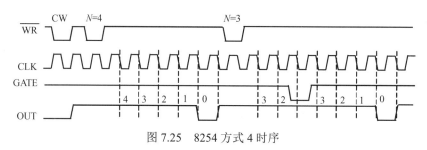

图 7.25　8254 方式 4 时序

方式 4 的特点如下。

① 无自动重复计数功能，只有在输入新的计数值后，才能开始新的计数。

② 若设置的计数值为 N，则在写入计数值 N 个 CLK 之后，使 OUT 产生一个负脉冲。

（6）方式 5：硬件触发计数

8254 方式 5 时序如图 7.26 所示，写入控制字 CW 后，OUT 初始状态为高电平，在写入计数初始值 N 后，计数器并不开始计数，只有 GATE 出现由低到高的上升沿（硬件启动）之后，在第一个 CLK 的下降沿才将 N 装入 CE，待下一个 CLK 的下降沿到来时才开始计数。当计数为 0 后，OUT 由高电平变为低电平，维持一个时钟周期后，OUT 由低电平变为高电平。一次计数过程结束后，OUT 输出宽度为一个时钟周期的负脉冲。

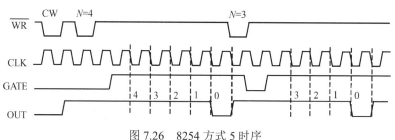

图 7.26　8254 方式 5 时序

方式 5 的特点如下。

① 若设置计数初始值为 N，则在 GATE 触发后，经过 $N+1$ 个 CLK 后，输出一个负脉冲，宽度为一个时钟周期。

② 方式 5 的输出波形与方式 4 的相同。两种工作方式的区别：方式 4 为软件启动计数，即 GATE=1，写入计数初始值时启动计数；方式 5 为硬件启动计数，即先写入计数初始值，由 GATE 的上升沿触发，启动计数。

在设置 8254 的工作方式时，需要注意上述 6 种工作方式的不同之处：方式 0、1、4、5 的计数初始值无自动装载功能，当一次计数结束后，若要继续计数，需要再次编程写入计数值；方式 2 和方式 3 的计数初始值有自动装载功能，只要写入一次计数值，就可以连续进行重复计数；方式 2、4、5 的输出波形虽然相同，即都是宽度为一个时钟周期的负脉冲，但方式 2 可以连续自动工作，方式 4 由软件触发启动，方式 5 由硬件触发启动。

8254 工作方式的特点及其功能见表 7.6。

表 7.6　8254 工作方式的特点及其功能

工作方式	OUT 触发方式	OUT 终止方式	计数初始值自动装载	功　能
0	高电平	低电平	无	计数（定时）中断
1	上升沿	无影响	无	单脉冲发生器
2	高电平或上升沿	低电平	有	频率发生器或分频器
3	高电平或上升沿	低电平	有	方波发生器或分频器
4	高电平	低电平	无	单脉冲发生器
5	上升沿	无影响	无	单脉冲发生器

注：GATE 高电平触发也称为软件触发，GATE 上升沿触发也称为硬件触发。

2．8254 初始化编程

8254 的每个计数器都必须在写入控制字和计数初始值后，才能启动工作，因此，在初始化编程时，必须通过写入控制字来设定计数器的工作方式和写入计数初始值。

（1）8254 的控制字

8254 的控制字如图 7.27 所示。

D_0（BCD）：计数初始值计数方式选择。$D_0=1$，BCD 码计数；$D_0=0$，二进制数计数。

8254 有 BCD 码和二进制数两种计数方式。若采用二进制数计数（16 位），则计数值的范围为 0000H～FFFFH，最大值为 2^{16}，即十进制数的 65536，表示为 0000H；若采用 BCD 码计数（4 位十进制数），则计数值的范围为 0000～9999，最大值为 10^4，即十进制数的 10000，表示为 0000H。

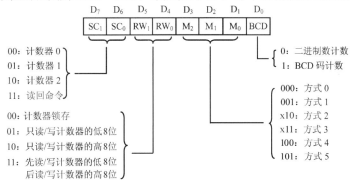

图 7.27　8254 的控制字

$D_3D_2D_1$：工作方式选择。因为 M_2、M_1 和 M_0 的编码有 8 种（000～111），而 8254 有 6 种工作方式，所以，方式 2 和方式 3 的 M_2 位可设为任意值 0 或 1。

D_5D_4：读/写计数器控制。计数值的读出或写入可按字节或字两种方式进行操作，用 RW_1 和 RW_0 的编码 01、10 和 11 来控制读/写计数值的顺序和字节数。

D_7D_6：计数器选择。SC_1 和 SC_0 的编码 00、01 和 10 分别对应选择计数器 0、1 和 2，这 3 个计数器的控制寄存器使用相同的端口地址。

（2）8254 的读回命令

8254 的读回命令可以将 3 个计数器的计数值和状态信息锁存，并向 CPU 返回一个状态字，8254 读回命令如图 7.28 所示。

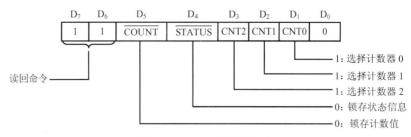

图 7.28 8254 的读回命令

$D_7=1$，$D_6=1$ 时，为读回命令。

$D_5=0$：锁存计数值，以便 CPU 读取当前计数值。

$D_4=0$：锁存状态信息。

$D_3 \sim D_1$：计数器选择，一次可以锁存 1 个计数器、2 个计数器或者 3 个计数器中的计数值或状态信息。当某个计数器的计数值或状态信息被 CPU 读取后，锁存失效。

读回命令写入控制端口，状态信息和计数值都通过计数器端口读取。如果使读回命令的 D_5 和 D_4 都为 0，即状态信息和计数值都要读回，则读取的顺序是，先读取状态信息，后读取计数值。

（3）计数初始值的设定

计数初始值（或称计数常数）可根据 8254 的实际应用和工作方式来设定，一般有如下 3 种情况。

① 作为发生器，应选择方式 2 或方式 3。它实际上是一个分频器，因此计数常数就是分频系数：分频系数 $= \dfrac{f_i}{f_o}$（f_i 为输入的 CLK 频率，f_o 为输出的 OUT 频率）。

② 作为定时器，计数脉冲 CLK 通常来自系统内部时钟，计数常数就是定时系数：定时系数 $= \dfrac{T}{t_{clk}} = T \times f_{clk}$（$T$ 为定时时间，t_{clk} 为时钟周期，f_{clk} 为时钟频率）。

③ 作为计数器，计数脉冲通常来自系统外部，因此，计数常数为外部事件的脉冲个数。

（4）8254 初始化编程

在编写初始化程序时，由于 8254 的 3 个计数器的控制字都是独立的，而它们的计数常数都有各自的端口地址，因此初始化编程顺序比较灵活，可以在写入一个计数器的控制字和计数常数之后，再写入另一个计数器的控制字和计数常数，也可以把所有计数器的控制字都写入之后，再写入计数常数。注意，计数器的控制字必须在其计数常数之前写入，计数常数的低 8 位必须在高 8 位之前写入。

7.3.3 8254 应用举例

在微机系统中，经常需要采用定时/计数器进行定时或计数控制。

【例 7.6】 8086 CPU 通过译码法扩展一个 8254 芯片，编写程序，完成以下功能：

① 计数器 0 对外部事件计数，记满 10 次向 CPU 发出中断请求；

② 计数器 1 产生频率为 2Hz 的方波信号，设输入时钟 CLK_1 的频率为 6Hz；

③ 计数器 2 输出 5s 负脉冲，输入时钟 CLK_2 由 OUT_1 提供。

解题思路：

① 要求计数器 0 对外部事件计数，计满 10 次向 CPU 发出中断请求。可以采用方式 0，$GATE_0$ 初始状态为高电平，在写入控制字后，OUT_0 初始状态为低电平。计数过程中，若 $GATE_0$ 变为低电平，计数器将停止工作，直到 $GATE_0$ 再次变为高电平才接着计数。定时时间到，OUT_0 输出高电平。

计数器 0 的控制字为 00010000B=10H（方式 0、二进制数计数、只读/写低 8 位），计数常数为 10。

② 计数器 1 的输入时钟 CLK_1 接频率为 6Hz 的时钟信号，要求编程使 OUT_1 输出频率为 2Hz 的方波。可以设置计数器 1 为方式 3，有自动重复计数功能，可以连续输出方波。

计数器 1 的控制字为 01010110B=56H（方式 3、二进制数计数、只读/写低 8 位），计数常数为 $\dfrac{f_i}{f_o}=\dfrac{6\text{Hz}}{2\text{Hz}}=3$。

③ 计数器 2 的输入时钟 CLK_2 由 OUT_1 提供 2Hz 的方波信号，要求 OUT_2 输出 5s 负脉冲。可以设置计数器 2 为方式 1，对方波进行计数，计数结束，OUT_2 引脚输出 5s 的负脉冲。

计数器 2 的控制字为 10010011B=93H（方式 1、BCD 码计数，只读/写低 8 位），计数常数为 $\dfrac{T}{t_{\text{clk}}}=5\text{s}\times2\text{Hz}=10$。

8254 接口电路如图 7.29 所示。

程序如下：

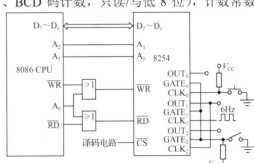

图 7.29　8254 接口电路

```
IO8254_C   EQU 0FFE6H ;8254 控制端口地址
IO8254_0   EQU 0FFE0H ;8254 计数器 0 地址
IO8254_1   EQU 0FFE2H ;8254 计数器 1 地址
IO8254_2   EQU 0FFE4H ;8254 计数器 2 地址
CODE       SEGMENT
           ASSUME  CS:CODE
START:     MOV     DX, IO8254_C   ;DX←8254 控制端口地址
           MOV     AL, 10H        ;AL=10H，控制字
           OUT     DX, AL         ;设置计数器 0，方式 0，只读/写低 8 位
           MOV     DX, IO8254_0   ;DX←8254 计数器 0 地址
           MOV     AX, 10         ;初始值为 10，计数为 0 时，OUT0 引脚由低电平变高电平
           OUT     DX, AL         ;输出低 8 位
           MOV     DX, IO8254_C   ;DX←8254 控制端口地址
           MOV     AL, 56H        ;AL=56H，控制字
           OUT     DX, AL         ;设置计数器 1，方式 3，只读/写低 8 位
           MOV     DX, IO8254_1   ;DX←8254 计数器 1 地址
           MOV     AL, 3          ;初始值为 3，输入时钟频率为 6Hz，输出 2Hz 方波
           OUT     DX, AL         ;输出低 8 位
           MOV     DX, IO8254_C   ;DX←8254 控制端口地址
           MOV     AL, 93H        ;AL=93H，控制字
           OUT     DX, AL         ;设置计数器 2，方式 1，BCD 码计数
           MOV     DX, IO8254_2   ;DX←8254 计数器 2 地址
           MOV     AL, 10H        ;初始值为 10，输入时钟频率为 2Hz，输出宽度为 5s 的负脉冲
           OUT     DX, AL         ;输出低 8 位
CODE       ENDS
           END START             ;结束
```

7.4　可编程串行通信接口芯片 8250 及其应用

计算机与外设交换信息时，有两种基本方式：并行通信（parallel communication）和串行通信（serial communication）。并行通信一次可以通过多条传输线传送一个或 n 个字节的数据，传

输速度快，但成本高，适合近距离通信。例如，芯片内部的数据传输，同一块电路板上芯片与芯片之间的数据传输，以及同一系统中的电路板与电路板之间的数据传输，通常采用并行通信方式。串行通信是指在一条传输线上，从低位到高位一位一位（二进制位）地依次传输数据，其比并行通信成本低，但速度慢，适合远距离通信。

7.4.1　串行通信与串行接口标准

1．串行通信方式

在串行通信中，根据通信线路的数据传送方向，有单工、半双工和全双工三种方式。

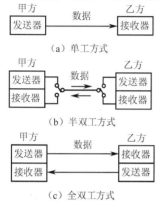

图 7.30　串行通信的传输方式

（1）单工（simplex）方式。单工方式如图 7.30（a）所示。特点：通信双方，一方为发送设备，另一方为接收设备，传输线只有一条，数据只能按一个固定的方向传送。

（2）半双工（half duplex）方式。半双工方式如图 7.30（b）所示。特点：通信双方既有发送设备，也有接收设备，传输线只有一条，只允许一方发送，另一方接收，通过发送和接收开关控制通信线路上数据的传送方向。

（3）全双工（full duplex）方式。全双工方式如图7.30（c）所示。特点：通信双方既有发送设备，也有接收设备，并且允许双方同时在两条传输线上进行发送和接收数据。

目前，在微机通信系统中，很少采用单工方式，多数采用半双工或全双工方式。

2．串行通信类型

串行通信分为串行异步通信和串行同步通信两种类型。通常所说的串行通信指的是串行异步通信。

（1）串行异步通信

串行异步通信的数据格式如图 7.31 所示，1 帧数据由起始位、数据位、奇偶校验位和停止位组成。

起始位：起始位是 1 帧数据的开始标志，占 1 位，低电平有效。

数据位：数据位紧接着起始位。数据位可以为 5 位、6 位、7 位或 8 位，由初始化编程设定，低位在前、高位在后。

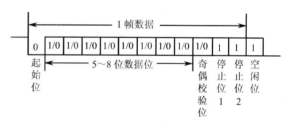

图 7.31　串行异步通信的数据格式

奇偶校验位：占 1 位，可以有也可以没有，由初始化编程设定。当采用奇校验时，发送设备自动检测发送数据中所包含 1 的个数，如果是奇数，则校验位自动写 0；如果是偶数，则校验位自动写 1。当采用偶校验时，若发送数据中所包含 1 的个数是奇数，则校验位自动写 1；如果是偶数，则校验位自动写 0。接收设备按照约定的奇偶校验方式，校验接收到的数据是否正确。

停止位：根据字符数据的编码位数，可以选择 1 位、1.5 位或 2 位，由初始化编程设定。

异步串行通信是以字符为单位传送数据的，每个字符数据都以起始位作为开始标志，以停止位作为结束标志，字符之间的间隔（空闲位）传送高电平。工作原理：传送开始后，接收设备不断检测传输线是否有起始位到来，当接收到一系列的 1（空闲位或停止位）之后，检测到第一个 0（低电平），说明起始位出现，开始接收所规定的数据位、奇偶校验位及停止位。经过接收器处理，将停止位去掉，把数据位拼装成为一个数据字节，经校验无误，则接收完毕。当一个字符接收完毕后，接收设备又继续测试传输线，监视 0（低电平）的到来和下一个字符的开始，直到全部数据接收完毕。

（2）串行同步通信

串行异步通信由于要在每个字符前后附加起始位、停止位，有约 20%的附加数据，因此传输效率较低。串行同步通信方式所采用的数据格式，没有起始位和停止位，传输效率较高。在传送前，先按照设定的数据格式，将各种信息装配成一个数据包（1 帧数据），数据包中包括一个或两个同步字符，其后是需要传送的 n 个字符（n 的大小由用户设定），最后是两个校验字符。串行同步通信的数据格式如图 7.32 所示。

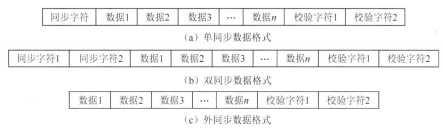

图 7.32　串行同步通信的数据格式

同步字符作为数据块的起始标志，在通信双方起联络作用，当对方接收到同步字符后，就可以开始接收数据。同步字符通常占用 1 字节宽度，可以采用一个同步字符（单同步方式），也可以采用两个同步字符（双同步方式）。在通信协议中，通信双方约定同步字符的编码格式和同步字符的个数。在传送过程中，接收设备首先搜索同步字符，与事先约定的同步字符进行比较，如果比较结果相同，则说明同步字符已经到来，接收方开始接收数据，并按规定的数据长度拼装成一个个数据字节，直至整个数据块接收完毕，经校验无传送错误后，结束数据传送。

在进行串行同步通信时，为保持发送设备和接收设备的完全同步，要求接收设备和发送设备必须使用同一个时钟。在近距离通信时，收发双方可以使用同一个时钟发生器，在通信线路中增加一条时钟信号线；在远距离通信时，可采用锁相技术，通过调制解调器（Modem）从数据流中提取同步信号，使接收方得到和发送方时钟频率完全相同的接收时钟信号。

3. 数据传输速率

在串行异步通信中，数据传输速率用波特率（Baud Rate）来表示，它的含义是指每秒传输的二进制位数，单位是 bit/s 或波特。例如，如果定义传送的一个字符信息为 10 位（7 位数据、1 位起始位、1 位奇偶校验位、1 位停止位），波特率为 1200bit/s，则每秒可传输的字符个数为 1200/10=120 个。

在微机通信系统中，常用的波特率标准有 110bit/s、300bit/s、600bit/s、1200bit/s、2400bit/s、4800bit/s、9600bit/s、19200bit/s 等，波特率越高，数据传输速率越高。波特率决定了一个字符中每个二进制数的位时间，即每位数据占用的时间。例如，波特率为 300bit/s 时，每位数据占用的时间为 $t_{BT}=1/300=3.33ms$。

4. RS-232C 串行接口标准

常用的串行接口标准有 RS-232C、RS-422/485 和 20mA 电流环等。微机上配置有 COM1 和 COM2 两个串行接口，它们都采用了 RS-232C 标准。

RS-232C 是美国电子工业协会（Electronics Industrial Association，EIA）制定的一种国际通

用的串行接口标准。它最初是为远程通信使用的数据终端设备（Data Terminal Equipment，DTE）和数据通信设备（Data Communication Equipment，DCE）制定的标准，目前已广泛用作计算机与终端或外设的串行通信接口标准。该标准规定了通信设备之间信号传输的机械特性、信号功能、电气特性及连接方式等。RS-232C 所能直接连接的最长通信距离不大于 15m，最高通信速率为 20000bit/s。

（1）机械特性及引脚功能

RS-232C 的机械特性及引脚功能决定了微机与外设的连接方式。在微机中，使用两种连接器（插头、插座）。

一种是 DB25 连接器，如图 7.33（a）所示。它有 25 条信号线，分两排排列，1~13 信号线为一排，14~25 信号线为一排。RS-232C 规定了两个信道（通信通道）：主信道和辅助信道。辅助信道的数据传输速率比主信道慢，一般不使用。用于主信道的有 10 个引脚，见表 7.7。

另外一种是 DB9 连接器，如图 7.33（b）所示。它有 9 条信号线，也分两排排列，1~5 信号线为一排，6~9 信号线为一排。DB25 和 DB9 连接器引脚及其功能见表 7.7。

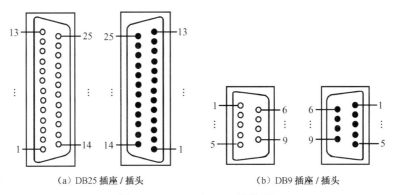

（a）DB25 插座／插头   （b）DB9 插座／插头

图 7.33　DB25 和 DB9 连接器

表 7.7　DB25 和 DB9 连接器引脚及其功能

引脚		信号名称	传送方向 DTE-DCE	功能
DB25	DB9			
1				保护地，设备屏蔽地，为了安全，一般连接设备的外壳或机架，必要时连接大地
2	3	TxD	→	发送数据（transmit data），输出数据至 DCE
3	2	RxD	←	接收数据（receive data），由 DCE 输入数据
4	7	RTS	→	请求发送（request to send），低电平有效，请求发送数据
5	8	CTS	←	允许发送（clear to send），低电平有效，表明 DCE 同意发送
6	6	DSR	←	数据设备就绪（data set ready），低电平有效，表明 DCE 已经准备就绪
7	5	GND		信号地，通信双方的信号地，应连接在一起
8	1	DCD	←	数据载波检测（data carried detect），有效时，表明已经接收到来自远程 DCE 的正确载波信号
20	4	DTR	→	数据终端就绪（data terminal ready），有效时，通知 DCE，DTE 已经准备就绪，可以接通电话线
22	9	RI	←	振铃指示（ringing indicator），有效时，表明 DCE 已经收到电话交换机的拨号呼叫（使用公用电话线时要用此信号）

在 RS-232C 定义的引脚中，用于异步串行通信的信号除了 TxD 和 RxD，还有 TxC（发送时钟，transmit clock）和 RxC（接收时钟，receive clock），TxC 控制 DTE 发送串行数据的时钟信号，RxC 控制 DTE 接收串行数据的时钟信号。

上述信号的作用是在 DTE 和 DCE 之间进行联络。在计算机通信系统中，DTE 通常指计算机或终端，DCE 通常指调制解调器。

（2）电气特性及其连接方式

RS-232C 的电气特性规定了各种信号传输的逻辑电平，即 EIA 电平。

对于 TxD 和 RxD 上的数据信号，采用负逻辑，用–25～–3V（通常为–15～–3V）表示逻辑1，用+3～+25V（通常为+3～+15V）表示逻辑 0。对于 DTR、DSR、RTS、CTS、DCD 等控制信号，用–3～–25V 表示信号无效，即断开（OFF）；用+3～+25V 表示信号有效，即接通（ON）。

显然，采用 RS-232C 标准电平与计算机连接时，它与计算机采用的 TTL 电平不兼容。TTL电平是标准正逻辑，用+5V 表示逻辑 1，用 0V 表示逻辑 0。因此，当 RS-232C 的 EIA 电平与CPU 的 TTL 电平连接时，必须进行电平转换。

常见的电平转换芯片有 MC1488/MC1489 和 SN75150/SN75154。MC1488 和 SN75150 芯片的功能是将 TTL 电平转换为 EIA 电平，MC1489 和 SN75154 芯片的功能是将 EIA 电平转换为TTL 电平。随着大规模数字集成电路的发展，目前有许多厂家已经将 MC1488 和 MC1489 集成到一块芯片上，如美国美信（MAXIM）公司的产品 MAX220、MAX232 和 MAX232A。MAX232 内部结构及引脚如图 7.34 所示。MAX232 芯片内集成了两个发送驱动器和两个接收缓冲器，同时还集成了两个电源变换电路，其中一个升压泵，将+5V 提高到+10V，另一个则将+10V 转换成–10V。芯片为单一+5V 电源供电。

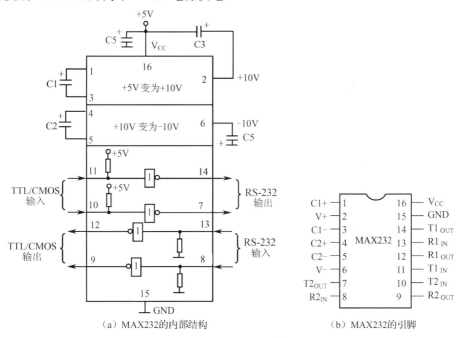

（a）MAX232的内部结构　　　　　　　（b）MAX232的引脚

图 7.34　MAX232 内部结构及引脚

5. RS-422 与 RS-485 串行接口标准

RS-232C 存在一些不足，其中最主要的是 RS-232C 只能一对一地通信，若不借助 Modem，数据传输距离仅为 15m。这是因为 RS-232C 采用的接口电路只能单端驱动、单端接收，如图7.35 所示。当距离增大时，两端的信号地将存在电位差，从而引起共模干扰。而单端输入的接收电路没有任何抗共模干扰的能力，所以只有通过抬高信号电平幅度来保证传输的可靠性。

为了克服 RS-232C 的不足，推出了 RS-422 接口标准，后来又出现了 RS-485 接口标准。这两种总线一般用于工业测控系统中。

（1）RS-422 电气特性

RS-422 标准全称是"平衡电压数字接口电路的电气特性"，它定义了接口电路的特性。RS-422 典型的四线接口电路如图 7.36 所示。实际上还有一条信号地线，共 5 条线。由于接收器采用高输入阻抗和发送驱动器，比 RS-232C 具有更强的驱动能力，因此允许在相同传输线上连接多个接收节点，最多可以连接 10 个节点，即一个主设备（Master），其余为从设备（Slave）。从设备之间不能通信，所以 RS-422 支持一点对多点的双向通信。接收器输入阻抗为 4kΩ，故发送端最大负载能力是 10×4kΩ+100Ω（终接电阻）。RS-422 的最大传输距离约为 1.2km，最高数据传输速率为 10Mbit/s。其平衡双绞线的长度与数据传输速率成反比，在 100kbit/s 速率以下，才可能达到最大传输距离。只有在很短的距离下，才能获得最高数据传输速率。一般 100m 长的双绞线上所能获得的最高数据传输速率仅为 1Mbit/s。

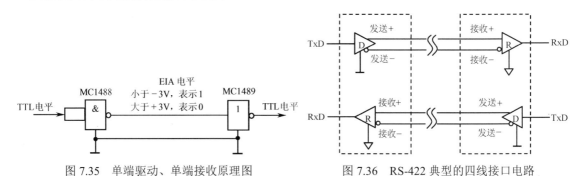

图 7.35　单端驱动、单端接收原理图　　　图 7.36　RS-422 典型的四线接口电路

（2）RS-485 电气特性

由于 RS-422 接口标准采用四线制，为了在距离较远的情况下进一步节省电缆的费用，推出了 RS-485 接口标准。RS-485 接口标准采用两线制，是在 RS-422 基础上发展而来的，所以 RS-485 许多电气规定与 RS-422 相似，它们的接口基本没有区别。例如，都采用平衡传输方式，都需要在传输线上接终接电阻等。但是，RS-485 与 RS-422 的共模输出电压不同，RS-485 在−7～+12V 之间，而 RS-422 在−7～+7V 之间；RS-485 接收器最小输入阻抗为 12kΩ，而 RS-422 是 4kΩ。因为 RS-485 满足所有 RS-422 的规范，所以 RS-485 驱动器可以在 RS-422 网络中应用。

RS-485 可以采用半双工和全双工通信方式，半双工通信的芯片有 SN75176、SN75276、MAX485 等，全双工通信的芯片有 SN75179、SN75180、MAX488 等。下面以 MAX485 和 MAX488 为例，介绍 RS-485 接口芯片的功能及接口电路。

MAX485 是 8 引脚双列直插式芯片，单一+5V 供电，支持半双工通信方式，接收和发送速率为 2.5Mbit/s，最多可连接的标准节点数为 32 个。所谓节点数，是指每个 RS-485 接口芯片的驱动器能驱动多少个标准 RS-485 负载。MAX485 引脚及接口电路如图 7.37 所示。

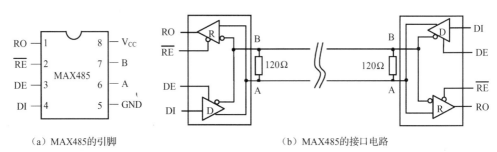

（a）MAX485的引脚　　　　　　　　　　（b）MAX485的接口电路

图 7.37　MAX485 引脚及接口电路

RO：接收器输出。当 A 的电压高于 B 的电压 200mV 时，RO 输出高电平；当 A 的电压低于 B 的电压 200mV 时，RO 输出低电平。

$\overline{RE}$：接收器输出使能。当 $\overline{RE}$ 为低电平时，允许 RO 输出；当 $\overline{RE}$ 为高电平时，RO 处于高阻状态。

DE：发送器输出使能。当 DE 为高电平时，允许发送器的 A 和 B 输出；当 DE 为低电平时，A 和 B 处于高阻状态。

DI：发送器输入。当 DI 为低电平时，A 为低电平，B 为高电平；当 DI 为高电平时，A 为高电平，B 为低电平。

A：接收器输入/发送器输出"+"。

B：接收器输入/发送器输出"−"。

V_{CC}：电源，+5V。

GND：电源地。

MAX485 芯片采用半双工方式进行多个 RS-485 接口通信时，电路连接简单，只需要将各个接口的"+"端与"+"端相连、"−"端与"−"端相连，电路如图 7.37（b）所示。连接的两条线就是 RS-485 的"物理总线"。这些相互连接的 RS-485 接口物理地位完全平等，在逻辑上取一个为主机，其他为从机。在通信时，同样采用"主机呼叫，从机应答"的方式。

MAX489 是 14 引脚双列直插式芯片，单一+5V 供电，支持全双工通信方式，接收和发送速率为 0.25Mbit/s，最多可连接的标准节点数为 32 个。MAX489 引脚及接口电路如图 7.38 所示。

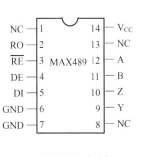
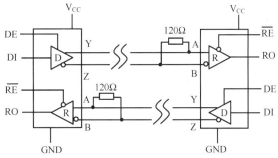

（a）MAX489的引脚　　　　（b）MAX489的接口电路

图 7.38　MAX489 引脚及接口电路

RO：接收器输出引脚。当引脚 A 的电压高于引脚 B 的电压 200mV 时，RO 引脚输出高电平；当引脚 A 的电压低于引脚 B 的电压 200mV 时，RO 引脚输出低电平。

$\overline{RE}$：接收器输出使能引脚。当 $\overline{RE}$ 为低电平时，允许 RO 输出；当 $\overline{RE}$ 为高电平时，RO 处于高阻状态。

DE：发送器输出使能引脚。当 DE 引脚为高电平时，发送器引脚 Y 和 Z 输出；当 DE 引脚为低电平时，引脚 Y 和 Z 处于高阻状态。

DI：发送器输入引脚。当 DI 为低电平时，引脚 Y 为低电平，引脚 Z 为高电平；当 DI 为高电平时，引脚 Y 为高电平，引脚 Z 为低电平。

Y：发送器输出"+"引脚。

Z：发送器输出"−"引脚。

A：接收器输入"+"引脚。

B：接收器输入"−"引脚。

V_{CC}：电源，+5V。

GND：电源地。

NC：空脚（no connect），内部没有连接。

7.4.2　8250 内部结构及其引脚功能

通用异步接收发送器（Universal Asynchronous Receiver Transmitter，UART）8250 是支持异步串行通信标准的可编程接口芯片，由美国国家半导体（NS）公司生产。8250 的主要性能特点如下。

① 芯片内部包含发送控制电路和接收控制电路，可实现全双工通信。

② 支持异步通信，1 帧数据由起始位、数据位、奇偶校验位和停止位组成。

③ 数据传输速率可在 50～19200bit/s 范围内选择。

④ 具有控制 Modem 功能和完整的状态报告功能。

1．8250 内部结构

8250 是 40 引脚双列直插式接口芯片，采用单一+5V 电源供电，8250 内部结构如图 7.39 所示，由数据总线缓冲器、读/写控制逻辑、数据发送器、数据接收器、波特率发生器、Modem 控制逻辑和中断控制逻辑等功能部件组成。

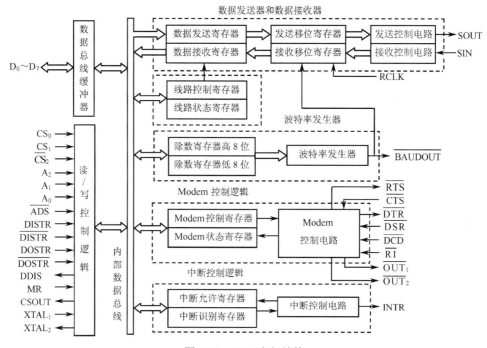

图 7.39　8250 内部结构

（1）数据总线缓冲器。数据总线缓冲器是 8250 与 CPU 之间的数据通道，来自 CPU 的各种控制命令和待发送的数据通过它到达 8250 内部寄存器，同时，8250 内部的状态信号、接收的数据信息也通过它送至系统总线和 CPU。

（2）读/写控制逻辑。接收来自 CPU 的读/写控制信号和端口选择信号，用于控制 8250 内部寄存器的读/写操作。

（3）数据发送器。数据发送器由数据发送寄存器、发送移位寄存器和发送控制电路构成。当 CPU 发送数据时，首先检查数据发送寄存器是否为空，若为空，则先将发送的数据并行输出到数据发送寄存器中，然后在 $\overline{\text{BAUDOUT}}$ 的控制下，送入发送移位寄存器，由发送移位寄存器将并行数据转换为串行数据，经 SOUT 输出。在输出过程中，由发送控制电路依据初始化编程时约定的数据格式，自动插入起始位、奇偶校验位和停止位，装配成 1 帧完整的串行数据。

（4）数据接收器。数据接收器由接收移位寄存器、数据接收寄存器和接收控制电路组成。接收串行输入数据时，在 RCLK 的控制下，首先搜寻起始位（低电平），一旦在传输线上检测到第一个低电平信号，就确认是 1 帧信息的开始，然后将引脚 SIN 输入的数据逐位送入接收移位寄存器。当接收到停止位后，将接收移位寄存器中的数据送入数据接收寄存器，供 CPU 读取。

RCLK 的频率通常为波特率的 16 倍，即 1 个数据位宽时间内将会出现 16 个接收时钟周期，其目的是排除线路上的瞬时干扰，保证在检测起始位和接收数据位的中间位置采样数据。8250 对起始位和数据位的采样时序如图 7.40 所示。

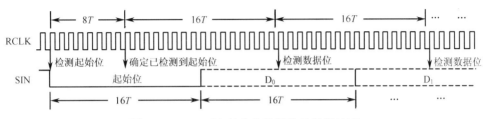

图 7.40　8250 对起始位和数据位的采样时序

接收时钟的频率为波特率的 16 倍，表示在每个时钟周期的上升沿对数据总线进行采样，若检测到引脚 SIN 的电平由 1 变为 0，并在其后的第 8 个时钟周期再次采样到 0，则确认这是起始位，随后以 16 倍的时钟周期（以位宽时间为间隔）采样并接收各数据位，直到接收到停止位为止。

（5）波特率发生器。8250 的数据传输速率由其内部的波特率发生器控制。波特率发生器是一个由软件控制的分频器，其输入频率为芯片的基准时钟 XTAL$_1$ 的频率，输出的 $\overline{\text{BAUDOUT}}$ 为发送时钟。除数寄存器的值是 XTAL$_1$ 与 $\overline{\text{BAUDOUT}}$ 的分频系数，并要求 $\overline{\text{BAUDOUT}}$ 输出的频率为 16 倍的波特率：发送时钟频率=波特率×16=基准时钟频率/分频系数。在 XTAL$_1$ 确定之后，可以通过改变除数寄存器的值来选择所需要的波特率。

（6）Modem 控制逻辑。Modem 控制逻辑由 Modem 控制寄存器、Modem 状态寄存器和Modem 控制电路组成。在串行通信中，当通信双方距离较远时，为增强系统的抗干扰能力，防止传输数据发生畸变，通信双方需要使用 Modem。发送方将数字信号经 8250 送至己方的 Modem 进行调制，转换为模拟信号，送到电话线上进行传输；接收方的 Modem 对接收到模拟信号进行解调，转换为数字信号，经 8250 送至CPU 处理。

（7）中断控制逻辑。中断控制逻辑由中断允许寄存器、中断识别寄存器和中断控制电路组成，可以处理 4 级中断，按优先级的高低依次为接收数据出错（奇偶校验错、溢出错和终止字符）中断、数据接收寄存器满中断、数据发送寄存器空中断和 Modem 输入状态改变中断。

2．8250 的引脚

8250 的引脚如图 7.41 所示。

D$_7$～D$_0$：双向数据总线，负责传送 CPU 的控制命令、待发送的数据信息、CPU 的状态信号和接收的数据信息。

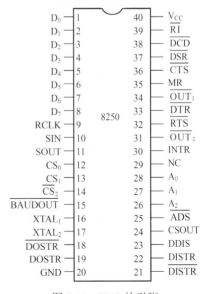

图 7.41　8250 的引脚

$\overline{\text{CS}_2}$、CS_1、CS_0：片选输入。当$\overline{\text{CS}_2}$=0，CS_1=1，CS_0=1 时，8250 芯片被选中。

CSOUT：片选输出。当$\overline{\text{CS}_2}$、CS_1、CS_0 同时有效时，CSOUT=1，作为选中 8250 芯片的指示信号；当芯片未选中时，CSOUT=0，禁止数据传输。

A_2～A_0：端口地址。用来确定片内 10 个寄存器的（端口）地址。

$\overline{\text{ADS}}$：地址选通输入。当$\overline{\text{ADS}}$=0 时，将$\overline{\text{CS}_2}$、CS_1、CS_0 和 A_2～A_0 输入锁存。

DOSTR/ $\overline{\text{DOSTR}}$：数据输出选通。两个引脚作用相同，极性相反，在片选信号有效且 DOSTR=1 或者 $\overline{\text{DOSTR}}$=0 时，CPU 对芯片进行写操作。

DISTR/ $\overline{\text{DISTR}}$：数据输入选通。两个引脚作用相同，极性相反，在片选信号有效且 DISTR=1 或 $\overline{\text{DISTR}}$=0 时，CPU 对芯片进行读操作。

DDIS：禁止数据传输，输出，高电平有效。当 DDIS=1 时，禁止对 8250 的写操作。

MR：复位，高电平有效。当 MR=1 时，内部寄存器及控制逻辑复位。

INTR：中断请求，输出，高电平有效。

XTAL_1、XTAL_2：基准时钟输入、输出。XTAL_1 为基准时钟的输入引脚，作为 8250 的工作时钟；XTAL_2 为基准时钟的输出引脚。当使用外部时钟电路时，外部时钟电路产生的时钟送到 XTAL_1 引脚；当使用芯片内部时钟电路时，在 XTAL_1 与 XTAL_2 之间外接石英晶振和微调电容。

SOUT：串行数据输出。

SIN：串行数据输入。

$\overline{\text{BAUDOUT}}$：波特率发生器输出，作为数据发送时钟，其频率为波特率的 16 倍。

RCLK：接收时钟，用于检测从 SIN 输入的数据，其频率为波特率的 16 倍，可与 $\overline{\text{BAUDOUT}}$ 连接。

$\overline{\text{DTR}}$：数据终端就绪，输出，低电平有效，用来通知 Modem，计算机已准备就绪，要求与 Modem 进行通信。

$\overline{\text{DSR}}$：数据设备就绪，输入，低电平有效，是对 $\overline{\text{DTR}}$ 的应答，表示 Modem 已准备就绪。

$\overline{\text{RTS}}$：请求发送，输出，低电平有效，用来通知 Modem，计算机请求发送数据。

$\overline{\text{CTS}}$：允许发送，输入，低电平有效，是对 $\overline{\text{RTS}}$ 的应答，表示 Modem 可以接收数据。

$\overline{\text{DCD}}$：接收线路检测，输入，低电平有效，表示 Modem 已检测到线路上传送的载波信号。

$\overline{\text{RI}}$：振铃指示，低电平有效，输入，用来通知计算机，Modem 已接收到电话交换机的拨号呼叫。

$\overline{\text{OUT}_1}$ 和 $\overline{\text{OUT}_2}$：输出，低电平有效，由用户编程定义，作为允许中断请求信号。

7.4.3　8250 内部寄存器及其初始化编程

1．8250 内部寄存器

8250 内部有 10 个可编程寻址的寄存器，分为 3 组。

第一组用于实现数据传输，包括数据发送寄存器和数据接收寄存器。

第二组用于工作方式控制、通信参数设置，称为控制寄存器，包括线路控制寄存器、除数寄存器、Modem 控制寄存器和中断允许寄存器。

第三组称为状态寄存器，有线路状态寄存器、Modem 状态寄存器和中断识别寄存器。

8250 寄存器的地址分配及其复位状态见表 7.8。

表 7.8　8250 寄存器的地址分配及其复位状态

DLAB	$\overline{CS_2}$	CS₁	CS₀	A₂	A₁	A₀	寄存器	主串口地址 （COM1）	辅助串口地址 （COM2）	复位状态
0	0	1	1	0	0	0	数据接收寄存器（读）	3F8H	2F8H	清 0
0	0	1	1	0	0	0	数据发送寄存器（写）	3F8H	2F8H	清 0
0	0	1	1	0	0	1	中断允许寄存器	3F9H	2F9H	清 0
×	0	1	1	0	1	0	中断识别寄存器（只读）	3FAH	2FAH	D_0=1，其余位清 0
×	0	1	1	0	1	1	线路控制寄存器	3FBH	2FBH	清 0
×	0	1	1	1	0	0	Modem 控制寄存器	3FCH	2FCH	清 0
×	0	1	1	1	0	1	线路状态寄存器	3FDH	2FDH	D_6、D_5清 0，其余位为 1
×	0	1	1	1	1	0	Modem 状态寄存器	3FEH	2FEH	$D_3\sim D_0$清 0，其余位取决于输入
×	0	1	1	1	1	1	不用	3FFH	2FFH	
1	0	1	1	0	0	0	除数寄存器（低 8 位）	3F8H	2F8H	清 0
1	0	1	1	0	0	1	除数寄存器（高 8 位）	3F9H	2F9H	清 0

注：DLAB 是线路控制寄存器中的 D_7 位，是允许访问除数寄存器的标志位。

（1）数据接收寄存器

外部串行数据在接收时钟的控制下，从 SIN 输入到接收移位寄存器中，去掉起始位、校验位和停止位，转换成并行数据，存入数据接收寄存器，等待 CPU 读取。

（2）数据发送寄存器

CPU 将要发送的并行数据写入数据发送寄存器，随后将其传送到发送移位寄存器中，在发送时钟的控制下，将并行数据转换成串行数据，并按设定的帧格式添加起始位、校验位和停止位，通过 SOUT 输出。只有在数据发送寄存器为空时，CPU 才能写入下一个数据。

（3）线路控制寄存器

线路控制寄存器主要用于指定串行异步通信的数据格式（数据位个数、停止位个数），是否进行奇偶校验，以及采用何种校验方式。它可以写入，也可以读出，如图 7.42 所示。

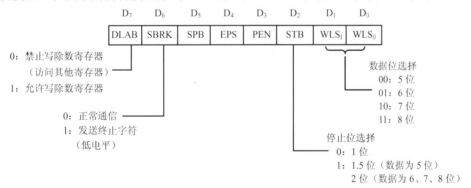

图 7.42　线路控制寄存器

D_5、D_4、D_3 分别为附加奇偶校验位、奇偶校验位和校验允许位。选用附加位的作用是，发送设备把奇偶校验选择通过发送的信息通知接收设备，接收方收到数据后，只要将附加位分离出来，便可以知道发送方采用的是奇校验还是偶校验。显然，在收发双方已约定奇偶校验选择的情况下，不需要附加奇偶校验标志。由此可见，8250 通信的奇偶校验规则由 D_5、D_4 和 D_3 共同规定，见表 7.9。

表 7.9　8250 通信的奇偶校验规则

D_5	D_4	D_3	功　　能
0	0	0	无校验
0	0	1	奇校验
0	1	1	偶校验
1	0	1	附加位为 1
1	1	1	附加位为 0

（4）线路状态寄存器

线路状态寄存器提供串行异步通信的当前状态，供 CPU 读取和处理，同时它还可以写入、设置某些状态，用于系统自检。线路状态寄存器如图 7.43 所示。

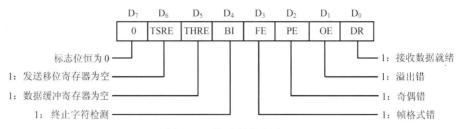

图 7.43　线路状态寄存器

线路状态寄存器反映了接收数据是否准备就绪、数据发送寄存器是否为空，以决定 CPU 是进行读操作还是写操作。

（5）除数寄存器

除数寄存器是一个 16 位的寄存器，用来存放输入的基准时钟 $XTAL_1$ 与输出的发送时钟 $\overline{BAUDOUT}$ 的分频系数，并要求 $\overline{BAUDOUT}$ 输出的频率为 16 倍的波特率，即

$$分频系数（除数）=\frac{基准时钟频率}{发送时钟频率}=\frac{基准时钟频率}{波特率\times16}$$

因此，在基准时钟 $XTAL_1$ 确定之后，可以通过改变除数寄存器中的值选择波特率。在实际应用中，先确定波特率，然后根据基准时钟求出分频系数，并将它写入除数寄存器。

（6）Modem 控制寄存器

Modem 控制寄存器用来设置 8250 与数据通信设备（Modem）之间联络、应答信号的状态，Modem 控制寄存器如图 7.44 所示。

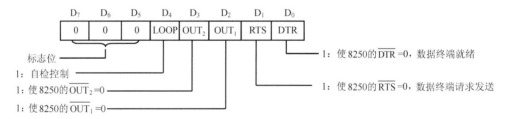

图 7.44　Modem 控制寄存器

其中，D_4 位可以使 8250 处于自测试工作状态。在自测试状态下，8250 的 SOUT 变为高电平，而 SIN 与系统分离，发送移位寄存器中的数据回送到接收移位寄存器中，4 个控制数据信号 $\overline{CTS}$、$\overline{DSR}$、$\overline{DCD}$ 和 $\overline{RI}$ 与系统分离，并在芯片内部与 4 个控制输出信号 $\overline{RTS}$、$\overline{DTR}$、$\overline{OUT_1}$ 和 $\overline{OUT_2}$ 相连。这样，发送的串行数据立即在 8250 内部被接收（循环反馈），因此自测试工作状态可以用来检测 8250 的发送和接收功能是否正常，而不必进行硬件连线。需要注意的是，$D_3\sim D_0$ 的功能与 8250 相应引脚的功能相同，而极性相反。

（7）Modem 状态寄存器

Modem 状态寄存器反映 8250 中 4 个 Modem 输入引脚当前的状态及其状态的改变，Modem 状态寄存器如图 7.45 所示。高 4 位 DCD、RI、DSR 和 CTS 记录外部 Modem 的 4 个输入信号状态，其功能与 8250 相应引脚的功能相同，而极性相反。当引脚输入为低电平时，寄存器相应位置 1，CPU 读出后清除。低 4 位记录高 4 位相应状态的改变，当高 4 位中某一位的状态发生改变

（由 0 变到 1 或由 1 变到 0）时，则低 4 位相应位置 1。这些状态位的改变，除了允许 CPU 执行输入指令进行查询，也可以引起中断。

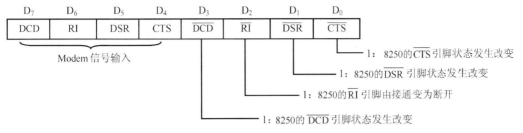

图 7.45　Modem 状态寄存器

（8）中断允许寄存器

8250 内部包含 4 级中断，可以通过中断允许寄存器进行控制。中断允许寄存器如图 7.46 所示，其低 4 位控制 8250 的 4 级中断是否被允许，若某位为 1，则对应的中断被允许，否则，被禁止。

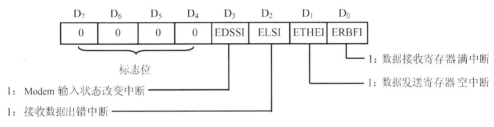

图 7.46　中断允许寄存器

注意，当中断允许寄存器的相应位为 1 时，只允许中断源产生一个高电平有效的中断请求信号 INTR。

（9）中断识别寄存器

当 8250 的 4 级中断中有一级或多级同时出现时，8250 便输出高电平 INTR 中断请求。为了能具体识别是哪一级中断引起的请求，以便分别进行处理，8250 内部设有一个中断识别寄存器，用来保存正在请求中断的优先级最高的中断类型号。在这个特定的中断请求由 CPU 进行服务之前，不接收其他的中断请求。

8250 中断识别寄存器如图 7.47 所示，其中，最低位 D_0 反映是否有中断请求，D_2D_1 用于中断识别。

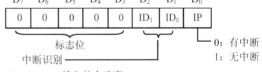

00：Modem 输入状态改变
01：数据发送寄存器空
10：数据接收寄存器满
11：接收数据出错

图 7.47　中断识别寄存器

2. 8250 初始化

8250 通信程序可以采用查询方式或中断方式，无论采用哪种方式编写通信程序，首先都要对 8250 进行初始化。初始化主要用来设置 8250 的工作方式和数据格式等，需要编程的寄存器有除数寄存器、线路控制寄存器、Modem 控制寄存器和中断允许寄存器。初始化过程包括以下步骤。

① 将 80H 写入线路控制寄存器，使最高位 D_7（DLAB）=1，允许写除数寄存器。

② 写除数寄存器，设定分频系数。

③ 写线路控制寄存器，使最高位 D_7（DLAB）=0，访问其他寄存器。

④ 设置中断允许寄存器：查询方式，将 00H 写入中断允许寄存器；中断方式，置中断允许寄存器的相应位为 1。

⑤ 设置 Modem 控制寄存器：中断方式，$D_3=1$，允许 8250 发送中断请求；查询方式，$D_3=0$；自检方式，$D_4=1$；正常通信，$D_4=0$。

【例 7.7】 设 8250 输入的基准时钟频率为 1.8432MHz，传输波特率为 1200bit/s，数据长度为 7 位，1 位停止位，奇校验，屏蔽全部中断，编写初始化程序（端口地址为 3F8H～3FEH）。

根据要求，求得分频系数（除数）为

$$分频系数 = \frac{基准时钟频率}{波特率×16} = \frac{1.8432MHz}{1200×16} = 96 = 60H$$

初始化程序如下：

```
INS8250   PROC
          MOV    DX, 3FBH      ;DX←线路控制寄存器地址
          MOV    AL, 80H       ;AL=10000000B，使最高位 DLAB=1
          OUT    DX, AL        ;写线路控制寄存器
          MOV    DX, 3F8H      ;DX←除数寄存器低 8 位端口地址
          MOV    AX, 60H       ;AX←60H，分频系数
          OUT    DX, AL        ;写除数寄存器低 8 位
          INC    DX            ;除数寄存器高 8 位端口地址
          MOV    AL, AH
          OUT    DX, AL        ;写除数寄存器高 8 位
          MOV    DX, 3FBH      ;DX←线路控制寄存器地址
          MOV    AL, 0AH       ;AL=00001010，数据长度 7 位，1 位停止位，奇校验
          OUT    DX, AL        ;写线路控制寄存器
          MOV    DX, 3FCH      ;DX← Modem 控制寄存器地址
          MOV    AL, 03H       ;使 DTR =0 和 RTS=0，数据终端准备就绪，请求发送
          OUT    DX, AL        ;写 Modem 控制寄存器
          MOV    DX, 3F9H      ;DX←中断允许寄存器地址
          MOV    AL, 00H       ;禁止所有中断
          OUT    DX, AL        ;写中断允许寄存器
          RET
INS8250   ENDP
```

7.4.4 8250 应用举例

微机系统中有两个串口：主串口 COM1 和辅助串口 COM2，它们的结构相同。串口适配器组装在一块功能卡上，多功能卡插在主板插槽中，通过总线与系统连接，对外用 25 芯或 9 芯连接器与另一台微机进行串行通信。

微机系统中串口的核心器件是 8250 芯片，串行通信的编程设计类型有单端自发自收（目的是测试串口是否正常工作）和点对点双机通信两种。从交换方式上讲，CPU 与 8250 之间可以采用查询方式，也可以采用中断方式传送信息。从通信方式讲，可以采用单工、半双工或全双工通信方式。从编程技巧上讲，可以对端口直接操作，也可以采用 BIOS 软件完成数据的发送和接收。

1. BIOS 通信软件

BIOS 通过 INT 14H 指令向用户提供了 4 个中断子程序，分别完成串口初始化、发送 1 帧数据、接收 1 帧数据及测试线路状态的功能。

（1）INT 14H 的 0 号功能调用

功能：串口初始化。

入口参数：AH=0，串口初始化；AL=初始化参数，具体定义见表 7.10。

出口参数：AH=线路状态寄存器的内容；AL=Modem 状态寄存器的内容。

（2）INT 14H 的 1 号功能调用

功能：发送 1 帧数据。

入口参数：AH=1，发送数据；AL=待发送的数据。DX=0，使用主串口；DX=1，使用辅助串口。

出口参数：AH 的 $D_7=1$，表示发送失败；$D_7=0$，表示发送成功。

（3）INT 14H 的 2 号功能调用

功能：接收 1 帧数据。

入口参数：AH=2，接收数据。DX=0，使用主串口；DX=1，使用辅助串口。

出口参数：AH 的 $D_7=1$，表示接收失败；$D_7=0$，表示接收成功。

（4）INT 14H 的 3 号功能调用

功能：测试线路状态。

入口参数：AH=3，测试线路状态。DX=0，使用主串口；DX=1，使用辅助串口。

出口参数：AH=线路状态寄存器内容，AL=Modem 状态寄存器内容。

INT 14H 的 3 号功能调用寄存器 AX 返回值定义见表 7.11。

表 7.10　INT 14H 的 0 号功能调用寄存器 AL 入口参数定义

D_7	D_6	D_5	D_4	D_3	D_2	D_1	D_0
波特率选择			校验选择		停止位选择	数据位选择	
000：110bit/s			x0：无校验		0：1 位	10：7 位	
001：150bit/s			01：奇校验		1：2 位	11：8 位	
010：300bit/s			11：偶校验				
011：600bit/s			(x 可以设置为 1 或 0)				
100：1200bit/s							
101：2400bit/s							
110：4800bit/s							
111：9600bit/s							

表 7.11　INT 14H 的 3 号功能调用寄存器 AX 返回值定义

AH								AL							
D_7	D_6	D_5	D_4	D_3	D_2	D_1	D_0	D_7	D_6	D_5	D_4	D_3	D_2	D_1	D_0
超时	数据发送寄存器空	发送移位寄存器空	终止传送	帧格式错	奇偶校验错	重叠接收错	接收数据就绪	线路自检测错	振铃指示	数据终端就绪	清除发送	非线路自检测	非振铃指示	非数据终端就绪	非清除发送

2．8250 在微机中的应用

8250（INS8250）的典型应用是作为微机中的异步通信适配器，其接口电路如图 7.48 所示。

异步通信适配器主要由 8250、RS-232C 连接器及 EIA 电平转换电路组成，制成串行通信接口卡，插在系统主板上。8250 的 $D_7 \sim D_0$、$A_2 \sim A_0$ 和 $\overline{\text{DISTR}}$、$\overline{\text{DOSTR}}$ 与系统数据总线、地址总线和读/写控制总线对应连接，片选 $\overline{\text{CS}_2}$ 连至系统地址译码器输出端，与 $A_2 \sim A_0$ 共同决定芯片的端口地址。在微机中，8250 主串口 COM1 的端口地址是 3F8H～3FFH。

中断请求引脚 INTR 经过 $\overline{\text{OUT}_2}$ 的控制，形成中断请求 IRQ。外部时钟电路产生的 1.8432MHz 的时钟信号送到 XTAL_1，作为 8250 的基准时钟。该时钟经 8250 内部波特率发生器分频之后，由 $\overline{\text{BOUDOUT}}$ 输出作为发送时钟，并将它与接收时钟 RCLK 连接起来。8250 通过电平转换芯片 SN75150、SN75154 与 RS-232C 连接器连接，SN75150 将 8250 的 TTL 电平转换为 RS-232C 连接器的 EIA 电平，SN75154 将 RS-232C 连接器的 EIA 电平转换为 8250 的 TTL 电平。

当 8250 设置为内循环自检方式时，无法提出中断请求，而且引脚 $\overline{\text{RTS}}$、$\overline{\text{CTS}}$、$\overline{\text{DTR}}$、$\overline{\text{DSR}}$ 在芯片内部似乎被"切断"了。因此，在这种情况下，只能采用查询方式，而且只能采用对端口直接操作的编程方法来完成数据的发送和接收。

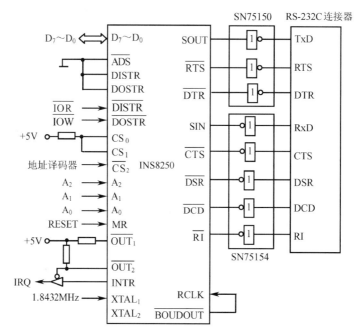

图 7.48　异步通信适配器接口电路

　【例 7.8】　对 COM1 口进行自动检测，将测试电文经 COM1 口发出，通过外环短路线接收，显示在屏幕上。测试电文如下：

THE QUICK BROWN FOX JUMPS OVER LAZY DOG（包含了 26 个字母）

分析：① 电文译为：狡猾的褐色狐狸越过懒狗的背。这是国际电报通信中常用的测试电文，又称"狐狸"电文。电文包含了英语中的 26 个字母。在一条线路上，连续循环发送这条电文，接收方统计在一定时间内的差错率即可知道该线路的通信质量。

② 电文必须逐个字符发送，为了简化程序设计，发送字符和接收字符均采用查询方式。发送前先读取线路状态寄存器，查询数据发送寄存器是否为"空"。接收前先读取线路控制寄存器，查询 1 帧数据是否接收完毕。

③ 采用直接访问 8250 端口寄存器的方法编程。

程序如下：

```
IOPORT_0       EQU  0FFA0H              ;第一片 8250 端口基址
IO8250CS_0     EQU  IOPORT_0+00H        ;除数寄存器地址（低 8 位），数据接收/发送寄存器地址
IO8250ZD_0     EQU  IOPORT_0+02H        ;除数寄存器地址（高 8 位），中断允许寄存器地址
IO8250XK_0     EQU  IOPORT_0+06H        ;线路控制寄存器地址
IO8250MO_0     EQU  IOPORT_0+08H        ;Modem 控制寄存器地址
IO8250XZ_0     EQU  IOPORT_0+0AH        ;线路状态寄存器地址
IOPORT_1       EQU  0FFB0H              ;第二片 8250 端口基址
IO8250CS_1     EQU  IOPORT_1+00H        ;除数寄存器地址（低 8 位），数据接收/发送寄存器地址
IO8250ZD_1     EQU  IOPORT_1+02H        ;除数寄存器地址（高 8 位），中断允许寄存器地址，公用
IO8250XK_1     EQU  IOPORT_1+06H        ;线路控制寄存器地址
IO8250MO_1     EQU  IOPORT_1+08H        ;Modem 控制寄存器地址
IO8250XZ_1     EQU  IOPORT_1+0AH        ;线路状态寄存器地址
DATA    SEGMENT                         ;数据段
        TEXT    DB  'THE QUICK BROWN FOX JUMPS OVER LAZY DOG', 0AH, 0DH ;电文
        LONG    EQU $-TEXT              ;电文长度
        ERROR   DB  'COM1 BAD! ', 0AH, 0DH  ;显示信息
DATA    ENDS
```

```
STACK     SEGMENT       STACK           ;堆栈段
          STA       DW  50 DUP(?)
          TOP       EQU LENGTH STA
STACK     ENDS
CODE      SEGMENT                       ;代码段
          ASSUME  CS:CODE, DS:DATA, SS:STACK
START:    MOV       AX, DATA
          MOC       DS, AX
          CALL      I8250_0             ;调用初始化子过程，初始化第一片 8250
          CALL      I8250_1             ;调用初始化子过程，初始化第二片 8250
          MOV       CH, 10              ;CH←计数值（10 行）
AGAIN:    MOV       CL, LONG            ;CL←电文长度
          MOV       BX, OFFSET TEXT     ;BX←电文存放储单元首地址
TESTLSR:  MOV       DX, IO8250XZ_0      ;DX←线路控制寄存器地址
          IN        AL, DX              ;AL←线路控制寄存器内容
          TEST      AL, 20H             ;数据发送寄存器是否为"空"
          JZ        TESTLSR             ;不为"空"，继续查询
          MOV       AL, [BX]            ;为"空"，取电文中的字符
          MOV       DX, IO8250CS_0      ;DX←数据发送寄存器地址
          OUT       DX, AL              ;发送电文字符
          MOV       SI, 0               ;SI←0 计数初始值
RTESTLSR: MOV       DX, IO8250XZ_0      ;DX←线路控制寄存器地址
          IN        AL, DX              ;AL←线路控制寄存器内容
          TEST      AL, 01H             ;1 帧数据接收完否
          JNZ       REVEICE             ;接收完 1 帧数据转移
          DEC       SI                  ;SI←SI-1，计数值减 1
          JNZ       RTESTLSR            ;继续测试
          JMP       DISPERR             ;测试 256 次后，超时，转出错处理
REVEICE:  MOV       DX, IO8250CS_0      ;DX←数据接收寄存器地址
          IN        AL, DX              ;AL←读取数据，接收电文
DISP:     CALL      DIS_CH              ;调用显示接收字符子程序
          INC       BX                  ;BX←BX+1 修改地址指针
          DEC       CL                  ;CL←CL-1，计数值减 1
          JNZ       TESTLSR             ;继续发送
          DEC       CH                  ;CH←CH-1，行数值减 1
          JNZ       AGAIN               ;继续发送
          JMP       RETUNE              ;发送完毕
DISPERR:  CALL      DIS_MES             ;调用显示出错信息子程序
RETUNE:   JMP       $
```

初始化 8250_0 子程序：

```
I8250_0   PROC      NEAR
          MOV       DX, IO8250XK_0      ;DX←线路控制寄存器地址
          MOV       AL, 80H             ;AL←80H 控制字，使 DLAB=1，允许写除数寄存器
          OUT       DX, AL              ;输出控制字
          MOV       AX, 02H             ;AX←02H 分频系数，fi=38.4kHz，fb=1200bit/s
          MOV       DX, IO8250CS_0      ;DX←除数寄存器地址（低 8 位）
          OUT       DX, AL
          MOV       AL, AH              ;AL←AH
          INC       DX
          INC       DX                  ;DX←DX+2，除数寄存器地址（高 8 位）
          OUT       DX, AL
          MOV       DX, IO8250XK_0      ;DX←线路控制寄存器地址
```

```
        MOV     AL, 03H           ;AL←03H 控制字，8 位数据、1 位停止位、无校验
        OUT     DX, AL            ;输出控制字
        RET
I8250   ENDP
```

初始化 8250_1 子程序：

```
I8250_1 PROC    NEAR
        MOV     DX, IO8250XK_1    ;DX←线路控制寄存器地址
        MOV     AL, 80H           ;AL←80H 控制字，使 DLAB=1，允许写除数寄存器
        OUT     DX, AL            ;输出控制字
        MOV     AX, 02H           ;AX←02H 分频系数，fi=38.4kHz，fb=1200bit/s
        MOV     DX, IO8250CS_1    ;DX←除数寄存器地址（低 8 位）
        OUT     DX, AL
        MOV     AL, AH            ;AL←AH
        INC     DX
        INC     DX                ;DX←DX+2，除数寄存器地址（高 8 位）
        OUT     DX, AL
        MOV     DX, IO8250XK_1    ;DX←线路控制寄存器地址
        MOV     AL, 03H           ;AL←03H 控制字，8 位数据、1 位停止位、无校验
        OUT     DX, AL            ;输出控制字
        RET
I8250_1 ENDP
```

显示接收字符子程序：

```
DIS_CH  PROC    NEAR              ;显示接收字符子程序
        PUSH    AX                ;保护 AX 的值
TESTL_C: MOV    DX, IO8250XZ_1    ;DX←线路状态寄存器地址
        IN      AL, DX            ;AL←线路状态寄存器内容
        TEST    AL, 20H           ;数据发送寄存器是否为空
        JZ      TESTL_C           ;不为空，继续扫描
        POP     AX                ;取出 AX 的值
        MOV     DX, IO8250CS_1    ;DX←数据发送寄存器地址
        OUT     DX, AL            ;发送字符到虚拟终端
        RET
DIS_CH  ENDP
```

显示出错信息子程序：

```
DIS_MES PROC    NEAR              ;显示出错信息子程序
        PUSH    DX                ;保护现场
        PUSH    CX
        PUSH    BX
        PUSH    AX
        MOV     CX, LEN           ;CX←电文长度
        LEA     BX, ERROR         ;BX←电文存放存储单元首地址
TESTLSR: MOV    DX, IO8250XZ_1    ;DX←线路状态寄存器地址
        IN      AL, DX            ;AL←线路状态寄存器内容
        TEST    AL, 20H           ;数据发送寄存器是否为空
        JZ      TESTLSR           ;若不为空，重新扫描线路状态寄存器
SEND_1: MOV     AL, [BX]          ;为空，取电文中的字符
        MOV     DX, IO8250CS_1    ;DX←数据发送寄存器地址
        OUT     DX, AL            ;发送字符给虚拟终端
        INC     BX                ;BX←BX+1
        LOOP    TESTLSR           ;若 CX-1≠0，则取电文下一个字符
        POP     AX                ;恢复现场
```

```
        POP     BX
        POP     CX
        POP     DX
        RET
DIS_MES ENDP
CODE    ENDS
        END     START              ;结束
```

8250 在微机中的应用非常广泛，通信方式可以采用查询方式和中断方式，应用灵活。同时，8250 可以与不同的微处理器（8 位、16 位、32 位 CPU）连接，实现双机近距离串行通信的功能。

7.5 A/D 转换器与 D/A 转换器及其应用

在电子行业中，如何将现实的模拟世界和电子的数字世界连接起来是必须要解决的问题。数模（D/A）和模数（A/D）转换器件就是连接模拟信号源与数字设备、数字计算机或其他数据系统之间的桥梁。A/D 转换器（Analog/Digital Converter，ADC）的作用是将连续变化的模拟信号转换为离散的数字信号，以便数字系统进行处理、存储、控制和显示；D/A 转换器（Digital/Analog Converter，DAC）的作用是将经过处理的数字信号转换成模拟信号，以便进行控制。随着电子技术的发展和更新，A/D 和 D/A 转换器件也有了长足的发展，出现了新工艺、新结构的高性能器件，日益向着高速、高分辨率、低功耗、低价格的方向发展。

7.5.1 自动测控系统的构成

在许多工业生产过程中，参与测量和控制的物理量，往往都是连续变化的模拟量，例如，电流、电压、温度、压力、位移、流量等。这里的"连续"有两个方面的意义：从时间上来说，它是随时间连续变化的；从数值上来说，它也是连续变化的。在测控系统中，一方面，为了利用微机实现对工业生产过程的监测、自动调节及控制，必须将连续变化的模拟量转换成微机所能接收的数字信号，即经过 A/D 转换器转换成相应的数字量，送入微机进行数据处理，这需要由模拟量输入通道完成。另一方面，为了实现对生产过程的控制，有时需要输出模拟信号，即经过 D/A 转换，将数字量变成相应的模拟量，再经功率放大，去驱动模拟调节执行机构，这就需要由模拟量输出通道完成。自动测控系统结构如图 7.49 所示。

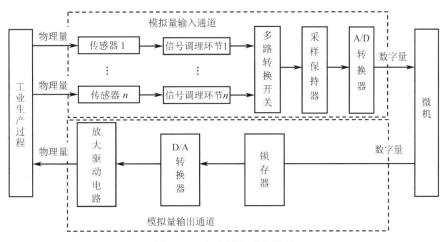

图 7.49 自动测控系统结构

1. 模拟量输入通道的组成

模拟量输入通道主要由传感器、信号调理环节、多路转换开关、采样保持器和 A/D 转换器组成。

（1）传感器

国家标准 GB7665-87 给出了传感器（Sensor）的定义：“能感受规定的被测量并按照一定的规律转换成可用信号的器件或装置，通常由敏感元件和转换元件组成”。传感器能够把生产过程中的非电物理量转换成电量（电流或电压）。例如，热电耦能够把温度这个物理量转换成几毫伏或几十毫伏的电信号，因此可以作为温度传感器。有时为了电气隔离，对电流或电压信号也采用传感器，其原理是利用电流或电压的变化产生光或磁的变化，由电量传感器将光或磁转换成电量。有些传感器不能直接输出电量，而是把电阻值、电容值或电感值的变化作为输出量，反映相应物理量的变化，例如，热电阻也可作为温度传感器。

（2）信号调理环节

不同传感器输出的电信号各不相同，因此需要通过信号调理环节将传感器输出的信号放大或处理，使之符合 A/D 转换器的输入电压要求。如果传感器与现场信号相连接，处于恶劣的工作环境，其输出叠加有干扰信号，那么信号处理还应包括低通滤波电路，以滤除干扰信号。通常可采用 RC 低通滤波电路，也可采用由运算放大器构成的有源滤波电路，这样可以取得更好的滤波效果。

（3）多路转换开关、采样保持器和 A/D 转换器

A/D 转换器是模拟量输入通道的核心环节，其作用是将模拟信号转换成数字信号。由于模拟信号是连续变化的，而 A/D 转换需要一定的时间，因此采样后的信号需要保持一段时间，这就需要采样保持器。模拟信号一般变化比较缓慢，可以用多路转换开关把多个模拟信号分时输入到一个 A/D 转换器中进行转换，以简化电路和降低成本。

随着微电子技术的发展，智能数字型传感器已经研制成功，在自动测控系统中大量应用。智能数字型传感器具有自动采集数据、预处理、存储、双向通信、标准化数字输出和判断决策处理功能，可以直接与 CPU 相连，同时，还具有高精度、高可靠性、高稳定性、高信噪比、高分辨率和较强的自适应性。

2．模拟量输出通道的组成

模拟量输出通道主要由锁存器、D/A 转换器和放大驱动电路组成。

（1）D/A 转换器

微机输出的是数字信号，而有的执行器件要求提供模拟的电流或电压信号，这个任务主要由 D/A 转换器来完成。

（2）锁存器

由于 D/A 转换器需要一定的转换时间，因此，在转换期间，输入的数字量应该保持不变。而微机输出的数据在数据总线上稳定的时间很短，因此在微机与 D/A 转换器之间必须采用锁存器来保持数字量的稳定。

（3）放大驱动电路

经过 D/A 转换器得到的模拟信号，一般要经过低通滤波器，使其输出波形平滑。同时，为了驱动受控设备，一般采用功率放大器作为模拟量输出的放大驱动电路。

7.5.2　DAC0832 及其接口技术

1．D/A 转换器的主要技术指标

（1）分辨率（resolution）

分辨率表明 D/A 转换器（简称 DAC）对模拟量数值的分辨能力，定义为最小输出电压（对应的输入数字量仅最低位为 1）与最大输出电压（对应的数字量各位均为 1）之比。分辨率越

高，转换时，对应最小数字量输入的模拟信号电压数值越小，也就越灵敏。通常，使用输入数字量的位数来表示分辨率。例如，8 位 D/A 转换器芯片 DAC0832 的分辨率为 8 位，10 位 D/A 转换器芯片 AD7522 的分辨率为 10 位，16 位 D/A 转换器芯片 AD1147 的分辨率为 16 位。

（2）转换精度（accuracy）

转换精度表明 D/A 转换的精确程度，分为绝对精度和相对精度。

绝对精度（absolute accuracy），即绝对误差，指的是在数字输入端加有给定的代码时，在输出端实际测得的模拟输出值（电压或电流）与相应的理想输出值之差。绝对精度是由 D/A 转换器的增益误差、零点误差、线性误差和噪声等综合因素引起的。因此，在 D/A 转换器的数据图表上往往以单独给出各种误差的形式来说明绝对误差。

相对精度（relative accuracy）是指满量程值校准以后，任何一个输入数字量的模拟输出与它的理论输出值之差。对于线性 D/A 转换器来说，相对精度就是非线性度。

在 D/A 转换器数据图表中，精度特性一般以满量程电压（满度值）V_{FS} 的百分数或以最低有效位（LSB）的分数形式给出，有时用二进制数的形式给出。

精度±0.1%指的是最大误差为 V_{FS} 的±0.1%。例如，满度值为 10V 时，则最大误差为

$$V_E = 10V \times (\pm 0.1\%) = \pm 10mV$$

n 位 D/A 的精度为 $\pm\frac{1}{2}$LSB 指的是最大可能误差为

$$V_E = \pm\frac{1}{2} \times \frac{1}{2^n}V_{FS} = \pm\frac{1}{2^{n+1}}V_{FS}$$

注意：精度和分辨率是两个截然不同的参数。分辨率取决于转换器的位数，而精度则取决于构成转换器各部件的精度和稳定性。

（3）温度系数（temperature coefficient）

温度系数定义为在满量程值输出的条件下，温度每升高 1℃，输出变化的百分数。

（4）建立时间（settling time）

一个理想的 D/A 转换器，当其输入端的数字量从一个二进制数变到另一个二进制数时，输出端将立即输出一个与新的数字量相对应的电压或电流值（模拟量）。但是在实际的 D/A 转换器中，电路中的电容、电感和开关电路会引起电路的响应时间延时。建立时间是指在输入数字量发生满量程码变化后，D/A 转换器输出的模拟量稳定到最终值 $\pm\frac{1}{2}$LSB 时所需要的时间。当输出的模拟量为电流形式时，建立时间很短；当输出为电压形式时，建立时间较长。建立时间主要取决于输出运算放大器的响应时间。

（5）电源敏感度（power supply sensitivity）

电源敏感度反映 D/A 转换器对电源电压变化的敏感程度。其定义为：当电源电压的变化 ΔU_S 为电源电压 U_S 的 1%时，所引起模拟值变化的百分数。性能良好的转换器，当电源电压变化 3%时，满量程模拟值的变化应不大于 $\pm\frac{1}{2}$LSB。

2．D/A 转换器的基本结构

D/A 转换器内部结构如图 7.50 所示。

（1）数字接口单元与微机的数据总线和一些控制信号相连。有些 D/A 转换器芯片中还包含一个或多个缓冲寄存器/锁存器。

（2）D/A 转换电路由电阻解码网络和二进制码控制的模拟开关组成，完成 D/A 转换。有些 D/A 转换器芯片的输出为电流信号，有些芯片则把电流信号经运算放大器转换成电压信号输出。

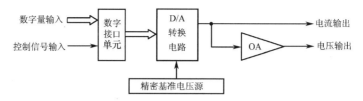

图 7.50　D/A 转换器内部结构

（3）精密基准电压源产生电阻解码网络所需要的基准电压。

为了适应不同自动测控系统和信息处理系统对分辨率、精度、速度、价格等提出的各种要求，很多厂家设计生产出多种类型、多种功能的 D/A 转换器芯片。下面以 DAC0832 为例介绍 D/A 转换器的工作原理及应用。

3．DAC0832 内部结构及其应用

DAC0832 是 NS 公司生产的内部带有输入寄存器和 R-$2R$ 电阻网络的 8 位 DAC 芯片。

（1）DAC0832 的主要特性

① 电流输出型 D/A 转换器。

② 数字量输入有双缓冲、单缓冲或直通 3 种方式。

③ 与所有微处理器可直接连接。

④ 输入数据的逻辑电平满足 TTL 电平规范。

⑤ 分辨率为 8 位。

⑥ 满量程误差为 ±1 LSB。

⑦ 转换时间（建立时间）1μs。

⑧ 增益温度系数为 $20 \times 10^{-6}℃^{-1}$。

⑨ 参考电压 ±10V。

⑩ 单电源 +5～+15V。

⑪ 功耗 20mW。

（2）DAC0832 的内部结构及引脚功能

DAC0832 是 20 引脚双列直插式芯片，DAC0832 的内部结构及引脚如图 7.51 所示。

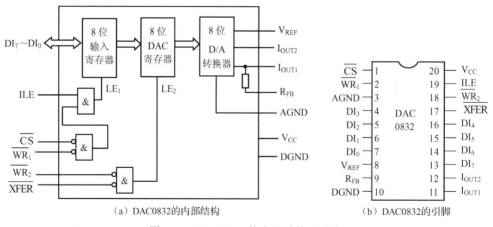

（a）DAC0832 的内部结构　　　　　（b）DAC0832 的引脚

图 7.51　DAC0832 的内部结构及引脚

DAC0832 内部由两级缓冲寄存器（一个 8 位输入寄存器和一个 8 位 DAC 寄存器）和一个 D/A 转换器（8 位，R-$2R$ 电阻网络）及控制电路（图 7.51（a）中未画出）组成。

DI_7～DI_0：8 位数字量输入，与 CPU 数据总线相连。

ILE：输入锁存允许，输入，高电平有效。

$\overline{\text{CS}}$：片选，输入，低电平有效。

$\overline{\text{WR}}_1$：写选通 1，作为输入寄存器的写选通信号（锁存信号）将输入数据锁入 8 位输入锁存器。$\overline{\text{WR}}_1$ 必须与 $\overline{\text{CS}}$、ILE 同时有效，即当 ILE 为高电平，$\overline{\text{CS}}$ 和 $\overline{\text{WR}}_1$ 同为低电平时，LE_1 变为高电平，输入寄存器的输出随输入变化而变化（输入不锁存）；当 $\overline{\text{WR}}_1$ 变为高电平时，LE_1 变为低电平，输入数据被锁存在输入寄存器中。输入寄存器的输入不再随外部数据的变化而变化。

$\overline{\text{WR}}_2$：写选通 2，即 DAC 寄存器的写选通信号。当 $\overline{\text{WR}}_2$ 有效时，将锁存在输入寄存器中的数据送到 8 位 DAC 寄存器中进行锁存，此时传送控制信号 $\overline{\text{XFER}}$ 必须有效。

$\overline{\text{XFER}}$：数据传送控制，输入，低电平有效。对 8 位 DAC 寄存器来说，其锁存信号 LE_2 由 $\overline{\text{WR}}_2$ 和 $\overline{\text{XFER}}$ 的组合产生。当 $\overline{\text{WR}}_2$ 和 $\overline{\text{XFER}}$ 同时为低电平时，LE_2 为高电平，DAC 寄存器的输出随它的输入（8 位输入寄存器输出）变化而变化；当 $\overline{\text{WR}}_2$ 或 $\overline{\text{XFER}}$ 由低变高时，LE_2 变为低电平，将输入寄存器的数据锁存在 DAC 寄存器中。于是，DAC0832 形成了如下 3 种工作方式。

① 直通方式：LE_1 和 LE_2 一直为高电平，数据可以直接进入 D/A 转换器。

② 单缓冲方式：LE_1 或 LE_2 其中一个一直为高电平，只控制一级缓冲寄存器。

③ 双缓冲方式：不让 LE_1 和 LE_2 一直为高电平，控制两级缓冲寄存器。控制 LE_1 从高变低，将数据 $\text{DI}_7 \sim \text{DI}_0$ 存入输入寄存器；控制 LE_2 从高变低，将数据存入 DAC 寄存器，同时开始 D/A 转换。

I_{OUT1}：模拟电流输出 1，它是逻辑电平为 1 的各位输出电流之和。当 $\text{DI}_7 \sim \text{DI}_0$ 各位均为 1 时，I_{OUT1} 为最大值；当 $\text{DI}_7 \sim \text{DI}_0$ 各位均为 0 时，I_{OUT1} 为最小值。

I_{OUT2}：模拟电流输出 2，它是逻辑电平为 0 的各位输出电流之和。$I_{\text{OUT1}} + I_{\text{OUT2}} =$ 常量。

R_{FB}：反馈电阻。反馈电阻位于芯片内部，与外部运算放大器配合构成 $I\text{-}V$ 转换器，提供电压输出。

V_{REF}：参考电压输入，范围为 $-10 \sim +10$V，要求电压值准确、稳定性好。

V_{CC}：芯片的供电电压，范围为 $+5 \sim +15$V。

AGND：模拟地，芯片模拟电路接地点。

DGND：数字地，芯片数字电路接地点。

使用 D/A 转换和 A/D 转换电路时，数字地和模拟地的连接会影响模拟电路的精度及抗干扰能力。在数字量和模拟量并存的电路系统中，有两类电路：一类是数字电路，如 CPU、存储器和译码器等；另一类是模拟电路，如运算放大器、DAC 和 ADC 内部主要部件等。数字电路中的信号是高频率的脉冲，而模拟电路中传输的通常是低速变化的信号。如果模拟地和数字地彼此相混，随意连接，那么，高频数字信号很容易通过地线干扰模拟信号。因此，应该把所有的模拟地连接在一起，把所有的数字地连接在一起，然后整个系统的某处把模拟地和数字地连接起来。

（3）DAC0832 电压输出电路

DAC0832 电压输出电路如图 7.52 所示，分为单极性电压输出和双极性电压输出两种。

图 7.52（a）中，因为内部反馈电阻 R_{FB} 等于 $R\text{-}2R$ 电阻网络的 R 值，所以输出电压为

$$V_{\text{OUT}} = -I_{\text{OUT1}} R_{\text{FB}} = -\left(\frac{V_{\text{REF}}}{R_{\text{FB}}}\right)\left(\frac{D}{2^8}\right)R_{\text{FB}} = -\frac{D}{2^8}V_{\text{REF}}$$

图 7.52（b）中，选择 $R_2 = R_3 = 2R_1$，则输出电压为

$$V_{\text{OUT2}} = -(2V_{\text{OUT1}} + V_{\text{REF}}) = -\left[2\left(-\frac{D}{256}\right)V_{\text{REF}} + V_{\text{REF}}\right] = \left(\frac{D-128}{128}\right)V_{\text{REF}}$$

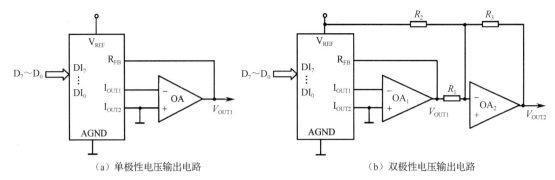

（a）单极性电压输出电路 （b）双极性电压输出电路

图 7.52 DAC0832 电压输出电路

式中，D 为十进制数。DAC0832 数字量与模拟量对应关系见表 7.12，单极性时，数字量采用二进制编码；双极性时，数字量采用偏移码。

表 7.12 DAC0832 数字量与模拟量对应关系

单极性（V_{REF}=+5V）		双极性（V_{REF}=+5V）	
数字量的二进制编码	模拟量输出 V_{OUT1}/V	数字量的偏移码	模拟量输出 V_{OUT2}/V
11111111B	−4.98	11111111B	+4.96
11111110B	−4.96	11111110B	+4.92
…	…	…	…
10000001B	−2.52	10000001B	+0.04
10000000B	−2.50	10000000B	0
01111111B	−2.48	01111111B	−0.04
…	…	…	…
00000001B	−0.02	00000001B	−4.96
00000000B	0V	00000000B	−5

二进制编码是单极性信号中采用最普遍的码制，它编码简便，解码可逐位独立进行。偏移码是双极性信号中常采用的码制，补码的符号位取反，数值位不变即为偏移码。当输出为正值时，符号位（最高位）为 1；当输出为负值时，符号位为 0。

（4）DAC0832 与 CPU 的连接及其应用举例

DAC 芯片作为一个输出设备的接口电路，与 CPU 的连接比较简单，主要是处理好数据总线的连接。DAC0832 内部有数据锁存器，可以直接与 CPU 数据总线相连，只需外加地址译码器给出片选信号即可。CPU 只要执行一条输出指令，即可把累加器中的数据送入 DAC0832 完成 D/A 转换。DAC0832 与 8086 CPU 的接口电路如图 7.53 所示。

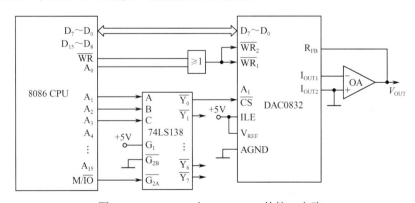

图 7.53 DAC0832 与 8086 CPU 的接口电路

D/A 转换器应用十分广泛，一方面，应用在自动测控系统中，将微处理器的数字信号转换成模拟信号，驱动执行机构工作；另一方面，可以作为波形发生器，产生方波、三角波和锯齿波等。

【例 7.9】 在实际应用中，经常需要用线性增长的电压去控制检测过程或者作为扫描电压去控制电子束的移动。电路如图 7.53 所示，采用软件编程方法产生线性增长的电压。设 DAC0832 的端口地址为 FFF0H（由译码电路产生）。

解题思路：由于 DAC0832 输出的模拟量与其输入的数字量成正比，所以，输入数字量从 0 开始，逐次加 1 并进行 D/A 转换。当 AL=00H 时，模拟量输出 0V，当 AL=FFH 时，模拟量输出为 5V，再加 1 则 AL 溢出清零，模拟输出为 0V，而后重复上述过程，如此循环，输出锯齿波。

程序如下：

```
DAC0832     EQU      0FFF0H              ;DAC0832 端口地址
CODE        SEGMENT                      ;代码段
            ASSUME       CS:CODE
START:      MOV      DX, DAC0832         ;DX←DAC0832 端口地址
            MOV      AL,00H              ;AL←00H 初始值
REPEAT:     OUT      DX, AL              ;输出，完成 D/A 转换
            NOP                          ;延时
            INC      AL                  ;AL←AL+1，增量
            JMP      REPEAT              ;转到 REPEAT 标号，重复转换过程
CODE        ENDS
            END      START
```

DAC0832 产生的正向锯齿波如图 7.54 所示。从 0 增大到最大输出电压，中间要分成 256 个小台阶，分别对应 0, 1LSB, 2LSB, 3LSB, …, 255LSB 时的模拟输出电压，在示波器上观察输出电压，则能看到一个连续增长的正向锯齿波。对于锯齿波的周期，可以利用延时进行调整。当延时较短时，可利用几条 NOP 指令完成。如果延时较长，则可以编制延时子程序。若要产生负向的锯齿波，只要将 INC 指令改为 DEC 指令即可。注意，上述程序是一个死循环，在实际应用中要根据实际情况设置循环退出的条件。

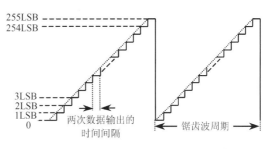

图 7.54 DAC0832 产生的正向锯齿波

7.5.3 ADC0809 及其接口技术

1．A/D 转换器的主要技术指标

（1）分辨率

对于 A/D 转换器来说，分辨率表示输出数字量变化一个相邻数码所需输入模拟量的变化量，定义为满量程电压与 2^n 之比，其中，n 为 A/D 转换器的位数。通常，直接用 A/D 转换器的位数来表示分辨率。例如，8 位 A/D 转换器芯片 ADC0809 的分辨率为 8 位，12 位 A/D 转换器芯片 AD574 的分辨率为 12 位，16 位 A/D 转换器芯片 AD1143 的分辨率为 16 位等。

（2）转换速率（conversion rate）

转换速率是指完成一次 A/D 转换所需时间的倒数。

（3）量化误差（quantization error）

量化误差是指由 A/D 转换器的有限分辨率而引起的误差。这是连续的模拟信号量化后的固有误差，一般在 $\pm\frac{1}{2}$LSB 以内。因此，分辨率高的 A/D 转换器具有较小的量化误差。

（4）偏移误差（offset error）

偏移误差是指当输入信号为 0 时，输出信号不为 0 的值，所以有时又称为零值误差。偏移误差通常是由于放大器或比较器输入的偏移电压或电流引起的。一般在 A/D 转换器外部加一个可调电位器，便可将偏移误差调至最小。

（5）满量程误差（full scale error）

满量程误差是指当满量程输出所对应的实际输入电压与理想输入电压之差。一般，满量程误差的调节在偏移误差调整之后进行。

（6）绝对精度

在 A/D 转换器中，任何数码所对应的实际模拟电压与理想电压值之差并非常数，把这个差的最大值定义为绝对精度。

2．A/D 转换器的基本结构

A/D 转换器芯片由集成在单一芯片上的模拟多路开关、采样保持器、精密基准电压源、A/D 转换电路及数字接口和控制逻辑构成，A/D 转换器的内部结构如图 7.55 所示。

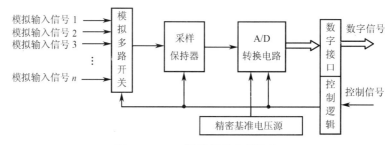

图 7.55　A/D 转换器的内部结构

① 模拟多路开关用于切换多路模拟输入信号，根据地址信号选择某一个通道，使芯片能够分时转换多路模拟输入信号。

② 采样保持器用于缩短采样时间，减小误差。

③ 精密基准电压源用于产生芯片所需要的基准电压。

④ A/D 转换电路用于完成模拟量到数字量的转换。

⑤ 数字接口和控制逻辑将微机总线与芯片相连，接收控制命令、地址，输出转换结果。

为了适应不同的自动测控系统和信息处理系统对分辨率、精度、速度、价格等提出的各种要求，很多厂家设计生产出多种类型、多种功能的 A/D 转换器芯片。下面以 ADC0809 为例介绍 A/D 转换器的工作原理及应用。

3．ADC0809 内部结构及其应用

ADC0809 是 CMOS 型的 8 位逐次逼近型单片 A/D 转换器。

（1）ADC0809 的主要特性

① 分辨率为 8 位。

② 转换时间 100μs。

③ 单一+5V 供电，模拟电压输入在 0～+5V 之间。

④ 有 8 路模拟输入通道。

⑤ 功耗为 15mW。

⑥ 数据有三态输出能力，易于与微处理器相连，也可独立使用。

（2）ADC0809 内部结构及引脚功能

ADC0809 是 28 引脚双列直插式芯片，其内部结构及引脚如图 7.56 所示。

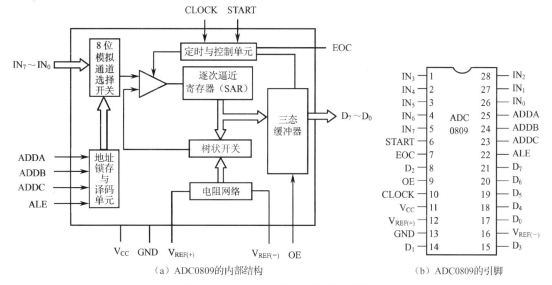

图 7.56　ADC0809 的内部结构及引脚

ADC0809 内部由 8 位模拟通道选择开关、地址锁存与译码单元、定时与控制单元、逐次逼近寄存器、树状开关、电阻网络和三态缓冲器组成。

8 位模拟通道选择开关通过 3 位地址输入 ADDC、ADDB 和 ADDA 的不同组合来选择模拟输入通道。树状开关和电阻网络的作用是实现单调性的 D/A 转换。定时与控制单元的 START 信号控制 A/D 转换开始，转换后的数字信号在内部锁存，通过三态缓冲器输出。

$IN_7 \sim IN_0$：8 路模拟电压，输入。

$D_7 \sim D_0$：8 位数字量，输出。

ADDC、ADDB、ADDA：通道地址，输入。ADC0809 输入通道地址见表 7.13。

START：启动 A/D 转换，输入，高电平有效。

ALE：地址锁存允许，输入，高电平有效。只有当 ALE 有效时，ADDC、ADDB 和 ADDA 才能控制选择 8 路模拟通道中的某一通道。START 和 ALE 两个引脚可以连接在一起，当通过软件输入一个正脉冲时，便立即启动 A/D 转换。

EOC：转换结束，输出，高电平有效。

表 7.13　ADC0809 输入通道地址

输入通道	地址		
	ADDC	ADDB	ADDA
IN_0	0	0	0
IN_1	0	0	1
IN_2	0	1	0
IN_3	0	1	1
IN_4	1	0	0
IN_5	1	0	1
IN_6	1	1	0
IN_7	1	1	1

OE：数据输出允许，高电平有效。只有当 OE 有效时，才能打开三态缓冲器，用于指示转换已经完成。在查询方式下，OE 可以作为 A/D 转换结束的状态信号。

CLOCK：时钟，要求频率在 10kHz～1MHz 范围内，典型值为 640kHz，可由 CPU 时钟分频后得到。

V_{CC}：+5V 电源。

GND：地。

$V_{REF(+)}$：参考电压输入，通常与 V_{CC} 相连。

$V_{REF(-)}$：参考电压接地，通常与 GND 相连。

（3）ADC0809 转换结束信号 EOC 的处理

当 A/D 转换结束后，ADC0809 将输出一个转换结束信号（EOC），通知 CPU 读取转换结果。主机查询判断 A/D 转换是否结束的方式有 4 种。CPU 对 EOC 的处理方式不同，对应的硬件电路和程序设计方法也不同。

查询方式：把 EOC 作为状态信号经三态缓冲器送到 CPU 数据总线的某一位上。CPU 启动 ADC0809 开始转换后，就会不断地查询这个状态位，当 EOC 有效时，便读取转换结果。这种方式程序设计比较简单，实时性也较强，是比较常用的一种方式。

中断方式：把 EOC 作为中断请求信号接到 CPU 的中断请求线上。ADC0809 转换结束，向 CPU 申请中断。CPU 响应中断请求后，在中断服务子程序中读取转换结果。这种方式 ADC0809 与 CPU 并行工作，适用于实时性较强和参数较多的数据采集系统。

延时方式：CPU 启动 A/D 转换后，延迟一段时间（略大于 A/D 转换时间），此时转换已经结束，可以读取转换结果。延时方式不使用 EOC，通常采用软件延时的方法（也可以采用硬件延时电路），无须硬件连线，但要占用主机大量时间，多用于主机处理任务较少的系统中。

DMA 方式：把 EOC 作为 DMA 请求信号。A/D 转换结束，即可启动 DMA 传送，通过 DMA 控制器直接将数据送入内存缓冲区。这种方式特别适用于要求高速采集大量数据的系统。

（4）ADC0809 与 CPU 的连接及其应用举例

【例 7.10】 编写启动 A/D 转换的汇编语言程序，将转换结果存入以 BUFFER 为首地址的内存单元。CPU 采用查询方式处理转换结果。

ADC0809 查询方式的硬件电路如图 7.57 所示。将 EOC 作为状态信号，经三态门接入系统数据总线最高位 D_7。系统地址总线的 $A_3 \sim A_1$ 与 ADC0809 的 ADDC、ADDB 和 ADDA 相连，A_0 与读写信号经"或非门"与 OE 和 START 相连。在启动 A/D 转换的同时，选定要进行转换的模拟通道，对应 8 个模拟通道的 I/O 地址分别为 FF80H、FF82H、FF84H、FF86H、FF88H、FF8AH、FF8CH 和 FF8EH，状态端口地址为 FF90H。分别对 8 个通道 $IN_7 \sim IN_0$ 各采样 10 个点，存入指定内存单元，程序如下：

```
ADC0809A    EQU 0FF80H          ;ADC0809 模拟通道地址
EOC         EQU 0FF90H          ;状态端口地址
DATA        SEGMENT             ;数据段
            BUFFER   DB   80 DUP(0)
DATA        ENDS
STACK       SEGMENT     STACK   ;堆栈段
            STA      DW   50 DUP(0)
TOP         EQU LENGTH    STA
STACK       ENDS
CODE        SEGMENT             ;代码段
            ASSUME  CS:CODE, DS:DATA, ES:DATA, SS:STACK
START:      MOV      AX, DATA           ;初始化，取段基址
            MOV      DS, AX             ;DS←数据段基址
            MOV      BX, OFFSET BUFFER  ;BX←BUFFER，内存偏移地址
            MOV      CL, 10             ;CL←10 计数初始值
START1:     MOV      DX, ADC0809A       ;DX←FF80H 通道 IN0 地址
CAI:        OUT      DX, AL             ;启动 A/D 转换
            PUSH     DX                 ;保存模拟通道的地址
            MOV      DX, EOC            ;DX←FF90H，状态端口地址
WAIT1:      IN       AL, DX             ;读取状态位
            TEST     AL, 80H            ;测试 EOC
            JZ       WAIT1              ;转换未结束，返回等待
            POP      DX                 ;恢复保存的通道地址
            IN       AL, DX             ;读转换结果
            MOV      [BX],AL            ;存入 BUFFER
            INC      BX                 ;修改地址指针
            INC      DX
```

```
            INC       DX               ;修改通道地址
            CMP       DX, ADC0809A+10H ;判断 8 个通道是否均采样一次
            JNZ       CAI              ;未完，返回启动下一个通道
            DEC       CL               ;修改计数值
            JNZ  START1                ;未完，返回继续
            HLT                        ;8 个通道各采样 10 个点，暂停
    CODE    ENDS
            END START                  ;结束
```

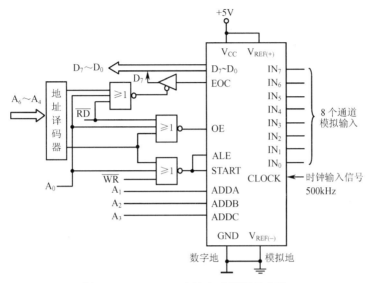

图 7.57　ADC0809 查询方式的硬件电路

目前，生产 A/D 转换器和 D/A 转换器的公司有很多，每个公司都有自己的产品系列，各具特色，有 8 位、10 位、12 位和 16 位的 A/D 转换器和 D/A 转换器，可以满足用户的不同需要。同时，现在有许多型号的单片机（如 MCS8096/8098）和数字信号处理器（Digital Signal Processor，DSP）中都集成了 A/D 部件和 D/A 部件，用户不再需要外扩 A/D 转换器和 D/A 转换器，使用更加方便。

习题 7

7-1　外设为什么要通过接口电路与主机系统相连？

7-2　什么叫端口？计算机为 I/O 端口编址时通常采用哪几种方法？

7-3　CPU 与输入/输出设备之间传送的信息有哪几类？

7-4　CPU 与外设之间的数据传送方式有哪几种？简述各自的适用范围。

7-5　如果地址线 $A_{15} \sim A_5$ 直接采用线选法作为芯片选择信号，地址线 $A_4 \sim A_2$ 作为 I/O 接口电路的寄存器选择输入信号，那么系统中有多少 I/O 设备能被使用？每个设备接口电路中所能包含寄存器的最大数目是多少？（每个寄存器都有一个独立的端口地址。）

7-6　8255A 工作于方式 0 时，端口 A、B 和 C 的输入/输出可以有几种组合方式？

7-7　如果 8255A 的端口 A、B 和 C 设置为方式 0，且端口 A 和 B 用于输入，而端口 C 用于输出，那么应该向控制寄存器中写入什么样的控制字？假设控制寄存器的地址为 2000H，编写初始化程序段。

7-8　如果把 05H 写入 8255A 的控制寄存器，简述其将实现何种操作。

7-9　当 CPU 从 8255A 的端口 B 读出数据时，8255A 的 $\overline{CS}$、A_1、A_0、$\overline{RD}$、$\overline{WR}$ 信号线的状态分别是什么？

7-10　现有 4 个开关 $S_3 \sim S_0$，一只共阴极数码管显示器，要求：

（1）采用 8255A 的端口 A 连接 4 个开关 $S_3 \sim S_0$，设置为方式 0 输入，端口 B 连接数码管显示器，设置为方式 0 输出，将端口 A 的 4 个开关输入的 16 种状态 0H～0FH 送端口 B 输出显示。画出接口电路

连接图。

（2）编制汇编语言源程序实现上述功能。

7-11 8254 中计数器 1 的时钟信号 CLK_1=1.19318MHz，$GATE_1$ 有效，要求：

（1）程序工作于方式 0，初始值为十进制数 100，计算 OUT_1 出现正跳变时的延时 T_D。

（2）程序工作于方式 1，初始值为十进制数 10，计算 OUT_1 输出脉冲的宽度。

（3）程序工作于方式 2，初始值为十进制数 18，计算 OUT_1 输出脉冲的频率和脉冲宽度。

（4）程序工作于方式 3，初始值为十进制数 15，计算 OUT_1 输出正、负脉冲的宽度。

7-12 8254 中计数器 1 的时钟信号 CLK_1=1.19318MHz，程序工作于方式 4 下。为在装入初始值 20μs 后产生一个选通信号，初始值是多少？

7-13 采用 DMA 方式，在存储器与 I/O 设备之间进行数据传输，对于微机来说，数据的传送要经过_____。

A．CPU   B．DMA 通道   C．系统总线   D．外部总线

7-14 在 DMA 方式下，CPU 与总线的关系是_____。

A．只能控制数据总线   B．只能控制地址总线   C．高阻状态   D．短接状态

7-15 什么是波特率？假设异步传输的 1 帧信息由 1 位起始位、7 位数据位、1 位校验位和 1 位停止位组成，每秒发送 100 个字符，计算波特率是多少？

7-16 简述 RS-232C、RS-422、RS-485 的电气特性。

7-17 假定某 8 位 ADC 输入电压范围是-5～+5V，试求出如下输入电压的数字量编码：

（1）1.5V   （2）2V   （3）3.75V   （4）-2.5V   （5）-4.75V

7-18 设被测温度范围是 300～3000℃，如果要求测量误差不超过±1℃，应选择分辨率和精度为多少位的 A/D 转换器（设 A/D 转换器的分辨率和精度的位数一样）。

7-19 设计 8086 CPU 与 DAC0832 的接口电路，编制汇编语言源程序，使之分别输出 5 个方波和 5 个三角波。

7-20 上网查询外围接口芯片组的最新产品，并下载相关技术手册，了解其内部结构和工作原理。

知识拓展

重点难点

第8章 emu8086 仿真软件及软件实验

摘要 学习汇编语言，实践环节尤为重要，上机实验是快速掌握汇编语言程序设计的重要环节。本章主要介绍 emu8086 仿真软件的安装及使用方法、汇编语言程序设计与开发的基本步骤及调试方法，为汇编语言的软件、硬件实验及课程设计奠定坚实的基础。

8.1 基于 **emu8086** 的汇编语言程序设计及仿真

emu8086（emu8086 microprocessor emulator）是美国 Digital River 公司推出的 16 位 8086 CPU 的仿真软件，它将汇编语言程序设计和虚拟接口技术有机地结合起来，可对 80x86 指令集进行全面仿真。

emu8086 内部集成了汇编程序编辑器、编译器、链接器、反汇编器、参考例程和学习指南，并提供了交通信号灯、机器人和步进电动机控制等 7 个虚拟外设例程，是学习 Intel 8086 微处理器及汇编语言的理想工具。emu8086 的工作界面为 Windows 窗口界面，由菜单栏、工具栏和用户工作区构成，可以模拟 80x86 微处理器工作步骤，通过单步调试可以显示每一条指令执行后 CPU 内部寄存器、存储器、堆栈、变量和标志寄存器的当前值，操作简单直观，摆脱了 MASM32 仿真软件的烦琐操作，可有效提高程序设计、调试和开发效率。emu8086 软件完全兼容 Intel 公司的 Pentium II、Pentium 4 等微处理器。

8.1.1 emu8086 简介

1. emu8086 软件安装及运行

（1）将 emu8086.rar 解压到当前文件夹中，在选定的硬盘区域将增加一个 emu8086 文件夹。

（2）运行 setup 文件，弹出如图 8.1（a）所示的安装向导开始对话框，单击"Next"按钮按照提示步骤进行安装，直至弹出如图 8.1（b）所示的安装向导结束对话框，单击"Finish"按钮完成安装。

(a)

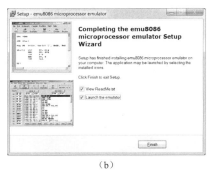
(b)

软件说明

图 8.1 emu8086 安装向导对话框

（3）安装完成后，弹出如图 8.2 所示的 emu8086 主界面，并在计算机桌面上自动添加了 emu8086 图标，如图 8.3 所示，可以直接单击主界面工具栏中的"new"按钮，建立 8086 汇编语言源文件，进行汇编语言程序设计与开发。

2. emu8086 工具栏按钮说明

主界面顶部是菜单栏，其下是工具栏，emu8086 工具栏如图 8.4 所示。

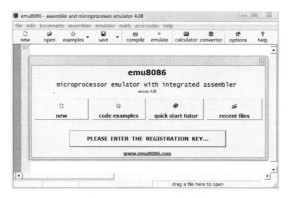

图 8.2 emu8086 主界面

图 8.3 emu8086 图标

图 8.4 emu8086 工具栏

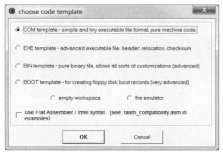

图 8.5 文件模板对话框

（1）单击"new"按钮可建立新文件，弹出文件模板对话框，如图 8.5 所示。

COM template：简单程序段模板，适合简单程序段（只有代码段），从代码段偏移地址为 0100H 处开始存放程序指令。

EXE template：高级可执行文件模板，适合完整程序的编写，包含数据段、堆栈段和代码段。

BIN template：纯二进制模板，一般不使用。

BOOT template：数据段的段地址为 07C0H，一般不使用。

（2）单击"examples"按钮，弹出 emu8086 自带的多个示例下拉列表，包括 hello world（字符串打印）、add/subtract（加/减法）、calculate sum（求和）、compare numbers（数据比较）、binary hex and octal values（二进制数、十六进制数、八进制数转换）、traffic lights（交通灯）、palindrome（回文）、LED display test（5 位数码管显示）、stepper motor（步进电动机控制）、simple I/O（简单的虚拟 I/O 接口）等多个示例，可以直接单击运行。

（3）单击"compile"按钮，可对汇编程序进行编译并显示编译结果，提示是否有语法错误、错误类型和错误指令所在行号。若编译没有错误，可运行程序。

（4）单击"emulate"按钮，弹出程序仿真界面，可运行程序。

（5）单击"calculator"按钮，将打开 emu8086 自带的表达式求值器（expression evaluator），用于表达式计算，在工作窗口中输入表达式，按下回车键，结果就会以选定的数制显示出来，最长可以进行 32 位计算。表达式求值器如图 8.6 所示，运算类型见表 8.1。

（a）十进制有符号数计算表达式

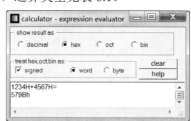

（b）十六进制有符号数计算表达式

图 8.6 表达式求值器

表 8.1　表达式求值器的运算类型

运　算　符	运　算	运　算　符	运　算
~	not（inverts all bits）按位求反	<<	shift left　左移
*	multiply 乘法	>>	shift right　右移
/	divide 除法	&	bitwise AND　按位"与"
%	modulus　取模	^	bitwise XOR　按位"异或"
+	sum 加法	|	bitwise OR　按位"或"
–	subtract（and unary）减法		

（6）单击"convertor"按钮，将打开 emu8086 自带的数制转换器（base convertor），可以实现任意数制和 ASCII 码之间的转换。在文本框中输入数值，将自动转换为不同数制和 ASCII 码，可进行 8 位或 16 位数制之间的转换。数制转换器如图 8.7 所示。

（a）8 位数制之间的转换　　　　　（b）16 位数制之间的转换

图 8.7　数制转换器

（7）单击"options"按钮，弹出对话框，可对 emu8086 仿真器显示格式进行设置，一般不需要进行设置，选择默认形式即可。

（8）单击"help"按钮，可以打开"emu8086 documentation"链接，显示所有 emu8086 的帮助文件，包括以下内容。

Where to start：从哪里开始运行 emu8086。

Assembly Language Tutorials：汇编语言学习指南。

Working with The Editor：源程序编辑器的使用。

How to Compile The Code：如何编译源代码。

Working with The Emulator：仿真器的使用。

Complete 8086 Instruction Set：完整的 8086 指令集。

Supported Interrupt Functions：中断功能。

Global Memory Table：内存地址表。

Custom Memory Map：自定义内存映射图。

Masm/Tasm compatibility：与 Masm/Tasm 的兼容性。

I/O ports and Hardware Interrupts：I/O 端口及硬中断。

在学习过程中，可以参考以上帮助文件。

8.1.2　汇编语言程序设计及仿真过程

汇编语言程序设计要经过编辑、编译、链接、运行和调试几个步骤，而且由于程序设计人员的编程能力及任务的难易程度不同，上述几个步骤有时会反复多次才能达到预期的目标。因此，在汇编语言程序设计与开发过程中要熟练掌握汇编语言指令，不断积累经验，提高编程和调试程序的能力。emu8086 集编辑、编译、链接、运行和调试 5 个步骤于一体，窗口化操作，简化了汇编语言程序设计与开发的过程。

1．简单可执行汇编语言程序段的设计与调试

双击桌面 emu8086 图标，进入 emu8086 主界面，单击"new"按钮，弹出文件模板对话框，选择"COM template"选项，设计一个简单可执行的汇编语言程序段，单击"OK"按钮，显示简单程序段模板，如图 8.8 所示。

图 8.8　简单程序段模板

可以看到，简单程序段模板中只包含代码段，从代码段偏移地址 0100H 开始存放程序代码，在提示";add your code here"处添加汇编语言指令或简单程序段并单击"save"按钮保存，文件名为 mycode.asm，如图 8.9 所示。

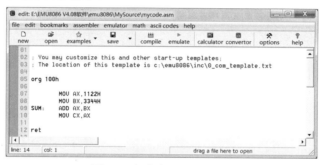

图 8.9　保存为 mycode.asm

单击"compile"按钮，对 mycode.asm 源程序进行编译和链接，弹出"<<emu8086 MyBuild"对话框，在"文件名"栏中输入文件名 mycode 并保存，而后弹出汇编状态对话框，表示编译通过，可以执行程序。在对源程序进行编译的过程中，将检查程序段的语法和逻辑错误。如果程序中有错误，则弹出汇编状态对话框，如图 8.10 所示，显示错误指令及行号，并指出可能的错误原因。例如，图 8.10 中显示的内容"(7)wrong parameters: MOV AH, 1122H"表示第 7 行指令存在参数错误，"(7) operands do not match: second operand is over 8 bits!"表示可能的错误原因是"操作数不匹配：第 2 个操作数超过 8 位"。

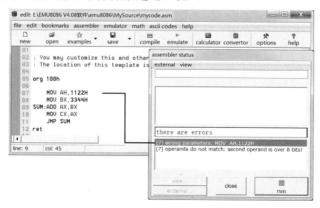

图 8.10　汇编状态对话框（程序中有错误）

此时需要返回源程序编辑器，修改程序中的错误指令，再重新编译，直至程序没有错误为止。单击"emulate"按钮，弹出仿真器窗口和源代码窗口，如图 8.11 所示。

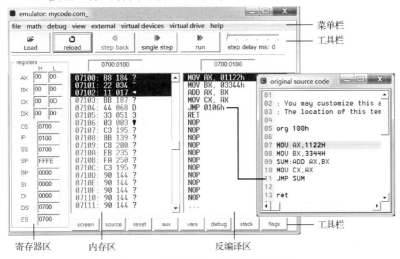

图 8.11　仿真器窗口和源代码窗口

　　仿真器窗口包括寄存器区、内存区、反编译区、菜单栏和两个工具栏（上部工具栏和下部工具栏）。在寄存器区中，显示程序运行时各寄存器的值。在指令执行过程中，寄存器的值会随指令的执行而不断变化。内存区分为 4 列，第 1 列是指令的物理地址，第 2 列是指令的机器代码（或立即数）的十六进制值，第 3 列是对应的十进制值，第 4 列是对应的 ASCII 码。在反编译区中，编译后的代码与源程序相似，不同的是标号、变量、子程序名被具体的内存地址所替代。例如，程序中的标号 SUM，汇编后被偏移地址 0106H 所替代。

　　在上部工具栏中，单击"single step"按钮，可以单步执行指令，即每执行一条指令便会产生一次中断，以便观察寄存器和内存中的数值变化。此功能常在调试程序的过程中使用。单击"run"按钮，程序将从第一条指令直接运行到最后一条指令，全速运行程序。菜单栏和下部工具栏将在后面介绍。

2. 高级可执行汇编语言程序的设计与调试

　　在 emu8086 主界面中，单击"new"按钮，弹出文件模板对话框，选择"EXE template"选项，设计一个高级可执行的汇编语言程序，单击"OK"按钮，高级可执行文件模板如图 8.12 所示。可以看到，高级可执行文件模板中包含完整的段结构，包括数据段、堆栈段和代码段。

　　下面以 4 位十六进制数加法程序 mycode.asm 为例，其源程序如图 8.13 所示。单击"compile"按钮，对源程序进行编译和链接，弹出"<<emu8086 MyBuild"对话框，在"文件名"栏中输入文件名 mycode 并保存，而后弹出汇编状态对话框，如图 8.14 所示，表示没有发现语法和逻辑错误，用时 0.328 s，可执行文件 mycode.exe 占用内存 898B，建立了列表文件 mycode.exe.list 和符号文件 mycode.exe.symbol，并保存相关信息。

　　单击汇编状态对话框左下角的"view"按钮，在弹出的对话框中选择"symbol table"选项，可以了解程序中所有段名、变量、子程序名和标号的属性，符号文件内容如图 8.15 所示。其中，第 1 列是程序中所用到的段名、变量、子程序名和标号，第 2 列是所对应的偏移地址，第 3 列是大小属性，第 4 列是类型属性，第 5 列是所属段。例如，本例源程序中段名包括 DATA、STACK 和 CODE，变量包括 ADR、MES1、MES2、RESULT 和 PKEY，子程序名有 DISP，标号包括 START、CONV、ASCI、DONE 和 DIS，图 8.15 分别显示了它们的偏移地址、大小属性、类型属性和所属段。

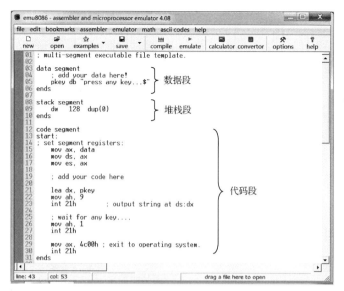

图 8.12　高级可执行文件模板

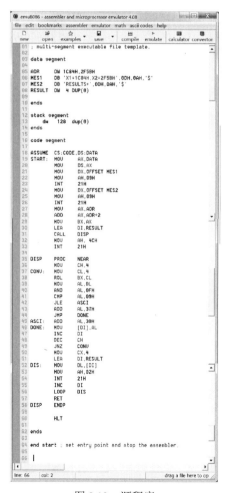

图 8.13　源程序

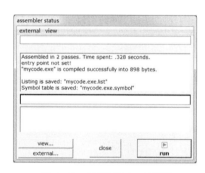

图 8.14　汇编状态对话框

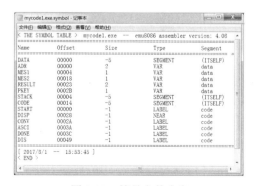

图 8.15　符号文件内容

　　单击"view"按钮，在弹出的对话框中选择"listing"选项，显示程序中每一条指令的行号、逻辑地址、所对应的机器代码，列表文件内容如图 8.16 所示。单击"view"按钮，在弹出的对话框中选择"explore"选项，了解程序在编译过程中自动生成的相关文件。

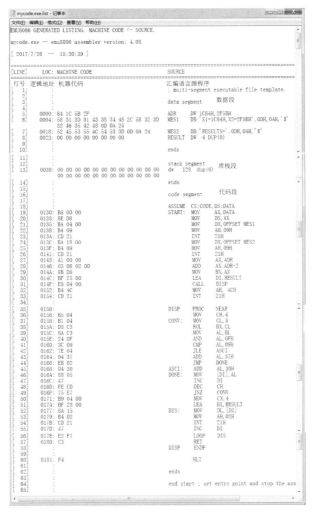

图 8.16　列表文件内容

单击"emulate"按钮，弹出仿真器窗口和源代码窗口，如图8.17所示。第 18 行指令"MOV AX, DATA"经编译后段名"DATA"被地址 0710H 所取代，该指令为 3 字节指令，在代码段中所对应的地址分别为 07240H、07241H 和 07242H。

下面我们介绍仿真器窗口中的菜单栏和下部工具栏，下部工具栏是菜单栏的简化形式，可以快速查看相关内容（相同选项不再赘述）。单击"math"菜单后弹出的下拉菜单中有两个命令："multi base calculator"和"base converter"，这就是 emu8086 自带的表达式求值器和数制转换器，关于它们的使用方法在 8.1.1 节中已经讲述，这里不再赘述。

（1）"debug"下拉菜单如图 8.18 所示。

选择"stop on condition"命令后弹出设置程序停止条件对话框，如图 8.19 所示，在"operand"栏中可以选择不同的寄存器、标志位、存储器等，在"condition"栏中选择等于、小于、小于或等于、大于、大于或等于、不等于符号，在"expression"栏中输入数值或表达式，当程序运行到满足"stop on condition"所设置条件的指令时，程序停止运行，便于调试程序，观察各寄存器、存储器的值。

"debug"下拉菜单中有一组命令用于断点调试。单击程序中的任意一条指令，选择"debug"→

"set break point（*地址*）"菜单命令，将本条指令所对应的地址（图 8.18 中地址为 0725CH）设为断点，然后选择"run until（*地址*）"菜单命令，运行程序并在所设断点处停止运行。选择"clear break point"菜单命令可以清除设置的断点。选择"show current break point"菜单命令可以显示当前所设置的断点值。

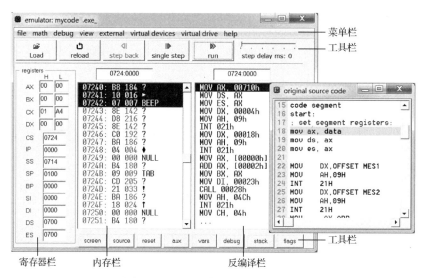

图 8.17　仿真器窗口和源代码窗口

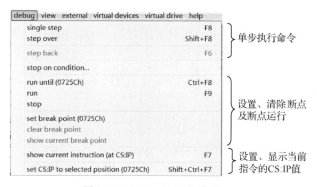

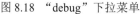

图 8.18　"debug"下拉菜单

图 8.19　设置程序停止条件对话框

"debug"下拉菜单中有两条命令可以查看指令的 CS:IP 值。单击程序中的任意一条指令，然后打开"debug"下拉菜单，则在"set CS:IP to selected position（*地址*）"中将显示所选指令地址，选择"show current instruction（at CS:IP）"菜单命令，则在寄存器栏的 CS 和 IP 寄存器中将显示指令地址。"debug"下拉菜单与仿真器窗口如图 8.20 所示，指令"MOV AX,ADR"编译后为"MOV AX,[00000H]"，代码段 CS=0724H，指令指针 IP=0015H。

$$物理地址=CS\times16+IP=0724H\times16+0015H=07255H$$

（2）"view"下拉菜单如图 8.21 所示，其中包含一组观察命令。

① log and debug.exe emulation：显示 debug 调试过程中相关寄存器的数值变化，调试日志窗口如图 8.22 所示。例如，运行 4 位十六进制数加法程序后，运行结果存放在寄存器 BX 中，即 BX=4BDFH（X1=1C84H，X2=2F5BH，相加结果为 4BDFH）。

② extended value viewer：扩展数值观察器，如图 8.23 所示。在"watch"栏中选择寄存器，以 word（字）或 byte（字节）的形式，采用十六进制数、二进制数、八进制数、8 位十进制数、16 位十进制数、有符号数、无符号数、ASCII 码等格式显示寄存器数值。例如，本例中

的 4BDFH，十六进制数高 8 位是 4BH，低 8 位是 DFH，二进制数高 8 位是 01001011B，低 8 位是 11011111B。

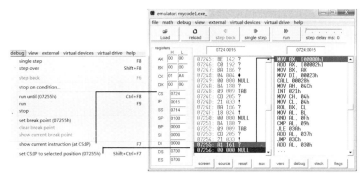

图 8.20 "debug"下拉菜单与仿真器窗口

图 8.21 "view"下拉菜单

图 8.22 调试日志窗口

③ stack：显示堆栈中各存储单元的内容，堆栈窗口如图 8.24 所示。例如，本例中源程序编译后，系统自动分配堆栈段 SS=0714H，堆栈指针 SP=0100H。程序中虽然没有 PUSH 和 POP 指令，但在程序运行过程中，使用 INT 指令和子程序调用指令 CALL DISP 时都会改变 SP 的值，SP 指针的变化可以单步运行进行观察。

④ variables：显示程序中变量的物理地址，变量窗口如图 8.25 所示。例如，在本例中用到的变量 ADR、MES1、MES2 和 RESULT，编译后系统自动给它们分配地址，对应的地址分别为 1C84H、58H、52H 和 4234H。另外，PKEY 是系统段结构中自带的变量。

图 8.23 扩展数值观察器

图 8.24 堆栈窗口

图 8.25 变量窗口

⑤ memory：以 table（表格）和 list（列表）形式显示存储器中的内容，存储器窗口如图 8.26 所示。在地址框中输入地址，选择"table"或者"list"，便可显示数据段的内容。本例源程序编译后，系统自动分配数据段 DS=0710H，偏移地址为 0000H，因此，从 0710:0000 开始依次存放两个加数 1C84H 和 2F5BH（注意，数据存放的规则为低 8 位数据存放在低位地址处，高 8 位数据存放在高位地址处）。然后存放'X1=1C84H，X2=2F5BH'，0D，0A；'RESULT='，0D，0A，由

于这些字符括在单引号中，所以应存放对应的 ASCII 码。图 8.26（b）中，第 1 列是物理地址，第 2 列是字符的 ASCII 码，第 3 列是十六进制数，第 4 列是对应的字符。

（a）table 形式　　　　　　　　　　　　　（b）list 形式

图 8.26　存储器窗口

⑥ symbol table：显示源程序中所有段名、变量、子程序名和标号的属性。

⑦ listing：显示源程序中每一条指令的行号、逻辑地址、所对应的机器代码。

⑧ original source code：显示源程序代码。

⑨ options：对 emu8086 仿真器显示格式进行设置，一般不需要设置，选择默认设置即可。

⑩ arithmetic & logical unit：可以观察 ALU 情况，ALU 窗口如图 8.27 所示。第 1 行是 16 个位数，第 2 行和第 3 行是程序中的两个加数，第 4 行是和，即程序运行结果。例如，本例中 X1=1C84H，X2=2F5BH，运行程序后结果为 4BDFH。

⑪ flags：显示程序运行时标志寄存器中各标志位的状态，标志位窗口如图 8.28（a）所示。例如，本例在加法运算过程中无进位（CF=0），结果不为零（ZF=0），符号位为零（SF=0），即运算结果为正数，运算过程不产生溢出（OF=0），结果中含有奇数个 1（PF=0），运算过程中 D_3 位向 D_4 位不产生进位（AF=0），关中断（IF=0），地址自动加 1（DF=0）。

 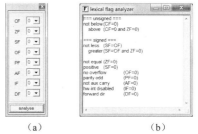

图 8.27　ALU 窗口

图 8.28　标志位窗口和标志位分析结果

⑫ lexical flag analyzer：对标志位进行分析，给出标志位分析结果，如图 8.28（b）所示。

⑬ ascii codes：显示 ASCII 码表。

⑭ emulator screen：仿真屏幕，如图 8.29 所示。第 1 行是 MES1 的信息，第 2 行是 MES2 的信息，第 3 行是运行结果，即两数之和为 4BDFH。

（3）"external"（外部调试）下拉菜单如图 8.30 所示，选择其中的菜单命令可以进入 MS-DOS 系统，对源程序进行 debug 调试。

 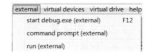

图 8.29　仿真屏幕

图 8.30　"external"下拉菜单

（4）"virtual devices"（虚拟外设）下拉菜单如图 8.31 所示，系统提供了几个实例，可供大家学习。

（5）"virtual drive"（虚拟驱动）下拉菜单如图 8.32 所示，系统提供了 4 个虚拟软区，起始地址为 0000:7C00，每个软区最大可以读写 512 字节。

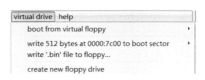

图 8.31 "virtual devices"下拉菜单　　　　图 8.32 "virtual drive"下拉菜单

8.2　基础性实验

实验 1　加法程序设计

1．实验目的
学习并掌握数据传送和算术运算指令的功能及使用方法，编写两个多位十进制数相加的程序。

2．实验内容
将两个多位十进制数 28056 和 47193 相加，并在屏幕上显示加数、被加数、和。要求两个操作数均以 ASCII 码形式各自顺序存放在 DATA1 和 DATA2 内存单元中，并将结果送回 DATA1 处（低位在前，高位在后）。

3．程序流程图
十进制数加法程序流程图如图 8.33 所示，操作数在内存中的存放情况如图 8.34 所示。

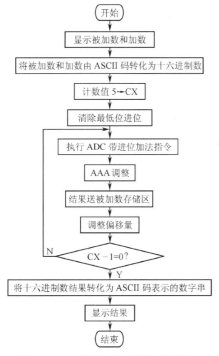

图 8.33　十进制数加法程序流程图

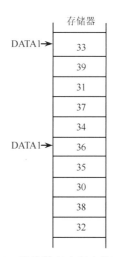

图 8.34　操作数在内存中的存放情况

4．参考程序
参考程序见二维码。

程序

视频

5．思考题

（1）运行实验程序，填写下表。

段寄存器	数值	变量	偏移地址	标号	偏移地址	子程序名	偏移地址
DS		DATA1		START		DISPL	
SS		DATA2		S1		ADDA	
CS		STA		DS1			
ES				AD1			
BP				AD2			
SP（初始）				AD3			

（2）运行实验程序，填写下表。

被加数	ASCII码	段基址	偏移地址	加数	ASCII码	段基址	偏移地址	和	ASCII码	段基址	偏移地址
4				2				7			
7				8				5			
1				0				2			
9				5				4			
3				6				9			

（3）单步执行以指令 "AD2: MOV AL, [SI]" 开始，到"MOV SI, DX"为止的程序段，仔细观察寄存器和标志位的变化情况并填入下表。

指令	寄存器									分析原因
	AH	AL	BH	BL	SI	DI	CF	PF	ZF	

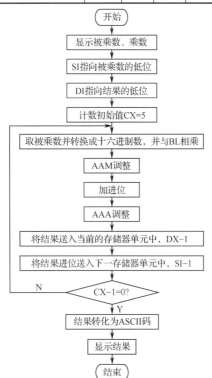

图 8.35　十进制数乘法程序流程图

（4）编写汇编程序，实现第 4 章例 4.10、例 4.16 的功能，并在 emu8086 环境下编译和调试程序。

实验 2　乘法程序设计

1．实验目的

掌握乘法指令和循环指令的功能及使用方法，编写十进制数乘法程序。

2．实验内容

实现十进制数的乘法。被乘数（29054）和乘数（3）均以 ASCII 码的形式存放在内存中，要求在屏幕上显示乘数、被乘数、积。

3．程序流程图

十进制数乘法程序流程图如图 8.35 所示。

程序执行前，数据在内存中的存放情况如图 8.36 所示；程序执行后，数据在内存中的存放情况如图 8.37 所示。

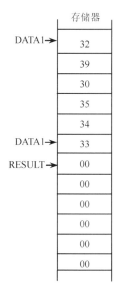

图 8.36 程序执行前数据在内存中的存放情况

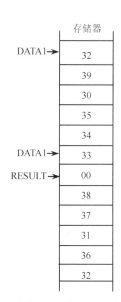

图 8.37 程序执行后数据在内存中的存放情况

4．参考程序

参考程序见二维码。

程序

视频

5．思考题

（1）运行实验程序，填写下表。

段寄存器	数值	变量	偏移地址	标号	偏移地址	子程序名	偏移地址
DS		DATA1		START		DISPL	
SS		DATA2		S1			
CS		RESULT		LOOP1			
ES		STA		LOP			
BP				SD1			
SP（初始）							

（2）将被乘数 29054、乘数 3、乘积 87162 所在存储单元的段基址和偏移地址填入下表。

被乘数	ASCII 码	段基址	偏移地址	乘数	ASCII 码	段基址	偏移地址	乘积	ASCII 码	段基址	偏移地址
2				3				8			
9								7			
0								1			
5								6			
4								2			

（3）在程序运行过程中，仔细观察 SP 的变化情况，并将变化情况填入下表。

初 始 状 态		执行指令 SHOW 20H		执行指令 CALL DISPL		执行指令 LOOP LOOP1		执行指令 LOOP LOP	
SS	SP	SS	SP	SS	SP	SS	SP	SS	SP

（4）程序中，乘法指令"MUL BL"的操作数是十六进制数还是 ASCII 码？显示用的是什么

类型的数据？

（5）编写汇编程序，实现第 4 章例 4.17 的功能，并在 emu8086 环境下编译并调试程序。

实验 3 数据排序程序设计

1．实验目的

将一个无序数组按照从小到大的顺序排列，掌握数组排序原理以及多重循环程序的设计方法。

2．实验内容

将内存中的一组数据，用冒泡排序法，按递增规律排序，并分别显示排序前后的数组。

3．程序流程图

数据排序程序流程图如图 8.38 所示。

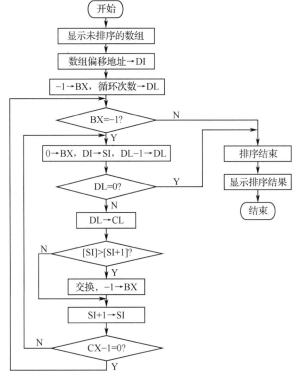

图 8.38　数据排序程序流程图

4．参考程序

参考程序见二维码。

程序　　　　　　　　视频

5．思考题

（1）运行实验程序，填写下表。

段寄存器	数值	变量	偏移地址	标号	偏移地址	子程序名	偏移地址
DS		ARRAY		START		DISPL	
SS				LOP1		SORTP	
CS				LOP2			
ES				LOP3			
				SEND			

（2）将 ARRAY 数组元素所在存储单元的段基址和偏移地址填入下表，仔细观察在比较排序的过程中这些存储单元内容的变化情况。

数组元素	段基址	偏移地址	数组元素	段基址	偏移地址	数组元素	段基址	偏移地址
2			3			8		
8			4			7		
9			0			5		
7			2			1		
6			9			0		

（3）在程序执行过程中，仔细观察标志寄存器各位的变化情况（记录是在执行哪一条指令时发生了变化），填入下表并分析原因。

指令	标志位								分析原因
	CF	ZF	SF	OF	PF	AF	IF	DF	

（4）编写汇编程序，实现第 4 章例 4.11 的功能，并在 emu8086 环境下编译并调试程序。

实验 4　表格内容查找程序设计

1．实验目的
（1）了解在表格内信息存放及查找的方法。
（2）掌握宏定义指令格式及使用方法。
（3）掌握 DOS INT 21H 软中断的 2 号、9 号功能调用的方法。

2．实验内容
从键盘接收字符串信息编号，在屏幕上显示相应编号及字符串信息。

3．程序流程图
表格内容查找程序流程图如图 8.39 所示。

4．参考程序
参考程序见二维码。

5．思考题
（1）运行实验程序，填写下表。

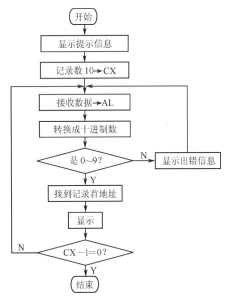

图 8.39　表格内容查找程序流程图

程序　　　　　视频

段寄存器	数值	变量	偏移地址	标号	偏移地址	子程序名	偏移地址
DS		ARY		START		DISP	
SS		MSG0		BEGIN			
CS		MSG1		ERROR			

段寄存器	数值	变量	偏移地址	标号	偏移地址	子程序名	偏移地址
ES		MSG2		EXIT			
		MSG3		DISP1			
		MSG4					
		MSG5					
		MSG6					
		MSG7					
		MSG8					
		MSG9					
		ERRMEG					
		MASS					

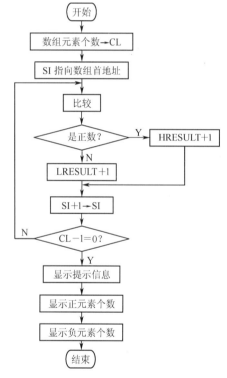

图 8.40 统计数据个数程序流程图

4．参考程序

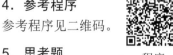

参考程序见二维码。

5．思考题

（2）数据段信息共占用多少个存储单元？

（3）试指出下列语句在程序中的含义：

  MUL ARY

  MOV BX,OFFSET MSG0

  ADD BX,AX

（4）编写汇编程序，实现第 4 章例 4.7 的功能，并在 emu8086 环境下编译并调试程序。

实验 5　统计数据个数程序设计

1．实验目的

（1）掌握条件转移指令的格式及使用方法。

（2）了解十六进制数转化为十进制数、十进制数转化为 ASCII 码的方法。

（3）掌握子程序结构及调用方法。

2．实验内容

统计内存数组中大于 0 和小于 0 的元素个数，然后将统计结果分别存放在 LRESULT 和 HRESULT 变量中，并显示个数。

3．程序流程图

统计数据个数程序流程图如图 8.40 所示。

程序   视频

（1）试分析程序中语句"MOV CX,N"执行后，赋给 CX 的值是多少？

（2）编写汇编程序，实现第 4 章习题 4-13 的功能，并在 emu8086 环境下编译和调试程序。

（3）运行实验程序，填写下表。

段寄存器	数值	变量	偏移地址	标号	偏移地址	子程序名	偏移地址
DS		ARY		START		DISPL	
SS		LRESULT		LOP			
CS		HRESULT		PLUS			
ES		TJJG		CONT			
				DISPL1			

（4）将数组第一行元素在存储器中存放的情况填入下表。

数组元素	存放形式	段基址	偏移地址	数组元素	存放形式	段基址	偏移地址	数组元素	存放形式	段基址	偏移地址
1				−5				−6			
3				7				8			
−1				8				−9			
2				1				−7			
6				3				2			
−9				8				4			

（5）单步执行从"LOP: MOV AL,[SI]"指令开始到"LOOP LOP"指令为止的程序段，将标志位、变量 LRESULT 和 HRESULT 的变化情况填入下表。

指令	标志位										分析原因
	CF	ZF	SF	OF	PF	AF	IF	DF	LRESULT	HRESULT	

实验 6　画线及动画程序设计

1．实验目的
（1）学习使用 BIOS INT 10H 中断调用。
（2）了解和熟悉宏定义的编写和调用。

2．实验内容
用 BIOS 中断 INT 10H 的 2 号功能设置光标位置，9 号功能写字符及属性，在屏幕不同的位置写 7 个不同属性、不同颜色的字符，形成一个机器人的外形。延迟一段时间后，清除机器人，修改列号，重新再画机器人。如此循环，就好像一个行走的机器人，直到画完一行为止。清除机器人与画线和画机器人的方法类似，只不过清除机器人所写字符的颜色是黑色的，画线所写字符的颜色是白色的。

3．程序流程图
画线及动画程序流程图如图 8.41 所示。

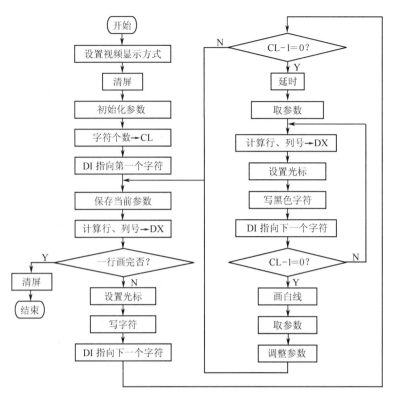

图 8.41 画线及动画程序流程图

4．参考程序

参考程序见二维码。

程序

视频

5．思考题

（1）程序中，当标号 WRITE 后面的两条语句"MOV AH, 2"和"INT 10H"第一次执行后，光标的坐标应该是多少？

（2）程序执行完共画了多少个机器人？实验程序如何控制机器人的数量？

（3）运行实验程序，填写下表。

段寄存器	数值	变量	偏移地址	标号	偏移地址	子程序名	偏移地址
DS		ROBOT		START		MOVES	
SS		CONT		NEXT		ERASE	
CS		POINT		WRITE		DELAY	
		LINE		L		CLEAR	
		CLUM		GO			
				LOP			

8.3 设计性实验

实验 1 统计学生成绩程序设计

1．实验目的

掌握并熟悉子程序编写与调用的方法。

2．实验内容

设有 10 个学生的成绩：{76,69,84,90,73,88,99,63,100,80}，单位为分。试编写程序分别统计 60～69 分、70～79 分、80～89 分、90～99 分和 100 分的人数并显示。

3．实验要求

（1）统计各分数段的人数，采用子程序结构。

（2）每一个分数段的显示内容采用如下形式：

分数段：人数

分数段：人数

……

4．编程提示

（1）将子程序统计的各分数段人数存放到内存单元中。

（2）在显示表头、内存单元中的内容后，回车、换行。

实验 2 比较字符串长度程序设计

1．实验目的

学习与掌握 DOS INT 21H 软中断 09H 和 0AH 功能及调用方法。

2．实验内容

从键盘输入一行以回车符为结束标志的字符串，如果这个字符串比前一次输入的字符串长，则保存该行字符串，然后继续输入下一行字符串；否则，不保存，继续从键盘接收字符串。当输入"！"后，将最长的一行字符串显示出来，程序结束。

3．实验要求

采用 DOS 功能调用 INT 21H 的 0AH 号功能接收字符串，用 INT 21H 的 09H 号功能显示字符串。

4．编程提示

设置两个内存缓冲区，每个缓冲区的第 1 个字节用于存放最大输入字符个数，第 2 个字节用于存放实际输入的字符个数，从第 3 个字节开始存放实际的字符串。

第9章 Proteus仿真软件及硬件实验

摘要 硬件实验是学习可编程接口芯片及其外围电路设计与实践的重要环节，通过硬件实验可以快速掌握可编程接口芯片及其外围电路设计的基本原理和方法。本章从Proteus仿真软件的使用方法入手，详细介绍基于Proteus+emu8086仿真的实验步骤，为可编程接口芯片的硬件实验奠定基础。

硬件实验包括基础性实验和设计性实验。基础性实验要求学生熟练掌握可编程接口芯片（包括8259A，8255A，8254，8250）、A/D转换器ADC0808和D/A转换器DAC0832的工作方式，初始化编程，以及实验电路的设计与连接，并进行Proteus+emu8086联合仿真实验。设计性实验的目的是提高学生对接口芯片的实际运用和编程能力，完成设计题目的电路设计、汇编语言程序编写与调试以及Proteus+emu8086联合仿真实验，直至实现题目所规定的全部要求和功能。

9.1 Proteus ISIS 及使用方法

软件说明1

软件说明2

Proteus是英国Labcenter公司研发的多功能EDA（Electronics Design Automation）软件，从原理图设计、代码调试到微处理器、可编程接口芯片与外围电路协同仿真，可一键切换到PCB（Printed Circuit Board，印制电路板）设计，真正实现了从概念到产品的完整设计，是目前世界上使用最广泛的电路仿真软件、PCB设计软件和虚拟仿真软件三合一的设计平台。Proteus提供大量常用的微处理器、模拟与数字电路元器件、外设和各种虚拟仪器，具备对常用微处理器、可编程接口芯片及其外围电路组成的硬件系统的交互仿真功能。

Proteus主要由智能原理图输入系统（Intelligent Schematic Input System，ISIS）与高级布线和编辑软件（Advanced Routing and Editing Software，ARES）两部分组成。ISIS提供的Proteus虚拟系统模型（Virtual System Modeling，VSM）可以实现混合式的SPICE电路仿真，将虚拟仪器、高级图表应用、CPU仿真以及第三方程序开发与调试环境有机地结合起来，在计算机上完成原理图设计、电路分析及程序代码实时仿真。ARES主要用于PCB的设计，是一个具有32位数据库、元件自动布置、撤销和重试的自动布线功能的PCB设计系统。

从Proteus 7.5版开始增加了对8086微处理器的仿真功能，为学习8086微处理器和外围接口电路的原理、电路设计及仿真提供了一个良好的教学实验平台。

9.1.1 Proteus ISIS 操作界面

Proteus ISIS操作界面如图9.1所示，包括原理图编辑窗口、预览窗口、元器件选择按钮、元器件选择窗口、标题栏、菜单栏、命令工具栏、模式选择工具栏、旋转镜像工具栏、仿真控制栏、信息栏、状态栏和坐标栏。

原理图编辑窗口用于放置元器件，进行元器件之间的连线，绘制原理图。预览窗口用于显示原理图或预览选中的元器件。元器件选择按钮用于在元器件库中选择所需要的元器件，并将选择的元器件放入元器件选择窗口和原理图编辑窗口中。标题栏显示当前设计的文件名称。菜单栏中的各个命令对应工具栏中的操作按钮。模式选择工具栏用于选择原理图编辑窗口的编辑模式。旋转镜像工具栏用于对原理图编辑窗口中选中的对象进行旋转、镜像等操作。仿真控制栏用于控制实时交互式仿真的启动、前进、暂停和停止。信息栏显示编译、运行后的提示信息。状态栏显示鼠标所指元器件的信息。坐标栏显示当前鼠标的位置坐标值。

图 9.1　Proteus ISIS 操作界面

1．菜单栏

菜单栏包括文件（File）、查看（View）、编辑（Edit）、工具（Tools）、设计（Design）、绘图（Graph）、源代码（Source）、调试（Debug）、库（Library）、模板（Template）、系统（System）和帮助（Help）等菜单，可以从下拉菜单中选择相应的子菜单项。

2．命令工具栏

命令工具栏包括文件工具栏（File Toolbar）和查看工具栏（View Toolbar）、编辑工具栏（Edit Toolbar）、设计工具栏（Design Toolbar），分别见表 9.1、表 9.2 和表 9.3。可以通过选择菜单命令"查看"→"工具栏"来显示或隐藏各个工具栏。

表 9.1　文件工具栏和查看工具栏

类别	文件工具栏							查看工具栏						
图标														
功能	新建文件	打开已有文件	保存	导入区域	导出区域	打印	标记输出区域	刷新显示	切换网格	切换原点	光标居中	放大	缩小	缩放到整图	缩放到区域

表 9.2　编辑工具栏

类别	编辑工具栏											
图标												
功能	撤销	重做	剪切	复制	粘贴	块复制	块移动	块旋转	块删除	从库中选取元器件	创建元器件	封装工具	分解命令

表 9.3　设计工具栏

类别	设计工具栏								
图标									
功能	自动连线器	搜索选中元器件	属性分配工具	设计浏览器	新建页面	移出/删除页面	退到上一级页面	查看 BOM 报告	查看电气报告	生成网络表并传输到 ARES

3．模式选择工具栏

Proteus ISIS 操作界面左侧第 1 列为模式选择工具栏，包括主模式（Main Modes）、配件（Gadgets）和二维图形（2D Graphics）按钮，见表 9.4。模式选择工具栏没有对应的菜单命令，不能隐藏，默认出现在操作界面左侧第 1 列，也可以用鼠标将其拖动到命令工具栏的下方。

表 9.4　模式选择工具栏

类别	图标	名称及功能
主模式	▶	选择模式（Selection Mode）：即时编辑元器件参数（先单击该图标，再单击要修改的元器件）
	▷	元件模式（Component Mode）：选择元器件
	✛	节点模式（Junction Dot Mode）：在原理图中放置连接点
	LBL	连线标号模式（Wire Label Mode）：在原理图中放置或编辑连线标签
	≡	文字脚本模式（Text Script Mode）：在原理图中输入新的文本或编辑已有文本
	⊬	总线模式（Buses Mode）：在原理图中绘制总线
	⊥	子电路模式（Subcircuit Mode）：在原理图中放置子电路图或放置电路元器件
配件	⇄	终端模式（Terminals Mode）：包括 VCC、GND、输入、输出等接口
	-▷-	器件引脚模式（Device Pins Mode）：DEFAULT 普通引脚，INVERT 低电平有引脚，POSCLK 脉冲下降沿有效的时钟输入引脚，NEGCLK 脉冲上升沿有效的时钟输入引脚，BUS 普通总线引脚
	📈	图表模式（Graph Mode）：ANALOGUE 模拟分析，DIGITAL 数字分析，MIXED 混合瞬态分析，FREQUENCY 频率分析，NOISE 噪声分析，DISTORTION 失真分析，FOURIER 傅里叶分析等
	📟	录音机模式（Tape Recoder Mode）：对原理图进行分割仿真时采用此模式，用来记录前一步仿真的输出，并作为下一步仿真的输入
	Ⓢ	激励源模式（Generator Mode）：模拟和数字激励源，DC 直流源，SINE 正弦激励源，PULSE 脉冲激励源等
	V↗	电压探针模式（Voltage Probe Mode）：在原理图中添加电压探针，用来记录原理图中该探针处的电压值
	I↗	电流探针模式（Current Probe Mode）：在原理图中添加电流探针，用来记录原理图中该探针处的电流值
	▣	虚拟仪器模式（Virtual Instruments Mode）：OSCILLOSCOPE 示波器，LOGIC ANALYSER 逻辑分析仪，COUNTER TIMER 定时/计数器等
二维图形	／	2D 图形直线模式（2D Graphics Line Mode）：在原理图中画直线
	■	2D 图形框体模式（2D Graphics Box Mode）：在原理图中画方框
	●	2D 图形圆形模式（2D Graphics Circle Mode）：在原理图中画圆
	◗	2D 图形弧线模式（2D Graphics Arc Mode）：在原理图中画弧线
	◖◗	2D 图形闭合路径模式（2D Graphics Closed Path Mode）：在原理图中画多边形
	A	2D 图形文本模式（2D Graphics Text Mode）：在原理图中添加文本注释
	S	2D 图形符号模式（2D Graphics Symbols Mode）：从符号库中选择符号元器件
	✛	2D 图形标记模式（2D Graphics Markers Mode）：在原理图中画原点

4．旋转镜像工具栏

旋转镜像工具栏提供了旋转镜像控制按钮，用来改变对象的方向。旋转镜像工具栏见表 9.5。在原理图编辑窗口中，各对象只能以 90°间隔来改变方向。

表 9.5　旋转镜像工具栏

类别	图标	名称及功能
旋转	↻	顺时针旋转（Rotate Clockwise）：选中对象以 90°间隔顺时针旋转
	↺	逆时针旋转（Rotate Anti-Clockwise）：选中对象以 90°间隔逆时针旋转
编辑	0	编辑旋转角度：直接输入 90°、180°、270°，实现旋转
镜像	↔	X 轴镜像（X-Mirror）：选中对象以 X 轴为对称轴进行水平镜像操作
	↕	Y 轴镜像（Y-Mirror）：选中对象以 Y 轴为对称轴进行垂直镜像操作

5. 仿真控制栏

仿真控制栏位于操作界面的左下方，包括开始仿真（Play）、单步仿真（Step）、暂停（Pause）和停止（Stop）4 个按钮，仿真控制工具栏见表 9.6。

表 9.6 仿真控制工具栏

类别	仿真控制按钮			
图标	▶	▮▶	▮▮	▮
功能	开始仿真	单步仿真	暂停	停止

9.1.2 Proteus ISIS 原理图设计

原理图设计要在 Proteus ISIS 原理图编辑窗口中的编辑区内完成。

1. Proteus ISIS 原理图编辑窗口中鼠标的使用方法

在 Proteus ISIS 原理图编辑窗口中，鼠标操作与 Windows 应用程序有所不同，这里用右键选取，用左键编辑或移动。鼠标样式及功能见表 9.7。

表 9.7 鼠标样式及功能

图 标	功 能
⬚	标准指针，用于选择操作模式
✎	白色铅笔，单击左键，放置元器件，再次点击左键，放置结束
✐	绿色铅笔，用于画线，单击左键并延伸至希望的位置，再次单击左键，完成画线
✐	蓝色铅笔，用于画总线，单击左键并延伸至希望的位置，再次单击左键，完成画线
☝	在元器件上出现此图标，单击左键，对象被选中，再次单击，编辑元器件属性
✋	在元器件上出现此图标，按住左键并拖住鼠标，对象可被拖动到希望的位置
↕	当线段上出现此图标后，按住左键并拖住鼠标，线段可被拖动到希望的位置
✋	当出现此图标后，右击可为对象分配属性

2. 设计原理图

以 8086 译码电路为例，简要介绍仿真电路原理图的设计过程。8086 译码电路如图 9.2 所示。

（1）启动 Proteus

新建工程，根据提示输入文件名、选择文件存储路径，选择 "DEFAULT" 模版，选择默认选项完成新工程的建立。

（2）添加元器件

添加元器件到元器件选择窗口中，8086 译码电路元器件见表 9.8。

表 9.8 8086 译码电路元器件

元器件名称	所属类	所属子类	功能说明	封装及引脚	标签
8086	Microprocessor ICs	i86 Family	8086 CPU（8086 Microprocessor）	DIL40	U1
74273	TTL 74 series	Flip-Flops &Latches	8D 触发器：带时钟清除功能，上升沿触发（Octal D-Type Positive-Edge-Triggered Flip-Flops With Clear）	DIL20	U2、U3、U4
74154	TTL 74 series	Decode	4-16 译码器/多路输出选择器（4-to-16 Line Decode/Demultiplexer）	DIL24	U5
NOT	Simulator Primitives	Gates	非门（Simple Digital Inverter）		U6、U7
7427	TTL 74 series	Flip-Flops &Latches	三输入或非门（Triple 3-Input Positive NOR Gates）	DIL14	U8

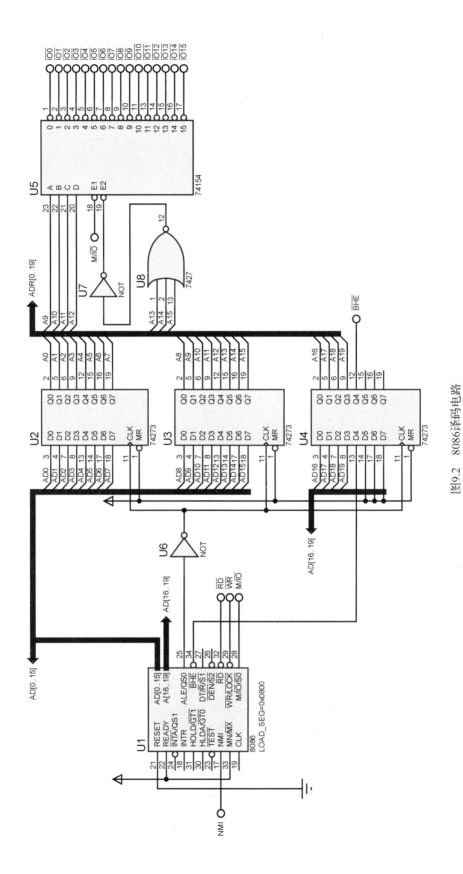

图9.2 8086译码电路

单击➡按钮，再单击"P"按钮，在"器件选择"（Pick Devices）对话框的"关键字"框中输入元器件型号，在"搜寻结果"（Results）框中查找相应的元器件，单击选中的元器件，可以在预览窗口（Schematic Preview）中预览元器件的形状，单击"确定"按钮，将选定的元器件添加到元器件选择窗口中。

（3）放置元器件

单击元器件选择窗口中已选中的元器件，在原理图编辑窗口中任意位置单击，出现所选元器件的红色外形框，拖放到所选位置，再单击，放置元器件。

（4）编辑元器件属性

在元器件上双击鼠标（或单击右键，在弹出的快捷菜单中选择"编辑属性"（Edit Properties）弹出"编辑元件"（Edit Component）对话框，在对话框中输入元器件参数，并单击"确定"按钮，完成元器件属性的编辑。在 8086 的"编辑元件"对话框中要输入可执行文件名称及路径。

（5）连线

在 Proteus ISIS 中，只要直接单击两个元器件的连接点，即可自动定出走线路径并完成连线操作。要想自己决定走线路径，单击第一个元器件的连接点，然后在拐点处单击，最后单击另一个元器件的连接点即可。

为了简化原理图，Proteus ISIS 支持用一条导线代表数条并行的导线，这就是总线，特别适合微处理器系统，用于 CPU 与外围接口芯片的连接。单击➡按钮，即可在原理图编辑窗口中画总线。画总线分支线时，为了与一般导线相区别，通常画斜线来表示分支线。画斜线的方法是，先画直线段，当需要画斜线时（拐点）单击结束直线段，然后按住 Ctrl 键，再继续画线，直到终点处单击，即可画出一条总线分支线。

（6）放置并连接终端

初步连线后，还需要放置并连接某些终端。本例中有两类通用终端：一个地 GROUND 和两个电源终端 POWER。单击➡按钮，选择合适的终端，放置到原理图合适的地方并与相应的引脚连接。本例中的 READY 和 MN/$\overline{\text{MX}}$ 引脚需要与 POWER 连接，RESET 需要与 GROUND 连接，步骤如下。

① 在终端模式下选择电源终端 POWER，将其放置于 8086 芯片的左侧。

② 将电源终端 POWER 与 8086 芯片的 READY 和 MN/$\overline{\text{MX}}$ 引脚相连。

③ 在终端模式下选择地 GROUND，将其放置于 8086 芯片的下方，将 RESET 引脚与地信号相连。

为了使原理图简洁清晰，有些引脚之间可通过放置同名"终端"进行连接。本例中，8086 的 M/$\overline{\text{IO}}$/$\overline{\text{S0}}$ 引脚需要与 74154 的 $\overline{\text{E1}}$ 引脚相连。在终端模式下选择默认终端 DEFULT，分别放置在 M/$\overline{\text{IO}}$/$\overline{\text{S0}}$ 和 $\overline{\text{E1}}$ 两个引脚的旁边，在"编辑属性"框中输入"M/\$IO\$"，显示为 M/$\overline{\text{IO}}$。

（7）编辑元器件标签

ISIS 原理图中的每个元器件都有对应的标号和属性。元器件标签的位置和可视性完全由用户定义，可以改变取值、移动位置或隐藏某些信息。本例中各个元器件的标签见表 9.8。

至此，完成了 8086 译码电路的绘制，I/O 端口地址见表 9.9。本章后续的硬件实验均以该译码电路为基础，添加扩展其他外围可编程接口芯片和器件而成，可编程接口芯片的片选信号取自 $\overline{\text{IO0}}$ ～ $\overline{\text{IO15}}$，其后不再赘述。

表 9.9　8086 译码电路的 I/O 端口地址

		8086 CPU																十六进制数地址
		A15	A14	A13	A12	A11	A10	A9	A8	A7	A6	A5	A4	A3	A2	A1	A0	
					D	C	B	A										
74154	IO0	0	0	0	0	0	0	0	0	0	0	0	0	0	0	0	0	0000H
	IO1	0	0	0	0	0	0	1	0	0	0	0	0	0	0	0	0	0200H
	IO2	0	0	0	0	0	1	0	0	0	0	0	0	0	0	0	0	0400H
	IO3	0	0	0	0	0	1	1	0	0	0	0	0	0	0	0	0	0600H
	IO4	0	0	0	0	1	0	0	0	0	0	0	0	0	0	0	0	0800H
	IO5	0	0	0	0	1	0	1	0	0	0	0	0	0	0	0	0	0A00H
	IO6	0	0	0	0	1	1	0	0	0	0	0	0	0	0	0	0	0C00H
	IO7	0	0	0	0	1	1	1	0	0	0	0	0	0	0	0	0	0E00H
	IO8	0	0	0	1	0	0	0	0	0	0	0	0	0	0	0	0	1000H
	IO9	0	0	0	1	0	0	1	0	0	0	0	0	0	0	0	0	1200H
	IO10	0	0	0	1	0	1	0	0	0	0	0	0	0	0	0	0	1400H
	IO11	0	0	0	1	0	1	1	0	0	0	0	0	0	0	0	0	1600H
	IO12	0	0	0	1	1	0	0	0	0	0	0	0	0	0	0	0	1800H
	IO13	0	0	0	1	1	0	1	0	0	0	0	0	0	0	0	0	1A00H
	IO14	0	0	0	1	1	1	0	0	0	0	0	0	0	0	0	0	1C00H
	IO15	0	0	0	1	1	1	1	0	0	0	0	0	0	0	0	0	1E00H

9.1.3　基于 Proteus ISIS+emu8086 的硬件仿真

从 Proteus 7.5 版本开始增加了 8086 CPU 仿真功能。Proteus VSM for 8086 是 8086 CPU 的指令和总线周期仿真模型，通过总线驱动器和多路输出选择器电路连接 RAM 和 ROM 及不同的外围控制器，目前只能仿真 8086 CPU 最小模式的总线信号和器件的操作时序。下面以开关和 LED 接口电路为例，介绍基于 Proteus ISIS+emu8086 的仿真步骤。

1．绘制原理图

8086 与开关和 LED 接口电路如图 9.3 所示，元器件见表 9.10（8086 译码电路元器件见表 9.8）。电路以图 9.2 为基础，扩展了 74LS245、74LS373、8 路开关、8 路 LED 等芯片和器件。8086 将根据读取到的开关状态点亮相应的 LED。74LS245 的片选信号 $\overline{CE}$ 和 74LS373 的 LE 信号分别取自图 9.2 中 74154 的输出 $\overline{IO0}$ 和 $\overline{IO1}$，所以端口地址分别为 0000H 和 0200H。

绘制基于 8086 的开关和 LED 接口电路原理图，文件名为 8086Decode.dsn，保存于指定区域（C 或 D 盘均可）的文件夹中。

表 9.10　8086 与开关和 LED 接口电路元器件

元器件名称	所属类	所属子类	功能说明	封装及引脚	标签
74LS245	TTL 74LS Series	Transceivers	8 路同相三态双向总线收发器（Octal Bus Transceivers with Tristate Output）	DIL20	U9
74LS373	TTL 74LS Series	Flip-Flops &Latches	三态输出的 8D 锁存器（Octal D-Type Transparent Latches with 3-State Outputs）	DIL20	U10
74LS02	TTL 74LS Series	Gates&Inverters	2 输入或非门（Quadruple 2-Input Positive-NOR Gates）	DIL24	U11、U12、U13
DIPSW_8	Switchs & Relays	Switchs	交互式 8 路独立式开关（Interactive DIP Switch 8 Indipendent Elements）	16	DSW1
LED-YELLOW	Optoelectronics	LEDs	动态发光二极管（黄色）（Animated LED Model [Yellow]）	2	
RESPACK_8	Resistors	Resistors Packs	8 路电阻排（8 Way Resistor Pack with Common）	9	RP1

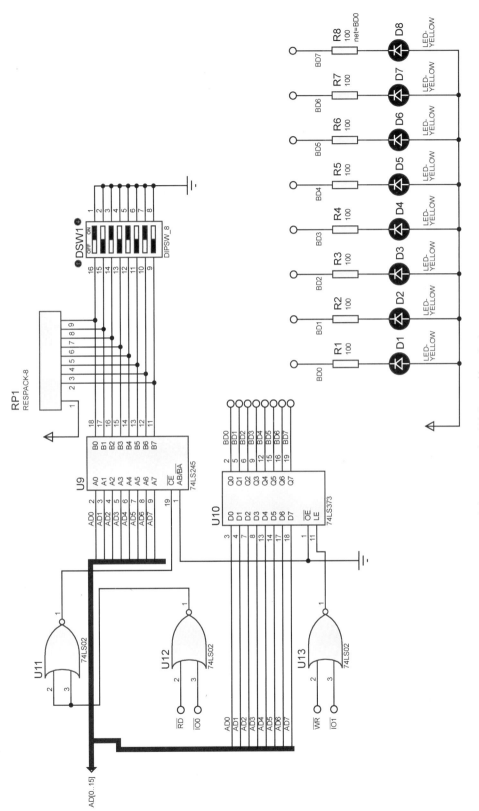

图9.3 8086与开关和LED接口电路

2. 编辑程序并生成可执行文件

在 emu8086 环境下编辑汇编程序：

```
DATA        SEGMENT
            IN245       EQU 0000H          ;开关输入端口地址
            OUT373      EQU 0200H          ;LED 输出端口地址
DATA        ENDS
CODE        SEGMENT
START:      MOV         DX, IN245
            IN          AL, DX
            MOV         DX, OUT373
            OUT         DX, AL
            JMP         START
CODE        ENDS
            END START
```

编辑源程序保存为 8086Decode.asm，编译源程序，生成可执行文件 8086Decode.exe，将其保存在与 8086Decode.dsn 同一个文件夹中。

注意，设计绘制原理图与汇编语言源程序的文件名和路径（建议同文件名为好，扩展名不同），生成的.exe 可执行文件一定要与仿真电路图原理图.dsn 文件存放在同一文件夹中。

3. 打开 Proteus，设置 emu8086 编译器

1）单击菜单命令"Source" → "Define Code Generation Tools"，弹出"Add/Remove Code Generation Tools"对话框。

2）单击"New"按钮，打开 C 或 D 盘中的 emu8086 文件夹，选中文件 emu8086.exe，并按照图 9.4 进行设置，"Source Extn"为"ASM"，"Obj. Extn"为"EXE"，"Command Line"为"%1"，然后单击"OK"按钮。

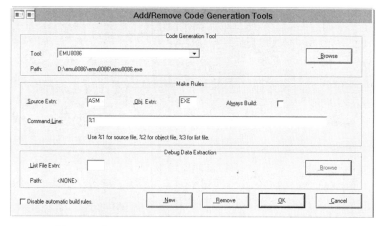

图 9.4　"Add/Remove Code Generation Tools"对话框

4. 打开仿真电路图，设置仿真运行环境

1）以 8086Decode.dsn 为例，双击仿真电路图中的 U1:8086 单元，弹出"Edit Component"对话框，如图 9.5 所示。

2）单击"Program File"右侧的浏览按钮，选择同一文件夹下的可执行文件 8086Decode.exe。

3）在"Advanced Properties"栏中选择"Internal Memory Size"并设定为 0x10000，其他参数按照图 9.5 设置。

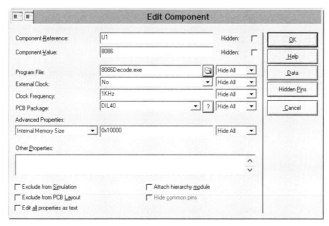

图 9.5 "Edit Component"对话框

5．运行程序

单击开关，观察 LED 显示情况。如果没有达到预期的效果，则返回 emu8086 修改源程序，直至实现全部预定的功能。

9.2　基础性实验

实验 1　8259A 中断方式控制发光二极管实验

1．实验目的

1）掌握可编程中断控制器 8259A 芯片的工作原理与初始化编程方法。

2）掌握可编程中断控制器 8259A 芯片中断向量的设置方法。

2．实验内容

1）采用独立式按键作为中断源，向 8086 申请中断。

2）8086 接收中断请求并控制发光二极管（LED）的亮与灭。

3．硬件电路设计

中断方式控制 LED 实验元器件见表 9.11，由于软件原因，实验中采用 8259 代替 8259A。接口电路如图 9.6 所示。8086 译码电路如图 9.2 所示。8259 的片选线接译码电路的 $\overline{IO1}$，由表 9.9 可知 8259 的端口地址为 0200H。8259 的读、写信号 $\overline{RD}$、$\overline{WR}$ 分别与 8086 的读、写信号相连，地址 A0 接 8086 的 A1（具体接 8086 的哪根地址线，可以自己选定），8259 的 INT 和 $\overline{INTA}$ 分别接 8086 的 INTR 和 $\overline{INTA}$。8086 的 $\overline{WR}$ 和 $\overline{IO2}$ 通过 74LS02 接 74LS373 的 LE，74LS373 的输出跟随输入的变化而变化。74LS373 的端口选择地址为 0400H，74LS373 的输出接 8 个绿色 LED。R1 电阻值为 100Ω。

表 9.11　中断方式控制 LED 实验元器件

元器件名称	所 属 类	所属子类	功 能 说 明	封装及引脚	标 签
8259	Microprocessor ICs	Peripherals	可编程中断控制器 （Programmable Interrupt Controller）	DIL28	U4
74LS373	TTL 74LS series	Flip-Flop & Latches	三态输出的 8D 锁存器	DIL20	U9
74LS02	TTL 74LS series	Gate & Inverters	2 输入或非门	DIL14	U11:A
RES	Resistors	Generic	电阻 （Generic Resistor Symbol）		R1

元器件名称	所 属 类	所属子类	功 能 说 明	封装及引脚	标 签
BUTTON	Switches & Relays	Switches	按钮 （SPST Push Button）		
LED-GREEN	Optoelectronics	LEDs	动态发光二极管（绿色 ） （Animated LED model(GREEN)）		D1～D8

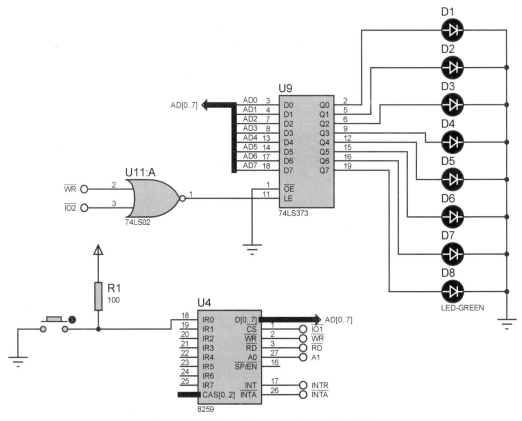

图 9.6　中断方式控制 LED 接口电路仿真图

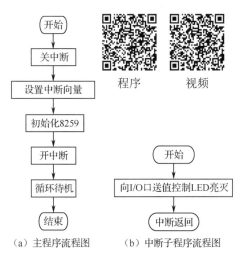

（a）主程序流程图　（b）中断子程序流程图

图 9.7　中断方式控制 LED 程序流程图

4．程序设计

（1）编程提示

根据实验内容，通过按键来产生中断信号，当 8086 接收到中断信号时，转入中断服务子程序来控制对应的 LED 的亮灭。为了能够调用中断服务子程序，首先需要设置中断向量。

（2）程序流程图及参考程序

中断方式控制 LED 程序流程图如图 9.7 所示。参考程序见二维码。

5．基于 Proteus+emu8086 联合仿真

基于 Proteus+emu8086 可编程中断控制器联合仿真步骤如下。

1）在 Proteus 环境下绘制如图 9.2 和图 9.6 所示的原理图，并保存为 INT8259.dsn。

2）在 emu8086 环境下新建.exe 模板文件，输入参考源程序，在指定的文件夹中保存为 INT8259.asm，编译调试，直至程序无错。

3）双击 8086，在出现的对话框中单击"Program File"右侧的浏览按钮，选择 INT8259.asm 所在文件夹下的文件 INT8259.exe。8086 的其他参数设置如图 9.5 所示。

4）返回 Proteus 主界面，单击左下角仿真控制栏中的"开始仿真"按钮，运行程序。闭合按键后再断开按键，观察 LED 的变化。

5）如果运行提示出错，则检查原理图的绘制是否正确；如果运行无错，但 LED 的亮灭不满足实验要求，则返回步骤 2）重新调试源程序 INT8259.asm，并重复步骤 3）和 4），直至满足实验要求。

6．思考题

1）如果按键接 IR2，程序应如何修改？

2）如果用 8 个按键控制 8 个 LED 的亮灭，应怎样修改源程序和原理图？

实验 2　8255A 控制十字路口交通灯实验

1．实验目的

通过对红、绿、黄色 LED 的控制，熟练掌握可编程并行接口 8255A 接口芯片的工作方式及编程方法。

2．实验内容

对 8255A 芯片进行编程，使红、黄、绿 LED 按照十字路口交通灯的形式点亮或熄灭。设有一个十字路口，两组信号灯分别代表东西和南北两个方向，其红灯、黄灯、绿灯变化规律如下。

① 两个方向红灯全点亮，绿灯、黄灯熄灭。

② 东西方向绿灯点亮，南北方向红灯点亮。

③ 东西方向绿灯熄灭，南北方向红灯点亮。

④ 两个方向黄灯点亮，红灯、绿灯熄灭。

⑤ 两个方向黄灯熄灭，红灯、绿灯熄灭。

步骤④和⑤循环 64 次，实现黄灯闪烁。

⑥ 两个方向红灯全点亮，绿灯、黄灯熄灭。

⑦ 东西方向红灯点亮，南北方向绿灯点亮，黄灯熄灭。

⑧ 东西方向红灯点亮，南北方向绿灯熄灭，黄灯熄灭。

⑨ 两个方向黄灯闪烁，与步骤④、⑤相同。

⑩ 转向②循环执行。

3．硬件电路设计

8255A 控制十字路口交通灯实验元器件见表 9.12，接口电路如图 9.8 所示。8086 译码电路如图 9.2 所示。8255A 的片选线接 8086 译码电路的 $\overline{\text{IO3}}$，读、写信号 $\overline{\text{RD}}$ 和 $\overline{\text{WR}}$ 分别接 8086 的读、写信号，地址 A1、A0 分别接 8086 的 A2、A1，其他未参与译码的地址线默认为 0。根据表 9.9，8255A 的端口 A、端口 B、端口 C 和控制端口的地址分别为 0600H、0602H、0604H 和 0606H。

表 9.12　8255A 控制十字路口交通灯实验元器件

元器件名称	所属类	所属子类	功能说明	封装及引脚	标签
8255A	Microprocessor ICs	Peripherals	可编程外围接口（Programmable Peripheral Interface）	DIL40	U9
RES	Resistors	Generic	电阻		R1～R6
LED-RED	Optoelectronics	LEDs	动态发光二极管（红色）		D3，D6
LED-YELLOW	Optoelectronics	LEDs	动态发光二极管（黄色）		D2，D5
LED-GREEN	Optoelectronics	LEDs	动态发光二极管（绿色）		D1，D4

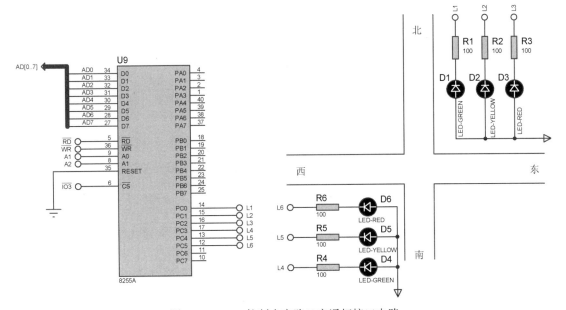

图 9.8　8255A 控制十字路口交通灯接口电路

4．程序设计

（1）设置 8255A 方式控制字

设置 8255A 的端口 C 工作于方式 0，输出。PC5、PC4、PC3 分别控制东西方向的红灯、黄灯、绿灯，PC2、PC1、PC0 分别控制南北方向的红灯、黄灯、绿灯。需要点亮哪一个 LED，8255A 相应端口对应的数据位就输出 0。按照上述 LED 的变化规律，PC 口输出状态见表 9.13。

表 9.13　PC 口输出状态

信号灯的状态	PC 口输出状态 $PC_7PC_6PC_5PC_4PC_3PC_2PC_1PC_0$	
① 两个方向红灯全点亮，绿灯、黄灯熄灭	1 1 0 1 1 0 1 1	DBH
② 东西方向绿灯点亮，南北方向红灯点亮	1 1 1 1 0 0 1 1	F3H
③ 东西方向绿灯熄灭，南北方向红灯点亮	1 1 1 1 1 0 1 1	FBH
④ 两个方向黄灯点亮，红灯、绿灯熄灭　步骤④和⑤循环 64 次，实现	1 1 1 0 1 1 0 1	EDH
⑤ 两个方向黄灯熄灭，红灯、绿灯熄灭　}黄灯闪烁	1 1 1 1 1 1 1 1	FFH
⑥ 两个方向红灯全点亮，绿灯、黄灯熄灭	1 1 0 1 1 0 1 1	DBH
⑦ 东西方向红灯点亮，南北方向绿灯点亮，黄灯熄灭	1 1 0 1 1 1 1 0	DEH
⑧ 东西方向红灯点亮，南北方向绿灯熄灭，黄灯熄灭	1 1 0 1 1 1 1 1	DFH
⑨ 两个方向黄灯闪烁，与步骤④、⑤相同		

（2）流程图及参考程序

8255A 控制十字路口交通灯程序流程图如图 9.9 所示。

参考程序见二维码。

程序

视频

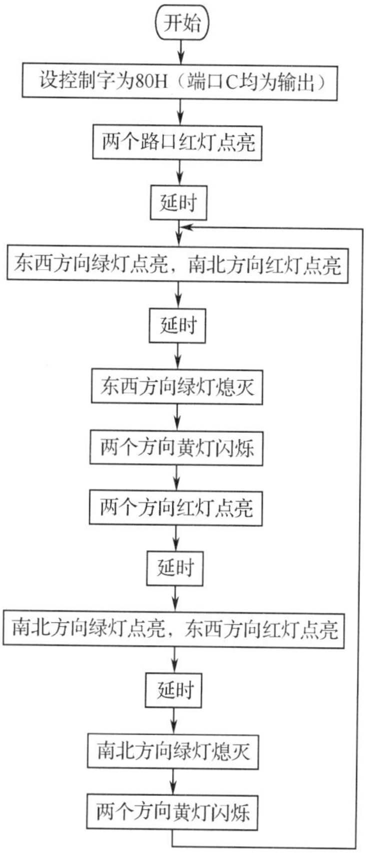

5. 基于 Proteus+emu8086 联合仿真

基于 Proteus+emu8086 的 8255A 控制十字路口交通灯实验联合仿真步骤如下。

1）在 Proteus 环境下绘制如图 9.2 和图 9.8 所示的原理图，并保存为 TrafficLight.dsn。

2）在 emu8086 环境下新建.exe 模板文件，并输入参考程序，在指定的文件夹中保存为 TrafficLight.asm，编译调试，直至程序无错。

3）双击 8086，在出现的对话框中单击"Program File"右侧的浏览按钮，选择 TrafficLight.asm 所在文件夹下的文件 TrafficLight.exe。8086 的其他参数设置如图 9.5 所示。

4）返回 Proteus 主界面，单击"开始仿真"按钮，运行程序，观察交通灯的变化规律是否符合实验要求。如果程序运行无错，但交通灯闪烁不满足实验要求，则返回步骤 2）重新调试源程序 TrafficLight.asm，并重复步骤 3）和 4），直至满足实验要求。

6. 思考题

1）如果使用 8255A 的 A 口控制 LED，应如何修改原理图和源程序？

2）当需要顺序点亮 LED 时，应如何修改源程序？

图 9.9 8255A 控制十字路口交通灯程序流程图

（流程图内容）
开始
设控制字为80H（端口C均为输出）
两个路口红灯点亮
延时
东西方向绿灯点亮，南北方向红灯点亮
延时
东西方向绿灯熄灭
两个方向黄灯闪烁
两个方向红灯点亮
延时
南北方向绿灯点亮，东西方向红灯点亮
延时
南北方向绿灯熄灭
两个方向黄灯闪烁

实验 3 8254 控制直流电动机正、反转及测速实验

1. 实验目的

1）掌握 8254 的工作原理、工作方式和编程方法。

2）掌握 8254 与 8255A 配合使用的方法。

3）掌握直流电动机驱动的基本原理。

2. 实验内容

1）采用 8254 进行定时。

2）通过 8255A 向直流电动机驱动电路发出正、反转控制信号。

3. 硬件电路设计

直流电动机正、反转及测速实验元器件见表 9.14。由于软件原因，实验中采用 8253A 代替 8254，它们的功能基本相同。

表 9.14　直流电动机正、反转及测速实验元器件

元器件名称	所属类	所属子类	功能说明	封装及引脚	标签
8253A	Microprocessor ICs	Peripherals	可编程定时/计数器 （Programmable Timer/Counter）	DIL24	U9
8255A	Microprocessor ICs	Peripherals	可编程外围接口	DIL40	U10
L293D	Analogs ICs	Miscellaneous	具有二极管的 4 通道推挽式驱动器 （Push-Pull Four Channel Driver with Diodes）	DIL16	U11
MOTOR-DC	Electromechanical	Motors	具有惯性和负载的直流电动机 （Animated DC Motor Model with Inertia and Loading）		
1N4001	Diode	Rectifiers	整流器 （Rectifiers）		D1～D4
RES	Resistors	Generic	电阻		R1～R5
LED-YELLOW	Optoelectronics	LEDs	动态发光二极管（黄色）		L1～L3
BUTTON	Switches & Relays	Switches	按钮		
LOGICPROBE	Debugging Tools	Logic Probes	逻辑状态指示器 （Logic State Indicator）		
DCLOCK			数字频率发生器		U9（CLK0）

直流电动机正、反转及测速实验原理图如图 9.10 所示。8086 译码电路如图 9.2 所示。8255A 的片选线接 8086 译码电路的 $\overline{IO3}$，8253A 的片选线接 8086 译码电路的 $\overline{IO2}$；8255A 和 8253A 的读、写信号线 $\overline{RD}$ 和 $\overline{WR}$ 分别接 8086 的读、写信号线，8255A 和 8253A 的地址线 A1、A0 分别接 8086 的 A2、A1，其他未参与译码的地址线默认为 0。根据表 9.9 可知，8255A 的 A、B、C 和控制端口的地址分别为 0600H、0602H、0604H、0606H，8253A 计数器 0、计数器 1、计数器 2 和控制端口地址分别为 0400H、0402H、0404H、0406H。

表 9.15　L293D 控制信号真值表

IN2	IN1	转　向
1	0	正转
0	1	反转
1	1	停止

8253A 的 CLK0 接 1MHz 时钟，8255A 的 PA0 接来自于 8253A 的 OUT1，PA1 接控制电动机的启/停控制按钮，PB1 和 PB0 分别接 L293D 的 IN2 和 IN1，PC2、PC1、PC0 分别接电动机停止指示灯、顺时针（转动）指示灯、逆时针（转动）指示灯，需要点亮哪一个指示灯，8255A 相应端口的对应位就输出 0。L293D 控制信号真值表见表 9.15。

4．程序设计

（1）设置 8253A 和 8255A 方式控制字

设置 8253A 的计数器 0 和计数器 1 工作于方式 3（方波发生器）。设置 8255A 的端口 A 工作于方式 0，输入；端口 B 工作于方式 0，输出；端口 C 工作于方式 0，输出。

（2）流程图及参考程序

直流电动机正、反转及测速实验程序流程图如图 9.11 所示。

参考程序见二维码。

程序　　　　　　　　视频

5．基于 Proteus+emu8086 联合仿真

基于 Proteus+emu8086 的 8253A 控制直流电动机正、反转及测速实验联合仿真步骤如下。

1）在 Proteus 环境下绘制如图 9.2 和图 9.10 所示的原理图，并保存为 MotorSpeed.dsn。

2）在 emu8086 环境下新建.exe 模板文件，并输入汇编语言源程序，在指定的文件夹中保存为 MotorSpeed.asm，编译调试，直至程序无错。

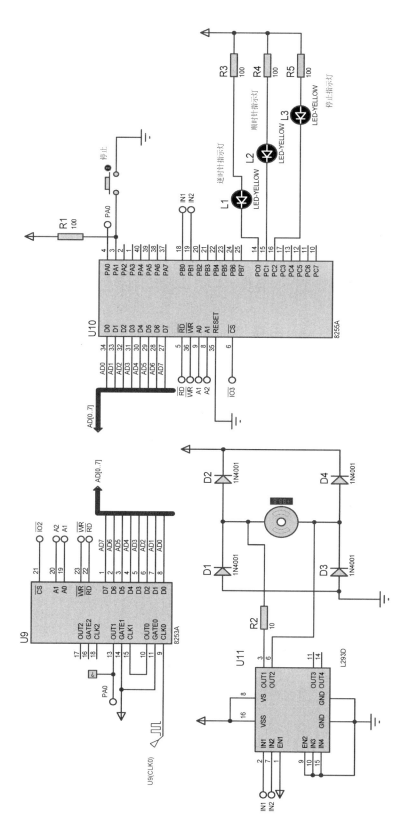

图9.10 直流电动机正、反转及测速实验原理图

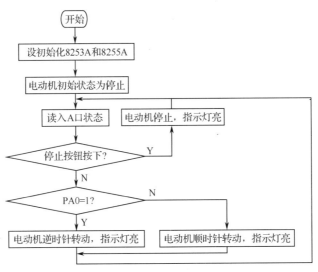

图 9.11　直流电动机正、反转及测速实验程序流程图

3）在 Proteus 的原理图中，双击 8086，在出现的对话框中单击"Program File"右侧的浏览按钮，选择 MotorSpeed.asm 所在文件夹下的文件 MotorSpeed.exe。8086 的其他参数设置如图 9.5 所示。

4）返回 Proteus 主界面，单击左下角的"开始仿真"按钮，运行程序，观察电动机转动规律是否满足实验要求。注意，电动机在正、反转切换过程中会出现延迟，即控制信号发出一段时间后电动机才可切换至正确转向，这是由于电动机转动时的惯性造成的。

5）如果运行提示出错，则检查原理图的绘制是否正确；如果运行无错，但电动机转动不满足实验要求，则返回步骤 2）重新调试源程序 MotorSpeed.asm，并重复步骤 3）和 4），直至满足实验要求。

6．思考题
1）如果需要改变电动机正、反转的时间，程序应如何修改？
2）在本实验中是通过按键控制电动机的启动和停止的。请问，如何利用 8253A 来控制电动机的启、停？（提示：利用 8253A 的计时器 2 产生一个定时信号，时间到，输出一个低电平信号给 PA1，将 8253A 的 OUT2 引脚接 8255A 的 PA1 引脚。）

实验 4　8250 串行通信实验

1．实验目的
1）熟悉串行通信的数据帧格式。
2）掌握可编程串行通信接口芯片 8250 的工作原理、初始化编程和使用方法。

2．实验内容
1）利用 8250 发送指定的字符串。
2）通过虚拟终端（示波器）接收并显示接收到的字符串。

3．硬件电路设计
串行通信实验元器件见表 9.16。由于软件原因，实验中采用 8250A 代替 8250，它们的功能基本相同。

表 9.16　串行通信实验元器件

元件名称	选择模式	所属类	所属子类	功能说明	封装及引脚	标签
8250A	元器件模式	Microprocessor ICs	Peripherals	异步串口芯片和波特率发生器 （Single Chip UART and Baud Rate Generator (BRG)）	DIL40	U9
OR	元器件模式		Gates	2 输入或门 （Simple 2-Input OR Gate）		U10 U11
LED-GREEN	元器件模式	Optoelectronics	LEDs	动态发光管（绿色）		D1
AC VOLTMETER	虚拟仪器模式			电压表		
DCLOCK	虚拟仪器模式			数字频率发生器		
VIRTUAL TERMINAL	虚拟仪器模式			虚拟终端		

　　串行通信实验原理图如图 9.12 所示。8086 译码电路如图 9.2 所示。8250A 的片选信号 CS0 和 CS1 接高电平，$\overline{CS2}$ 接 8086 译码电路的 $\overline{IO4}$。根据表 9.9 可知，8250A 的端口基址为 0800H。A2、A1 和 A0 分别接 8086 的 A3、A2 和 A1，据此可确定 8250A 寄存器端口地址见表 9.17。

表 9.17　8250A 寄存器端口地址

DLAB	$\overline{CS2}$	CS1	CS0	A2	A1	A0	寄存器	端口地址	复位状态
0	0	1	1	0	0	0	数据接收寄存器（读）	0800H	清 0
0	0	1	1	0	0	0	数据发送寄存器（写）	0800H	清 0
0	0	1	1	0	0	1	中断允许寄存器	0802H	清 0
×	0	1	1	0	1	0	中断识别寄存器（只读）	0804H	D0=1，其余位清 0
×	0	1	1	0	1	1	通信线路控制寄存器	0806H	清 0
×	0	1	1	1	0	0	Modem 控制寄存器	0808H	清 0
×	0	1	1	1	0	1	通信线路状态寄存器	080AH	D6、D5 位清 0，其余位为 1
×	0	1	1	1	1	0	Modem 状态寄存器	080CH	D3～D0 位清 0，其余位取决于输入
×	0	1	1	1	1	1	不用	080EH	
1	0	1	1	0	0	0	除数寄存器（低 8 位）	0800H	清 0
1	0	1	1	0	0	1	除数寄存器（高 8 位）	0800H	清 0

　　8250A 芯片的 $\overline{DISTR}$ 接由 $\overline{RD}$ 和 $\overline{IO4}$ 经过"或门"确定的读端口控制信号，$\overline{DOSTR}$ 接由 $\overline{WR}$ 和 $\overline{IO4}$ 经过"或门"确定的写端口控制信号；CSOUT 接绿色发光二极管，指示 8250A 芯片是否被选中。XTAL1 与外部时钟相连，该时钟同时与虚拟示波器的 A 通道相连；RCLK 与 $\overline{BAUDOUT}$ 相连；SOUT 与虚拟示波器的 RXD 相连，虚拟示波器用于显示 8250A 发送的数据。

　　需要注意的是，8250A 默认的时钟频率为 1.8432MHz（双击 8250A 芯片即可查看）。为了观察信号输入与输出的关系，本实验采用了较小的外部时钟频率为 38.4kHz，因此需要编辑 8250A 芯片的属性，将其频率改为 38.4kHz。

　　另外，虚拟示波器需要根据具体实验任务更改其属性：波特率（Baud Rate）、数据位（Data Bits）、奇偶校验（Parity）、停止位（Stop Bits）等。本实验数据格式为 8 位数据位、1 位停止位、无校验。

　　虚拟示波器参数设置窗口如图 9.13 所示。

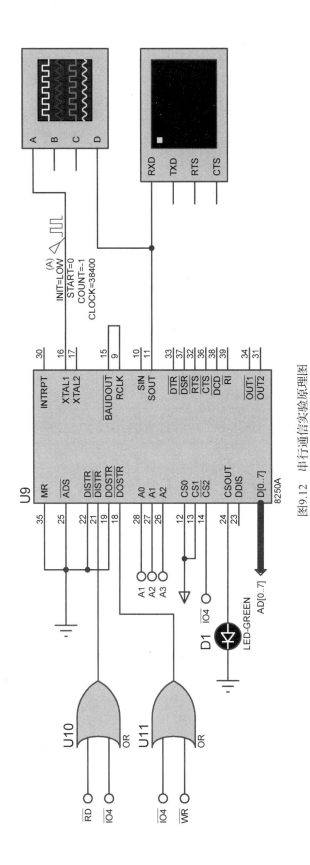

图9.12 串行通信实验原理图

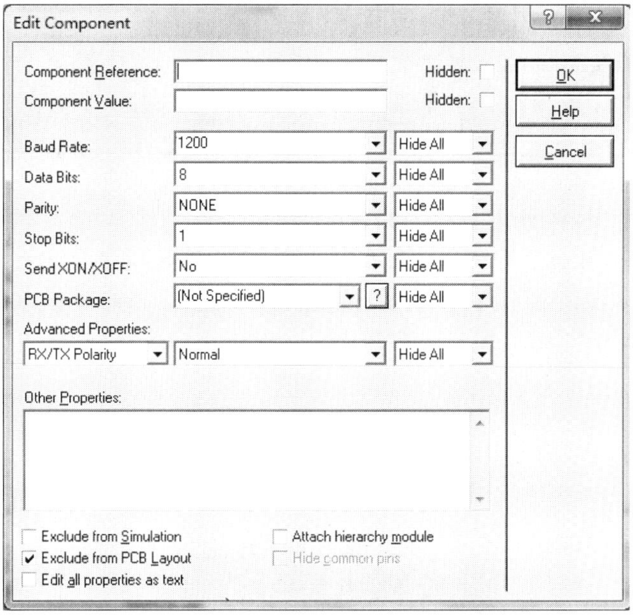

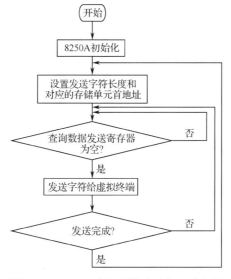

图 9.13　虚拟示波器参数设置窗口

4．程序设计

（1）编程提示

根据实验要求，首先需要对 8250A 芯片进行初始化，设置分频系数和线路控制寄存器。输入时钟频率为 38.4kHz，波特率设置为 1200bit/s，根据输入时钟频率与波特率的关系可知分频系数为 02H。数据格式：8 位数据位，1 位停止位，无校验，因此线路控制寄存器设置为 03H。本实验采用查询方式正常通信，所以 Modem 控制寄存器和中断控制寄存器均设置为 00H。

（2）流程图及参考程序

8250A 串行通信实验程序流程图如图 9.14 所示。

```
        ┌─────┐
        │ 开始 │
        └─────┘
           │
    ┌──────────────┐
    │  8250A初始化  │
    └──────────────┘
           │
  ┌────────────────────┐
  │  设置发送字符长度和  │
  │  对应的存储单元首地址 │
  └────────────────────┘
           │
      ◇────────────◇  否
     ╱ 查询数据发送寄存器 ╲────→
     ╲     为空?      ╱
      ◇────────────◇
           │ 是
  ┌────────────────┐
  │  发送字符给虚拟终端 │
  └────────────────┘
           │
      ◇──────────◇  否
     ╱  发送完成?  ╲────→
      ◇──────────◇
           │ 是
```

图 9.14　8250A 串行通信实验程序流程图

参考程序见二维码。

视频

程序

5. 基于 Proteus+emu8086 联合仿真

基于 Proteus+emu8086 的 8250A 串行通信实验联合仿真步骤如下：

1）在 Proteus 环境下绘制如图 9.2 和图 9.12 所示的原理图，并保存为 8250SeriesCom.dsn。

2）在 emu8086 环境下新建 .exe 模板文件，并输入汇编语言源程序，在指定的文件夹中保存为 8250SeriesCom.asm，编译调试，直至程序无错。

3）双击 8086，在出现的对话框中单击"Program File"右侧的浏览按钮，选择 8250SeriesCom.asm 所在文件夹下的文件 8250SeriesCom.exe。8086 的其他参数设置如图 9.5 所示。

4）返回 Proteus 主界面，单击"开始仿真"按钮，运行程序。在"调试"菜单中选择 Digital Oscilloscope 和 Vitual Terminal 命令，观察示波器和虚拟终端结果。

5）如果运行提示出错，则检查原理图的绘制是否正确；如果运行无错，但示波器输出不满足实验要求，则返回步骤 2）重新调试源程序 8250SeriesCom.asm，并重复步骤 3）和 4），直至满足实验要求。正常情况下，仿真后虚拟终端和示波器显示结果分别如图 9.15 和图 9.16 所示。

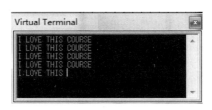

图 9.15　虚拟终端显示结果

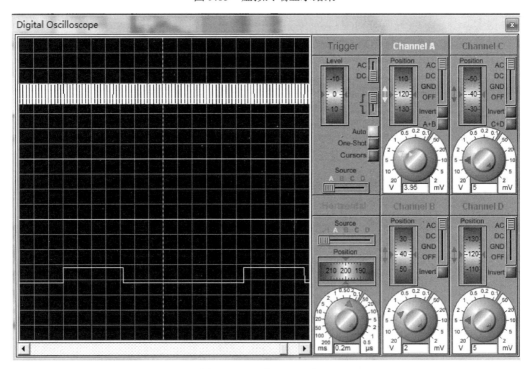

图 9.16　示波器显示结果

6. 思考题

1）实验的波特率为 1200bit/s，若改为 2400bit/s，应如何修改源程序？

2）本实验只进行了串行输出显示，若通过一个虚拟终端输入数据，并在另外一个虚拟终端上显示输入的数据，应如何修改源程序和硬件电路？

实验 5　ADC0809 模拟量采集实验

1．实验目的

1）掌握将模拟量转换成数字量的基本原理。

2）学会利用 ADC0809 芯片进行 A/D 转换的编程方法。

2．实验内容

1）通过 ADC0809 将电位器产生的模拟电压信号转换成数字信号。

2）将转换结果（数字信号）在两位数码管显示器上显示出来。

3．硬件电路设计

模拟量采集实验元器件见表 9.18。由于软件原因，实验中采用 ADC0808 代替 ADC0809，它们的功能基本相同。

表 9.18　模拟量采集实验元器件

元件名称	选择模式	所属类	所属子类	功能说明	封装及引脚	标签
ADC0808	元器件模式	Microprocessor ICs	Data Converters	8 位微处理器兼容的 8 通道模数转换器（8-bit Microprocessor Compatible ADC Converters With 8-Channal Multiplexer）	DIL28	U9
7427	元器件模式	TTL 74 series	Flip-Flops & Latches	3 输入与非门（Triple 3-Input Positive NOR Gates）	DIL14	U10 U11
74HC02	元器件模式	TTL 74 series	Gates and Inverters	2 输入或非门	DIL14	U12 U13
74HC373	元器件模式	Simulator Primitives	Gates	非门（Simple Digital Inverter）	DIL20	U14 U15
7SEG-COM-CAT-GRN	元器件模式	Optoelectronics	7-Segment Display	绿色七段数码管（Green,7-Segment Common Cathode）		
POT-HG	元器件模式	Resistors	Variables	可调电阻（High Granularity Interactive Potentiometer）		RV1
AC VOLTMETER	虚拟仪器模式			电压表		
DCLOCK	虚拟仪器模式			数字频率发生器		

模拟量采集实验原理图如图 9.17 所示。8086 译码电路如图 9.2 所示。ADC0808 的片选线接译码电路的 $\overline{IO5}$，根据表 9.9 可知 ADC0808 的端口地址为 0A00H。8086 芯片的 $\overline{IO0}$ 和 $\overline{BHE}$ 选择高位数码管，$\overline{IO0}$ 和 $\overline{A0}$ 选择低位数码管，$\overline{WR}$ 和 $\overline{RD}$ 分别与 $\overline{IO5}$ 配合产生 ADC0808 的启动信号 START 和输出使能信号 OE。通道选择信号线 ADD A、ADD B 和 ADD C 分别接 8086 芯片的 A0、A1 和 A2，其他未参与译码的地址线默认为 0，所以通道 IN0～IN7 的地址为 0A00H～0A07H，低位数码管的地址为 0000H，高位数码管的地址为 0001H。

4．程序设计

（1）编程提示

8086 芯片的 $\overline{WR}$ 与 ADC0808 的 ALE 相连，因此，用 OUT 指令即可锁存通道地址，启动 AD 转换。本实验时钟频率为 500kHz，这时 ADC 转换时间为 128μs，采用延时等待的方式读取转换结果时，等待时间应大于 128μs。

（2）流程图及参考程序

ADC0808 模拟量采集实验程序流程图如图 9.18 所示。

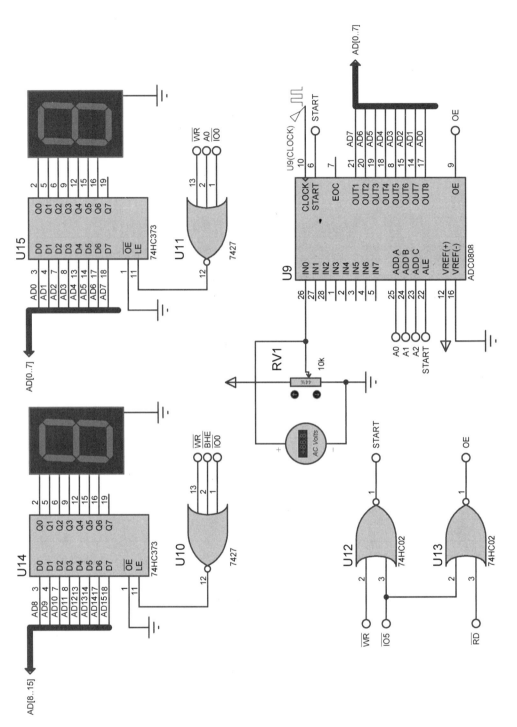

图9.17 模拟量采集实验原理图

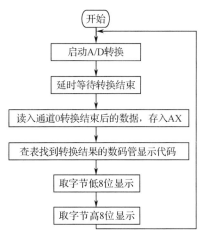

视频

程序

图 9.18　ADC0808 模拟量采集实验程序流程图

参考程序见二维码。

5．基于 Proteus+emu8086 联合仿真

基于 Proteus+emu8086 的 ADC0808 模拟量采集实验联合仿真步骤如下。

1）在 Proteus 环境下绘制如图 9.2 和图 9.17 所示的原理图，并保存为 ADC0808.dsn。

2）在 emu8086 环境下新建.exe 模板文件，并输入参考程序，在指定的文件夹中保存为 ADC0808.asm，编译调试，直至程序无错。

3）在 Proteus 软件的原理图中，双击 8086，在出现的对话框中单击"Program File"右侧的浏览按钮，选择 ADC0808.asm 所在文件夹下的文件 ADC0808.exe。8086 的其他参数设置如图 9.5 所示。

4）返回 Proteus 主界面，单击"开始仿真"按钮，运行程序。调节电阻值观察数码管的显示结果。

5）如果运行提示出错，则检查原理图的绘制是否正确；如果程序运行无错，但模数转换结果不满足实验要求，则返回步骤 2）重新调试源程序 ADC0808.asm，并重复步骤 3）和 4），直到满足实验要求。

6．思考题

1）本实验从通道 0 采集数据，如果从通道 3 采集数据，应如何修改原理电路和源程序？

2）本实验采用延时等待的方式读取转换结果，如果采用查询方式或中断方式读取转换结果时，应如何修改原理电路和源程序？

实验 6　DAC0832 产生三角波实验

1．实验目的

1）了解数模转换器 DAC0832 的工作原理、工作方式及编程方法。

2）掌握数模转换器 DAC0832 产生三角波的编程方法。

2．实验内容

1）采用单缓冲方式，通过数模转换器 DAC0832 产生三角波。

2）采用虚拟示波器显示波形并进行观察。

3．硬件电路设计

DAC0832产生三角波实验元器件见表9.19。

表9.19　DAC0832产生三角波实验元器件

元件名称	选择模式	所属类	所属子类	功能说明	封装及引脚	标签
DAC0832	元器件模式	Microprocessor ICs	Data Converters	8位微处理器兼容的8通道数模转换器	DIL20	U9
1458	元器件模式	Operational Amplifiers	Dual	双运算放大器（Dual Operational Amplifiers）	DIL08	U10
AC VOLTMETER	虚拟仪器模式			电压表		
DCLOCK	虚拟仪器模式			虚拟示波器发生器		

DAC0832产生三角波实验接口电路如图9.19所示。8086译码电路如图9.2所示。DAC0832的片选线接译码电路的 $\overline{\text{IO6}}$。根据表9.9可知，DAC0832的端口地址为0C00H。DAC0832的OUT1和OUT2分别与双运算放大器1458的两个输入端相连。双运算放大器1458的输出接电压表和虚拟示波器以供观察波形。由于实验要求采用单缓冲方式，即只采用一级锁存器，因此WR2和 $\overline{\text{XFER}}$ 都接地，ILE接高电平。DAC0832的 $\overline{\text{WR1}}$ 与8086的 $\overline{\text{WR}}$ 相连，作为缓冲锁存信号。

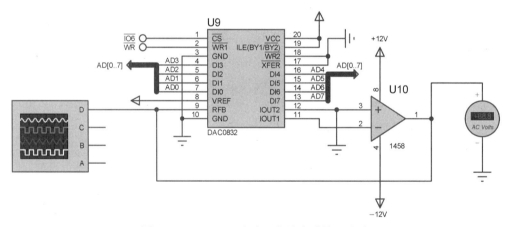

图9.19　DAC0832产生三角波实验接口电路

4．程序设计

（1）编程提示

实验要求产生三角波，可从数字0开始转换并延时，逐次递增数字输入，直到255，得到上升阶段的三角波；然后从255开始转换并延时，逐次递减数字输入，直到0，得到下降阶段的三角波。

（2）流程图及参考程序

DAC0832产生三角波实验程序流程图如图9.20所示。

参考程序见二维码。

5．基于Proteus+emu8086联合仿真

基于Proteus+emu8086的数模转换器DAC0832联合仿真步骤如下。

1）在Proteus环境下绘制如图9.2和图9.19所示的原理图，并保存为DAC0832.dsn。

图9.20　DAC0832产生三角波实验程序流程图

程序　　　　视频

2）在 emu8086 环境下新建.exe 模板文件，并输入汇编语言源程序，在指定的文件夹中保存为 DAC0832.asm，编译调试，直至程序无错。

3）在 Proteus 软件的原理图中，双击 8086，在出现的对话框中单击"Program File"右侧的浏览按钮，选择 DAC0832.asm 所在文件夹下的文件 DAC0832.exe。8086 的其他参数设置如图 9.5 所示。

4）返回 Proteus 主界面，单击"开始仿真"按钮，运行程序。观察示波器输出的波形。

5）如果运行提示出错，则检查原理图的绘制是否正确；如果程序运行无错，但数模转换结果不满足实验要求，则返回步骤 2）重新调试源程序 DAC0832.asm，并重复步骤 3）和 4），直到满足实验要求。

示波器显示的三角波如图 9.21 所示。

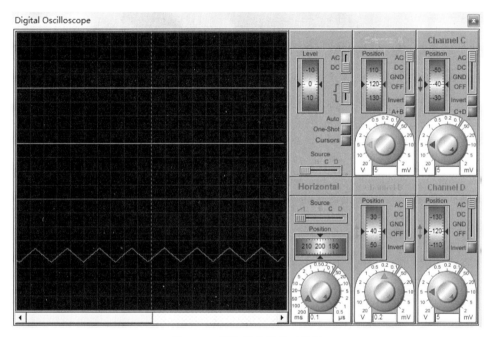

图 9.21　示波器显示的三角波

6．思考题

1）如果要求产生锯齿波或者方波，应如何修改源程序？

2）如果要求产生双极性三角波，应如何修改原理图和源程序？

9.3　设计性实验

实验 1　8255A 与 8250 通信实验

1．实验目的

熟练掌握可编程并行接口芯片 8255A 和可编程串行通信接口芯片 8250 的编程方法及使用技巧。

2．实验内容

1）利用 8255A 检测并输入开关电路的状态。

2）利用 8250 串行数据输出引脚 SOUT 将开关电路的状态信息发送出去，再通过串行数据接收引脚 SIN 接收开关电路的状态信息（自发自收）。由于软件原因，实验中使用 8250A 代替 8250。

3）将接收到的信息显示在屏幕上。

3．实验要求

1）在 Proteus 环境下完成硬件电路设计，采用 8 个开关，其状态作为 8255A 的 8 位数据输入。8086 通过 8255A 输入 8 个开关的状态信息，并将 8 个开关的状态信息通过 8250A 芯片发送出去，而后再接收回来，并在屏幕上显示接收到的信息。

2）在 emu8086 环境下进行汇编语言程序编程及调试。8250A 芯片通信的 1 帧数据格式为 8 位数据位、2 位停止位、1 位奇校验位，波特率为 2400bit/s，输入的基准时钟频率为 2MHz。

4．提示

1）8250A 的发送端 SOUT 与接收端 SIN 相连，实现自发自收。

2）8255A 和 8250A 的地址由 8086 译码电路决定。

实验 2   A/D 转换与 D/A 转换实验

1．实验目的

熟练掌握模数转换器 ADC0809 和数模转换器 DAC0832 的转换原理、编程方法及使用技巧。

2．实验内容

1）8086 通过 ADC0809（实验中用 ADC0808 代替）将电位器的模拟量转换为数字量并存入内存中。

2）通过 DAC0832 将存入内存中的数字量转化为模拟量输出。

3）在示波器上显示模拟量输出波形。

3．实验要求

1）在 Proteus 环境下完成硬件电路设计，首先用 ADC0808 将电位器的模拟量转换成数字量，作为 DAC0832 的输入，再将此数字量转换成模拟量输出到示波器上并显示波形。

2）在 emu8086 环境下进行汇编语言程序编程及调试。

4．提示

1）采用查询方式采集电位器的输出电压。

2）采用子程序的设计方法实现数据的转换过程。

第 10 章　课 程 设 计

"微机原理与接口技术"课程不但要求学生掌握微机的基本组成原理、汇编语言程序设计及接口技术，而且还要通过实验和课程设计，使学生有效提高实际应用和动手能力。课程设计的主要目的在于，将所学到的微机原理及接口技术的知识应用到实践中，以提升学生汇编语言的编程能力和对接口电路的分析、设计及调试能力。

课程设计的任务是在基础性实验和设计性实验的基础上，充分利用 Proteus 仿真平台和emu8086 仿真软件，以及实验室现有的硬件和软件资源，结合所学的理论知识，选择本章所提供的课程设计题目（或自己拟定题目），完成一个典型 8086 微机应用系统的设计（包括硬件电路的设计与连接、软件编程与系统调试），直至达到设计题目的全部要求。

设计 1　汽车信号灯控制系统

（1）设计要求

设计并制作汽车信号灯仪表盘控制系统，实现汽车左/右转弯、紧急状态、刹车、停靠瞬间的操作和信号指示功能，设计硬件电路、编写汇编语言源程序并进行系统调试。

汽车信号灯包括左/右转弯灯、左/右头灯和左/右尾灯。驾驶员的操作动作由相应的开关状态完成，发光二极管用于信号指示。

（2）设计指导

驾驶员的操作动作与信号灯对应关系如下。

① 左/右转弯：控制左/右转弯开关，左/右转弯灯、左/右头灯、左/右尾灯闪烁。

② 紧急状态：闭合紧急开关，所有信号灯以 30Hz 的频率闪烁。

③ 刹车：闭合刹车开关，左/右尾灯点亮。

④ 左/右转弯刹车：控制左/右转弯开关的同时闭合刹车开关，左/右转弯灯、左/右头灯、左/右尾灯闪烁，然后点亮左/右尾灯。

⑤ 停靠瞬间：闭合停靠开关，头灯、尾灯以 30Hz 的频率闪烁 30s 后熄灭。

设计 2　电风扇控制器

（1）设计要求

设计家用电风扇控制器，实现电风扇的启/停控制、风速控制和类型选择功能，所有操作由发光二极管（LED）指示，设计硬件电路、编写汇编语言源程序并进行系统调试。

控制器面板包括："风速"、"类型"和"启/停"键，LED 指示灯。风速分强、中、弱 3 个等级，风的类型分为睡眠、自然和正常 3 种类型。

当电风扇处于停转状态时，所有指示灯不点亮，只有按下"风速"键时，才会进入起始工作状态。不论电风扇处于何种状态，只要按下"停止"键，电风扇就会进入停转状态。

（2）设计指导

① 初始状态：风速为"弱"，类型为"正常"。

② 按"风速"键，其状态由"弱"→"中"→"强"→"弱"……往复循环改变，每按一下键，状态就改变一次，相应的发光二极管 LED 指示灯点亮。

③ 按"类型"键，其状态由"正常"→"睡眠"→"自然"→"正常"……往复循环改变，相应的 LED 指示灯点亮。

④ 风速的弱、中、强对应于电风扇驱动电动机转动的快慢。

⑤ 风的类型选择，分别对应如下情况。

● 正常：电风扇驱动电动机连续转动。

● 自然：电风扇驱动电动机模拟自然风，转动 8s，停止 8s。

● 睡眠：电风扇驱动电动机慢转，产生轻柔的微风，转动 4s，停止 8s。

⑥ 按照风速与类型的设置，输出控制信号，控制相应的 LED 指示灯点亮或熄灭。

设计 3　步进电动机控制系统

（1）设计要求

利用开关电路实现对步进电动机转速和转向的控制功能，即用 7 个开关分别控制步进电动机的 7 种转速，用 1 个开关控制步进电动机的转向（正转、反转）。

采用可编程并行通信接口芯片 8255A 输出脉冲序列，开关 $K_0 \sim K_6$ 控制步进电动机转速，K_7 控制转动方向。当 $K_0 \sim K_6$ 中某一位为"1"时，步进电动机以对应的转速启动。当 K_7 为"1"时，步进电动机正转；当 K_7 为"0"时，步进电动机反转。

（2）步进电动机工作原理

步进电动机工作原理如图 10.1 所示。

① 步进电动机的转动是通过对每相线圈中通电顺序切换来实现的。因为驱动电路由脉冲来控制，所以调节脉冲的频率就可以改变步进电动机的转速。

② 通常，实验用的小型步进电动机供电电压为直流+5V，线圈由 4 相组成，即 Φ_1、Φ_2、Φ_3 和 Φ_4。

③ 驱动方式为二相激磁，线圈通电顺序见表 10.1。当步进电动机正转时，通电顺序为 $\Phi_1\Phi_2 \rightarrow \Phi_2\Phi_3 \rightarrow \Phi_3\Phi_4 \rightarrow \Phi_4\Phi_1 \rightarrow \Phi_1\Phi_2$，如此往复。若改变线圈通电顺序为 $\Phi_1\Phi_4 \rightarrow \Phi_4\Phi_3 \rightarrow \Phi_3\Phi_2 \rightarrow \Phi_2\Phi_1 \rightarrow \Phi_1\Phi_4$，如此往复，则步进电动机反转。

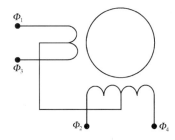

图 10.1　步进电动机工作原理

表 10.1　线圈通电顺序表

		线圈			
		Φ_1	Φ_2	Φ_3	Φ_4
通电顺序	0	1	1	0	0
	1	0	1	1	0
	2	0	0	1	1
	3	1	0	0	1

（3）设计指导

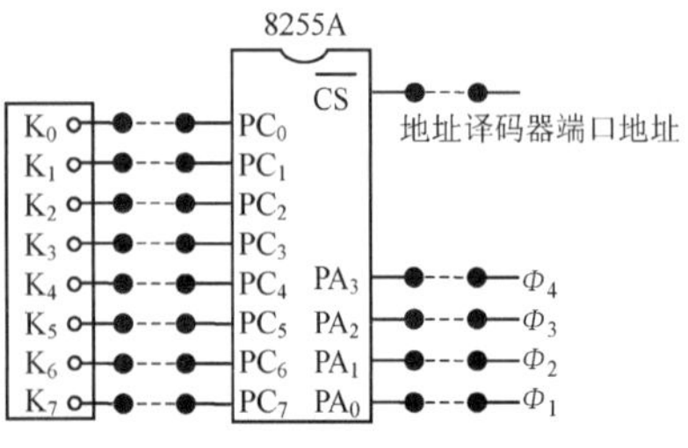

图 10.2　8255A 控制步进电动机接线图

① 8255A 控制步进电动机接线图如图 10.2 所示。开关电路与 8255A 的端口 C 连接，端口 A 低 4 位接电动机的 4 相 Φ_1、Φ_2、Φ_3 和 Φ_4。

② 通过 8255A 的端口 C 读入开关状态，再通过端口 A 输出，控制步进电动机。

设计 4　电子钟

（1）设计要求

① 设计一个数字电子钟，在 6 位八段数码管上分别

显示时、分、秒，"秒"位每 1s 变化一次，60s 进位（00→59）；"分位"每 1min 变化一次，60 分进位（00→59）；"时位"每 1hour 变化一次（可以采用 12hour 或 24hour 计时）；时、分、秒位各占 2 位 LED，用小数点 DP 隔开。

② 采用可编程定时/计数器 8253A 计时，调试出准确的 1s 定时。

（2）设计指导

① 对 8253A 进行编程，输出 50Hz 的方波，用申请中断 50 次的方法来完成 1s 的定时。

② LED 采用动态扫描方式，每次只点亮 1 位，延时，循环扫描。

对多位 LED 动态扫描的编程如下（供参考）。

```
DISP:   MOV    DI, OFFSET MIN1      ;MIN1 是定义的 6 位 LED 第 1 位的缓冲区
        MOV    CL, 01H             ;位码，指向第 1 位 LED
DIS1:   MOV    AL, [DI]            ;显示数字装入 AL 中
        MOV    BX, OFFSET LED      ;数字 0~9 的显示段码表
        XLAT                       ;AL←显示段码
        MOV    DX, (LED 段地址)     ;1 位 LED 显示
        OUT    DX, AL
        MOV    DX, (LED 位地址)
        MOV    AL, CL
        OUT    DX, AL
        PUSH   CX                  ;延时
        MOV    CL, 550H
DELY:   LOOP   DELY
        POP    CX
        CMP    CL, 20H             ;是第 6 位 LED 吗
        JZ     DISP                ;是，再从第 1 位开始显示
        INC    DI                  ;不是，指向下一位
        SHL    CL,1                ;下一位的位码
        JMP DIS1
```

③ 8253A 接线如图 10.3 所示，LED 接线如图 10.4 所示。LED 共阴极字符显示段码表见表 10.2。

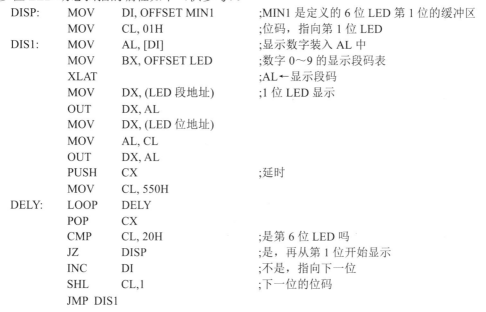

图 10.3　8253A 接线　　　　　　　　　　图 10.4　LED 接线

表 10.2　LED 共阴极字符显示段码表

字　符	0	1	2	3	4	5	6	7	8	9	DP（小数点）
段　码	3FH	06H	5BH	4FH	66H	6DH	7DH	07H	7FH	6FH	80H

④ 采用中断方式编写汇编语言程序。

设计 5　电梯控制系统

（1）设计要求

设计高层（15 层）建筑电梯的控制系统，具体功能如下。

① 电梯外：每层设有上升"↑"和下降"↓"键，并用两位 LED 显示当前电梯所在层数。

② 电梯内：
- 用 LCD 或 LED 显示上升"↑"和下降"↓"，并用两位 LED 显示当前电梯所在层数。
- 设计 4×4 键盘，供乘客选择所要到达的层数。
- 用两个开关控制开、关电梯门，同时用红色、绿色 LED 指示当前电梯门的状态。

③ 电梯在运行的过程中能随时检测电梯外输入的信号。当方向一致时，电梯可以及时停靠，搭载乘客；当方向不一致时，电梯不停靠。

（2）设计指导

① 可以采用可编程并行接口芯片 8255A 数据端口多的特点，接收数据和控制电梯。

② 显示可以用主机屏幕或外设，也可两者结合使用。

设计 6 洗衣机控制系统

（1）设计要求

设计全自动洗衣机的控制系统，实现洗涤和甩干状态控制，具体功能如下。

① 洗涤有进水、出水及水位控制，有强、中、弱、浸泡和洗涤时间控制。

② 甩干有出水、甩干时间控制。

（2）设计指导

① 用 4 个开关控制水位高、中、低和 0 挡，并用发光二极管指示。

② 用 3 个开关控制进水、出水和保持 3 种操作，并用发光二极管指示。

③ 通过按键选择强、中、弱 3 种洗涤方式。利用电动机转动的快慢、正转到反转的时间间隔实现洗涤的强、中、弱控制。

④ 时间控制和时间间隔用可编程定时/计数器 8253A 来实现。

⑤ 当洗涤和甩干操作结束后，应有声光报警。

设计 7 霓虹灯

（1）设计要求

设计霓虹灯闪烁控制系统，使外设的红、绿、黄 3 种颜色的发光二极管，在开关的控制下或在程序自动控制下，按照不同规律闪烁。

① 要求发光二极管的亮、灭变化有一定的规律。

② 发光二极管的变化规律要有多种状态。

（2）设计指导

采用可编程并行接口芯片 8255A 的端口 A、端口 B 和端口 C，通过设置它们的"0"与"1"状态，来控制发光二极管的亮、灭。

发光二极管的变化规律如下。

① 从一侧依次点亮 4 个红灯、绿灯和黄灯。

② 从一侧依次点亮一个红灯、绿灯、黄灯、红灯、绿灯、黄灯……。

③ 从两侧向内依次同时点亮一个红灯、绿灯、黄灯、红灯、绿灯、黄灯……直至中心。

④ 从中心向外依次同时点亮一个红灯、绿灯、黄灯、红灯、绿灯、黄灯……直至最外侧。

设计 8 8 位竞赛抢答器

（1）设计要求

设计一个 8 位竞赛抢答器，同时供 8 名选手比赛使用，分别用 8 个按键 $K_0 \sim K_7$ 表示。

① 设置一个系统清除和抢答控制开关 S，开关由主持人控制。

② 抢答器具有锁存与显示功能，即选手按下按键，锁存相应的编号，并把优先抢答的选手的编号一直保持到主持人将系统清除为止。

③ 抢答器具有定时抢答功能，且一次抢答的时间由主持人设定（如 30s）。

④ 当主持人按下"开始"键后，定时器进行倒计时，同时扬声器发出短暂的声响，声响持续的时间为 0.5s 左右。

⑤ 参赛选手在设定的时间内进行抢答，抢答有效，定时器停止工作，显示器上显示选手的编号和抢答的时间，并保持到主持人将系统清除为止。

⑥ 若定时时间已到，无人抢答，则本次抢答无效，系统报警并禁止抢答，显示器上显示 00。

（2）设计指导

采用 8253A 作为定时器并设定和改变抢答时间，利用 8255 的 A 口作为按键输入，不断进行按键扫描，当参赛选手的按键按下时，用于产生时钟信号的定时器停止计数，同时在 LED 上显示选手编号（按键号）和抢答时间。

设计 9　模拟电子琴

（1）设计要求

设计一个模拟电子琴，主机键盘 1～8 为电子琴的琴键。当按下琴键时，通过 8253A 控制系统中喇叭发出相应音阶的声音。

① 用扩展设备上的接口芯片及发音设备，模拟电子琴。

② 发八度音，即 1、2、3、4、5、6、7、i。C 调音符-频率对照表见表 10.3，音符演唱的节奏由打开 8255A 的时刻调节。

（2）设计指导

① 采用可编程定时/计数器 8253A 和并行接口芯片 8255A 启动喇叭发声，确定定时时间。

② 采用 D/A 转换器 DAC0832 输出数据的时间间隔来实现按键对应的频率，发音时间的长短由 DAC0832 输出的波形个数来控制。

表 10.3　C 调音符-频率对照表

音符	频率	音符	频率	音符	频率
1̣	131	1	262	i̇	525
2̣	147	2	294	2̇	589
3̣	165	3	330	3̇	661
4̣	175	4	350	4̇	700
5̣	196	5	393	5̇	786
6̣	221	6	441	6̇	882
7̣	248	7	495	7̇	990

设计 10　学籍管理系统

（1）设计要求

设计一个 30 名学生成绩管理系统，完成 6 门课程考核成绩的录入、修改和删除操作。

① 30 名学生 6 门课程考试成绩的录入、修改和删除。

② 按姓名查询每名学生各门课程的成绩。

③ 显示并打印查询结果。

④ 统计全班每门课程各分数段（90～100 分、80～89 分、70～79 分、60～69 分、0～59 分）的人数，并给出每门课程的最高分和最低分。

⑤ 计算每门课程的平均成绩。

（2）设计指导

① 采用主程序调用子程序结构，主程序完成菜单的显示与选择，子程序完成各个独立功能。

② 子程序包括成绩录入、删除、浏览、修改、统计和查询等子程序。

③ 设置宏，以减少重复操作。

参 考 资 料

[1] 马春燕，郑丽君，张灵. 单片机原理与接口技术. 北京：高等教育出版社，2022.

[2] 段承先，马春燕. 微型计算机原理及接口技术. 北京：兵器工业出版社，2000.

[3] 陈建铎，宋彩利，冯萍. 32 位微型计算机原理与接口技术. 北京：高等教育出版社，1998.

[4] 谢瑞和，翁虹，张士军，等. 32 位微型计算机原理与接口技术. 北京：高等教育出版社，2004.

[5] 张凡，盛珣华，戴胜华. 微机原理与接口技术. 北京：北方交通大学出版社，清华大学出版社，2003.

[6] WALTER A TRIEBEL. 80x86/Pentium 处理器硬件、软件及接口技术教程. 王克义，王钧，等，译. 北京：清华大学出版社，1998.

[7] 艾德才. 微型计算机（Pentium 系列）原理与接口技术. 北京：高等教育出版社，2004.

[8] 张荣标，等. 微型计算机原理与接口技术. 北京：机械工业出版社，2005.

[9] 朱金钧，等. 微型计算机原理及接口技术. 北京：机械工业出版社，2002.

[10] 尹建华，等. 微型计算机原理与接口技术. 北京：高等教育出版社，2003.

[11] 钱晓捷，等. 16/32 位微机原理、汇编语言及接口技术. 北京：机械工业出版社，2001.

[12] 仇玉章. 32 位微型计算机原理与接口技术. 北京：清华大学出版社，2000.

[13] 陈启美. 微机原理·外设·接口. 北京：清华大学出版社，2002.

[14] 李继灿. 微型计算机技术及应用. 北京：清华大学出版社，2003.

[15] 周明德. 微机原理与接口技术. 北京：人民邮电出版社，2002.

[16] 邹逢兴. 微型计算机原理及其应用典型题解析与实战模拟. 长沙：国防科技大学出版社，2001.

[17] Muhammad Ali Mazidi, Janice Gillispie Mazidi. The 80x86 IBM PC and Compatible Computers (Volumes I & II) Assembly Language, Design and Interfacing. 北京：清华大学出版社，2002.

[18] 周明德. 微机原理与接口技术实验指导与习题. 北京：人民邮电出版社，2002.

[19] Intel 82C54 Chmos Programmable Interval Timer. Order Number: 231244-006, 1994.

[20] Intel 8255A/8255A-5 Programmable Peripheral Interface. Order Number: 231308-003, 1991.

[21] Intel 8259A Programmable Interrupt Controller. Order Number: 231468-003, 1988.

[22] Intel Embedded Intel486 SX Processor Datasheet. Order Number: 272769-004, 2004.

[23] Embedded Intel486 SX Processor Family Developer's Manual. Order Number: 273021-001, 1997.

[24] Embedded Intel486 SX Processor Hardware Reference Manual. Order Number: 273025-001, 1997.

[25] Embedded Ultra-low Power Intel486 SX Processor. Order Number: 272731-003, 2004.

[26] Intel386TMEX Embedded Microprocessor User's Manual. Order Number. 272485-002, 1996.

[27] Intel Architecture Optimization Manual. Order Number: 242816-003, 1997.

[28] Intel Architecture Software Developer's Manual Volume 1: Basic Architecture. Order Number:243190, 1999.

[29] Intel Architecture Software Developer's Manual Volume 2: Instruction Set Reference. Order Number: 243191, 1999.